动物内科疾病

DONGWU NEIKE JIBING

王晓楠　主编

中国轻工业出版社

图书在版编目（CIP）数据

动物内科疾病/王晓楠主编. —北京：中国轻工业出版社，2021.1

高等职业教育畜牧兽医类专业教材

ISBN 978-7-5184-0365-3

Ⅰ.①动… Ⅱ.①王… Ⅲ.①兽医学—内科学—高等职业教育—教材 Ⅳ.①S856

中国版本图书馆 CIP 数据核字（2015）第 088408 号

责任编辑：秦 功 马 妍

策划编辑：马 妍　　责任终审：张乃柬　　封面设计：锋尚设计

版式设计：锋尚设计　　责任校对：吴大鹏　　责任监印：张 可

出版发行：中国轻工业出版社（北京东长安街 6 号，邮编：100740）

印　　刷：三河市万龙印装有限公司

经　　销：各地新华书店

版　　次：2021 年 1 月第 1 版第 4 次印刷

开　　本：720×1000　1/16　印张：19.5

字　　数：390 千字

书　　号：ISBN 978-7-5184-0365-3　定价：38.00 元

邮购电话：010－65241695

发行电话：010－85119835　传真：85113293

网　　址：http：//www.chlip.com.cn

Email：club@chlip.com.cn

如发现图书残缺请与我社邮购联系调换

210074J2C104ZBW

本书编委会

主　编

王晓楠　黑龙江农业工程职业学院

副主编

封家旺　西藏职业技术学院
陆江宁　黑龙江农业职业技术学院
赵书景　安徽科技学院

参编人员

张　瑾　甘肃畜牧工程职业技术学院
张　利　辽宁农业职业技术学院
刘佰慧　黑龙江生物科技职业学院
加春生　黑龙江农业工程职业学院

主　审

耿明杰　黑龙江农业工程职业学院
周景明　黑龙江省畜牧研究所

前言 / PREFACE

根据国务院《关于大力发展职业教育的决定》、教育部《关于全面提高高等职业教育教学质量的若干意见》和《关于加强高职高专教育人才培养工作的意见》的精神，中国轻工业出版社与全国40余所院校及畜牧兽医行业内优秀企业共同组织编写了“全国农业高职院校‘十二五’规划教材”（以下简称“规划教材”）。本套教材依据高职高专“项目引导、任务驱动”的教学改革思路，对现行畜牧兽医高职教材进行改革，将学科体系下多年沿用的教材进行了重组、充实和改造，形成了适应岗位需要、突出职业能力，便于教、学、做一体化的畜牧兽医专业系列教材。《动物内科疾病》是规划教材之一。

本教材将动物内科疾病学科体系中不同的课程集于一体，在处理好相关课程关系的同时，立足于当前畜牧业的岗位需要，着眼于未来发展趋势，充实新知识、新技术，便于学生的记忆。本教材删除了以往教材中我国规定禁用的药物，但欧盟规定禁用而我国并未公布禁用的药物仍编入了本教材中。

本教材分为消化系统疾病、呼吸系统疾病、心血管及血液疾病、泌尿系统疾病、神经系统疾病、营养代谢性疾病、皮肤病、中毒性疾病和技能训练9个项目。每个项目均是基于动物内科疾病防治的工作过程，以临床诊疗过程为主线，将动物内科诊断与防治的实践技能部分设在相应的项目之后；同时，在每个项目后增加了相关知识链接和思考与练习，有利于更好地培养学生分析和解决实际问题的能力。建议教学中采取多媒体教学和现场教学相结合的方式，真正达到教、学、做一体化。

本教材编写分工如下（按项目顺序排列）：王晓楠编写绪论和项目一；封家旺编写项目二、项目三；张利编写项目四；张瑾、刘佰慧编写项目五、项目七；赵书景、加春生编写项目六及项目九；陆江宁、刘佰慧编写项目八。全书由主编王晓楠统稿，由耿明杰教授、周景明研究员审定，在此深表谢意。

由于编者的水平所限，书中难免存在疏漏和错误，恳请同行及专家批评指正。

编者

2015 年 1 月

目录 / CONTENTS

绪论

项目一 消化系统疾病

项目二　呼吸系统疾病

项目三　心血管及血液疾病

项目四 泌尿系统疾病

项目五 神经系统疾病

项目六 营养代谢性疾病

项目七 皮肤病

项目八 中毒性疾病

项目九 技能训练

绪 论

一、 动物内科学定义

动物内科学是研究动物非传染性疾病的科学，其主要任务是系统地研究和阐述每种内科疾病的病因、发病机制、临床症状和实验室检验变化、病程和预后、诊断要点和防治措施的一门学科。

二、 动物内科学的任务和内容

1. 任务

本课程以对畜牧业危害严重的常见多发内科疾病为重点，根本任务是系统地研究和阐述每种内科疾病的病因、发病机制、临床症状和实验室检验变化、病程和预后、诊断要点和防治措施等的理论与临床实践，为认识疾病、建立诊断、制定合理有效的防治措施提供依据。近年来，由于宠物养殖的迅速发展，犬、猫的内科疾病成为动物内科学研究中备受关注的新领域，小动物内科学研究在我国也逐渐深入，正成为动物内科学的重要研究任务和趋势。

2. 内容

以对畜牧业危害严重的常见多发内科疾病为重点，包括传统兽医内科学的器官疾病，如消化器官疾病、循环器官疾病、血液及造血器官疾病、泌尿器官疾病、神经器官疾病、内分泌器官疾病、营养代谢疾病、中毒性疾病、免疫性疾病、遗传性疾病、肿瘤等。

主要研究对象为：①疾病发生的原因（病因）；②疾病发生的机制；③临床症状、病理剖检变化和组织学病理变化；④疾病的防治。

三、 动物内科学在兽医学科中的地位

动物内科学是临床兽医学领域中的一门重要学科，它涉及面广，整体性强，在研究动物体各器官系统疾病的诊断和防治中，以诊治措施不具创伤性或仅有轻微的创伤性为特色，研究的症状学、临床病理学、治疗学同时又是各临床学科的基础。随着工业化发展，环境污染问题日趋严重，环境性疾病也凸显出来，动物源食品安全是现代动物内科学研究中又一个新的领域，并越来越受到全社会的广泛关注。

动物内科学与生理学、生物化学、病理学、药理学、诊断学等学科有着密不可分的联系，这些学科的发展可以推动动物内科学更快的发展，而动物内科学的发展同时也为其他学科提供了发展的基础和空间。

四、 动物内科学的研究方法

以畜禽解剖学、生理学、生物化学、病理学、诊断学、药理学以及家畜饲养学和营养学为基础，进一步研究内科疾病的病因；阐明各种病因作用于畜禽有机体时，引起疾病的发生、病理解剖学变化和临床症状，应用辩证的观点和基础理论知识与临床经验进行具体的分析以确定疾病的诊断，并判定其病程和预后，掌握疾病的发生和发展规律；在“预防为主”和“中西医结合”的方针以及理论联系实际的前提下，制定出有效的防治措施。

五、 学习动物内科学的指导思想和目标

1. 指导思想

畜牧业经济是国民经济的重要组成部分。随着农业现代化的进展，畜牧业在整个农业经济中的比重逐渐增大。但动物内科疾病在全年各个月份中不间断地散在发生于各种畜禽，其总的发病率和死亡率超过其他各种疾病，严重地影响到畜禽的使役能力和生产性能，降低动物产品的品质和数量，增加饲料的消耗，造成动物大量死亡。尤其是营养代谢性疾病和中毒性疾病等群发病和多发病，造成的损失会更大，这就给畜牧业发展带来巨大的影响。因此，不论营养代谢性疾病也好，中毒性疾病也好，都是畜牧业现代化的大敌，也是需要兽医内科工作者刻苦钻研的重大问题。

在教学过程中注重学生能力和基本素质的培养，做到理论与实践并重；适当精简优化课堂内容，尽可能压缩理论教学时数，充分保证教学实践课时数；所有实习都由每个学生完整地自己动手操作；跟踪临床检验学的最新发展，及时对实习指导作大幅度修改，保持实习内容的先进性、科学性和实用性；经常开展临床见习和病例讨论，锻炼学生的动手能力，使课堂所学知识不是课程一结束就完

结，而是在随后的学习与实践中不断运用，加强学习效果，加大学生技能培养。

2. 学习目标

通过对本课程的学习，学生应掌握动物内科学的病因、临床症状、诊断要点、发病机制和防治措施等；掌握常见内科疾病诊断和治疗的基本理论和基本操作技能，学会临床分析病例的方法，增强动手解决实际问题的能力；并能够通过对疾病的分析而学会撰写临床病例报告，为今后在临床工作中能正确诊断、治疗和预防动物内科疾病、解决生产实际问题奠定坚实的基础；同时，巩固先修课程和综合运用先学知识的能力，从而掌握常发病、多发病的诊疗技术。

六、 动物内科学的发展

动物内科学是研究动物器官系统疾病的发生发展规律、诊断和防治措施的学科。动物内科学以基础兽医学、预防兽医学为基础，诊断和治疗手段多样，在兽医临床上以其独特优势而迅速发展。近年来，各学科的融合渗透，特别是生物学（分子生物学和细胞生物学）、化学、物理学、数学、信息科学和基础医学理论的快速发展，使动物内科学研究的内容和手段也在不断更新和深入，动物内科学正在进入飞跃发展的时期。

（1）研究的范围不断扩大。

（2）随着兽医临床科学的发展，原来属于动物内科学范围的一些研究领域，已发展成为相对独立的学科（动物营养代谢病、动物遗传病）。

（3）分子生物学手段广泛运用　分子生物学研究的迅速发展，新的技术手段在动物内科学的应用，使动物内科学理论和实践水平都在迅速提高，使应用分子生物学技术对动物内科疾病进行分子水平和基因水平的研究成为可能。传统的动物内科疾病的发展机理可以用分子生物学方法加以更深入更明细的解释，也为临床治疗提供了理论依据。由于分子生物学技术日趋成熟和广泛应用，目前已能从基因水平解释某些疾病的成因，并且从基因水平得以预防和治疗，如应激综合征、遗传性痛风都可以在基因水平上得以诠释。应该注意到，我国大多数农业院校兽医临床专业已有或正在设立分子生物学研究室，可以预计，今后5~10年分子生物学在动物内科学中的应用将逐渐普及，并将渗透到动物内科学绝大多数领域。

（4）逆环境性疾病和营养代谢性疾病备受重视　现代工业的发展、环境污染使人和动物的疾病日趋增多，如各种矿藏的开发带来汞、砷、铅、氟的污染及工业噪声污染，还有大规模集约化生产带来各种应激性疾病、营养代谢性疾病的增多。除此之外，养殖者为了追求最大利润，人为地使动物生理负荷加大，从而导致各种疾病发生，如高产乳牛的酮病、钙、磷代谢紊乱性疾病、肉鸡腹水综合征、禽痛风、维生素缺乏症和矿物质缺乏症等，此类逆环境性疾病和营养代谢性疾病已成为动物内科学研究的重点。此外，随着人民生活水平的提高，动物性食品安全将是动物内科学的一个重要研究领域，农药残留、重金属残留是现阶段不可回避的问题，这方面的内容本身就是动物内科学的一个组成部分，积极参与此项工作是动物内科学界责无旁贷的义务和责任，为了人们吃得放心、吃得安全，提高我国动物性产品在国际竞争中的地位正成为今后我们需要奉献智慧和力量的关键所在。

（5）伴侣动物、小动物、经济动物疾病备受关注　传统的动物内科学研究的动物对象主要为农畜，如牛、马、猪、鸡、鸭等，随着农业结构调整，原有农畜的概念将不断进行调整，机械化在农村迅速推广，原本作为生产工具的牛、马将逐步退出或作他用，而随着城市发展和人均生活水平的提高，伴侣动物（犬和猫）、观赏动物（动物园动物）、经济动物（兔、貂、鸵鸟、大雁鹅、鹌鹑、海狸鼠、狐狸）、竞技动物（马、犬、狮子、老虎）疾病将受到广泛关注。动物福利和动物群发病也应得到重视和纳入研究范畴。

（6）高新技术应用、多学科交叉势在必行　一个现代学科的发展离不开其他相关学科的发展，相关学科的发展也必将推动本学科的发展。动物内科学的发展要深入研究动物内科学中待解决的问题，必须实施多学科交叉，必须利用新技术、新方法、新手段进行研究解决，如植物毒素、霉菌毒素中毒的诊断和治疗，可以通过现代免疫的方法加以解决，又如现代分析技术（高效液相色谱、质谱、气相色谱和原子吸收光谱）的不断完善，为动物内科学的毒物分析、药物残留、重金属残留分析提供了实验保证，这些高新技术的广泛应用将会大大加速动物内科学的发展步伐、丰富动物内科学的内涵、提升动物内科学的教学水平。

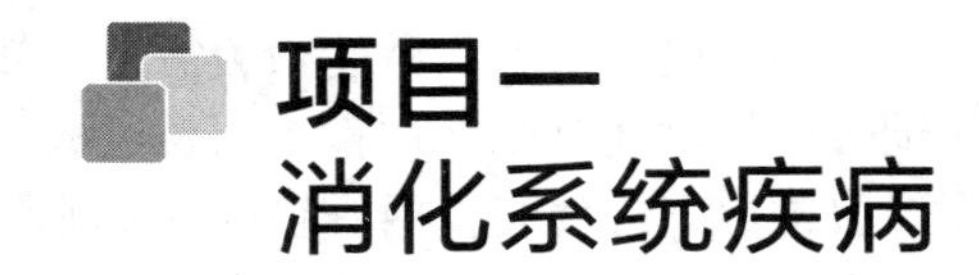

项目一 消化系统疾病

【知识目标】

通过本项目内容的学习，掌握单胃动物及反刍动物消化系统常见病的病因、症状和治疗等内容，能识别临床上涉及本章的主要疾病，掌握各个病的基本概念、致病原因和临床典型症状，消化系统疾病的发病机制、诊断依据及鉴别诊断要点，消化系统疾病的治疗原则、选用药物及其注意事项。

【技能目标】

学会消化系统疾病临床检查方法，掌握常见病的诊断依据、治疗原则、具体治疗措施及方案，并提出预防方法，能设计消化系统疾病治疗方案。

【必备知识】

一、 消化系统的组成与功能

消化系统包括口腔、咽、食管、反刍动物的前胃、各种动物的真胃、肝脏、胰脏、小肠、大肠和肛门。沿消化道分布的淋巴组织和腹膜与许多胃肠疾病有着密切的关系。消化系统的主要功能包括采食、咀嚼和吞咽，贮存食物和水分，分泌消化液，消化食物，吸收营养成分，维持体液及电解质平衡，排出废物等。这些功能可分为四大类，即消化、吸收、运动和排泄。

二、 消化系统的病理生理

胃肠道消化食物的能力取决于胃肠的运动和分泌功能，还与反刍动物的前胃、马和猪的盲肠及结肠中的微生物活力有关，瘤胃微生物（细菌、酵母菌和纤毛虫）能消化纤维素，发酵碳水化合物生成挥发性脂肪酸，转化含氮物质生成氨、氨基酸和自体蛋白。

在某些条件下，微生物的活力会受到抑制，使消化功能发生障碍。不正确的饲喂、长时间饥饿、过食、饲料过酸、饲料霉败，都会破坏微生物的活力，此外口服抗生素或使瘤胃内容物的 pH 剧烈改变的药物都能影响细菌、酵母菌以及纤毛虫的消化活力。当肠壁肌肉收缩力降低、低血钾或急性腹膜炎时，可导致肠道运动功能减弱，肠壁弛缓，排粪减少，形成便秘，并使液体（唾液、胃液与肠液）和气体潴留，而导致胃肠扩张。胃肠扩张导致疼痛和邻近肠段的反射性痉挛，胃肠道分泌增加，使胃肠扩张加重。继而发生脱水、酸碱和电解质平衡失调及循环衰竭，肠积液可刺激积液处前段肠道分泌更多的肠液和电解质，使病情加重并导致休克。

消化系统疾病的症状有食欲减退或废绝，采食与咀嚼异常，吞咽困难，唾液分泌减少或过多，呕吐、反刍与嗳气减少或停止，腹泻、便秘或少便、胃肠道出血、腹痛、腹胀、排粪失禁、消化功能减退、脱水、休克等。

三、 消化系统检查

根据病史和临床检查，对大多数患消化系统疾病的病例可作出诊断。临床和实验室检查包括：①视诊，可以观察到采食、咀嚼、吞咽和咽下的状况，口腔变化以及腹围大小。②触诊，腹壁触诊和直肠检查，可以判定腹腔脏器的形状、硬度、大小和位置；反刍动物瘤胃蠕动的力量、频率、持续时间和胃内容物的性质；冲击式触诊，通过腹腔脏器离开和回到腹壁来判定其性质和大小，以及通过有无回击波或振水音，判定胃肠内或腹腔内有无积液。叩诊腹壁有无鼓音，以确定胃肠有无臌气。③听诊胃肠蠕动音的强弱、频率和持续时间，以判断胃肠运动情况。④探诊食管和胃，可以判定食管有无阻塞、狭窄或胃扩张的性质。⑤粪便检查，可评价粪便的量、形状、颜色，有无黏液、血液、纤维蛋白及未消化的饲料颗粒等；必要时，可作粪便的细菌培养和病毒分离。⑥内窥镜检查食管、胃、结肠和直肠的黏膜表面，可判定这些器官有无炎症、溃疡、肿瘤等。

对于诊断不确切或手术治疗的病例可作剖腹探查及取材进行活检。此外 X 射线检查和 B 型超声波检查可以诊断中、小动物的肠阻塞、肠变位、食管阻塞、胆结石等疾病；X 射线检查还可以判定牛创伤性网胃腹膜炎的金属异物的形状、位置等。

凝胶消化试验可以检查粪便中有无蛋白分解酶；纤维素消化试验则可检查瘤胃内微生物的活性。显微镜检查粪便，可了解有无寄生虫；有无脂肪滴或中性脂肪（苏丹Ⅲ染色法）是检查小动物是否患脂肪痢的敏感性方法；直肠或结肠黏液涂片（瑞氏染色法）可检查粪内有无白细胞、脓细胞，以判断肠道有无炎症。腹腔穿刺液的检查可以判定是漏出液还是渗出液。

四、消化系统疾病的防治原则

消化系统疾病的发生往往与饲养管理有关，要贯彻“预防为主”的方针，做到精心饲养，给予动物质量良好的、合乎卫生要求的全价日粮；饮饲应有规律，不能突然改变；搞好畜舍卫生，尽量减少应激因素对畜禽的影响；役畜应合理使役，舍饲家畜每天应到运动场作适当运动，增强体质。消化系统疾病可源于其他系统疾病，也可影响到其他系统。因此治疗时，不应只考虑某一症状或局部病灶，而应进行整体和局部相结合的疗法，才能收到理想的疗效。对消化系统疾病应早诊断、早治疗。对需进行手术治疗的病例，如肠套叠、肠扭转等，内外科医生要通力合作，才能获得最佳效果。对于某些疾病，采取中西医结合治疗的疗效优于单一的治疗，应予考虑。用药要有针对性，选择疗效好、经济、简便而副作用小的药物。并应随病情变化而调整所使用的药物。

任务一 | 口腔、唾液腺、咽和食管疾病

一、口炎

口炎是口腔黏膜炎症的总称，包括齿龈炎、舌炎、唇炎等。临床上以流涎、采食、咀嚼障碍为特征。口炎按其炎症性质可分为卡他性口炎、水疱性口炎、溃疡性口炎。口炎在各种家畜都有发生，而以马、牛、犬、猫最为常见。

【病因】

常见口炎的特征及病因如下。

1. 卡他性口炎

卡他性口炎是一种单纯性口炎，为口腔黏膜表层轻度的炎症。主要病因有：①采食粗硬、有芒刺或刚毛的饲料，如出穗成熟的大麦、狗尾草、甘蔗、毛叶尖等，或者饲料中混有玻璃、铁丝、鱼刺、尖锐骨头，以及不正确地使用口衔、开口器或锐齿直接损伤口腔黏膜；②幼龄家畜乳齿长出期和换齿期，引起齿龈及周围组织发炎；③抢食过热的饲料或灌服过热的药液；④采食冰冻饲料或霉败饲料；⑤采食有毒植物（如毛茛、白头翁等）后，也可发生；⑥不适当地口服刺激性或腐蚀性药物（如水合氯醛、稀盐酸等），或长期服用汞、砷和碘制剂可导致口炎的发生；当受寒或过劳，防卫功能降低时，可因口腔内的条件病原菌，如链球菌、葡萄球菌、螺旋体等的侵害而引起口炎。此外还常继发于咽炎、唾液腺炎、前胃疾病、胃炎、肝炎以及某些维生素缺乏症。

2. 水疱性口炎

水疱性口炎是一种以口黏膜上生成充满透明浆液的水疱为特征的炎症。主要

的病因有：①采食了带有锈病菌、黑穗病菌的饲料，发芽的马铃薯，毛虫的细毛；②不适当地口服刺激性或腐蚀性药物；③抢食过热的饲料或灌服过热的药液。此外还继发于口蹄疫、传染性水疱性口炎、马疱疹病毒性口炎、猪水疱病等传染病。

3. 溃疡性口炎

溃疡性口炎是一种以口黏膜糜烂、坏死为特征的炎症。主要是因口腔不洁，被细菌或病毒感染所致。此外还常继发或伴发于咽炎、喉炎、唾液腺炎、急性胃卡他、肝炎、血斑病、贫血、维生素 A 缺乏症、佝偻病和汞、铜、铅、氟中毒，以及牛瘟、牛恶性卡他热、蓝舌病、猪瘟、犬瘟热、猫鼻气管炎、坏死杆菌病、放线菌病等疾病。

【症状】

任何一种类型的口炎都具有采食、咀嚼缓慢甚至不敢咀嚼，只采食柔软饲料而拒食粗硬饲料；流涎，口角附着白色泡沫；口黏膜潮红、肿胀、疼痛、口温增高等共同症状。每种类型的口炎还有其特有的临床症状。

1. 卡他性口炎

口黏膜弥散性或斑块状潮红，硬腭肿胀；唇部黏膜的黏液腺阻塞时，则有散在的小结节和烂斑；当由植物芒或刚毛所致的病例，在口腔内的不同部位形成大小不等的丘疹，其顶端呈针头大的黑点，触之坚实、敏感；舌苔为灰白色或草绿色。重剧病例，唇、齿龈、颊部、腭部黏膜肿胀甚至发生糜烂，大量流涎。

2. 水疱性口炎

在唇部、颊部、腭部、齿龈、舌面的黏膜上有散在或密集的粟粒大至蚕豆大的透明水疱，2 ~ 4d 后水疱破溃形成鲜红色烂斑。间或有轻微的体温升高。

3. 溃疡性口炎

在肉食动物发病时，首先表现为门齿和犬齿的齿龈部分肿胀，呈暗红色，疼痛，出血。1 ~ 2d 后，病变部变为苍黄色或黄绿色糜烂性坏死。炎症常蔓延至口腔其他部位，导致溃疡、坏死甚至颌骨外露，散发出腐败臭味；流涎，混有血丝带恶臭。病料培养常有葡萄球菌、假单胞菌。当牛、马因异物损伤口黏膜未得到及时治疗时，病变部形成溃疡，溃疡面覆盖着暗褐色痂样物，揭去痂样物时，溃疡底面为暗红色；病重者，体温升高。

【诊断】

（1）咀嚼缓慢，流涎，有时吐草。

（2）口腔黏膜潮红、肿胀，有时出现水疱或溃疡，病畜口中不洁，口温高，有口臭和舌苔。

（3）体温、呼吸、脉搏等全身症状不明显。

原发性口炎，根据病史及口腔黏膜炎症变化可作出诊断。但应与咽炎、唾液腺炎、食管阻塞、有机磷农药中毒、亚硝酸盐中毒、口蹄疫、牛丘疹性口炎、牛恶性卡他热、牛传染性水疱性口炎、猪水疱病等疾病进行鉴别诊断。

【治疗】

治疗原则是消除病因，加强护理，净化口腔，收敛和消炎。

1. 消除病因

如摘除刺入口腔黏膜中的麦芒，剪断并锉平过长齿等。

2. 加强护理

给予病畜柔软而易消化的饲料，以维持其营养。草食动物可给予营养丰富的青绿饲料，优质的青干草和麸皮粥；肉食动物和杂食动物可给予牛乳、肉汤、鸡蛋等。对于不能采食或咀嚼的动物，应及时补糖输液，或者经胃导管给予流质食物。

3. 净化口腔、消炎、收敛

可用1%食盐水或2%硼酸溶液，0.1%高锰酸钾溶液洗涤口腔；不断流涎时，则用1%明矾溶液或1%鞣酸溶液冲洗口腔。为溃疡性口炎时，病变部可涂擦10%硝酸银溶液，用灭菌生理盐水充分洗涤，再涂擦碘酊甘油（5%碘酊1份、甘油9份）或2%硼酸甘油，1%磺胺甘油于患部；并肌肉注射核黄素和维生素C。为重剧口炎时，除口腔的局部处理外，还应使用磺胺类药物或抗生素。

4. 中医治疗

中兽医称口炎为口舌生疮，治以清火消炎，消肿止痛为主。牛、马宜用青黛散：青黛15g，薄荷5g，黄连、黄柏、桔梗、儿茶各10g，研为细末，装入布袋内，在水中浸湿，噙于口内，给食时取下，吃完后再噙上，每日或隔日换药一次；也可在蜂蜜内加冰片和复方新诺明（SMZ + TMP）各5g，噙于口内。

【预防】

搞好平时的饲养管理，合理调配饲料，防止尖锐的异物、有毒的植物混于饲料中；不喂发霉变质的饲草、饲料；服用带有刺激性或腐蚀性的药物时，一定按要求使用；正确使用口衔和开口器；定期检查口腔，牙齿磨灭不齐时，应及时修整。

二、 唾液腺炎

唾液腺炎是腮腺（耳下腺）、颌下腺和舌下腺的炎症的统称，包括腮腺炎、颌下腺炎和舌下腺炎。各种家畜都可发生。

【病因】

原发性唾液腺炎的病因是饲料芒刺或尖锐异物刺伤腮腺管（或颌下腺管、舌下腺导管），并受到附着的病原微生物的侵害而引起。继发性唾液腺炎，常继发于口炎、咽炎、维生素A缺乏症、马腺疫、马传染性胸膜肺炎、犬瘟热等疾病。

【症状】

任何一种唾液腺炎都具有流涎，头颈伸展或歪斜；采食、咀嚼和吞咽障碍；

腺体局部肿胀、增温、疼痛等共同症状。但是也有各自特有的临床症状。

1. 腮腺炎

急性腮腺炎时，病畜单侧或双侧腮腺部位及其周围肿胀、增温、疼痛，腮腺管口红肿。化脓性腮腺炎时，肿胀部增温，触诊有波动感，并有脓液从腮腺管口流出，口腔放恶臭气味；严重的化脓性腮腺炎还波及颊、口腔底壁及颈部，病畜体温升高；血液学检查白细胞数增多。慢性腮腺炎时，临床症状不明显，触诊肿胀部硬固。

2. 颌下腺炎

颌下腺肿胀、增温、疼痛，舌下肉阜（颌下腺开口处）红肿。当腺体化脓时，触压舌尖旁侧、口腔底壁的颌下腺管时，有脓液流出，口腔恶臭。

3. 舌下腺炎

口腔底部和舌下皱襞红肿，颌下间隙肿胀、增温、疼痛，腺叶突出于舌下两侧黏膜表面，最后化脓并溃烂，口腔恶臭。

【诊断】

根据唾液腺的解剖部位和临床症状，结合病史调查和病因分析，可作出诊断。但须与咽炎、腮腺下淋巴结炎、皮下蜂窝织炎、马腺疫、犬瘟热等疾病进行鉴别诊断。

【治疗】

病程的初期着重消炎，肿胀部的皮肤用5%酒精温敷后，涂擦碘软膏或鱼石脂软膏；并应用抗生素或磺胺类药物等抗菌药物。如已化脓，应切开排脓，用3%过氧化氢或0.1%高锰酸钾溶液冲洗脓腔，并注射抗生素。此外应注意护理，畜圈要清洁、通风；给予易消化而富有营养的饲料，役畜停止使役。

中医治疗：中兽医称为腮黄或腮肿，治以清热解毒，消黄止痛，活血排脓为主。可肌肉注射板蓝根或鱼腥草注射液（牛、马20～30mL）。内服加味消黄散：知母、黄芩各30g，栀子、大黄、连翘各35g，黄药子、贝母、白药子、郁金、白芷各25g，甘草、升麻各20g，芒硝、生石膏各100g，水煎去渣，加蜂蜜200g，鸡蛋清4个，同调，马、牛一次内服。外敷白芨拔毒散：白芨30g，白蔹、大黄各25g，雄黄、黄柏各20g，白矾15g，木鳖子12g，共为末，用蛋清调，涂患部。

颌下腺炎可服加味黄连栀子汤：黄连10g，栀子、连翘、板蓝根各30g，知母、薄荷各20g，黄芩18g，大黄35g，甘草15g，水煎去渣，马、牛一次内服。

【预防】

应做好平时的饲料管理工作，注意饲料的质量和调理，防止受寒；对于口炎、咽炎等邻近器官的炎症，应及时治疗，以防炎症蔓延。

三、咽炎

咽炎是咽黏膜、黏膜下组织和淋巴组织的炎症。按其炎症性质可分为卡他性咽炎、格鲁布性咽炎、化脓性咽炎。各种家畜都可发生。

【病因】

原发性咽炎的病因有：①采食粗硬的饲料或霉败的饲料；②采食过冷或过热的饲料，或者受刺激性强的药物、强烈的烟雾、刺激性气体的刺激和损伤；③受寒或过劳时，机体抵抗力降低，防卫能力减弱，受到链球菌、大肠杆菌、巴氏杆菌、沙门菌、葡萄球菌、坏死杆菌等条件性致病菌的侵害。

继发性咽炎，常继发于口炎、鼻炎、喉炎、马腺疫、炭疽、巴氏杆菌病、口蹄疫、恶性卡他热、犬瘟热、猪瘟等疾病。

【发病机制】

咽是呼吸道和消化道的共同通道，上为鼻咽、中为口咽、下为喉咽，易受到物理化学因素的刺激和损伤。咽的两侧、鼻咽部和口咽部均有扁桃体，咽的黏膜组织中有丰富的血管和神经纤维分布，黏膜极其敏感。因此，当机体抵抗力降低，黏膜防卫功能减弱时，极易受到条件致病菌的侵害，导致咽黏膜的炎性反应。特别是扁桃体，它是各种微生物居留及侵入机体的门户，容易引起炎性变化。

在咽炎的发生、发展过程中，由于咽部血液循环障碍，咽黏膜及其黏膜下组织呈现炎性浸润，扁桃体肿胀，咽部组织水肿，引起卡他性、格鲁布性或化脓性咽炎的病理反应；并因炎症的影响，咽部发生红、肿、热、痛和吞咽障碍，因而病畜头颈伸展，流涎，食糜及炎性渗出物从鼻孔逆出，甚至因会厌不能完全闭合而发生误咽，引起腐败性支气管炎或肺坏疽。

当炎症波及到喉时，引起咽喉炎，喉黏膜受到刺激而产生频频咳嗽。

在重剧性咽炎时，由于炎性产物的吸收，引起恶寒颤栗、体温升高，并因扁桃体高度肿胀，深部组织胶样浸润，喉口狭窄，呼吸困难甚至发生窒息。

【症状】

任何一种类型的咽炎，都具有不同程度的头颈伸展，吞咽困难，流涎；牛呈现哽噎运动，猪、犬、猫出现呕吐或干呕，马则出现饮水或嚼碎的饲料从鼻孔返流于外；当炎症波及到喉时，病畜咳嗽；触诊咽喉部，病畜敏感。但各种类型的咽炎还有其特有的症状。

1. 卡他性咽炎

病情发展较缓慢，最初不引起人们的注意，经 3 ~ 4d 后，病畜头颈伸展、吞咽困难等症状逐渐明显。全身症状一般较轻；咽部视诊（用鼻咽镜），咽部的黏膜、扁桃体潮红、轻度肿胀。

2. 格鲁布性咽炎

起病较急，病畜体温升高，精神沉郁，厌忌采食，颌下淋巴结肿胀，鼻液中混有灰白色伪膜；咽部视诊，扁桃体红肿，咽部黏膜表面覆盖有灰白色伪膜，将伪膜剥离后，见黏膜充血、肿胀，有的可见到溃疡。

3. 化脓性咽炎

病畜咽痛拒食，高热，精神沉郁，脉率增快，呼吸急促，鼻孔流出脓性鼻液。咽部视诊，咽部黏膜肿胀、充血，有黄白色脓点和较大的黄白色突起；扁桃体肿大，充血，并有黄白色脓点。血液检查：白细胞数增多，嗜中性粒细胞显著增加，核型左移。咽部涂片检查：可发现大量的葡萄球菌、链球菌等化脓性细菌。

【诊断】

根据病畜头颈伸展、流涎、吞咽障碍以及咽部视诊的特征病理变化，可作出诊断。但须与咽腔内异物、咽腔内肿瘤、腮腺炎、喉卡他、流感、炭疽、猪瘟、巴氏杆菌病等疾病进行鉴别。

【治疗】

治疗原则是加强护理，抗菌消炎，利咽喉。

1. 加强护理

停喂粗硬饲料，草食动物给予青草、优质青干草、多汁易消化饲料和麸皮粥；肉食动物和杂食动物可给予稀粥、牛乳、肉汤、鸡蛋等，多给饮水。对于咽痛拒食的动物，应及时补糖输液，种畜和宠物还可静脉输给氨基酸。同时注意保持畜舍卫生、干燥。

2. 抗菌消炎

青霉素为首选抗生素，并与磺胺类药物或其他抗生素，如土霉素、强力霉素、链霉素、庆大霉素等联合应用。适时应用解热止痛剂，如水杨酸钠或安乃近、氨基比林。酌情使用肾上腺皮质激素，如可的松、地塞米松。

3. 局部处理

病初，咽喉部先冷敷，后热敷，每日3～4次，每次20～30min。也可涂抹樟脑酒精或鱼石脂软膏，止痛消炎膏，或用复方醋酸铅散（醋酸铅10g，明矾5g，薄荷脑1g，白陶土80g）做成膏剂外敷。同时用复方新诺明10～15g，碳酸氢钠10g，碘喉片10～15g，研磨混合后装于布袋，衔于病畜口内。小动物可用碘酊甘油涂布咽黏膜或用碘片0.6g，碘化钾1.2g，薄荷油0.25mL，甘油30mL，制成擦剂，直接涂抹于咽黏膜。

4. 非特异疗法

在应用抗生素和磺胺类药物的前提下，牛、猪咽炎可用异种动物血清（牛20～30mL、猪5～10mL）皮下或肌肉注射。

5. 封闭疗法

用0.25%普鲁卡因注射液（牛、马50mL，猪、羊20mL）稀释青霉素（牛、马240万～320万IU，猪、羊40万～80万IU），进行咽喉部封闭。

6. 中医治疗

以清热解毒、止痛为主。可注射银黄注射液，噙服青黛散（见口炎）。

【预防】

做好平时的饲养管理工作，注意饲料的质量和调制；搞好圈舍卫生，防止畜禽受寒、过劳，增强防卫功能；对于咽部邻近器官炎症应及时治疗，防止炎症的蔓延；应用诊断与治疗器械如胃管、投药管等时，操作应细心，避免损伤咽黏膜。

四、 食管阻塞

食管阻塞，俗称“草噎”，是食管被食物或异物阻塞的一种严重食管疾病。按阻塞程度分为完全阻塞与不完全阻塞；按阻塞部位分为颈部食管阻塞、胸部食管阻塞、腹部食管阻塞。本病常见于牛、马、猪和犬，羊偶尔发生。

【病因】

牛的原发性食管阻塞，通常发生于牛采食未切碎的萝卜、甘蓝、芜菁、甘薯、马铃薯、甜菜、苹果、西瓜皮、玉米穗、大块豆饼、花生饼等时，因咀嚼不充分，吞咽过急而引起。此外还由于误咽毛巾、破布、塑料薄膜、毛线球、木片或胎衣而发病。

马的原发性食管阻塞，多因车船运输、长途赶运或行军，马匹陷于饥饿状态，当饲喂时，采食过急，摄取大口草料（如谷物和糠麸），咀嚼不全，唾液混合不充分，匆忙吞咽，而阻塞于食管中；或在采食草料、小块豆饼、胡萝卜等时，因突然受到惊吓，吞咽过急而引起。也有因全身麻醉，食管神经功能尚未完全恢复即采食，从而导致阻塞。

猪和羊的原发性食管阻塞，多因牲畜抢食甘薯、萝卜、马铃薯块、未拌湿均匀的粉料，咀嚼不充分就忙于吞咽而引起。猪采食混有骨头、鱼刺的饲料，也常发生食管阻塞。

犬的原发性食管阻塞，多见于群犬争食软骨、骨头和不易嚼烂的肌腱而引起。幼犬常因嬉戏，误咽瓶塞、煤块、小石子等异物而发病。

继发性食管阻塞，常继发于食管狭窄或食管麻痹、食管炎、术后急于进食等。

【症状】

各种动物食管阻塞的共同症状是采食中突然发病，停止采食，恐惧不安，头颈伸展，张口伸舌，大量流涎，呈现吞咽动作，呼吸急促。颈部食管阻塞时，外部触诊可感阻塞物；胸部食管阻塞时，在阻塞部位上方的食管内积满唾液，触诊能感到波动并引起哽噎运动。用胃导管进行探诊，当触及阻塞物时，感到阻力，不能推进。X 射线检查：在完全性阻塞时，阻塞部呈块状密影；食管造影检查，显示钡剂到达该处则不能通过。

马食管阻塞时，病马不安，前肢刨地，时卧时起，张口缩颈，干呕，大量流涎，饲料与唾液从鼻孔逆出，咳嗽。约 1h 以后，强迫或痉挛性吞咽的频率减少，患畜变得安静。

牛食管阻塞时，瘤胃臌胀及流涎是其特征性症状。臌胀的程度随阻塞的程度及时间而变化，完全性阻塞时，则迅速发生瘤胃臌胀。

猪食管阻塞时，垂头站立，流涎，时而试图饮水、采食，但饮进的水立即逆出口腔。

犬食管阻塞时，流涎、干呕和咽下困难。完全性阻塞的病犬采食或饮水后，出现食物反流。部分阻塞时，液体和流质食物可通过食管进入胃。慢性阻塞时，病犬厌食，消瘦。

【病程及预后】

病程及预后应视阻塞物的性质、阻塞的部位以及治疗的结果而定。谷物及干草引起的轻度食管阻塞，一般通过唾液的软化能自行消散，病程可能是数小时至2d。小块坚硬饲料引起的食管阻塞，常常由于食管收缩运动，通过呕吐排出或被纳入胃内，经1～8h即可恢复健康。大块饲料或异物引起的阻塞，经过2～3d若仍不能排出，即引起食管壁组织坏死甚至穿孔。颈部食管穿孔，可引起颈部的化脓性炎症；而胸部食管穿孔，可引起胸膜炎、纵膈炎、脓胸。阻塞后的误咽，常引起腐败性支气管炎或肺坏疽，预后不良。

从食管的阻塞部位而言，食管起始部和接近贲门部阻塞，比其他部位的阻塞容易治愈。

【诊断】

（1）突然病发，病畜表现不安，伸头缩颈，咳嗽摇头，流涎。

（2）牛多见于路过萝卜地或甘薯地后因吞食萝卜等阻塞于食道而突然发病，完全阻塞时，迅速引起急性瘤胃臌气。

（3）送入胃管阻塞，听不到蠕动音；颈部食道阻塞时可摸到阻塞块。

根据病史和病畜大量流涎、呈现吞咽动作等症状，结合食管外部触诊、胃管探诊或用X射线等检查可以获得正确诊断。

【治疗】

治疗原则：解除阻塞，疏通食管，消除炎症，加强护理和预防并发症的发生。

1. 咽后食管起始部阻塞

大家畜装上开口器后，可用徒手取出。颈部与胸部食管阻塞时，应根据阻塞物的性状及其阻塞的程度，采取相应的治疗措施。

2. 缓解疼痛及痉挛，润滑管腔

牛、马可用水合氯醛10～25g，配成2%溶液灌肠，或者静脉注射5%水合氯醛酒精注射液100～200mL；也可皮下或肌肉注射30%安乃近20～30mL。此外尚可应用阿托品、山莨菪碱、氯丙嗪等药物。然后用植物油（或液体石蜡）50～100mL、1%普鲁卡因溶液10mL，灌入食管内。

3. 解除阻塞，疏通食管

常用排除食管阻塞物的方法有挤压法、下送法、打气法等。

（1）挤压法 牛、马采食胡萝卜等块根、块茎饲料而阻塞于颈部食管时，将病畜横卧保定，用平板或砖垫在食管阻塞部位；然后以手掌抵于阻塞物下端，朝咽部方向挤压，将阻塞物挤压到口腔，即可排除。若为谷物与糠麸引起的颈部食管阻塞，病畜站立保定，用双手手指从左右两侧挤压阻塞物，将阻塞物压沟、压碎，促进阻塞物软化，使其自行咽下。

（2）下送法 下送法又称疏导法，解痉剂（阿托品或水合氯醛）、植物油或液体石蜡50～100mL灌服，即将胃管插入食管内抵住阻塞物，借助植物油的润滑作用和阿托品的松弛作用，徐徐把阻塞物推入胃中。主要用于胸部食管阻塞和腹部食管阻塞。

（3）打气法 应用下送法经1～2h后不见效时，可先插入胃管，装上胶皮球，吸出食管内的唾液和食糜，灌入少量植物油或温水。将病畜保定好后，把打气管接在胃管上，颈部勒上绳子以防气体回流，然后适量打气，并趁势推动胃管，将阻塞物推入胃内。但不能打气过多和推送过猛，以免食管破裂。

（4）打水法 当阻塞物是颗粒状或粉状饲料时，可插入胃管，用清水反复泵吸或虹吸，以便把阻塞物溶化、洗出，或者将阻塞物冲下。

（5）通噎法 通噎法是中兽医治疗食管阻塞的传统方法，主要用于治疗马的食管阻塞。其方法是将病马缰绳拴在左前肢系凹部，使马头尽量低下，然后驱赶病马前进或上下坡，往返运动20～30min，借助颈部肌肉收缩，使阻塞物纳入胃内。如果先灌入少量植物油，鼻吹芸苔散（芸苔子、瓜蒂、胡椒、皂角各等份，麝香少许，研为细末），更能增进其效果。

（6）药物疗法 先向食管内灌入植物油（或液体石蜡）100～200mL，然后皮下注射3%盐酸毛果芸香碱3mL，促进食管肌肉收缩和分泌，经3～4h奏效。猪宜皮下注射藜芦碱（0.02～0.03g）或盐酸阿扑吗啡（0.05g），促使呕吐，使阻塞物呕出。

（7）手术疗法 当采取上述方法不见效时，应施行手术疗法。颈部食管阻塞，采用食管切开术。对于靠近膈的食管裂孔的胸部食管及腹部食管阻塞，可采用剖腹按压法治疗；在牛，若此法不见效时，还可施行瘤胃切开术，通过贲门将阻塞物排除。

羊、猪、犬、猫可选用上述方法治疗。犬、猫因异物（骨、鱼刺等）引起的颈部食管阻塞，应配合使用内窥镜和镊子将异物取出。对于大犬，可使用食管镜；而体形小的犬和猫，则使用直肠镜。在整个操作过程中都应小心进行，以免刺伤或用力过度撕伤食管壁。

（8）加强护理 暂停饲喂饲料和饮水，以免误咽而引起异物性肺炎。当牛、羊食管阻塞继发瘤胃臌气时，应及时施行瘤胃穿刺放气，并向瘤胃内注入防腐消毒剂，在治疗过程中穿刺针不取下。病程较长者，应注意消炎、强心、输糖补液或营养液灌肠，维持机体营养，增进治疗效果。排除阻塞物后1~3d内，应使用抗菌药物，防治食管炎，并给予流质饲料或柔软易消化的饲料。

【预防】

加强饲养管理，定时饲喂，防止饥饿。过于饥饿的牛、马，应先喂草，后喂料，少喂勤添；饲喂块根、块茎饲料时，应切碎后再喂；豆饼、花生饼等饼粕类饲料，应经水泡制后，按量给予；堆放马铃薯、甘薯、胡萝卜、萝卜、苹果、梨的地方，不能让牛、马、猪等家畜通过或放牧，防止骤然采食；施行全身麻醉者，在食管功能未复苏前，更应注意护理，以防发生食管阻塞。

任务二 | 反刍动物前胃疾病

一、 前胃弛缓

前胃弛缓是由各种病因导致前胃神经兴奋性降低，瘤胃收缩力减弱，瘤胃内容物运转缓慢，微生物菌群失调，产生大量发酵和腐败的物质，引起动物消化障碍，食欲、反刍减退，乃至全身功能紊乱的一种疾病。

【病因】

原发性前胃弛缓又称单纯性消化不良，其病因主要是饲养与管理不当。

1. 饲养不当

几乎所有能改变瘤胃环境的食物性因素均可引起单纯性消化不良。常见有：①精饲料喂量过多或突然食入过量的适口性好的饲料，如玉米青贮；②食入过量不易消化的粗饲料，如麦糠、秕壳、半干的山芋藤、紫云英、豆秸等；③饲喂变质的青草、青贮饲料、酒糟、豆渣、山芋渣等饲料或冰冻饲料；④饲料突然发生改变，日粮中突然加入不适量的尿素或使牛群转向茂盛的禾谷类草地；⑤误食塑料袋、化纤布或分娩后的母牛食入胎衣均可引起单纯性消化不良；⑥在严冬早春，水冷草枯，牛、羊被迫食入大量的秸秆、垫草或灌木，或者日粮配比不当，矿物质和维生素缺乏，特别是缺钙时，血钙水平低，致使神经－体液调节功能紊乱，引起单纯性消化不良。

2. 管理不当

当管理不当的同时有饲养不当时，更能促进单纯性消化不良的发生。常见有：①由放牧迅速转变为舍饲，或舍饲突然转为放牧；②劳役与休闲不均，受寒，圈舍阴暗、潮湿；③经常更换饲养员和调换圈舍或牛床，都会破坏前胃正常消化反射，造成前胃功能紊乱，导致单纯性消化不良的发生；④由于严寒、酷暑、饥饿、疲劳、断乳、离群、恐惧、感染与中毒等因素，或受手术、创伤、剧烈疼痛的影响，引起应激反应，而发生单纯性消化不良。

继发性前胃弛缓，常继发于口炎、齿病、创伤性网胃腹膜炎、腹腔脏器粘连、瓣胃阻塞、皱胃阻塞、骨软症、酮病、乳房炎、子宫内膜炎、牛流行热、结核、布氏杆菌病、前后盘吸虫病、血孢子虫病和锥虫病等疾病。

此外在兽医临床上，治疗用药不当，如长期大量服用抗生素或磺胺类等抗菌药物，瘤胃内正常微生物菌群受到破坏而发生消化不良，也会造成医源性前胃弛缓。

【发病机制】

由于上述致病因素的作用，引起中枢神经系统和植物性神经系统的功能紊乱，导致消化不良，这是前胃弛缓的主要病理因素。因为迷走神经所支配的神经兴奋是通过迷走神经胆碱能纤维释放乙酰胆碱来实现的，特别是当钙水平降低或受到各种应激因素影响时，乙酰胆碱释放减少，神经-体液调节功能减退，从而导致前胃弛缓的发生和发展。

由于前胃弛缓，收缩力减弱，致使瘤胃内容物得不到充分的搅拌，也就造成其内各种微生物活动的不平衡。由于某些微生物积极活动的结果，瘤胃内容物异常分解，产生大量的有机酸（乙酸、丙酸、丁酸、乳酸等）和气体（CO_2、CH_4等），pH下降，瘤胃内微生物菌群共生关系遭到破坏，纤毛虫的活力减弱或消失，某些微生物异常增殖，产生多量的有毒物质和毒素，消化道反射活动受到抑制，食欲减退或废绝，反刍减弱或停止，前胃内容物不能正常运转与排出，瓣胃内容物停滞，消化功能更加紊乱。随着疾病的发展，前胃内容物异常腐败分解，产生大量的氨和其他含氮物质（酰胺、组胺等），这时血液中尿素和铵盐含量增高，并出现有毒的酰胺和胺，肝脏受到毒性损害，解毒功能降低，发生自体中毒。并因肝糖原异生作用旺盛，形成大量酸性产物，引起酸毒症或轻度的酮血症，同时由于有毒物质的强烈刺激引起前胃炎、皱胃炎、肠炎和腹膜炎，肠道渗透性增强，发生脱水，病情急剧恶化，导致动物迅速死亡。

【症状】

前胃弛缓按其病情发展过程，可分为急性和慢性两种类型。

1. 急性型

病畜食欲减退或废绝，反刍减少、短促、无力，时而嗳气并带酸臭味；乳牛和乳山羊泌乳量下降；体温、呼吸、脉搏一般无明显异常。瘤胃蠕动音减弱，蠕动次数减少，有的病畜虽然蠕动次数不减少，但瘤胃蠕动音减弱，每次蠕动的持续时间缩短；瓣胃蠕动音微弱。触诊瘤胃，其内容物黏硬或呈粥状。病初粪便变化不大，随后粪便变为干硬、色暗，被覆黏液。如果伴发前胃炎或酸中毒时，病情急剧恶化，呻吟、磨牙，食欲废绝，反刍停止，排棕褐色糊状恶臭粪便；精神沉郁，黏膜发绀，皮温不整，体温下降，脉率增快，呼吸困难，鼻镜干燥，眼窝凹陷。

2. 慢性型

通常由急性型前胃弛缓转变而来。病畜食欲不定，有时减退或废绝；常常虚嚼、磨牙，发生异嗜，舔砖、吃土或采食被粪尿污染的褥草、污物；反刍不规则，短促、无力或停止；嗳气减少，嗳出的气体带臭味。病情弛张，时而好转，时而恶化，日渐消瘦；被毛干枯、无光泽，皮肤干燥、弹性减退；精神不振，体质虚弱。瘤胃蠕动音减弱或消失，内容物黏硬或稀软，瘤胃轻度臌胀；多数病例，网胃与瓣胃蠕动音微弱。腹部听诊，肠蠕动音微弱。病畜便秘，粪便干硬、呈暗褐色，附有黏液；有时腹泻，粪便呈糊状，腥臭，或者腹泻与便秘互相交替。老牛病重时，呈现贫血与衰竭，常有死亡。

实验室检查：瘤胃液 pH 下降至 5.5 以下（正常的变动范围为 6 ~ 7）；纤毛虫活力降低，数量减少至 7.0 万/mL 左右（正常黄牛为 13.9 万 ~ 114.6 万/mL、水牛为 22.3 万 ~ 78.5 万/mL）；葡萄糖发酵实验，糖发酵能力降低，60min 时，产气低于 1mL，甚至产生的气体仅有 0.5mL（正常牛、羊 60min 时产气 1 ~ 2mL）；瘤胃沉淀物活性实验，其中微粒物质漂浮的时间延长（正常为 3 ~ 9min）；纤维素消化实验，用系有小金属重物的棉线悬于瘤胃液中进行厌气温浴，棉线被消化断离的时间超过 60h（正常为 50h 左右），显示前胃弛缓，消化不良。

【病理变化】

瘤胃胀满，黏膜潮红，有出血斑。瓣胃容积增大，甚至可达正常时的 3 倍；瓣叶间内容物干燥，形同胶合板状，其上覆盖脱落的黏膜，有时还有瓣叶的坏死组织。有的病例，瓣胃叶片组织坏死、溃疡和穿孔，出现局限性或弥散性腹膜炎以及全身败血症等变化。

【病程及预后】

若无并发症，采取病因疗法，加强护理，3 ~ 5d 内即可康复。若治疗不及时，伴发瓣胃阻塞，预后慎重。继发性前胃弛缓，病情的发展与转归视原发病而定，如由创伤性网胃炎所致的前胃弛缓，预后不良。

【诊断】

（1）采食、饮水突然减少或废绝，有的出现异嗜，反刍减少或完全停止，粪干色深并附有黏液，病畜拱背磨牙。

（2）瘤胃时有间歇性臌气，触诊瘤胃松软，蠕动力量减弱，次数减少，持续时间短，甚至蠕动消失。

（3）瘤胃内容物纤毛虫数量减少，而且运动性不良；瘤胃内容物 pH 降低。

原发性前胃弛缓的诊断可根据饲养管理失调和临床症状建立诊断。但须与乳牛酮病、创伤性网胃腹膜炎、皱胃左方变位、瘤胃积食等疾病进行鉴别。

【治疗】

治疗原则：除去病因，加强护理，增强前胃功能，改善瘤胃内环境，恢复正常微生物菌群，防止脱水和自体中毒。

1. 除去病因

立即停止饲喂发霉变质饲料等。

2. 加强护理

病初绝食 1 ~ 2d（但给予充足的清洁饮水），再饲喂适量的易消化的青草或优质干草。轻症病例可在 1 ~ 2d 自愈。

3. 清理胃肠

为了促进胃肠内容物的运转与排除，可用硫酸钠（或硫酸镁）300 ~ 500g，鱼石脂 20g，酒精 50mL，温水 6000 ~ 10000mL，一次内服。或用液体石蜡 1000 ~ 3000mL、苦味酊 20 ~ 30mL，一次内服。对于采食多量精饲料而症状又比较重的病牛，可采用洗胃的方法，排除瘤胃内容物；洗胃后应向瘤胃内接种纤毛虫。重症病例应先强心、补液，再洗胃。

4. 增强前胃功能

应用“促反刍液”（5% 葡萄糖生理盐水注射液 500 ~ 1000mL，10% 氯化钠注射液 100 ~ 200mL，5% 氯化钙注射液 200 ~ 300mL，20% 苯甲酸钠咖啡因注射液 10mL），一次静脉注射；并肌肉注射维生素 B_1。因过敏性因素或应激反应所致的前胃弛缓，在应用“促反刍液”的同时，肌肉注射 2% 盐酸苯海拉明注射液 10mL。在洗胃后，可静脉注射 10% 氯化钠注射液 150 ~ 300mL、20% 苯甲酸钠咖啡因注射液 10mL，每日 1 ~ 2 次。酒石酸锑钾（吐酒石），宜用小剂量，牛每次 2 ~ 4g，加水 1000 ~ 2000mL 内服，每日 1 次，连用三次。此外还可皮下注射新斯的明（牛 10 ~ 20mg，羊 2 ~ 5mg）或毛果芸香碱（牛 30 ~ 100mg，羊 5 ~ 10mg），但对于病情重剧、心脏衰弱、老龄或妊娠母牛则禁止应用，以防虚脱和流产。

5. 应用缓冲剂

应用缓冲剂的目的是调节瘤胃内容物的 pH，改善瘤胃内环境，恢复正常微生物菌群，增进前胃功能。在应用前，必须测定瘤胃内容物的 pH，然后再选用缓冲剂。当瘤胃内容物 pH 降低时，宜用氢氧化镁（或氢氧化铝）200 ~ 300g，碳酸氢钠 50g，常水适量，牛一次内服；也可应用碳酸盐缓冲剂（CBM）：碳酸钠 50g，碳酸氢钠 350 ~ 420g，氯化钠 100g，氯化钾 100 ~ 140g，常水 10L，牛一次内服，每日 1 次，可连用数次。当瘤胃内容物 pH 升高时，宜用稀醋酸（牛 30 ~ 100mL，羊 5 ~ 10mL）或常醋（牛 300 ~ 1 000mL，羊 50 ~ 100mL），加常水适量，一次内服；也可应用醋酸盐缓冲剂（ABM）：醋酸钠 130g，冰醋酸 30mL，常水 10L，牛一次内服，每日 1 次，可连用数次。必要时，给病牛投服从健康牛口中取得的反刍食团，或灌服健康牛瘤胃液 4 ~ 8L 进行接种。

继发性臌胀的病牛，可灌服鱼石脂、松节油等制酵剂。

伴发瓣胃阻塞时，除按前胃弛缓处治外，还应按瓣胃阻塞处理，如向瓣胃内注射液体石蜡 300 ~ 500mL 或 10% 硫酸钠 2000 ~ 3000mL。必要时，采取瓣胃冲洗疗法即施行瘤胃切开术，用胃管插入网瓣孔，冲洗瓣胃。防止脱水和自体中毒：当病畜呈现轻度脱水和自体中毒时，应用25%葡萄糖注射液500～1000mL，40%乌洛托品注射液20～50mL，20%安钠咖注射液10～20mL，静脉注射；并用胰岛素100～200IU，皮下注射。此外还可用樟脑酒精注射液（或撒乌安注射液）100～200mL，静脉注射；并配合应用抗生素药物。

继发性前胃弛缓，着重治疗原发病，并配合前胃弛缓的相关治疗，促进病情好转。

6. 中医治疗

根据辨证施治原则，对脾胃虚弱，水草迟细，消化不良的牛，着重健脾和胃，补中益气。宜用加味四君子汤：党参100g，白术75g，茯苓75g，炙甘草25g，陈皮40g，黄芪50g，当归50g，大枣200g，共为末，灌服，每日一剂，连服2～3剂。

病初，对体壮实，口温偏高，口津黏滑，粪干，尿短的病牛，应清泻胃火，宜用加味大承气汤或大戟散。加味大承气汤：大黄、厚朴、枳实、苏梗、陈皮、炒神曲、焦山楂、炒麦芽各30～40g，芒硝50～150g，玉片15～20g，车前子30～40g，莱菔子60～80g，共为末，灌服。大戟散；大戟、千金子、大黄、滑石各3～40g，甘遂15～20g，二丑20g，官桂10g，白芷10g，甘草20g，共为末，清油250mL，灌服。

牛久病虚弱，气血双亏，应补中益气，养气益血为主。宜用加味八珍散：党参、白术、当归、熟地、黄芪、山药、陈皮各50g，茯苓、白芍、川芎各40g，甘草、升麻、干姜各25g，大枣200g，共为末，灌服，每日一剂，连服数剂。

病牛口色淡白，耳鼻俱冷，口流清涎，水泻，应温中散寒、补脾燥湿，宜用加味厚朴温中汤：厚朴、陈皮、茯苓、当归、茴香各50g，草豆蔻、干姜、桂心、苍术各40g，甘草、广木香、砂仁各25g，共为末，灌服，每日一剂，连服数剂。此外也可以用红糖250g、胡椒粉30g、生姜200g（捣碎），开水冲，候温内服。具有和脾暖胃、温中散寒的功效。

针治：舌底、脾俞、百合、关元俞等穴。

【预防】

注意饲料的选择、保管，防止霉败变质；乳牛和乳羊、肉牛和肉羊都应依据日粮标准饲喂，不可任意增加饲料用量或突然变更饲料；耕牛在农忙季节，不能劳役过度，而在休闲时期，应注意适当运动；圈舍须保持安静，避免奇异声音、光线和颜色等不利因素的刺激和干扰；注意圈舍卫生和通风、保暖，做好预防接种工作。

二、 瘤胃积食

瘤胃积食又称急性瘤胃扩张，是反刍动物贪食大量粗纤维饲料或容易臌胀的饲料引起瘤胃扩张，瘤胃容积增大，内容物停滞和阻塞以及整个前胃功能障碍，导致脱水和毒血症的一种严重疾病。

【病因】

瘤胃积食主要是由于贪食大量富含粗纤维的饲料，如豆秸、山芋藤、老苜蓿、花生蔓、紫云英、谷草、稻草、麦秸、甘薯蔓等，缺乏饮水，难以消化所致。过食麸皮、棉籽饼、酒糟、豆渣等，也能引起瘤胃积食。

长期舍饲的牛、羊，运动不足，当突然变换可口的饲料，常常造成采食过多，或者由放牧转舍饲，采食难于消化的干枯饲料而发病。耕牛常因采食后立即犁田、耙地，或使役后立即饲喂，影响消化功能，引起本病的发生。

当饲养管理和环境卫生条件不良时，乳牛与乳山羊、肉牛与肉羊容易受到各种不利因素的刺激和影响，如过度紧张、运动不足、过于肥胖或因中毒与感染等，产生应激反应，也能引起瘤胃积食。此外在前胃弛缓、创伤性网胃腹膜炎、瓣胃秘结以及皱胃阻塞等病程中，也常常继发瘤胃积食。

【发病机制】

瘤胃积食除由一次大量暴食所引起外，往往是在前胃弛缓的基础上发生。这是由于在前胃弛缓的基础上，只须饲料数量和质量稍有变更，就可进一步造成神经－体液调节紊乱、瘤胃收缩力量减弱，瘤胃陷于进一步的弛缓、扩张乃至麻痹，反射性地引起皱胃幽门痉挛性收缩，瘤胃内容物不能正常运转而停滞，导致本病的发生。

由于大量胃内容物积聚于瘤胃，压迫瘤胃黏膜感受器，在瘤胃短时间的兴奋之后，立即转入抑制。由于瘤胃积食，内容物浸渍、浸出、溶解、合成和吸收的全部消化程序遭到严重破坏，瘤胃内容物发酵、腐败，产生大量气体和有毒物质，刺激瘤胃壁神经感受器，引起腹痛不安。随着病情急剧发展，瘤胃内微生物菌群失调，革兰阳性菌，特别是牛链球菌大量增殖，产生大量乳酸，pH 降低，瘤胃内纤维分解菌和纤毛虫活性降低甚至大量死亡。微生物菌群共生关系失调，腐败产物增多，引起瘤胃炎，进一步导致瘤胃的渗透性增强，引起积液。由于脱水，酸碱平衡失调，碱贮下降，神经－体液调节功能更加紊乱，病情急剧恶化；呼吸困难，血液循环障碍，肝脏解毒功能降低，瘤胃内的蛋白质和氨基酸形成各种有毒的胺类，如组胺、尸胺等，当这些有毒物质被吸收后，引起自体中毒，病畜出现兴奋、痉挛、抽搐、血管扩张、血压下降，循环虚脱，病情更加危重。

【症状】

常在饱食后数小时内发病，病畜不安，目光凝视，拱背站立，回顾腹部或后肢踢腹，间或不断起卧；食欲废绝，反刍停止，虚嚼，磨牙，时而努责，常有呻吟、流涎、嗳气，有时作呕或呕吐。瘤胃蠕动音减弱或消失；视诊瘤胃，腹围急剧膨大，下方突出，后视呈梨状臌气为上方突出（见图 1－1）。触诊瘤胃，病畜不安，内容物坚实或黏硬，有的病例呈粥状；腹部膨胀，瘤胃背囊有一层气体，穿刺时可排出少量气体和带有臭味的泡沫状液体。腹部听诊，肠音微弱或沉寂。

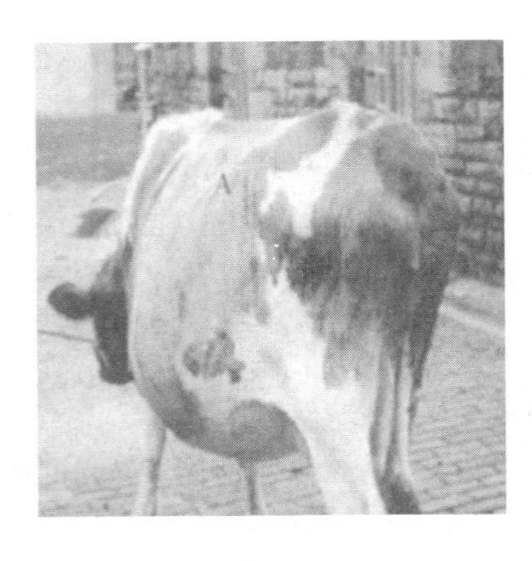

图1－1 瘤胃积食左下腹呈梨形

病畜便秘，粪便干硬，色暗；间或发生腹泻。直肠检查：可发现瘤胃扩张，容积增大，充满坚实或黏硬内容物；有的病例内容物呈粥状，但胃壁显著扩张。瘤胃内容物检查：内容物pH一般由中性逐渐趋向弱酸性；后期，纤毛虫数量显著减少。瘤胃内容物呈粥状，恶臭时表明继发中毒性瘤胃炎。

晚期病例，病情恶化、乳牛、乳山羊泌乳量明显减少或停止。腹部胀满，瘤胃积液，呼吸急促，心悸动增强，脉率增快；皮温不整，四肢下部、角根和耳冰凉；全身颤栗，眼窝凹陷；黏膜发绀；病畜衰弱，卧地不起，陷于昏迷状态。

【病理变化】

瘤胃极度扩张，其内含有气体和大量腐败内容物，胃黏膜潮红，有散在出血斑点；瓣胃叶片坏死；各实质器官瘀血。

【病程及预后】

轻度的瘤胃积食，1～2d即可康复。一般病例，经及时治疗，3～5d后可以痊愈。慢性病例，病情反复，有的暂时好转，而后又加重，病程达7d以上，多因瘤胃高度弛缓，内容物胀满，呼吸困难，血液循环障碍，发生窒息及心力衰竭，预后不良。

【诊断】

（1）具有一次采食过多的病史。

（2）腹围增大，左侧瘤胃上部饱满，中下部向外突出。

（3）腹痛；按压瘤胃，内容物充满、坚硬，甚至不易压下，拳压留有压痕。

（4）瘤胃蠕动力量减弱，蠕动次数减少。

根据病史和临床症状可以确诊。但须与前胃弛缓、急性瘤胃臌胀、创伤性网胃炎、皱胃阻塞、牛黑斑病甘薯中毒、皱胃变位、肠套叠、生产瘫痪等疾病进行鉴别。

【治疗】

治疗原则是增强瘤胃蠕动功能，促进瘤胃内容物排出，调整与改善瘤胃内微生物环境，防止脱水与自体中毒。

一般病例，首先绝食，并进行瘤胃按摩，每次5～10min，每隔30min一次。也可先灌服酵母粉250～500g（或神曲400g，食母生200片，红糖500g），再按摩瘤胃。在瘤胃内容物软化后，神曲、食母生用量减半，为防止发酵过盛，产酸过多，可服用适量的人工盐。清肠消导，牛可用硫酸镁（或硫酸钠）300～500g，液体石蜡（或植物油）500～1000mL，鱼石脂 15～20g，酒精 50～100mL，常水 6～10L，一次内服。应用泻剂后，可皮下注射毛果芸香碱或新斯的明，以兴奋前胃神经，促进瘤胃内容物运转与排除。改善中枢神经系统调节功能，促进反刍，防止自体中毒，可静脉注射 10% 氯化钠注射液 100～200mL，或者先用 1% 温食盐水 20～30L 洗涤瘤胃后，用 10% 氯化钙注射液 100mL，10% 氯化钠注射液 100mL，20% 安钠咖注射液 10～20mL，静脉注射。

对病程长的病例，除反复洗胃外，宜用 5% 葡萄糖生理盐水注射液 2000～3000mL、20% 安钠咖注射液 10～20mL，5% 维生素 C 注射液 10～20mL，静脉注射，每日 2 次，以达到强心补液、维护肝脏功能、促进新陈代谢、防止脱水的目的。

当血液碱贮下降，酸碱平衡失调时，先用碳酸氢钠 30～50g，常水适量，内服，每日 2 次。再用 5% 碳酸氢钠注射液 300～500mL 或 11.2% 乳酸钠注射液 200～300mL，静脉注射。另用 1% 呋喃硫胺注射液 20mL，静脉注射，促进丙酮酸脱羧，解除酸中毒。如果因反复使用碱性药物而出现呼吸急促、全身抽搐等碱中毒症状时，宜用稀盐酸 15～40mL 或食醋 200～300mL，加水后内服，并静脉注射复方氯化钠注射液 1000～2000mL。在病程中，为了抑制乳酸的产生，应及时内服青霉素或土霉素，间隔 12h 投药一次。

继发瘤胃臌气时，应及时穿刺放气，并内服鱼石脂等制酵剂，以缓解病情。

对危重病例，当认为使用药物治疗效果不佳，且病畜体况尚好时，应及早施行瘤胃切开术，取出内容物，并用 1% 温食盐水冲洗。必要时，接种健畜瘤胃液。

中医治疗：中兽医称瘤胃积食为宿草不转，治以健脾开胃，消食行气，泻下为主。

牛用加味大承气汤：大黄 60～90g，枳实 30～60g，厚朴 30～60g，槟榔 30～60g，芒硝 150～300g，麦芽 60g，藜芦 10g，共为末，灌服，服用 1～3 剂。过食者加青皮、莱菔子各 60g；胃热者加知母、生地各 45g，麦冬 30g；脾胃虚弱者加党参、黄芪各 60g，神曲、山楂各 30g，去芒硝，大黄、枳实、厚朴均减至 30g。

针治：食胀、脾俞、关元俞、顺气等穴。

【预防】

加强饲养管理，防止突然变换饲料或过食；乳牛、乳山羊、肉牛和肉羊按日粮标准饲喂；耕牛不要劳役过度；避免外界各种不良因素的影响和刺激。

三、 瘤胃臌胀

瘤胃臌胀又称瘤胃臌气，是因前胃神经反应性降低，收缩力减弱，采食了容易发酵的饲料，在瘤胃内微生物的作用下，异常发酵，产生大量气体，引起瘤胃和网胃急剧臌胀，膈与胸腔脏器受到压迫，呼吸与血液循环障碍，发生窒息现象的一种疾病。

本病在长江以南地区多发生于春季、夏季牧草生长旺盛的季节，在长江以北地区则以夏季草原上放牧的牛、羊多见。

瘤胃臌胀按病因分为原发性和继发性臌胀；按病的性质为分泡沫性和非泡沫性臌胀。

【病因】

原发性瘤胃臌胀是由于反刍动物直接饱食容易发酵的饲草、饲料后而引起。继发性瘤胃臌胀常继发于前胃弛缓、创伤性网胃炎、瓣胃阻塞、食管阻塞、食管痉挛等疾病。

1. 泡沫性瘤胃臌胀

由于反刍动物采食了大量含蛋白质、皂苷、果胶等物质的豆科牧草，如新鲜的豌豆蔓叶、花生蔓叶、苜蓿、草木樨、红三叶、紫云英，生成稳定的泡沫所致；或者喂饲较多量的谷物性饲料，如玉米粉、小麦粉等也能引起泡沫性臌气。

2. 非泡沫性瘤胃臌胀

主要是采食了产生一般性气体的牧草，如幼嫩多汁的青草、沼泽地区的水草、湖滩的芦苗等，或采食堆积发热的青草、霉败饲草、品质不良的青贮饲料，或者经雨淋、水浸渍、霜冻等饲料而引起。

【发病机制】

健康的反刍动物的瘤胃内容物，在发酵和消化过程中产生 CO_2 66%、CH_4 26%、N_2和 H_2 7%、H_2S 0.1%、O_2 0.9%等。这些气体是由纤毛虫、鞭毛虫、根足虫和某些生产多糖黏液的细菌参与瘤胃代谢所形成。这些气体除覆盖于瘤胃内容物表面外，其余大部分通过反刍、咀嚼和嗳气排出，而另一小部分气体并随同瘤胃内容物经皱胃进入肠道和血液被吸收，从而保持着产气与排气的相对平衡。但在病理情况下，由于采食了多量易发酵的饲料，经瘤胃发酵生成大量的气体，超量的气体既不能通过嗳气排出，又不能随同内容物通过消化道排出和吸收，因而导致瘤胃的急剧扩张和臌胀。

在瘤胃臌胀发生方面，还必须考虑每种反刍动物的个体差异，如神经反应性、唾液的分泌及其成分、瘤胃运动、气体的性状、嗳气的反射、食糜运转的速度以及内容物 pH 和微生物区系的变化等。因此，瘤胃臌胀发生的主要因素，是由于机体的神经反应性、饲料的性质和瘤胃内微生物共生关系三者之间的变化及其动态平衡失调而引起。

瘤胃臌胀按性质分为泡沫性和非泡沫性臌胀。泡沫的形成，主要取决于瘤胃液的表面张力、黏稠度和泡沫表面的吸附性能等三种胶体化学因素的作用。按照病因分析，易发酵的饲料，特别是豆科植物，含有多量的蛋白质、皂苷、果胶等物质，都可产生气泡，其中核蛋白体 18s 更具有形成泡沫的特性；而果胶与唾液中的黏蛋白和细菌的多糖类可增加瘤胃液的黏稠度。瘤胃内容物发酵过程所产生的有机酸（特别是柠檬酸、丙二酸、琥珀酸等非挥发性酸）使瘤胃液 pH 下降至 5.2～6.0 时，泡沫的稳定性显著增高。显而易见，瘤胃内所产生的大量气体，与其中的内容物互相混合形成稳定性泡沫，而不能融汇成较大的气泡通过嗳气将气体排出，从而导致泡沫性臌胀的发生。

对于舍饲育肥牛臌气中泡沫的成因尚未肯定，但被认为是在给牛喂饲高碳水化合物食物时，由某些种类瘤胃细菌产生了不溶性黏液，或者是吸收了小颗粒性磨碎饲料发酵产生的气体。小颗粒物质，如细磨的谷物，可明显影响泡沫的稳定性。舍饲育肥牛的臌胀最常见于饲喂谷物食物达 1～2 个月的牛，这种定时可能是由于谷物饲喂水平增加，或者是产黏液的瘤胃细菌增殖至足够数量所需要的时间。

非泡沫性臌胀，除瘤胃内重碳酸盐及其内容物发酵所产生的大量 CO_2 和 CH_4 外，饲料中还含有氰苷与脱氢黄体酮化合物（类似维生素 P），具有降低前胃神经兴奋性、抑制瘤胃平滑肌收缩的作用，从而引起非泡沫性瘤胃臌胀的发生。

在瘤胃臌胀发生发展的过程中，瘤胃过度臌胀和扩张，腹内压升高，影响呼吸和血液循环，气体代谢障碍，病情急剧发展和恶化。并因瘤胃内容物发酵、腐败产物的刺激，瘤胃壁痉挛性收缩，引起疼痛不安。病的末期，瘤胃壁紧张力完全消失乃至麻痹，气体排出更加困难，血液中 CO_2 显著增加，碱贮下降，最终导致窒息和心脏麻痹。

【症状】

急性瘤胃臌胀，通常在采食不久发病。腹部迅速臌大，左肷窝明显突起，严重者高过背中线（见图 1－2）。反刍和嗳气停止，食欲废绝，发出吭声，表现不安，回顾腹部。腹壁紧张而有弹性，叩诊呈鼓音；瘤胃蠕动音初期增强，常伴发金属音，后减弱或消失。呼吸急促甚至头颈伸展，张口呼吸，呼吸数增至 60 次/min 以上；心悸、脉率增快，可达 100 次/min 以上。胃管检查：非泡沫性臌胀时，从胃管内排出大量酸臭的气体，臌胀明显减轻；而泡沫性臌胀时，仅排出少量气体，而不能解除臌胀。病的后期，病畜心力衰竭，血液循环障碍，静脉怒张，呼吸困难，黏膜发绀；目光恐惧，出汗、间或肩背部皮下气肿、站立不稳，步态蹒跚甚至突然倒地，痉挛、抽搐。最终因窒息和心脏麻痹而死亡。

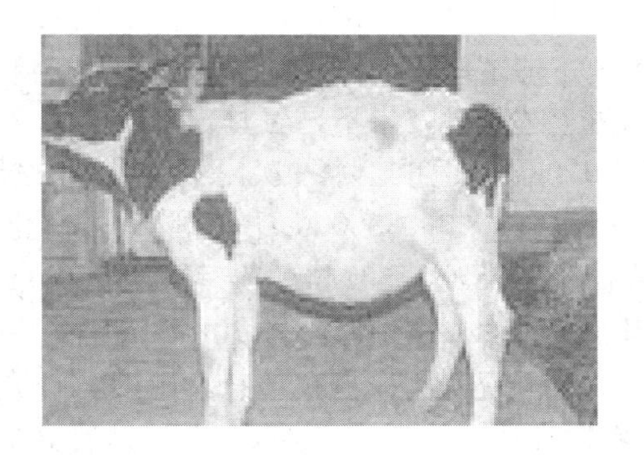

图 1－2 瘤胃臌胀

慢性瘤胃臌胀，多为继发性瘤胃臌胀。病情弛张，瘤胃中等度膨胀，时而消长，常为间歇性反复发作。经治疗虽能暂时消除臌胀，但极易复发。在这种情况下，应全面检查，具体分析，力求确诊原发病。

【病理变化】

死后立即剖检的病例，瘤胃壁过度紧张，充满大量气体及含有泡沫的内容物。瘤胃腹囊黏膜有出血斑，角化上皮脱落。头颈部淋巴结、心外膜充血和出血；肺脏充血，颈部气管充血和出血；肝脏和脾脏呈贫血状，浆膜下出血。有的瘤胃破裂或膈肌破裂。

【病程及预后】

急性瘤胃臌胀，病程急促，如不及时急救，数小时内窒息死亡。病情轻的病例，若治疗及时，可迅速痊愈，预后良好。但有的病例，经过治疗消胀后又复发，预后可疑。慢性瘤胃臌胀，病程可持续数周至数月，由于原发病不同，预后不一，如继发于前胃弛缓者，原发病治愈后，慢性臌胀也随之消失；如继发于创伤性网胃腹膜炎、腹腔脏器粘连、肿瘤等疾病者，则久治不愈，预后不良。

【诊断】

（1）采食大量易发酵性饲料发病，病情急剧。

（2）腹部臌胀，左肷部凸出。触诊有弹性，叩诊呈鼓音。

（3）体温正常，呼吸极度困难，血液循环障碍。

（4）瘤胃穿刺是区别泡沫性臌胀与非泡沫性臌胀的有效方法。

【治疗】

治疗原则是排出气体，理气消胀、强心补液、健胃消导、恢复瘤胃蠕动。

对病情轻的病例，使病畜立于斜坡上，保持前高后低姿势，不断牵引其舌，或在木棒上涂煤油或菜油后让病畜衔在口内，同时按摩瘤胃，促进气体排出。若通过上述处理效果不显著时，可用松节油 20～30mL，鱼石脂 10～20g，酒精30～50mL，温水适量，牛一次内服，或者内服 8% 氧化镁溶液（600～1500mL）或生石灰水（1000～3000mL 上清液），具有止酵消胀作用。也可灌服胡麻油合剂：胡麻油（或清油）500mL，芳香氨酯 40mL，松节油 30mL，樟脑酯 30mL，常水适量，成年牛一次灌服（羊 30～50mL）。

对严重病例，当有窒息危险时，首先应实行胃管放气或用套管针穿刺放气（间歇性放气），防止窒息。非泡沫性臌胀放气后，为防止内容物发酵，宜用鱼石脂 15～25g（羊 2～5g），酒精 100mL（羊 20～30mL），常水 1000mL（羊150～200mL），牛一次内服，或从套管针内注入生石灰水或 8% 氧化镁溶液，或稀盐酸（牛 10～30mL，羊 2～5mL，加水适量）。此外在放气后，用 0.25% 普鲁卡因溶液 50～100mL 将 200 万～500 万 IU 青霉素稀释，注入瘤胃。

泡沫性臌胀，以灭沫消胀为目的，宜内服表面活性药物，如二甲基硅油（牛 2～4g，羊 0.5～1g），消胀片（每片含二甲基硅油 25mg，氢氧化铝 40mg；牛 100～150 片/次，羊 25～50 片/次）。也可用松节油 30～40mL（羊 3～10mL），液体石蜡 500～1 000mL（羊 30～100mL），常水适量，一次内服，或者用菜籽油

（豆油、棉籽油、花生油）300～500mL（羊30～50mL），温水500～1000mL（羊50～100mL）制成油乳剂，一次内服。民间用油脚或奶油（牛、骆驼400～500g，羊50～100g）灭沫消胀。当药物治疗效果不显著时，应立即施行瘤胃切开术，取出其内容物。

此外调节瘤胃内容物pH可用3%碳酸氢钠溶液洗涤瘤胃。排除胃内容物，可用盐类或油类泻剂。兴奋副交感神经、促进瘤胃蠕动，有利于反刍和嗳气，可皮下注射毛果芸香碱或新斯的明。在治疗过程中，应注意全身功能状态，及时强心补液，增进治疗效果。接种瘤胃液，在排除瘤胃气体或瘤胃手术后，采取健康牛的瘤胃液3～6L进行接种。

慢性瘤胃臌胀的治疗：因慢性瘤胃臌胀多为继发性瘤胃臌胀。因此，除应用急性瘤胃臌胀的疗法，缓解臌胀症状外，还必须治疗原发病。

中医治疗：中兽医称瘤胃臌胀为气胀病或肚胀。治以行气消胀，通便止痛为主。牛用消胀散：炒莱菔子15g，枳实、木香、青皮、小茴香各35g，玉片17g，二丑27g，共为末，加清油300mL，大蒜60g（捣碎），水冲服。也可用木香顺气散：木香30g，厚朴、陈皮各10g，枳壳、藿香各20g，乌药、小茴香、青果（去皮）、丁香各15g，共为末，加清油300mL，水冲服。

针治：脾俞、百会、苏气、山根、耳尖、舌阴、顺气等穴。

【预防】

本病的预防要着重搞好饲养管理。由舍饲转为放牧时，最初几天在出牧前先喂一些干草后再出牧，并且还应限制放牧时间及采食量；在饲喂易发酵的青绿饲料时，应先饲喂干草，然后再饲喂青绿饲料；尽量少喂堆积发酵或被雨露浸湿的青草；管理好畜群，不让牛、羊进入到苕子地、苜蓿地暴食幼嫩多汁豆科植物；不到雨后或有露水、下霜的草地上放牧。舍饲育肥动物，在全价日粮中应该至少含有10%～15%的铡短的粗料，粗料最好是禾谷类秸秆或青干草；应避免饲喂用磨细的谷物制作的饲料。

四、瘤胃酸中毒

瘤胃酸中毒是因采食大量的谷类或其他富含碳水化合物的饲料后，导致瘤胃内产生大量乳酸而引起的一种急性代谢性酸中毒。其特征为消化障碍、瘤胃运动停滞、脱水、酸血症、运动失调、衰弱，常导致死亡。本病又称乳酸中毒，反刍动物过食谷物、谷物性积食、乳酸性消化不良、中毒性消化不良、中毒性积食等常引发本病。

【病因】

常见的病因主要有下列几种：给牛、羊饲喂大量谷物，如大麦、小麦、玉米、稻谷、高粱及甘薯干，特别是粉碎后的谷物，在瘤胃内高度发酵，产生大量的乳酸而引起瘤胃酸中毒。舍饲肉牛、肉羊若不按照由高粗饲料向高精饲料逐渐变换的方式，而是突然饲喂高精饲料时，易发生瘤胃酸中毒。现代化乳牛生产中常因饲料混合不匀，导致采入精料含量多的牛发病。在农忙季节，给耕牛突然补饲谷物精料，乃至豆糊、玉米粥或其他谷物，因消化功能不相适应，瘤胃内微生物群系失调，迅速发酵形成大量酸性物质而发病。饲养管理不当，牛、羊闯进饲料房，或粮食、饲料仓库，或晒谷场，短时间内采食了大量的谷物、豆类、畜禽的配合饲料，而发生急性瘤胃酸中毒。耕牛常因拴系不牢而抢食了育肥期间的猪食而引起瘤胃酸中毒的情况也时有发生。当牛、羊采食苹果、青玉米、甘薯、马铃薯、甜菜及发酵不全的酸湿谷物的量过多时，也可发病。

【发病机制】

采食后6h内，瘤胃中的微生物群系就开始改变，革兰阳性菌（如牛链球菌）数量显著增多。易发酵的饲料被牛链球菌分解为D－乳酸和L－乳酸。L－乳酸吸收后可迅速被丙酮酸氧化利用，D－乳酸则代谢缓慢，当其汇聚量超过肝脏的代谢功能时，即导致代谢性酸中毒。随着瘤胃中乳酸及其他挥发性脂肪酸的增多，内容物pH下降。当pH下降至4.5～5时，瘤胃中除牛链球菌外，纤毛虫和分解纤维素的微生物及利用乳酸的微生物受到抑制，甚至大量死亡。牛链球菌继续繁殖并产生更多的乳酸，导致瘤胃内渗透压升高，体液向瘤胃内转移并引起瘤胃积液，导致血液浓稠，机体脱水。

瘤胃乳酸浓度增高可引起化学性瘤胃炎，化学性瘤胃炎能损伤瘤胃黏膜，使血浆向瘤胃内渗漏。发生瘤胃炎时，有利于霉菌滋生，可促进霉菌、坏死杆菌和化脓性菌等进入血液，并扩散到肝脏或其他脏器，引起坏死性化脓性肝炎。大量酸性产物被吸收，引起乳酸血症，血液CO_2结合力降低，尿液pH下降。在瘤胃内的氨基酸可形成各种有毒的胺类，如组胺、尸胺等；并随着革兰阴性菌的减少和革兰阳性菌（牛链球菌、乳酸杆菌等）的增多，瘤胃内游离内毒素浓度上升（15～18倍）。组胺和内毒素加剧了瘤胃酸中毒的过程，损害肝脏和神经系统，因此出现严重的神经症状、蹄叶炎、中毒性前胃炎或肠胃炎，甚至休克及死亡。

【症状】

最急性病例，往往在采食谷类饲料后3～5h内无明显症状而突然死亡，有的仅见精神沉郁、昏迷，而后很快死亡。轻微瘤胃酸中毒的病例，病畜表现神情恐惧，食欲减退，反刍减少，瘤胃蠕动减弱，瘤胃胀满；呈轻度腹痛（间或后肢踢腹）；粪便松软或腹泻。若病情稳定，勿需任何治疗，3～4d后能自动恢复进食。中等度瘤胃酸中毒的病例，病畜精神沉郁，鼻镜干燥，食欲废绝，反刍停止，空口虚嚼，流涎，磨牙，粪便稀软或呈水样，有酸臭味。体温正常或偏低。如果在炎热季节，患畜暴晒于阳光下，体温也可升高至41℃。呼吸急促，达50次/min以上；脉搏增数，达80～100次/min。瘤胃蠕动音减弱或消失，听－叩结合检查有明显的钢管叩击音。以粗饲料为日粮的牛、羊在吞食大量谷物之后发病，进行瘤胃触诊时，瘤胃内容物坚实或呈面团感。而吞食少量而发病的病畜，瘤胃并不胀满。过食黄豆、苕籽者不常腹泻，但有明显的瘤胃臌胀。病畜皮肤干燥，弹性降低，眼窝凹陷，尿量减少或无尿；血液暗红、黏稠。病畜虚弱或卧地不起。

实验室检查：瘤胃 pH 为 5 ~6，纤毛虫明显减少或消失，有大量的革兰阳性细菌；血液 pH 降至 6.9 以下，红细胞比容上升至 50% ~60%，血液 CO_2结合力显著降低，血液乳酸和无机磷酸盐升高；尿液 pH 降至 5 左右。重剧性瘤胃酸中毒的病例，病畜蹒跚而行，碰撞物体，眼反射减弱或消失，瞳孔对光反射迟钝；卧地，头回视腹部，对任何刺激的反应都明显下降；有的病畜兴奋不安，向前狂奔或转圈运动，视觉障碍，以角抵墙，无法控制。随病情发展，后肢麻痹、瘫痪、卧地不起；最后角弓反张，昏迷而死。对于重症病例，实验室检查的各项变化出现得更早，发展得更快、变化得更明显。

【病理变化】

发病后于 24 ~48h 死亡的急性病例，其瘤胃和网胃中充满酸臭的内容物，黏膜呈玉米糊状，容易擦掉，露出暗色斑块，底部出血；血液浓稠，呈暗红色；内脏静脉瘀血、出血和水肿；肝脏肿大，实质脆弱；心内膜和心外膜出血。病程持续 4 ~7d 后死亡的病例，瘤胃壁与网胃壁坏死，黏膜脱落，溃疡呈袋状溃疡，溃疡边缘呈红色。被侵害的瘤胃壁区增厚 3 ~4 倍，呈暗红色，形成隆起，表面有浆液渗出，组织脆弱，切面呈胶冻状。脑及脑膜充血；淋巴结和其他实质器官均有不同程度的瘀血、出血和水肿。

【病程及预后】

对轻度瘤胃酸中毒病畜，若及时改进饲养，数天内可康复。急性瘤胃酸中毒时，病畜食欲废绝，反刍停止，瘤胃胀满，呈现神经症状，脱水，全身衰弱，卧地。经过治疗急救，虽然病情有所好转，但部分病例在 3 ~4d 内又重新复发，病情增剧，这可能是由严重的霉菌性瘤胃炎所致。若继发弥散性腹膜炎，常于 2 ~3d 内死亡。重剧性瘤胃酸中毒，病畜瘤胃积液，呼吸急促，心率加快达 120 次/min 以上，血液浓缩，脱水严重，碱贮下降，常于 24h 内死亡。

【诊断】

（1）发病急骤，病程短。

（2）有过食豆、谷等精饲料的病史。

（3）典型症状有瘤胃胀满，视觉障碍，中枢神经兴奋、脱水、酸中毒、腹泻、无尿或少尿等。

此外，在兽医临床上，应注意与瘤胃积食、皱胃阻塞、皱胃变位、急性弥散性腹膜炎、生产瘫痪、牛原发性酮血症、脑炎和霉玉米中毒等疾病进行鉴别，以免误诊。

【治疗】

加强护理，清除瘤胃内容物，纠正酸中毒，补充体液，恢复瘤胃蠕动。

重剧病畜（心率 100 次/min 以上，瘤胃内容物 pH 降至 5 以下）宜行瘤胃切开术，排空内容物，用3%碳酸氢钠或温水洗涤瘤胃数次，尽可能彻底地洗去乳酸，并静脉注射钙制剂和补液。若发生酸/碱或电解质平衡失调，应补充碳酸氢钠。若病畜临床症状不太严重或病畜数量大，不能全部进行瘤胃切开术时，可采取洗胃治疗，即采用大口径胃管以1%～3%碳酸氢钠液或5%氧化镁液，温水反复冲洗瘤胃，通常需要30～80L的量分数次洗涤，排液应充分，以保证效果。也可用石灰水（生石灰1kg，加水5kg，充分搅拌，用其上清液）洗胃，直至胃液呈碱性为止，最后再灌入500～1000mL。

当脱水表现明显时，可用5%葡萄糖氯化钠注射液3000～5000mL、20%安钠咖注射液10～20mL、40%乌洛托品注射液40mL，静脉注射。为促进胃肠道内酸性物质的排除，促进胃肠功能恢复，在灌服碱性药物1～2h后，可服缓泻剂，牛用液体石蜡500～1500mL。为防止继发瘤胃炎、急性腹膜炎或蹄叶炎，消除过敏反应，可静脉注射扑敏宁（牛300～500mg，羊50～80mg），肌肉注射盐酸异丙嗪或苯海拉明等药物。在患病过程中，出现休克症状时宜用地塞米松（牛60～100mg、羊10～20mg）静脉或肌肉注射。血钙下降时，可用10%葡萄糖酸钙注射液300～500mL静脉注射。若病牛心率低于100次/min，轻度脱水，瘤胃尚有一定蠕动功能，则只需投服抗酸药、促反刍药和补充钙剂即可。

过食黄豆的病畜，发生神经症状时，用镇静剂，如安溴注射液（牛100mL、羊10～20mL）静脉注射或盐酸氯丙嗪（牛、羊0.5～1mg/kg）肌肉注射，再用10%硫代硫酸钠（牛150～200mL）静脉注射；同时应用10%维生素C注射液（牛30mL、羊3mL）肌肉注射。

为降低颅内压、防止脑水肿、缓解神经症状，可应用甘露醇或山梨醇，按每千克体重0.5～1g剂量，用5%葡萄糖氯化钠注射液以1∶4比例配制，静脉注射。护理在最初18～24h要限制饮水量。在恢复阶段，应喂以品质良好的干草而不应投食谷物和配合精饲料，以后再逐渐加入谷物和配合饲料。

【预防】

不论乳牛、乳山羊、肉牛、肉羊与绵羊都应以正常的日粮水平饲喂，不可随意加料或补料。肉牛、肉羊由高粗饲料向高精饲料的变换要逐步进行，应有一个适应期。耕牛在农忙季节的补料也应逐渐增加，决不可突然一次补给较多的谷物或豆糊。防止牛、羊闯入饲料房、仓库、晒谷场，暴食谷物、豆类及配合饲料。

五、 创伤性网胃腹膜炎

创伤性网胃腹膜炎又称金属器具病或创伤性消化不良，是由于金属异物混杂在饲料内，被误食后进入网胃，导致网胃和腹膜损伤及炎症的一种疾病。

本病主要发生于舍饲的乳牛和肉牛以及半舍饲半放牧的耕牛，间或发生于羊。而对于远离城镇、村庄、工厂和矿区的草原、草场上放牧的牛、羊则很少发生。

【病因】

耕牛多因饲养管理制度不严格，随意舍饲和放牧所致。此外，由于不具备饲养管理常识的人员，常将碎铁丝、铁钉、钢笔尖、回形针、缝针废弃的小剪刀、铅笔刀和碎铁片等，混杂在饲草、饲料中，散在村前屋后、城郊路边或工厂作坊周围的垃圾与草丛中，被耕牛采食或舔食吞咽后，造成本病的发生。

乳牛主要因饲料加工粗放，饲养粗心大意，对饲料中的金属异物的检查和处理不细致而引起。在饲草、饲料中的金属异物最常见的是饲料粉碎机与铡草机上的铁钉，其他如碎铁丝、铁钉、缝针、别针、注射针头、发卡及各种尖锐金属异物等。

【发病机制】

牛在采食时，不依靠唇采食，不能用唇辨别混于饲料中的金属异物，而是迅速用舌卷食饲料，囫囵吞下，加之又有舔食习惯，往往将随同饲料的金属异物吞咽，被吞咽的金属异物落入网胃，导致本病的发生。金属丝和钉子是最常见的致病金属物（见图1－3）。

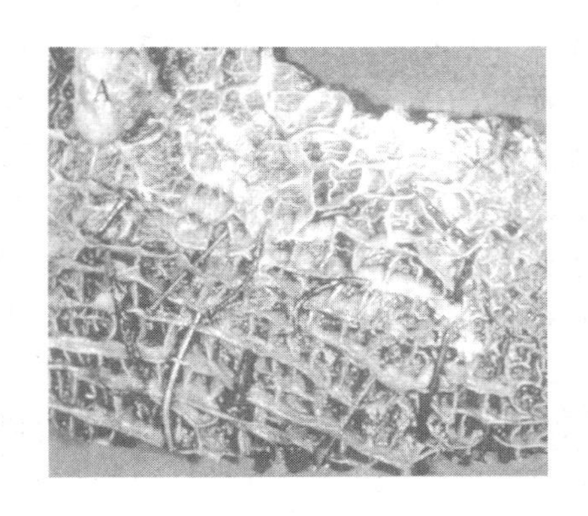

图1－3 网胃上的铁钉

牛食入金属异物所致的病理变化与异物的形状、硬度、直径、长度、尖锐性有关。被吞咽的异物可停留在食管上部，造成食管部分阻塞和创伤，或者停留在食道沟内，引起逆呕；较大的金属物进入瘤胃，并停留在瘤胃内，一般不致引起瘤胃急剧的病症。进入网胃的异物，由于网瓣口高于网胃底部，易使重物留于网胃，而网胃的蜂窝状黏膜又促使尖锐物体陷于其中。长5～7cm的尖锐异物所造成的危害性最大，因为当网胃收缩或动物身体状态改变时，尖锐的异物随时可能刺伤网胃而发病。对发病影响较大的因素是妊娠，尤其在妊娠后期（最末3个月）随着动物起卧，硕大的妊娠子宫在腹腔内摆动，压迫瘤胃和网胃，若网胃内存在有尖锐的异物就可能刺破网胃。此外一些能引起腹内压升高的疾病或因素也能诱发本病的发生，如分娩、爬跨、跳沟、瘤胃臌气、瘤胃积食等。钝性异物如坚果、螺栓和短金属（长度小于2.5cm）一般不造成网胃损伤，在常规射线检查或屠宰时发现。

由于异物尖锐程度不同，存在于网胃的部位及胃壁之间呈现角度不同，所以刺伤的部位也各异，如异物仅刺入蜂窝状小槽之间，未刺伤其他部位，此种几乎无任何局部和全身影响。但若刺穿网胃壁，则引起腹膜炎；若向前穿过网胃则刺伤膈、心脏、肺脏，引起膈肌脓肿及破裂，形成膈疝、肺出血或肺脓肿，但最常见到的是创伤性心包炎；若向后则刺伤肝脏、脾脏、瓣胃、肠等器官，可引起这些器官的炎症或脓肿。

【症状】

急性局限性网胃腹膜炎的病例，病畜食欲急剧减退或废绝，泌乳量急剧下降；体温升高，但部分病例几天后降至常温，呼吸和心率正常或轻度加快；肘外展，不安，拱背站立，不愿移动，卧地和起立时极为谨慎；牵病牛行走时，不愿上下坡、跨沟或急转弯。瘤胃蠕动减弱，轻度臌气，排粪减少；网胃区进行触诊，病牛疼痛不安。发病期间检查，典型病例易于诊断，但不同个体其症状差异大，一些病例只有轻度的食欲减退，泌乳量减少，粪便稍干燥；瘤胃蠕动减弱，轻度臌气和网胃区疼痛。

弥散性网胃腹膜炎的病例，全身症状明显，体温升高至40～41℃，脉率增快至90～140次/min，呼吸数可达40～80次/min。食欲废绝，泌乳停止，粪便稀软而少，胃肠蠕动音消失；皮肤厥冷，毛细血管再充盈时间延长；病畜时常发出呻吟声，在起卧和强迫运动时更加明显。病畜不愿起立或走动，并且由于腹部出现广泛的疼痛，难以用触诊的方法检查到局部的腹痛。多数病畜在24～48h内进入休克状态。脾脏或肝脏受到损伤，形成脓肿，若发生扩散蔓延，往往引起脓毒败血症。

慢性局限性网胃腹膜炎的病例，被毛粗乱无光泽，消瘦，泌乳量少，间歇性厌食，瘤胃蠕动减弱，间歇性轻度臌气，便秘或腹泻，久治不愈。有时还有拱背站立等疼痛表现。

X射线检查：可确定金属异物损伤网胃壁的部位和性质。根据X射线影像、临床检查结果和经验，可作出诊断，确定可否进行手术及手术方法，并做出较准确的预后。

金属异物探测器检查：可查明网胃内金属异物存在的情况，但须将探测的结果结合病情分析才具有实际意义，不少耕牛与舍饲牛的网胃内存有金属异物，但无临床症状。

实验室检查：病的初期，白细胞总数升高，嗜中性粒细胞增至45%～70%、淋巴细胞减少至30%～45%，核左移。慢性病例，血清球蛋白升高，白细胞总数增多，嗜中性粒细胞增多，单核细胞持久地升高达5%～9%，缺乏嗜酸性粒细胞。

【病理变化】

本病的病理变化依金属异物的性状而异。有的引起创伤性网胃炎，特别是铁钉或销钉，可使胃壁深层组织损伤，局部增厚，化脓，形成瘘管或瘢痕。有的网胃与膈粘连或胃壁局部结缔组织增生，其中埋藏铁钉或销钉，并形成干酪腔或脓腔。还有一部分病例，由于网胃壁穿孔，形成弥散性或局限性腹膜炎，乃至胸膜炎，脏器互相粘连，或者膈、脾、肝、肺发生脓肿。心脏受损害时，心包中充满多量纤维蛋白性渗出液（见图1－4）。

【诊断】

姿势与运动异常，顽固性前胃弛缓，逐渐消瘦，网胃区触诊敏感，疼痛试验阳性，以及长期治疗不见效果，是本病的基本病症。应用金属异物探测器检查，可获得阳性结果。应用 X 射线透视或摄影，也可获得正确诊断。应与前胃弛缓、酮病、多关节炎、蹄叶炎等疾病进行鉴别。

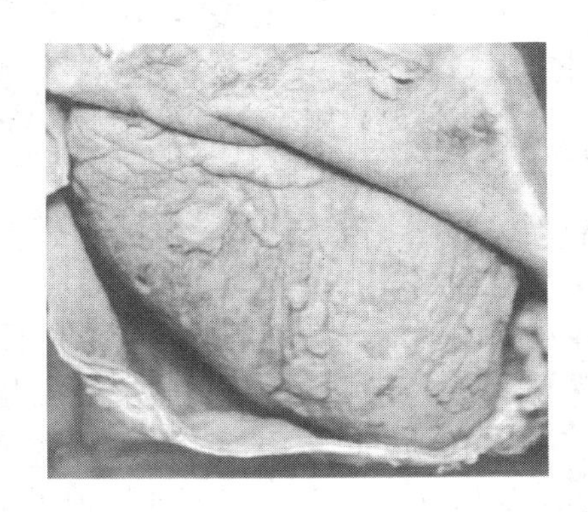

图 1－4 创伤性网胃腹膜炎纤维素性渗出

【治疗】

治疗原则是及时摘除异物，抗菌消炎，加速创伤愈合，恢复胃肠功能。

急性病例一般采取保守疗法，经治疗后 48～72h 内若病畜开始采食、反刍，则预后良好；如果病情没有明显改善，则根据动物的经济价值，可考虑实施瘤胃切开术，从瘤胃将网胃内的金属异物取出。保守疗法包括用金属异物摘除器从网胃中吸取胃中金属异物或投服磁铁笼，以吸附固定金属异物；将牛拴在栏内，牛床前部填高 25cm，10d 不准运动，同时应用抗生素（如青霉素、四环素等）与磺胺类药物；补充钙剂，控制腹膜炎和加速创伤愈合。抗生素治疗必须持续 3～7d 或以上，以确保控制炎症和防止脓肿的形成。若发生脱水时，可进行输液。

亚急性和慢性病例，应根据病情采用保守疗法或施行瘤胃切开术。

【预防】

在创伤性网胃腹膜炎多发地区或牛群，预防性地给所有已达 1 岁的青年公牛和母牛投服磁铁笼是目前预防本病的主要手段。购置磁铁笼时，应对磁铁笼进行检查，选择优质的磁铁笼。在大型乳牛场和肉牛场的饲料自动输送线或青贮塔卸料机上安装大块电磁板，以除去饲草中的金属异物；不在村前屋后，铁工厂、垃圾堆附近放牧和收割饲草；定期应用金属探测器检查牛群，并应用金属异物摘除器从瘤胃和网胃中摘除异物。

六、瓣胃阻塞

瓣胃阻塞又称瓣胃秘结，主要是因前胃弛缓，瓣胃收缩力减弱，瓣胃内容物滞留，水分被吸收而干涸，致使瓣胃秘结、扩张的一种疾病。本病常见于牛。

【病因】

原发性瓣胃阻塞，主要因长期饲喂糠麸、粉渣、酒糟等含有泥沙的饲料或饲喂甘薯蔓、花生蔓、豆秸、青干草、紫云英等含坚韧粗纤维的饲料（特别是铡得过短后喂牛）而引起。其次，放牧转为舍饲或突然变换饲料，饲料中缺乏蛋白质、维生素以及微量元素，或者因饲养不正规，饲喂后缺乏饮水以及运动不足等都可引起瓣胃阻塞。

继发性瓣胃阻塞，常继发于前胃弛缓、瘤胃积食、皱胃阻塞、皱胃变位、皱胃溃疡、腹腔脏器粘连、生产瘫痪、黑斑病甘薯中毒、牛恶性卡他热和血液原虫病等疾病。

【症状】

病的初期，病畜精神迟钝，时而呻吟；乳牛泌乳量下降。食欲不定或减退，便秘，粪便干燥、色暗；瘤胃轻度臌胀，瓣胃蠕动音微弱或消失。于右侧腹壁（第8～10肋间的中央）触诊，病牛疼痛不安；叩诊，浊音区扩大。

病情进一步发展，病畜精神沉郁，鼻镜干燥、龟裂，空嚼、磨牙，呼吸浅快，心悸，脉率增至80～100次/min。食欲废绝、反刍停止，瘤胃收缩力减弱。瓣胃穿刺检查：用15～18cm长穿刺针，于右侧第9肋间与肩关节水平线相交点进行穿刺，进针时感到有较大的阻力。直肠检查：直肠内空虚、有黏液，并有少量暗褐色粪便附着于直肠壁。

晚期病例，病畜神情忧郁，体温升高0.5～1℃，皮温不整，结膜发绀。食欲废绝，排粪停止或排出少量黑褐色恶臭黏液。尿量减少，呈黄色或无尿。呼吸急促，心悸，脉率可达100～140次/min，脉搏节律不齐，毛细血管再充盈时间延长，体质虚弱，卧地不起。

【病程及预后】

本病的病程为1～2周。轻症者，经及时治疗可以痊愈。重剧病例，经过3～5d，卧地不起，陷于昏迷状态，预后不良。

【诊断】

瓣胃蠕动音低沉或消失，触诊瓣胃敏感性增高，脱水，鼻镜干燥，粪便干硬，表面黏液多。根据病史、临床症状及结合瓣胃穿刺检查可以确诊。

【治疗】

治疗原则是增强前胃运动功能，软化瓣胃内容物，促进瓣胃内容物排除。

病情轻者，可服泻剂，如硫酸钠（400～500g）或液体石蜡（或植物油）1000～2000mL。用10%氯化钠溶液100～200mL，安钠咖注射液10～20mL，静脉注射，以增强前胃神经兴奋性，促进前胃内容物运转与排除。同时可皮下注射士的宁或毛果芸香碱。此外可用10%硫酸钠溶液2000～3000mL，液体石蜡（或甘油）300～500mL，普鲁卡因2g，盐酸土霉素3～5g，一次瓣胃内注入。

防止脱水和自体中毒可用撒乌安注射液100～200mL或樟脑酒精注射液200～300mL，静脉注射，同时应用庆大霉素、链霉素等抗生素，并及时输糖补液，缓和病情。

依据临床实践，在确诊后施行瘤胃切开术，用胃管插入网—瓣孔，冲洗瓣胃，效果较好。

中医治疗：中兽医称瓣胃阻塞为百叶干，治以养阴润胃、清热通便为主。宜用藜芦润肠汤：藜芦、常山、二丑、川芎各60g，当归60～100g，水煎后加滑石90g，石蜡油1000mL，蜂蜜250g，一次内服。

在治疗中，应加强护理，耕牛停止使役，充分饮水，给予青绿饲料，有利于恢复健康。

【预防】

避免长期使用混有泥沙的糠麸、糟粕饲料喂养，同时注意适当减少坚硬的粗纤维饲料；铡草喂牛时，也不宜铡得过短；注意补充蛋白质与矿物质饲料；发生前胃弛缓时应及早治疗，以防止发生本病。

任务三 | 反刍动物皱胃疾病

一、 皱胃阻塞

皱胃阻塞又称皱胃积食，是由于迷走神经调节功能紊乱或受损，导致皱胃弛缓，内容物滞留，胃壁扩张而形成阻塞的一种疾病。本病常见于黄牛和水牛，乳牛与肉牛也有发生。

【病因】

原发性皱胃阻塞是由于饲养管理不当而引起，特别是在冬春缺乏青绿饲料，用谷草、麦秸、玉米秸秆、高粱秸秆或稻草铡碎喂牛，常引起发病。而黄牛和水牛，每当农忙季节，因饲喂麦糠、豆秸、甘薯蔓、花生蔓或其他秸秆，同时添加磨碎的谷物精料，并因饲养失调、饮水不足、劳役过度和精神紧张，也常常发生皱胃阻塞。此外由于消化功能和代谢功能紊乱，发生异嗜，舔食沙石、水泥、毛球、刨花、塑料薄膜甚至食入胎盘而引起机械性皱胃阻塞。犊牛因大量乳凝块滞留而发生皱胃阻塞。

继发性皱胃阻塞常继发于前胃弛缓、创伤性网胃腹膜炎、皱胃溃疡、皱胃炎，小肠秘结以及肝、脾脓肿，犊牛的腹膜炎等疾病。

【发病机制】

在迷走神经功能紊乱或受损伤的情况下，当受到饲养管理等不良因素的影响时，即反射性地引起幽门痉挛、皱胃壁弛缓和扩张，或者因皱胃炎、皱胃溃疡、幽门部狭窄、胃肠道运动障碍，则从前胃陆续运转进入皱胃的内容物大量积聚，形成阻塞，继而导致瓣胃秘结。由于皱胃阻塞，氯离子和氯化物不断被分泌进入皱胃，致使皱胃弛缓、碱中毒和低氯血症同时发生。由于液体不能通过阻塞的皱胃进入小肠而被吸收，因而发生不同程度的脱水。前胃功能受到反射性的抑制，消化障碍，食欲废绝、反刍停止。瘤胃内微生物区系急剧变化，内容物腐败过程加剧，产生大量的刺激性有毒物质，引起瘤胃和网胃黏膜组织炎性细胞浸润，渗透性增强，瘤胃内大量积液，全身功能状态显著恶化，发生严重的脱水和自体中毒。

【症状】

病的初期，食欲减退、反刍稀少、短促或停止，有的病畜则喜饮水；瘤胃蠕动音减弱，瓣胃音低沉，腹围无明显异常；尿量短少，粪便干燥。

随着病情发展，病畜精神沉郁，被毛逆立，鼻镜干燥或干裂，但体温通常正常；食欲废绝，反刍停止，腹围显著增大，瘤胃内容物充满或积有大量液体，瘤胃与瓣胃蠕动音消失，肠音微弱；常常呈现排粪姿势，有时排出少量糊状、棕褐色的恶臭粪便，混杂少量黏液或紫黑色血丝和血凝块；尿量少而浓稠，呈黄色或深黄色，具有强烈的臭味。

当瘤胃大量积液时，冲击式触诊，呈现振水音。在左肷部听诊，同时以手指轻轻叩击左侧倒数第1~5肋骨或右侧倒数第1、2肋骨，即可听到类似叩击钢管的铿锵音。

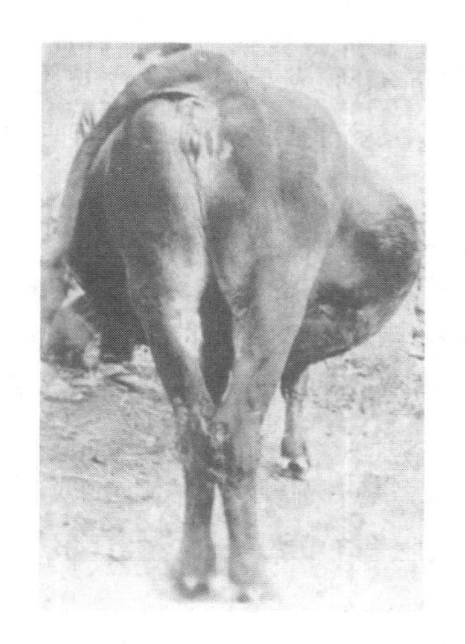

图1-5　病牛右下腹局限性膨隆

重剧的病例，右侧中腹部到后下方呈局限性膨隆（见图1-5），在肋骨弓的后下方皱胃区作冲击式触诊，则病牛有躲闪、蹴踢或抵角等敏感表现，同时感触到皱胃体显著扩张而坚硬，特别是继发于创伤性腹膜炎的病例，由于腹腔器官粘连，皱胃位置固定，更为明显。

直肠检查：直肠内有少量粪便和成团的黏液，混有坏死黏膜组织。体形较小的黄牛，手伸入骨盆腔前缘右前方，瘤胃的右侧，于中下腹区，能摸到向后伸展扩张呈捏粉样硬度的部分皱胃体。乳牛和水牛体形较大，直肠内不易触诊，因此必要时可以进行剖腹探查。

实验室检查：皱胃液pH为1~4；瘤胃液pH多为7~9，纤毛虫数减少，活力降低；血清氯化物降低，平均为3.88g/L（正常为5.96g/L），血浆CO_2结合力升高，平均为682mL/L（正常514mL/L）。

病的末期，病牛精神极度沉郁，虚弱，皮肤弹性减退，鼻镜干燥，眼窝凹陷；结膜发绀，舌面皱缩，血液黏稠，心率100次/min以上，呈现严重的脱水和自体中毒症状。

由含有多量的酪蛋白牛乳所形成的坚韧乳凝块而引起的犊牛皱胃阻塞，表现为持续腹泻，瘦弱，腹部臌胀而下垂，腹部作冲击式触诊可听到一种类似流水音的异常音响。

【病理变化】

皱胃极度扩张，体积显著增大甚至超过正常的两倍，皱胃被干燥的内容物阻塞。局部缺血的部分，胃壁菲薄，容易撕裂。皱胃黏膜炎性细胞浸润、坏死、脱落；有的病例幽门区和胃底部有散在出血斑点或溃疡。

瓣胃体积增大，内容物黏硬，瓣叶坏死，黏膜大面积脱落。由肠秘结继发的病例，则表现瓣胃空虚；瘤胃通常膨大，且被干燥内容物或液体充满。

【病程及预后】

急性皱胃阻塞较为少见。通常多为慢性的病理发展过程，病程持续1~2周，尤其是黄牛，病程可能持续3周以上，病情逐渐恶化。继发于创伤性网胃腹膜炎的病牛，若不及时确诊和治疗，则预后不良。

【诊断】

（1）发病缓慢，初期呈现前胃迟缓症状。

（2）瘤胃充满液体，出现冲击性拍水音和波动感。右侧皱胃区局限性隆起，触之坚硬，病畜敏感。

（3）在肷窝结合叩诊肋骨弓并进行听诊，呈现叩击钢管清朗的铿锵音，皱胃穿刺测定其内容物，pH为1~4。

需与前胃疾病、皱胃变位、肠变位等疾病进行鉴别。

【治疗】

治疗原则是消积化滞，防腐止酵，缓解幽门痉挛，促进皱胃内容物排除，防止脱水和自体中毒，增进治疗效果。

病的初期，可用硫酸钠300~400g、液体石蜡（或植物油）500~1000mL、鱼石脂20g、酒精50mL、常水6~10L内服。皱胃注射25%硫酸钠溶液500~1000mL，液体石蜡500~1000mL，乳酸8~15mL或皱胃注射生理盐水1500~2000mL。注射部位为右腹部皱胃区第12~13肋骨后下缘。

在病程中，为了改善中枢神经系统调节作用，提高胃肠功能，增强心脏活动，可应用10%氯化钠溶液200~300mL，20%安钠咖溶液10mL，静脉注射。当发生自体中毒时，可用撒乌安注射液100~200mL或樟脑酒精注射液200~300mL，静脉注射。发生脱水时，应根据脱水程度和性质进行输液，通常应用5%葡萄糖生理盐水2000~4000mL，20%安钠咖注射液10mL，40%乌洛托品注射液30~40mL，静脉注射。用10%维生素C注射液30mL，肌肉注射。此外可适当地应用抗生素或磺胺类药物，防止继发感染。

由于皱胃阻塞，多继发瓣胃秘结，药物治疗效果不好。因此，在确诊后，要及时施行瘤胃切开术，取出瘤胃内容物，然后用胃管插入网—瓣孔，通过胃管灌注温生理盐水，冲洗皱胃，减轻胃壁的压力，以改善胃壁的血液循环，恢复运动与分泌功能，达到疏通的目的。

中医治疗：以宽中理气，消坚破满，通便下泻为主。早期病例可用加味大承气汤：大黄、郁李仁各120g，牡丹皮、川楝子、桃仁、白芍、蒲公英、二花各100g，当归160g，一次煎服，连服3～4剂。如积食过多，可加川朴80g，枳实140g，莱菔子140g，生姜150g。

【预防】

加强经常性的饲养管理，按合理的日粮饲喂牛、羊，特别是应注意粗饲料和精饲料的调配，饲草不能铡得过短，精料不能粉碎过细；注意清除饲料中异物，防止发生创伤性网胃炎，避免损伤迷走神经；农忙季节，应保证耕牛充足的饮水和适当的休息。

二、 皱胃变位

皱胃的正常解剖学位置改变，称为皱胃变位。皱胃变位是乳牛常见的一种皱胃疾病，按其变位的方向分为左方变位和右方变位两种类型。在兽医临床上，绝大多数病例是左方变位。皱胃变位发病高峰在分娩后6周内，也可散发于泌乳期或妊娠期，成年高产乳牛的发病率高于低产母牛。犊牛与公牛较少发病，断乳前常发生右方变位。

（一） 左方变位

皱胃通过瘤胃下方移到左侧腹腔，置于瘤胃和左腹壁之间，称为左方变位。

【病因】

皱胃左方变位的确切病因目前仍然不清楚，可能与下列因素有关：

饲养不当，日粮中含谷物，如含玉米等易发酵的饲料较多以及喂饲较多的含高水平酸性成分饲料，如玉米青贮等。由此，挥发性脂肪酸量增加，其浓度过高可减少皱胃蠕动性及其向十二指肠排出作用；高精料日粮可引起气体产生增加，促进变位的发生。

一些营养代谢性疾病或感染性疾病，如酮病、低钙血症、生产瘫痪、牛妊娠毒血症、子宫炎、乳房炎、胎膜滞留和消化不良等，会引起胃肠弛缓。在分娩后，上述疾病对诱发皱胃变位有着重要的作用，因为胃肠弛缓可导致皱胃弛缓和产气。此外上述疾病还可使病畜食欲减退，导致瘤胃体积减少，促进皱胃变位的发生。

为获得更高的产乳量，在乳牛的育种方面，通常选育后躯宽大的品种，进而致使腹腔容积相应变大，增加了真胃的移动性，也增加了发生皱胃变位的机会。

【发病机制】

正常牛的皱胃是在瘤胃和网胃的右侧，当皱胃向左侧越过腹底部正中线以后，就很容易滑到左腹部（见图1－6），并且由于皱胃内含有气体，胃大弯向上扩张，这样，皱胃就很容易向上移到瘤胃前盲囊和网胃之间，最后固定在瘤胃背囊和左腹壁之间；有时向侧方移近脾脏或移到脾脏与瘤胃背囊之间。在皱胃变位同时，瓣胃、网胃、十二指肠和肝脏也被转动而变位。变位的皱胃被瘤胃和左腹壁包围，部分地受到压迫，于是皱胃内容物逐渐减少，运动力逐渐减弱；由于其他各胃都伴有轻度的旋转，也影响食管沟的正常功能活动及食管沟食物的通过。皱胃内容物中含有相当多的气体，是助长皱胃向腹腔上方移动的原因，但变位只造成皱胃的不完全阻塞，因此有一些内容物还可以进入到小肠，极少会发生严重的积食。然而由于皱胃也能压迫瘤胃，加之病牛采食减少，会致使瘤胃体积逐渐缩小。

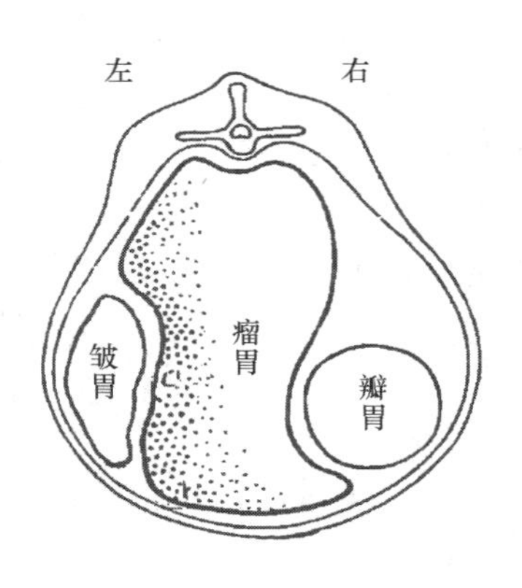

图1－6　皱胃左方变位模式图

陷落在左腹壁与瘤胃之间的皱胃并不发生血液供给障碍，而只发生消化和运动扰乱，导致慢性营养不良。当伴发严重酮病时会出现酮血症，血液 pH 降低，碳酸氢钠浓度低于正常的水平。

【症状】

食欲减退，厌食谷物类饲料，青贮饲料的采食量往往减少，大多数病牛对粗饲料仍保留一些食欲，产乳量下降 1/3～1/2。通常排粪量减少，呈糊状，深绿色。病畜精神沉郁，轻度脱水，若无并发症，其体温、呼吸和脉率基本正常。从尾侧视诊可发现左侧肋弓突起，若从左侧观察肋弓突出更为明显；瘤胃蠕动音减弱或消失。在左侧肩关节和膝关节的连线与第 11 肋间交点处听诊，能听到与瘤胃蠕动时间不一致的皱胃音（带金属音调的流水音或滴落音）。在听诊左腹部的同时进行叩诊，可听到高亢的鼓音（“砰砰”声或类似叩击钢管的铿锵音），叩诊与听诊应在从左侧髋结节至肘结节以及从肘结节至膝关节连线区域内进行。“砰砰”声最常见的部位处于上述区域的第 8 肋间至第 12 肋间。在左侧肋弓下进行冲击式触诊时听诊，可闻真胃内液体的振荡音。严重病例的皱胃臌胀区域向后超过第 13 肋骨，从侧面视诊可发现肷窝内有半月状突起。犊牛的皱胃左方变位，其典型的叩诊区在左肋弓后缘，向背侧可延伸至左肷窝，犊牛还表现为慢性或间歇性臌气。直肠检查可发现瘤胃背囊明显右移和左肾出现中度变位。

有的病牛可出现继发性酮病，表现出酮尿症、酮乳症，呼出气和乳中带有酮味。

【诊断】

（1）高产母牛较为多见，多数发生于分娩后数日到 1～2 周。

（2）多数病畜仍有一些食欲，粪便稀薄或腹泻，个别病畜出现腹痛或拒食。

（3）左侧最后 3 个肋骨间及其后下方、肷窝的前下方显示臌大，但两侧肷窝均不饱满。

（4）检查牛乳、尿及呼出气体，有酮体。

（5）瘤胃蠕动音不清晰，同时在左侧可听到皱胃蠕动音。如在此处穿刺，抽出部分内容物，其 pH <4，无纤毛虫。

（6）左肷部用听叩诊结合法，即用手指叩击左侧最后几个肋骨，同时在附近的腹壁上听诊，则可听到类似铁锤叩击钢管发出的共鸣音——金属音（钢管音、乒乓音）。

（7）直肠检查可见瘤胃背囊明显右移，有时可摸到臌气的皱胃壁。

【治疗】

目前治疗皱胃左方变位的方法有滚转法、药物疗法和手术疗法等。

1. *滚转法*

滚转法是治疗单纯性皱胃左方变位的常用方法，运用巧妙时，可以痊愈。具体的方法是使牛右侧横卧 1min，然后转成仰卧（背部着地，四蹄朝天）1min，随后以背部为轴心，先向左滚转 45°，回到正中，再向右滚转 45°，再回到正中；如此来回地向左右两侧摆动若干次，每次回到正中位置时静止 2～3min，此时真胃往往“悬浮”于腹中线并回到正常位置，仰卧时间越长，从臌胀的器官中逸出的气体和液体越多；将牛转为左侧横卧，使瘤胃与腹壁接触，然后立刻使牛站立，以防左方变位复发。也可以采取左右来回摆动 3～5min 后，突然一次以迅猛有力地动作摆向右侧，使病牛呈右横卧姿势，至此完成一次翻滚动作，直至复位为止。如尚未复位，可重复进行。

2. *药物疗法*

对于单纯性皱胃左方变位，可采取药物疗法。药物疗法可口服缓泻剂与制酵剂，应用促反刍药物和拟胆碱药物，以促进胃肠蠕动，加速胃肠排空。此外还应静脉注射钙剂和口服氯化钾。若存在并发症，如酮病、乳房炎、子宫炎等，应同时进行治疗，否则药物治疗效果不佳。

病畜经药物治疗、滚转法治疗或药物与滚转法相结合的治疗后，应让动物尽可能地采食优质干草，以增加瘤胃容积，从而防止左方变位复发和促进胃肠蠕动。

3. *手术治疗法*

在左腹部腰椎横突下方 25～35cm，距第 13 肋骨 6～8cm 处，作垂直切口，导出皱胃内的气体和液体。然后牵拉皱胃寻找大网膜，将大网膜引至切口处，用长约 1m 的肠线，一端在真胃大弯的大网膜附着部作一褥式缝合并打结，剪去余端；带有缝针的另一端放在切口外备用。纠正皱胃位置后，右手掌心握着带肠线的缝针，紧贴左内腹壁伸向右腹底部，并按助手在腹壁外指示真胃正常体表位置处，将缝针向外穿透腹壁，由助手将缝针拔出，慢慢拉紧缝线。然后，缝针从原针孔刺入皮下，距针孔 1.5～2.0cm 处穿出皮肤，引出缝线，将其与入针处留线在皮肤外打结固定，剪去余线；腹腔内注入青霉素和链霉素溶液，缝合腹壁。

【预防】

在满足动物的各种营养需要量的同时，应合理配合日粮，日粮中的谷物饲料、青贮饲料和优质干草的比例应适当；对发生乳房炎或子宫炎、酮病等疾病的病畜应及时治疗；在乳牛的育种方面，应注意选育既后躯宽大，又腹部较紧凑的乳牛。

（二）右方变位

皱胃从正常的解剖位置以顺时针方向扭转到瓣胃的后上方，而置于肝脏与腹壁之间，称为皱胃右方变位。皱胃右方变位又称皱胃扭转。

【病因】

皱胃右方变位的病因目前仍不清楚，有关的因素与左方变位相似。

【发病机制】

皱胃扭转通常在瓣—皱孔附近以垂直平面旋转，从右侧看为顺时针方向扭转，扭转一般呈180°~270°，严重的可达540°。皱胃扭转引起瓣胃、网胃、十二指肠的变位。皱胃扭转导致幽门阻塞，引起皱胃的分泌增加，分泌的盐酸、氯化钠、钾和液体积聚，导致皱胃出现扩张、积液、气胀、腹痛、脱水、低氯血症、低钾血症和碱中毒以及循环虚脱的严重病理现象。由于皱胃扭转，皱胃的血液供应受到影响，最终引起皱胃局部血液循环障碍和缺血性坏死。

【症状】

食欲急剧减退或废绝，泌乳量急剧下降，表现不安或踢腹，背下沉等腹痛症状；体温一般正常或偏低，心率60~120次/min，呼吸数正常或减少。瘤胃蠕动音消失，粪便呈黑色、糊状，混有血液；从尾侧视诊可见右腹膨大或肋弓突起，在右肷窝可发现或触摸到半月状隆起；在听诊右腹部的同时进行叩诊，可听到高亢的鼓音（“砰砰”声），鼓音的区域向前可达第8肋间，向后可延伸至第12肋间或肷窝。右腹冲击式触诊可发现扭转的真胃内有大量液体。直肠检查：在右腹部触摸到臌胀而紧张的皱胃。从臌胀部位穿刺皱胃，可抽出大量带血色液体，pH为1~4。血清氯化物在皱胃扭转早期为80~90mmol/L，严重病例低于70mmol/L。

【诊断】

（1）突然发生腹痛，腰背下沉，多发生于产犊后3~6周。

（2）粪便黑色，混有血液。

（3）右腹肋弓后方明显臌胀，冲击触诊或振摇，可听到液体振荡音；局部听诊，并用手指叩打听诊器周围腹部，可听到高调的乒乓音。

（4）皱胃穿刺液多为淡红色或咖啡色，pH 3~6.5（瘤胃穿刺液pH多在6.5以上），无纤毛虫。

（5）直肠检查在后侧腹部能触摸到臌胀而紧张的皱胃的后壁，有时充满半个腹腔。

（6）病畜脱水，眼球下陷，有时表现为代谢性碱中毒症状。

【治疗】

皱胃扭转的治疗主要采用手术治疗法。在右腹部第 3 腰椎横突下方 10 ~ 15cm 处，作垂直切口，导出皱胃内的气体和液体；纠正皱胃位置，并使十二指肠和幽门通畅；然后将皱胃在正常位置加以缝合固定，防止复发。对于早期的皱胃扭转或轻度脱水者，采取术后口服补液（15 ~ 40L）和氯化钾（30 ~ 120g/次，每日 2 次）；严重病例则应在术前进行静脉补液和补钾（450kg 体重的乳牛用复方氯化钠注射液 3000 ~ 5000mL，25% 葡萄糖注射液 500 ~ 1000mL，20% 安钠咖注射液 10mL，静脉注射）。而低钙血症、酮病等并发症在术后应同时进行治疗。

【预防】

皱胃右方变位的预防与皱胃左方变位的预防措施相似。

三、 皱胃炎

皱胃炎是指各种病因所致皱胃黏膜及黏膜下层的炎症。皱胃炎多见于犊牛和成年牛。

【病因】

原发性皱胃炎多因饲喂粗硬的饲料、冰冻饲料、发霉变质的饲料或长期饲喂糟粕、粉渣等引起；饲喂不定时，时饱时饥，突然变换饲料或劳役过度，经常调换饲养员，或者因长途运输、过度紧张引起应激反应，影响到消化功能，而导致皱胃炎的发生。

继发性皱胃炎，常继发于前胃疾病、营养代谢疾病、口腔疾病、肠道疾病、肝脏疾病、寄生虫病（如血矛线虫病）和某些传染病（如牛病毒性腹泻、牛沙门菌病等）。

【症状】

急性或慢性皱胃炎都呈现消化障碍，并往往发生呕吐，但又各具特点。

1. 急性皱胃炎

病畜精神沉郁，鼻镜干燥，皮温不整，结膜潮红、黄染，泌乳量降低甚至完全停止，体温一般无变化。食欲减退或废绝，反刍减少、短促、无力或停止，有时空嚼、磨牙；口黏膜被覆黏稠唾液，舌苔白腻，口腔散发臭味，有的伴发糜烂性口炎；瘤胃轻度臌气，收缩力减弱；触诊右腹部皱胃区，病牛疼痛不安；便秘，粪呈球状，表面覆盖多量黏液，间或腹泻。有的病牛还表现腹痛不安。病的末期，病情急剧恶化，往往伴发肠炎，全身衰弱，脉率增快，脉搏微弱，精神极度沉郁甚至昏迷。

2. 慢性皱胃炎

病畜呈长期消化不良，异嗜。口腔甘臭，黏膜苍白或黄染，唾液黏稠，有舌苔，瘤胃收缩力量减弱；便秘，粪便干硬。病的末期，病畜衰弱，贫血，腹泻。

【病程及预后】

急性皱胃炎的病程为1～2周，经过适当治疗，改善饲养，加强护理，可以康复。慢性皱胃炎的病程及预后应视病情轻重、护理和治疗条件而定；有的病程持续数月或年余，时而好转，时而严重；而长期消化不良、贫血、年老体衰者，往往预后不良。

【治疗】

皱胃炎的治疗主要在于清理胃肠，消炎止痛。重症病例，则应强心、输液，促进新陈代谢。慢性病例，应注意清肠消导，健胃止酵，增进治疗效果。

急性皱胃炎，在病的初期，先绝食1～2d，并内服植物油（500～1000mL）或人工盐（400～500g）。同时静脉注射安溴注射液100mL。为了提高治疗效果，可用氯霉素5～8g，酒精50mL，冷开水适量配成溶液，进行瓣胃注入，每日1次，连用3～5d。

犊牛禁食1～2d，在禁食期间，喂给温生理盐水。禁食结束后，先给予温生理盐水，再给少量牛乳，逐渐增量。离乳犊牛可饲喂易消化的优质干草和适量精料，补饲少量氯化钴、硫酸亚铁、硫酸铜等微量元素。瘤胃内容物发酵、腐败时，可用四环素10～25mg/kg体重，内服，每日1～2次，或者用链霉素1g，内服，每日1次，连续应用3～4次。必要时给予新鲜牛瘤胃液0.5～1L，更新瘤胃内微生物，增进其消化功能。对病情严重，体质衰弱的成年牛应及时用抗生素，防止感染；同时用5%葡萄糖生理盐水2000～3000mL，20%安钠咖注射液10～20mL，40%乌洛托品注射液20～40mL，静脉注射。病情好转时，可服用复方龙胆酊60～80mL、橙皮酊30～50mL等健胃剂。清理胃肠，可给予盐类或油类缓泻剂。

中医治疗：中兽医认为本病是胃气不和、食滞不化，应以调胃和中、导滞化积为主。宜用加味保和丸：焦三仙200g，莱菔子50g，鸡内金30g，延胡索30g，川楝子50g，厚朴40g，焦槟榔20g，大黄50g，青皮60g，水煎去渣，内服。

若脾胃虚弱，消化不良，皮温不整，耳鼻发凉，应以强脾健胃、温中散寒为主。宜用加味四君子汤：党参100g，白术120g，茯苓50g，肉豆蔻50g，广木香40g，炙甘草40g，干姜50g，共为末，开水冲，候温灌服。

康复期间应注意护理，保持安静，尽量避免各种不良因素的刺激和影响；加强饲养，给予优质干草，加喂富有营养、容易消化、含有维生素的饲料，并注意适当运动。

【预防】

加强饲养管理，给予质量良好的饲料，饲料搭配合理；搞好畜舍卫生，减少应激因素；对能引起皱胃炎的原发性疾病应做好防治工作，防止皱胃炎的发生。

任务四 | 马属动物胃肠性疾病

一、急性胃扩张

急性胃扩张是马属动物由于胃排空功能障碍和贪食过多，胃急剧膨胀而引起的一种急性腹痛病。急性胃扩张按病因分为原发性胃扩张和继发性胃扩张；按内容物性状分为食滞性胃扩张、气胀性胃扩张和液胀性胃扩张。

【病因】

原发性胃扩张主要是由于采食过量难消化和容易膨胀的饲料（如燕麦、大麦、豆类、豆饼、谷物的渣头及秸秆等）或采食了易于发酵的嫩青草、蔫青草、堆积发热变黄的青草以及发霉的草料而发病，或者由于偷食大量精料，或饱食后突然喝大量冰冷的水而发病。在过度劳役后喂饮、饱食后立即使役和突然变换饲料等情况下，更容易发病。

继发性胃扩张主要继发于小肠阻塞、小肠变位等疾病。当大肠阻塞或大肠臌气的肠管压迫小肠使小肠闭塞不通时，也可引起继发性胃扩张。

【发病机制】

在病因的作用下，胃黏膜感受器不断受到刺激，反射性地引起胃蠕动和分泌功能增强。随着胃内容物被大量胃液浸泡，食物逐渐臌胀，加剧了对胃壁的刺激作用，胃被臌胀的内容物胀大呈扩张状态，而发生急性食滞性胃扩张。若这种过程以微生物作用为主，产酸产气，则可发生气胀性胃扩张。

胃扩张时，胃的蠕动越来越强，频度增加，间歇期逐渐缩短，胃的蠕动强度可以达到痉挛的程度。胃蠕动的增强和分泌功能的增强是在中枢神经系统主导下，通过迷走神经兴奋而实现。随着疾病的发展，被阻留在胃内的内容物便加剧了上述变化，间歇性腹痛即转为持续性腹痛，病情逐渐恶化，脱水逐渐加重。引起脱水的原因，一是由于胃液分泌增强所丧失的体液；二是由于肠道中乳酸异常增多，肠内容物的渗透压增高，使大量液体进入肠腔；三是由于出汗。胃液过度分泌和体液大量丧失，导致碱中毒，因为丧失盐酸容易引起血浆内（HCO_3^-）增加。

继发性胃扩张，可以是小肠本身的病变，也可以是某段大肠阻塞、臌气等原因压迫小肠，致使小肠闭塞不通。由于剧烈疼痛的刺激，胃液反射性分泌增多，并且由于小肠闭塞不通，可以引起小肠逆蠕动增强，使积聚在闭塞前部的肠内容物、异常分泌物和液体反流入胃，引起液胀性胃扩张。

胃扩张时，膈肌受到胃的压迫，影响呼吸和心脏的功能；加之剧烈的腹痛、脱水和自体中毒等综合因素的影响，导致心力衰竭而使病情恶化。

若胃的扩张状态不能及时缓解而继续扩张，胃可能会由于压力过大而破裂，或者在外力作用下发生破裂（如急起急卧、突然摔倒等）。随着胃破裂的同时，食糜大量进入腹腔，胃的膨胀度突然消失，腹痛症状立即缓解，而全身症状急剧恶化，发生中毒性休克，很快死亡。

【症状】

原发性急性胃扩张，常在采食后不久或数小时内突然发病。病畜食欲废绝，精神沉郁，眼结膜发红甚至发绀，嗳气（嗳气时，左侧颈静脉沟部可见到食管逆蠕动波）。有的病畜还表现干呕或呕吐。腹痛，病初多呈轻微间歇性腹痛，很快即发展成剧烈而持续的腹痛，病畜快步急走或向前直冲，急起急卧，卧地滚转，有时出现犬坐姿势。

病初口腔湿润，随后发黏，重症干燥，味奇臭，出现黄腻苔；口色除有相应变化外，齿龈边缘部分比其他可视黏膜颜色变化更为明显；肠音逐渐减弱，最后消失。呼吸急促，脉率不断增快，脉搏由强转弱。重症病畜的皮肤弹性减退，眼窝凹陷；胸前、肘后、股内侧、颈侧、耳根和眼周围等局部出汗，个别病例则全身出汗。

胃管检查：当送入胃管后，从胃管排出少量酸臭气体和稀糊状食糜，甚至排不出食糜，腹痛症状并不减轻，则为食滞性胃扩张。当送入胃管后，有多量气体从胃管排出，病畜随气体排出而转为安静，则为气胀性胃扩张。

直肠检查：当在左肾前下方可摸到膨大的胃后壁，触之胃壁紧张而富有弹性，为气胀性胃扩张；当触之胃壁有黏硬感，压之留痕，则是食滞性胃扩张。

血液检查：血沉减慢，红细胞比容增高，血清氯化物含量减少，血液碱贮增多。

继发性胃扩张，在原发病的基础上病情很快转重。其特点是大多数病畜经鼻流出少量粪水；插入胃管后，间断或连续地排出大量具有酸臭气味、淡黄色或暗黄绿色的液体，并混有少量食糜和黏液，其量可达 5 ~ 10L，随着液体的排出，病畜逐渐安静。经一定时间后，又复发，再次经胃管排出大量液体，病情又有所缓解，如此反复发作。两次发作的间隔时间越短，表示小肠不通的部位距离胃越近。

胃液检查：胃液中的胆色素呈阳性反应。

【病程及预后】

原发性胃扩张，特别是严重的食滞性胃扩张，若治疗不及时，多数在短时间内死亡。气胀性胃扩张，病程较短，预后良好。继发性胃扩张，视原发病而异，凡反复出现鼻流粪水，或由胃管反复抽出液状胃内容物，以及脱水得不到纠正者，预后往往不良。

【治疗】

采取以解除扩张状态、缓解幽门痉挛、镇痛止酵和恢复胃功能为主，补液强心、加强护理为辅的治疗原则。

气胀性胃扩张：用胃管排出胃内气体后，经胃管灌入水合氯醛酒精合剂（水合氯醛 15～25g，酒精 50mL，福尔马林 10～20mL，温水 500mL）或鱼石脂酒精溶液（鱼石脂 15～20g，酒精 80～100mL，温水 500mL），或者灌服鱼石脂 15～25g、酒精 80～100mL、芳香氨醑 80～100mL、温水 1000mL。

食滞性胃扩张：因采食了大量细粒状或粉状饲料所致的胃扩张，可进行洗胃，每次灌温水 1～2L，反复灌吸，直至吸出液基本无酸臭味时为止。若洗胃效果不理想，可用液体石蜡 500～1000mL，稀盐酸（或乳酸）15～20mL，普鲁卡因粉 3～4g，常水 500mL，一次灌服。

液胀性胃扩张：系继发性胃扩张，导胃减压只是治标，应查明并治疗原发病。但当排出胃内的大量液体之后，应立即用乳酸 15～20mL，酒精 100～200mL，液体石蜡 500～1000mL，加水适量，一次灌服。也可灌服食醋 0.5～1kg 或酸菜水 1～2kg。当使用酸性药物治疗不但不能奏效，反而加重病情时，应改用碱性药物，口服碳酸氢钠 100～200g、液体石蜡 500～1000mL。镇痛可静脉注射安溴注射液 50～100mL 或 5% 水合氯醛酒精注射液 100～200mL。

此外应根据病情及时强心补液，维持正常血容量，改善心血管功能，增强机体抗病力。

中医治疗：中兽医称急性胃扩张为大肚结，治以消积破气、化谷宽肠为主。宜用调气攻坚散：藿香、丁香、广木香、醋三棱、醋莪术、大腹皮、泽泻各 24g，醋香附、醋青皮、炒枳壳各 30g，炒神曲、焦山楂、炒麦芽各 45g，半夏、焦大白各 21g，水煎两次，得药液 2～3L，加入食醋 0.5kg，香油 500mL，导胃后内服。

【预防】

加强饲养管理，特别是在劳役过度、极度饥饿时，应注意饲料调理，少喂勤添，避免采食过急；加强管理，防止马、骡脱缰后进入饲料房或仓库偷吃精料。

二、肠阻塞

肠阻塞又称肠便秘、肠秘结，是马属动物由于肠管运动功能和分泌功能紊乱，内容物滞留不能后移，致使动物的一段或几段肠管完全或不完全阻塞的一种腹痛病。肠阻塞按阻塞的部位分为小肠阻塞和大肠阻塞。

【病因】

引起肠阻塞的原因很多，与下列因素有关。

（1）饲喂过多的粗硬饲料　饲喂过多如花生蔓、老苜蓿、甘薯蔓、豌豆蔓、麦秸、谷草、糜草等的粗硬饲料，特别是当其受潮、发霉、变湿而柔韧，切铡不够碎时，牲畜不易嚼细，难于消化，其危险性更大。也有因吞食了异物，如绳、干草网而阻塞于骨盆曲或横结肠的病例。

（2）日粮的突然改变　特别是由放牧转为舍饲，由喂青草、青干草转为喂上述粗硬饲料时，可以引起肠内容物 pH 变化、肠内菌群改变等一系列肠道内环境急剧变动，使胃肠的植物神经控制失去平衡，肠的蠕动由最初的增强变为减弱，致使肠内容物停滞而发生阻塞。

（3）饮水不足　供水不足或久渴失饮、大量出汗等，引起机体缺乏水分，这不仅引起消化液分泌不足，而且造成血浆水分向大肠内渗出减少而回收增加，以致肠蠕动功能减退，肠内容物在某段肠管内滞留，推进困难，水分不断被吸收。当内容物越来越硬结时，移动更不易，逐渐形成肠道阻塞。

（4）食盐不足　草食动物体内的钠和氯主要来源于食盐，如果饲喂食盐不足，特别是炎热季节或剧烈劳役的情况下，动物大量出汗，经汗液所排出的无机成分主要是钠、氯和钾。当食盐和其他无机物缺乏到一定程度，不仅能引起胃肠蠕动变弱，而且使分泌功能减弱，从而增加肠内容物后移阻力，引起阻塞。

（5）气候突变　在兽医临床上，每当气候突变（如气温下降、降雨、降雪等）的最初几天，马、骡胃肠性腹痛尤其是肠阻塞的病畜增多。其机制尚不完全清楚，一般认为是这些突变的气候因素可使动物处于应激状态。此时动物体内的儿茶酚胺分泌亢进，致使组织的血液通过量减少，血氧不足使平滑肌发生痉挛性收缩。

（6）其他因素　诸如马、骡抢食或采食后咀嚼不充分、唾液混合不全，食团囫囵吞下，牙齿磨灭不整，消化不良，采食后立即使役，肠道寄生虫侵袭等因素都可成为促使肠阻塞发生的因素。

【症状】

根据不同部位肠阻塞的临床表现，大致可分为共同症状和特有症状。

1. 共同症状

（1）腹痛　就肠阻塞而言，凡结粪坚硬且呈完全阻塞，继发肠臌气或胃扩张，肠系膜被强烈牵引或并发肠变位的病畜，腹痛剧烈；反之，则较缓和。一般而言，小肠、小结肠阻塞时往往比大结肠阻塞时腹痛剧烈。但是也应考虑到病期和个体因素的差异。

（2）口腔变化　病初口色、湿润度基本正常。随着疾病的发展，口色变红或红中带黄，或者呈暗红甚至发绀；口发黏甚至干燥；舌苔逐渐变明显，色灰白带黄，厚腻形成裂纹，口臭。病情越重，口腔变化越快；病期越久，变化也越明显。

（3）肠音　病初肠音频繁而偏强，尤其对于肠腔不完全阻塞的病畜，此现象持续时间较长，病畜排粪次数增多，甚至出现排软粪现象，后则肠音变弱。实践观察表明，两侧肠音变弱过程有其规律性：当代表大肠蠕动情况的盲肠音比小肠音明显地变弱时，表示阻塞部位发生在大肠；反之，多为小肠阻塞。但是，两侧肠音出现这种规律性变化，仅仅限于肠音由强开始变弱的初期阶段，而当中、后期两侧肠音都变弱时，则无此差异，此时肠音极弱，间隔时间明显延长甚至肠音消失。若听到不同程度的金属音，则表示肠臌气状态已形成。

（4）全身反应　眼结膜颜色变化基本上与口色一致。而饮食欲的变化，除肠管不完全阻塞者尚保持极低的饮食欲外，其余病畜饮食欲均废绝；当病畜出现饮食欲，则为疾病好转的象征。疾病初期，体温、呼吸和脉搏多无明显变化；当继发肠炎、蹄叶炎、腹膜炎等疾病时，可引起体温升高；若继发胃扩张和肠臌气时，则呼吸急促。脉搏在病危时则快而弱甚至脉不感于手。如机体脱水过程进一步发展，可引起循环衰竭，乃至发生休克。

（5）血液学变化　肠阻塞的病情由轻转重，血沉逐渐变慢；红细胞与血红蛋白含量随病情加重而增加；严重病例可见白细胞增多，病至末期减少者一般预后不良。

2. 特有症状

（1）小肠阻塞　小肠阻塞分为十二指肠阻塞、空肠阻塞和回肠阻塞，多在采食中或采食后数小时内发病。发生阻塞的部位距离胃越近，发病越快、越重，越容易继发胃扩张。小肠阻塞多呈现剧烈腹痛，鼻流粪水，颈部食管出现逆蠕动波。直肠检查：若在前肠系膜根后下方、右肾附近触到约有手腕粗、表面光滑、质地黏硬、呈块状或圆柱状的阻塞肠管，为十二指肠阻塞；若在盲肠底部内侧摸到左右走向的香肠样硬固体，其左端游离，可被牵动，右端位置较为固定（因回肠末端与盲肠相连），空肠普遍膨胀，为回肠阻塞；若摸到的阻塞部位是游离的，并有一段或部分空肠发生膨胀，为空肠阻塞。

（2）大肠阻塞　大肠阻塞常发生的部位是骨盆曲、小结肠、胃状膨大部和盲肠。前两个部位多为完全阻塞，后二者常为不完全阻塞。

①骨盆曲阻塞：病畜常呈现剧烈腹痛，但肠臌气多不严重。直肠检查：可在骨盆腔前缘下方摸到像肘样弯曲的粗肠管，内有硬结粪，有时阻塞的骨盆曲伸向腹腔的右方或向后伸至骨盆腔内。

②小结肠阻塞：从发病起就呈现剧烈腹痛；当继发肠臌气时，腹围增大，腹痛加剧。病初盲肠音偏强，以后减弱或消失。直肠检查：通常于耻骨前缘的水平线上或体中线的左侧（有时偏向右侧）可触到拳头大的粪块。但由于小结肠系膜较长，游离性较大，位置多不固定，而且阻塞肠段往往因重力关系沉于肠管之间或压在左腹侧结肠侧下方，故有时不易摸到结粪所在的肠段。特别是当发生肠臌气之后，腹压增加，直肠检查更为困难，宜先穿肠放气再进行检查，以被拉紧的肠系膜为线索，适当牵引，有时可寻摸到结粪肠段。

③胃状膨大部阻塞：不完全阻塞者，病情发展缓慢，病期较长，通常为3～10d；多为间歇性轻度腹痛，常呈侧卧、四肢伸展状，只排少量稀粪或粪水。完全阻塞者，症状比不完全阻塞的病例发展快而严重，腹痛也较剧烈，病期也短。直肠检查：可在腹腔右前方摸到随呼吸而略有前后移动的半球状阻塞物。

④左侧大结肠阻塞：左腹侧结肠较左背侧结肠的管腔粗大，前者多为不完全阻塞，后者常为完全阻塞。从二者发病情况来看，有原发性阻塞和继发性阻塞。继发性阻塞常分别继发于骨盆曲和胃状膨大部阻塞。从其临床症状看，原发性完全阻塞的病例，其症状类似骨盆曲或胃状膨大部完全阻塞的病例；继发性阻塞的症状以原发病为转移。直肠检查：在左腹下部可摸到左腹侧结肠或左背侧结肠内的坚硬结粪，为该部位阻塞的特点。

⑤全大结肠阻塞：病畜痴呆，呈慢性腹痛，肠音明显减弱，病情发展缓慢。直肠检查：凡能摸到的大结肠，其内都充满坚硬粪便。

⑥盲肠阻塞：它是发展较慢、病期较长（10～15d）、腹痛轻微的一种大肠阻塞。饮食欲明显减退，但在排泄具有恶臭气味的稀粪时，饮水量有增加趋势；排粪量明显减少，干粪和稀粪交替出现；肠音减弱，尤其以盲肠音减弱最为明显。体温、呼吸和脉搏都无明显变化；病畜逐渐消瘦。直肠检查：盲肠内充满坚硬粪便。

⑦直肠便秘：多发生于老弱马、骡和驴，腹痛较轻微，仅表现摇尾、举尾，频频作排粪姿势，但排不出粪便。全身无明显变化，有时可继发肠臌气。手入直肠即可确诊。

此外两个部位同时发生阻塞的病例也较常见，如小结肠两个部位阻塞，小结肠与骨盆曲同时发生阻塞，骨盆曲和胃状膨大部同时阻塞，以及小肠两个部位同时阻塞。当直肠检查时，应注意辨别上述情况，以便为判断预后和拟定治疗措施提供可靠依据。

一般而言，小肠、小结肠阻塞比盲肠和大结肠各部阻塞病情发展快而且重，病期多为1～2d。若小肠阻塞继发胃扩张，或者小结肠阻塞继发严重的肠臌气，都可使病情恶化而缩短病期。盲肠和大结肠各部阻塞，尤其是不完全阻塞的病例，病期可达半月之久。

【诊断】

肠阻塞的诊断根据临床检查，大体上可以推断出疾病性质和发病部位。若确定诊断，必须结合直肠检查进行综合分析，必要时需作剖腹探查，可明确诊断。

【治疗】

根据病情灵活应用“静”“通”“补”“减”“护”的治疗原则，做到“急则治其标，缓则治其本”，适时地解决不同时期的突出问题。

“静”即镇痛：目的在于阻断疼痛对大脑皮层的刺激，以恢复大脑皮层对全身功能的调节作用，消除肠管痉挛，缓解腹痛，并为诊疗工作创造方便条件。兽医临床上常用的药物有5%水合氯醛酒精注射液（100～200mL），安溴注射液（50～100mL），20%硫酸镁注射液（80～120mL），30%安乃近注射液（20～40mL），2.5%盐酸氯丙嗪注射液（8～16mL）。也可用0.25%～0.5%普鲁卡因注射液作肾脂肪囊注射，但禁用阿托品、东莨菪碱、山莨菪碱、琥珀酰胆碱和吗啡作为镇痛解痉药。

“通”即疏通：目的在于消散结粪，疏通肠道，是治疗肠阻塞的根本措施和中心环节。常用的方法有药物泻法、生物软化法、直肠破结法和手术破结法。

“补”即补液强心：目的在于维护心血管功能，纠正脱水与失盐，调整酸碱平衡，缓解自体中毒，以增强机体抗病力，提高疗效。根据机体脱水和心功能状况，可采取多次静脉注射补液。小肠阻塞，宜用复方氯化钠注射液；大肠阻塞，宜用复方氯化钠注射与5%葡萄糖注射液、5%碳酸氢钠注射液；不完全性阻塞，可用0.9%氯化钠溶液，并加适量氯化钾，进行口服补液和灌肠补液。心功能不全者，可肌肉注射20%安钠咖注射液10～20mL。

“减”即胃肠减压：及时用胃管导出胃内积液，或者穿肠放气，解除胃肠臌胀状态，降低腹内压，改善血液循环功能。

“护”即护理：作适当牵遛活动，防止病畜急剧滚转和摔伤。

不同部位肠阻塞的主要疗法包括以下几个方面。

1. 小肠阻塞

小肠阻塞，尤其是十二指肠阻塞时，极易继发胃扩张，故应及时利用胃管排除胃内酸臭液体（有时需要多次排出），然后灌服液体石蜡（或植物油）1000～2000mL，水合氯醛15～25g，鱼石脂10～15g，乳酸10～15mL。小肠阻塞禁用盐类泻剂。直肠检查时，若能摸到结粪部位，则根据其移动的范围，采用压、握等手法使结粪破碎。如结粪较长且坚硬，用上述手法和泻剂尚不能破除时，应及早采取手术破结法，即剖腹隔肠破结，或切开肠管取出结粪，或切除该段肠管作吻合术。

2. 大肠阻塞

疏通肠道的常用方法有直肠破结法、药物泻法、碳酸盐缓冲剂法等。

（1）直肠破结法　可选用适当的手法（以压、捶法为主）隔肠破除骨盆曲、小结肠阻塞的结粪。破结时，严防用力过猛、动作粗暴，以免损伤肠壁，造成肠破裂或肠穿孔。此外，顶压胃状膨大部的结粪，也可起到一定的治疗作用。必要时也可采用手术破结法。

（2）药物泻法　利用油类、盐类泻剂治疗肠阻塞。常用的油类泻剂有液体石蜡，植物油（500～2000mL），蓖麻油（200～300mL）；常用的盐类泻剂有硫酸钠或硫酸镁（300～800g，稀释成6%的浓度），人工盐（300～800g），3%食盐溶液（0.8g/kg），临床上常将油类与盐类泻剂合并应用。同时，配合应用镇痛剂、止酵剂和酊剂（大黄酊、陈皮酊）。

关于泻剂种类的选择和用量的确定，应视病畜体质的强弱、结粪的硬度，作适当调配。年老体弱、妊娠的病畜，宜加大油类泻剂的用量，减少盐类泻剂用量；年轻体壮，结粪坚硬者，盐类泻剂用量宜大，减少或不减油类泻剂的用量。常用配方：硫酸钠200～300g，液体石蜡500～1000mL，水合氯醛15～25g，芳香氨酯 30～60mL，陈皮酊 50～80mL，加水溶解，胃管灌服（成年马、骡）。液体石蜡 150mL，甘油 100mL，鱼石脂 10g，酒精 50mL，常水适量，内服（半岁驹）。

（3）碳酸盐缓冲剂法　不完全性肠阻塞可内服碳酸盐缓冲剂（碳酸钠 150g，碳酸氢钠 250g，氯化钠 100g，氯酸钾 20g，常水 8～14L）。

（4）生物学软化法　应用醋曲、酵母粉和发面等，治疗顽固性盲肠阻塞、胃状膨大部阻塞。

醋曲（即制作食醋用的曲种）300～500g，充分研细，加温水（37～39℃）3～5L，水合氯醛 15～25g，边搅边灌服（用胃管灌），或者加适量温水，调成糊状，灌服。

发面（即已发酵的面团）0.5～1kg，加温水适量，调成糊状，灌服。

酵母粉 500g，温水 1000～2000mL，一次灌服。

（5）电针治结　电疗机一台，10cm 长的新针两支。病畜站立保定，取穴关元俞（位于背最长肌下缘与最后肋骨交点的凹陷处，左右各一穴）。穴位剪毛、消毒；针与水平呈 45°，斜向内下方刺入 7～8cm（以针尖刺入肾囊为度）；在针柄上分别连接两个电极，电压和频率的调节须由低到高、由慢到快，维持强直状态数秒钟；然后再倒转调节钮，即由高到低、由快到慢；如此反复一次约需 10min，重复操作 2～3 次即可。通电后，腹肌呈现与电流频率相一致的节律性收缩，肠音增强。主治大结肠和小结肠轻度阻塞。

（6）中医治疗　中兽医称肠阻塞为结症，治以通肠利便、消积理气为主。治疗大肠阻塞，可用大承气汤、加味承气汤、麻仁承气汤、当归苁蓉汤和加减化铁膏。

大承气汤：大黄 120g，厚朴 60g，枳实 60g，芒硝 120g，将前三味药研成细末，再加芒硝，开水冲，候温灌服。方中若加神曲、麻仁、青木香、香附子、木通，则为加味承气汤。单加麻仁者，则为麻仁承气汤。气胀者加木香、莱菔子；体壮结粪坚硬者加玉片、二丑、千金子；热盛者加金银花、连翘、栀子等。

当归苁蓉汤：用于老龄、体弱、产前和产后的便秘。当归（麻油炒）120～240g、肉苁蓉（黄酒浸蒸）60～120g，番泻叶 30～60g，广木香 15～20g，川厚朴 20～30g，炒枳壳 30～60g，醋香附（另研）30～60g，瞿麦 15～20g，通草 10～15g，六曲 70g，共为末（香附另研），开水调成糊状，慢火煎 10min 为度，注意搅动，勿令煎焦。候温加入生麻油 250～500mL，灌服。孕畜去瞿麦、通草，加炒白芍以安胎。

加减化铁膏：千金子 60～90g，二丑 30g，滑石 30g，木香 15g，通草 10g，共为末，加猪油 250～500g，或煎汤后再加猪油，灌服。用于治疗盲肠、胃状膨大部阻塞。

3. 直肠阻塞

应用掏结法，边掏边灌肠，往往可以迅速得到治愈。直肠黏膜发炎肿胀者，用0.1%高锰酸钾溶液和5%硫酸镁溶液分别灌肠，并以0.25%盐酸普鲁卡因注射液30～50mL、青霉素80万～160万IU，后海穴封闭。也可用液体石蜡灌肠，有助于排出结粪。

4. 多段肠阻塞

根据具体病例可采用压、捶等手法破除结粪，或者采用手术破结法。单纯药物疗法效果欠佳，容易拖延病期，引起继发症，造成不良后果。

关于各个部位肠阻塞，除上述一些主要疗法外，为提高疗效、缩短病期，尚可酌情选用下列辅助疗法：为促进肠蠕动和分泌功能，可用10%氯化钠注射液300～500mL，静脉注射。灌服泻剂后出现肠音者，可皮下注射2%毛果芸香碱注射液2～5mL或0.1%氨甲酰胆碱注射液1～2mL。用肥皂水或1%食盐水灌肠。

三、肠痉挛

肠痉挛又称肠痛、痉挛疝、卡他性肠痛、卡他性肠痉挛，是由于肠平滑肌受到异常刺激发生痉挛性收缩，并以明显的间歇性腹痛为特征的一种腹痛病。

【病因】

肠痉挛多由温度和湿度的剧烈变化、风雪侵袭、汗后淋雨、寒夜露宿、暴饮冷水、采食霜冻或发霉、腐败的草料等而引起。此外消化不良、胃肠的炎症、肠道溃疡或肠道内寄生虫及其毒素等都是不可忽视的内在致病因素，它们能使肠黏膜下神经丛（麦氏神经丛）和肠肌神经丛（欧氏神经丛）的敏感性增高。

【症状】

间歇性的腹痛是肠痉挛的特征。腹痛发作时，病畜表现前肢刨地，后肢踢腹，回顾腹部，起卧不安，卧地滚转，持续5～10min后便进入间歇期。在间歇期，病畜外观上似健畜，安静站立，有的尚能采食和饮水。但经过10～30min，腹痛又发作，经5～10min后又进入腹痛间歇期。有的病畜，随着时间的推移，腹痛逐渐减轻，间歇期延长，常不药而愈。病畜除表现间歇性腹痛外，还有下列症状：病轻者，口腔湿润，口色正常或色淡；病重者，口色发白，口温偏低，耳鼻部发凉。除腹痛发作时呼吸急促外，体温、呼吸、脉搏变化不大。大、小肠音增强，连绵不断，有时在数步之外都可听到高朗的肠音；偶尔出现金属音。随肠音增强，排粪次数也相应增加，粪便很快由干变稀，但其量逐渐减少。

【诊断】

（1）腹痛呈间歇或持续而剧烈，病畜在间歇期时外观上似健畜。

（2）肠音高朗、无规律，有时连绵不断。

（3）耳鼻发凉，口腔多湿润，口色发淡。排粪次数增多，粪便稀软。

【病程及预后】

本病持续时间一般不长，从几十分钟至几个小时，若给予适当治疗可迅速痊愈。如经治疗症状不见减轻，腹痛加剧，全身症状也随之恶化，这表明继发了肠变位或肠阻塞，预后要慎重。

【治疗】

治疗原则：解除肠痉挛，清肠止酵。

1. 解痉镇痛

可皮下注射30%安乃近注射液20～40mL或静脉注射安溴注射液50～100mL；也可静脉注射5%水合氯醛酒精注射液100～200mL，或者肌肉注射盐酸消旋山莨菪碱注射液3～5mL（10mg/mL）。

2. 清肠止酵

可用水合氯醛8g，樟脑粉8g，植物油（或液体石蜡）500mL，内服，或者用人工盐300g，芳香氨醑30～60mL，陈皮酊50～80mL，水合氯醛8～15g，加水溶解，内服。也可用人工盐300g，鱼石脂15～20g，酒精50mL，加水溶解，内服。

3. 中医治疗

中兽医称肠痉挛为冷痛和伤水起卧，治以温中散寒、和血顺气为主。宜用橘皮散：青皮、陈皮、官桂、小茴香、白芷、当归、台乌各15g，细辛6g，元胡12g，厚朴20g，共为末，加白酒60mL，开水冲，候温灌服；针治三江、姜牙、耳尖等穴，或电针关元俞。

四、肠臌气

肠臌气又称肠臌胀、风气疝，是因肠消化功能紊乱，肠内容物产气旺盛，肠道排气过程不畅或完全受阻，导致气体积聚于某部分或大部分肠管内，引起肠管臌胀的一种腹痛病。

【病因】

原发性肠臌气主要是突然采食了过量容易发酵的饲料所致，如幼嫩苜蓿、红三叶、白三叶、青燕麦、蔫青草、堆积发热的青草以及玉米、大麦和豆类饲料。初到高原地区的马、骡往往易发生肠臌气。一般认为与气压低、氧不足和过劳等引起的气象应激和过劳应激有关。当牲畜适应高原环境之后，发病率显著降低。

继发性肠臌气，常继发于肠阻塞和肠变位。在弥散性腹膜炎、慢性消化不良等病程中，有时也继发肠臌气。

【症状】

（1）原发性肠臌气　发病急促，通常在食后2～4h发病。病畜腹部迅速膨大甚至突起，腹壁紧张，叩诊呈鼓音。腹痛，病初为间歇性腹痛，以后则转为持续性腹痛，腹痛随臌气加重而加剧；末期，因肠管极度膨胀而逐渐陷于麻痹，腹痛减轻甚至消失；肌肉震颤。

肠音在病初增强，并带有明显的金属音，以后则减弱甚至消失；病初多排稀软粪便，以后则完全停止排粪。口黏膜由湿润逐渐变为干燥，可视黏膜发红甚至发绀，体表静脉充盈。

呼吸加快，严重者呈现呼吸困难；心率增快，脉搏减弱；体温正常或稍高。直肠检查：原发性肠臌气若为广泛性臌气，手入直肠便可触及。广泛性肠臌气也可能因小结肠阻塞或某种类型的肠变位所致，在诊断上应特别注意。

（2）继发性肠臌气　具有与原发性肠臌气相同的症状，为进一步查明继发性肠臌气的原因，应进行直肠检查或结合腹腔穿刺综合确定。当穿刺液浑浊带微红色甚至呈深红色、白细胞数增多、含有大量蛋白质时，可怀疑为肠变位引起的肠臌气。

【诊断】

（1）腹围急剧增大，尤以右侧明显，肷部突出。

（2）腹痛随臌气的加重而加剧。

（3）听诊肠音初增强，带有金属音，中后期减弱或消失，频频排尿、排粪，中后期停止。

【病程及预后】

原发性肠臌气多取急性经过，病程一般为几小时至十几小时。如能及早发现、及时治疗，大多数病畜可以痊愈。继发性肠臌气的预后依原发病而异。

【治疗】

治疗原则：排气减压、镇痛解痉和清肠止酵。

1. 排气减压

根据臌气程度可采取相应处理。肠臌气不严重者，可应用泻剂、止酵剂，清除肠内容物，以巩固疗效。对于腹围显著胀大、呼吸急促、心率增快的严重肠臌气，应当机立断采用穿肠排气法；排气后，通过放气针头注入止酵剂。穿刺放气，除一般常用的盲肠和直肠内放气外，尚可穿刺臌气严重的肠管（直肠检查确定）进行放气，也可达到目的。

不论采取那种排气减压方法，为预防继发腹膜炎，于放气后宜向腹腔中注入抗菌消炎药物。常用青霉素 240 万 ~ 360 万 IU，溶于 500mL 温生理盐水注射液（37 ~ 40℃），0.25% 普鲁卡因注射液 20 ~ 40mL，腹腔注射。

2. 镇静解痉

常用的药物有安乃近、水合氯醛、安溴注射液等。也可用 0.25% 普鲁卡因注射液 200 ~ 300mL，缓慢地作静脉注射。

3. 清肠止酵

可用人工盐 200 ~ 300g（或其他泻剂），鱼石脂 15 ~ 20g（或芳香氨醑 30 ~ 60mL），常水 5 ~ 6L，灌服。为恢复和增强胃肠功能可用 10% 氯化钠溶液 200 ~ 500mL，静脉注射。

在高原地区，当大批马、骡发生原发性肠臌气时，除采用穿肠排气法进行急救外，还可就地取材，每匹马、骡可灌服浓茶水 1 ~ 1.5L，白酒 150 ~ 250mL。

对于继发性肠臌气，在治疗原发病同时，根据病情适时地按原发性肠臌气的方法进行治疗。此外应注意心脏功能、自体中毒和脱水等变化，进行对症治疗。

4. 中医治疗

中兽医称肠臌气为肚胀或气结，治以消胀破气、宽肠通便为主。宜用丁香散：丁香30g，木香20g，藿香20g，青皮22g，陈皮22g，玉片15g，生二丑25g，厚朴60g，枳实15g，共为末，开水冲，加植物油300mL，灌服。腹痛剧烈者，加乌药、香附；阳气衰微、耳鼻发凉、脉细弱者，先以党参、肉桂煎汤内服后，再用丁香散。

针治：后海、脾俞、关元俞、大肠俞等穴。

五、肠变位

肠变位又称机械性肠阻塞和变位疝，是由于肠管的自然位置发生改变，致使肠系膜或肠间膜受到挤压绞窄，肠腔发生机械性闭塞和肠壁局部发生循环障碍的一组重剧性腹痛病。

肠变位包括二十余种病，通常归纳为肠扭转、肠缠结、肠嵌闭和肠套叠四种类型。

肠扭转：肠扭转是肠管沿其纵轴或以肠系膜基部为轴发生程度不同的扭转。肠管也可沿横轴发生折转，称为折叠。如小肠扭转、小肠系膜根部扭转、盲肠扭转或折叠、左侧大结肠扭转或折叠、小结肠扭转等。

肠缠结：肠缠结又称肠绞窄，是一段肠管与另一段肠管或与肠系膜、腹腔肿瘤的根蒂、韧带（如肝镰状韧带、肾脾韧带）、结缔组织索条、精索为轴心缠绕在一起，引起肠腔闭塞不通。如空肠缠结、小结肠缠结（见图1－7）。

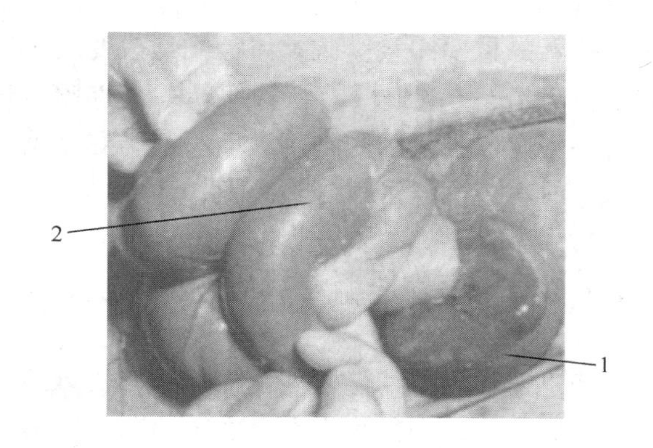

图1－7 肠缠结

1—肠出血 2—肠臌气

肠嵌闭：肠嵌闭又称肠嵌顿，是一段肠管连同其肠系膜坠入与腹腔相通的先天性孔穴或病理性破裂孔内，并卡在其中使肠腔闭塞不通，引起血液循环障碍。如小肠或小结肠坠入腹股沟管、大网膜孔、肠系膜破裂孔和膈肌破裂孔内等。

肠套叠：是一段肠管套入与其相邻的肠管之中，致使相互套入的肠段发生血液循环障碍、渗出等过程，引起肠管粘连、肠腔闭塞不通。如空肠套入空肠、空肠套入回肠、回肠套入盲肠、盲肠尖部套入盲肠体部、十二指肠由于逆蠕动套入胃内、小结肠套入横结肠等。

【病因】

关于构成肠变位的因素，尚缺乏系统研究。一般将病因大致归纳为机械性（如肠嵌闭）和功能性（如肠扭转、缠结、套叠）两种，但二者常互相影响、同时存在。

从机械性病因为主的肠嵌闭来看，先天性孔穴或后天性病理裂孔的存在是发生肠嵌闭的主要因素。在腹压增大的条件下（如剧烈地跳跃、奔跑、难产、交配、便秘、里急后重和肠臌气等），偶尔将小肠或小结肠压入孔隙而致病。但盲肠和大结肠很少发生这种情况。根据孔隙的大小不同，有时被挤入的肠段可能因肠蠕动而继续深入，也可能因肠蠕动而不断退出，特别是在腹压减低的情况下这种可能性就更大。

功能性肠变位是由于肠功能变化（如肠蠕动增强或弛缓）或其他因素（如突然摔倒、打滚、跳越障碍等）影响下导致肠扭转、缠结和套叠的发生。能引起肠功能变化的因素有突然受凉，冰冷的饮水和饲料，肠卡他、肠炎、肠内容物性状的改变，肠道寄生虫和全身麻醉状态等。肠缠结多在肠蠕动功能异常增强的情况下发生，因小肠游离性大而且肠管较细，在体位改变、腹压增高时容易发生肠缠结。而当某段肠管蠕动增强，但与其相邻的肠管处于正常或弛缓状态时，容易发生肠套叠。当肠管充盈，肠蠕动功能增强甚至呈持续性收缩，使肠管相互挤压，往往可以成为肠扭转的重要因素。此外体位剧烈改变（如打滚、摔倒、跳跃等），可发生小肠或小结肠沿其系膜根的纵轴扭转；个别肠段被液体、气体、粪便充胀或泥沙沉积时，当此段肠管因受到刺激而引起肠蠕动增强，而相邻的肠管又处于相对的弛缓状态时，也同样可以导致肠扭转。

【症状】

病畜食欲废绝，口腔干燥，肠音微弱或消失，排恶臭稀粪，并混有黏液和血液。

腹痛由间歇性腹痛迅速转为持续性剧烈腹痛，病畜极度不安，急起急卧，急剧滚转，仰卧抱胸，驱赶不起，即使用大剂量的镇痛药，腹痛症状也常无明显减轻或仅起到短暂的止痛作用；在疾病后期，腹痛变得持续而沉重。随疾病的发展，体温升高，出汗，肌肉震颤；脉率增快，可达100次/min以上，脉搏细弱或脉不感于手；呼吸急促，结膜暗红或发绀，四肢及耳鼻发凉，微血管再充盈时间显著延长（4s 以上）。

腹腔穿刺液检查：腹腔液呈粉红色或红色。

血液学检查：血沉明显减慢。

直肠检查：直肠空虚，内有较多的黏液。当前肠系膜扭转时，胃和空肠膨胀，空肠粗如前臂，前肠系膜呈螺旋扭转，触及时病畜剧痛不安；当左侧大结肠扭转时，盲肠臌气，有四条纵带和四列肠袋的左腹侧结肠位置在上方，较光滑的左背侧结肠位置在下方或两者平行并列，沿此肠段向前可摸到螺旋状的扭转部，触及时病畜表现剧痛；当空肠缠结（或小结肠缠结）时，胃和空肠膨胀（或盲肠、大结肠膨胀），缠结处的肠管、肠系膜或韧带缠结成绳结状；若与腹腔肿瘤的根蒂缠结时，还可发现肿瘤及紧张的肿瘤蒂基部；当小肠（或小结肠）腹股沟嵌闭时，相应的肠管膨胀，前肠系膜（或后肠系膜）向后下方腹股沟管口倾斜，小肠肠襻（或小结肠肠襻）走向腹股沟管，牵拉时病畜剧痛不安；当肠套叠时，常可在发生套叠处摸到如同前臂或上臂粗的圆柱状肉样肠段，触压该部时，病畜表现剧痛。当直肠检查仍不能确定肠变位的性质时，可进行剖腹探查。

【诊断】

病畜全身症状（体温轻度升高，脉搏快而弱，黏膜发绀，脱水症状发展快）迅速恶化，持续性剧烈腹痛，肠音很快减弱或消失，局部肌肉震颤，出汗等，常常作为疑似为肠变位的重要线索。并结合下列检查方法，可获得正确诊断。

（1）直肠检查　直肠内空虚，腹压较大，肠音位置异常，肠管呈局限性臌气现象，有时可摸到变为局部，则病畜表现不安；借助直肠检查法，有时可判定肠变位的性质，或者为诊断变位提供重要线索。

（2）腹腔穿刺液检查　可见粉红色或暗红色渗出液，后转为血水样，其中含有多量红细胞、白细胞及蛋白质。

（3）剖腹探查　经上述方法检查，尚不能确诊者，可及时选择适当部位，作剖腹探查，以便采取适宜措施，抢救病畜。

【病程及预后】

依据肠变位的性质和程度不同，病程颇不一致，一般为 10～48h；变位轻者，可能拖延更长时间。凡病情发展较快，腹痛剧烈，体温升高，脉搏细弱，脉率超过 120 次/min，眼结膜发绀，呼吸急促，肌肉震颤，应用一般镇痛药物无效者，预后不良。

【治疗】

治疗原则是尽早施行手术整复，做好术后护理。

为保证病畜的抗病能力，除应及时应用镇痛剂以减轻疼痛刺激外，还应采取减压、补液、强心，服用新霉素或注射庆大霉素等抗菌药物，制止肠道菌群紊乱，减少内毒素生成，以维持血容量和血液循环功能，防止休克发生。严禁投服泻剂。

任务五 | 猪胃肠疾病

以肠便秘为例进行介绍。

猪的肠便秘是由于肠管运动功能和分泌功能紊乱，内容物滞留不能后移，水分被吸收，致使一段或几段肠管秘结的一种疾病。各年龄段的猪都可发生，便秘常发部位是结肠。

【病因】

原发性肠便秘的病因有：①饲喂多量的粗硬劣质饲料，如砻糠、蚕豆糠、干红薯蔓、花生蔓等；②饲料中混有多量泥沙；③饮水不足，缺乏适当运动；④断乳仔猪突然变换饲喂纯米糠而同时缺乏青绿饲料。此外妊娠后期或分娩不久的母猪伴有肠弛缓时，也常发生便秘。

继发性肠便秘主要见于某些肠道的传染病和寄生虫病，例如猪瘟的早期阶段，慢性肠结核病、肠道蠕虫病等，均可呈现肠便秘。其他原因如伴有消化不良时的异嗜癖，去势引起肠粘连甚至母猪去势时误将肠壁缝合在腹膜上，均可导致肠便秘。

【症状】

食欲减退或废绝，饮欲增加，腹围增大，喜躺卧，有时呻吟，呈现腹痛，经常努责。病初可缓慢地排出少量干燥、颗粒状的粪球，其上覆盖着稠厚的灰色黏液；当直肠黏膜破损时，黏液中混有鲜红的血液；经 1～2d 后，排粪停止。体小的病猪，用双手从两侧腹壁触诊，可触摸到圆柱状或串珠状的结粪。当便秘肠管压迫膀胱颈时，会导致尿闭，触诊耻骨前缘，可发现膀胱胀满。当十二指肠便秘时，病猪表现呕吐，呕吐出液状酸臭物。

【治疗】

用胃管投服液体石蜡（或植物油）50～150mL，鱼石脂 3～5g，酒精 30mL，常水适量，或者投服硫酸钠（或硫酸镁）50～150g，鱼石脂 3～5g，酒精 30mL，常水 300～1000mL。同时用肥皂水 1000～2000mL 作深部灌肠。

腹痛不安时，可肌肉注射 30% 安乃近注射液 3～5mL 或氯丙嗪（1～3mg/kg）；也可静脉注射安溴注射液 10～20mL。防止脱水和维护心脏功能，可静脉注射或腹腔注射复方氯化钠注射液或 5% 葡萄糖生理盐水注射液；并适时注射 20% 安钠咖 2～5mL。

当估计用药物治疗效果不佳，并且病猪体况较好时，应及时进行手术治疗。

【预防】

给予营养全面、搭配合理的日粮；给予充足的饮水和适当运动；仔猪断乳初期、母猪妊娠后期和分娩初期应加强饲养管理，给予易消化的饲料。

任务六 | 其他胃肠疾病

一、胃肠炎

胃肠炎是胃肠壁表层和深层组织的重剧性炎症。临床上很多胃炎和肠炎往往相伴发生，故合称为胃肠炎。胃肠炎按病程经过分为急性胃肠炎和慢性胃肠炎；按病因分为原发性胃肠炎和继发性胃肠炎；按炎症性质分为黏液性胃肠炎、出血性胃肠炎、化脓性胃肠炎、纤维素性胃肠炎。胃肠炎是畜禽常见的多发病，尤其以马、牛和猪最为常见。

【病因】

原发性胃肠炎的病因有：①饲喂霉败饲料或不洁的饮水；②采食了蓖麻、巴豆等有毒植物；③误咽了酸、碱、砷、汞、铅、磷等有强烈刺激或腐蚀的化学物质；④食入了尖锐的异物损伤胃肠黏膜后被链球菌、金色葡萄球菌等化脓菌感染，导致胃肠炎的发生；⑤畜舍阴暗潮湿、卫生条件差、气候骤变、车船运输、过劳、过度紧张、动物机体处于应激状态时，容易受到致病因素侵害，致使胃肠炎的发生。此外滥用抗生素也会导致胃肠炎，一方面细菌产生抗药性；另一发面在用药过程中造成肠道的菌群失调引起二重感染，如犊牛、幼驹在使用广谱抗生素治愈肺炎后不久，由于胃肠道的菌群失调而引起胃肠炎。

继发性胃肠炎，常继发于急性胃肠卡他、肠便秘、肠变位、幼畜消化不良、化脓性子宫炎、瘤胃炎、创伤性网胃炎、牛瘟、牛结核、牛副结核、羔羊出血性毒血症、猪瘟、猪副伤寒、鸡新城疫、鸭瘟、猪球虫病、牛球虫病和鸡球虫病等疾病。

【发病机制】

致病因素的强烈刺激，使胃肠道发生不同程度的病理变化，如充血、出血、渗出、化脓、坏死、溃疡等。胃肠道某一段炎症的严重程度与致病刺激物在这一部分的浓度高低、有毒物质溶解度、胃肠道不同区段的酸碱度、有毒物质的排出部位以及某些病原体对组织的特殊亲嗜性有关。胃肠壁上皮细胞的损伤和脱落以及蠕动增强，严重影响胃肠道内食物的消化和吸收；消化道内的内容物异常分解，其产物进一步刺激胃肠壁，并使粪便恶臭。急性胃肠炎，由于病因的强烈刺激，肠蠕动加强，分泌增多，引起剧烈腹泻；剧烈腹泻导致大量肠液、胰液丢失，K^+、Na^+丢失增多，液体在大肠段的重吸收作用降低或丧失，而引起脱水、电解质丢失及酸碱平衡紊乱；由于黏膜肿胀，胆管被阻塞，胆汁不能顺利排入肠道，细菌得以大量繁殖，产生毒素，加之黏膜受损，可将毒素及肠内的发酵、腐败产物吸收入血液，引起自体中毒。伴随脱水、血液浓缩，外周循环阻力增大，加重心脏的负担；在丧失心脏代偿作用后，迅速发生心力衰竭以致外周循环衰竭，陷于休克。

若炎症局限于胃和十二指肠，由于副交感神经受到抑制，肠蠕动减弱，排粪迟缓；并由于大肠仍具有吸收水分的作用，所以不显腹泻症状。但是胃肠道内的有毒物质被吸收，引起自体中毒。

慢性胃肠炎，由于结缔组织增生，贲门腺、胃底腺、幽门腺和肠腺萎缩，分泌功能和运动功能减弱，引起消化不良、便秘及肠臌气。肠内容物停滞，内容物发酵、腐败，产生有毒物质，有毒物质被吸收入血液引起自体中毒。

【症状】

急性胃肠炎，病畜精神沉郁，食欲减退或废绝，口腔干燥，舌苔重，口臭；反刍动物的嗳气和反刍减少或停止，鼻镜干燥。腹泻，粪便稀呈粥样或水样，腥臭，粪便中混有黏液，血液和脱落的黏膜组织，有的混有脓液。有不同程度的腹痛和肌肉震颤，肚腹蜷缩。病的初期，肠音增强，随后逐渐减弱甚至消失；当炎症波及到直肠时，排粪呈现里急后重；病至后期，肛门松弛，排粪呈现失禁自痢。此外病畜体温升高，心率增快，呼吸加快，眼结膜暗红或发绀，眼窝凹陷，皮肤弹性减退，血液浓稠，尿量减少。随着病情恶化，病畜体温降至正常温度以下，四肢厥冷，出冷汗，脉搏微弱甚至脉不感于手，体表静脉萎陷，精神高度沉郁甚至昏睡或昏迷。

炎症局限于胃和十二指肠的胃肠炎，病畜精神沉郁，体温升高，心率增快，呼吸加快，眼结膜颜色红中带黄色。口腔黏腻或干燥，气味臭，舌苔黄厚；排粪迟缓、量少，粪干小、色暗，表面覆盖多量的黏液；常有轻度腹痛症状。

慢性胃肠炎，病畜精神不振，衰弱，食欲不定，时好时坏，挑食；异嗜，往往喜爱舔食砂土、墙壁和粪尿。便秘，或者便秘与腹泻交替，并有轻微腹痛，肠音不整。体温、脉搏、呼吸常无明显改变。

【病程及预后】

患急性胃肠炎的病畜，若治疗及时、护理好，多数可望康复；若治疗不及时，则预后不良。患慢性胃肠炎的病畜，病程数周至数月不等，最终因衰弱而死或因肠破裂而死于穿孔性腹膜炎和内毒素休克。

【治疗】

治疗原则是消除炎症，清理胃肠，预防脱水，维护心脏功能，解除中毒，增强机体抵抗力。

1. 抑菌消炎

牛、马一般可灌服0.1%高锰酸钾溶液2000～3000mL，或者用磺胺脒（琥珀酰磺胺噻唑、酞磺胺噻唑）30～40g，次硝酸铋20～30g，萨罗10～20g，常水适量，内服。

各种家畜可内服诺氟沙星（10mg/kg）或呋喃唑酮（8～12mg/kg），或者肌肉注射庆大霉素（1500～3000IU/kg）或庆大－小诺霉素（1～2mg/kg），氯霉素（10～30mg/kg），环丙沙星（2.0～5mg/kg），乙基环丙沙星（2.5～3.5mg/kg）等抗菌药物。

2. 清理胃肠

在肠音弱，粪干、色暗或排粪迟缓，有大量黏液，气味腥臭者，为促进胃肠内容物排出，减轻自体中毒，应采取缓泻。常用液体石蜡（或植物油）500～1000mL，鱼石脂10～30g，酒精50mL，内服。也可以用硫酸钠100～300g（或人工盐150～400g），鱼石脂10～30g，酒精50mL，常水适量，内服。在用泻剂时，要注意防止剧泻。

当病畜粪稀如水，频泻不止，腥臭气不大，不带黏液时，应止泻。可用药用炭200～300g（猪、羊10～25g）加适量常水，内服；或者用鞣酸蛋白20g（猪、羊2～5g）、碳酸氢钠40g（猪、羊5～8g），加水适量，内服。牛、马还可灌服炒面0.5～1kg、浓茶水1000～2000mL。

扩充血容量，纠正酸中毒：补液，补糖盐水、氯化钾、碳酸氢钠。

当日一般先给1/2或2/3的缺水估计量，边补充边观察，其余量可在次日补完。碳酸氢钠的补充，可先输2/3量，另1/3可视具体情况续给。从静脉补氯化钾时，浓度不超过0.3%，输入速度不宜过快，先输2/3的量，另1/3视具体情况续给；口服时以饮水方式给药。

如有条件可给病畜输入全血或血浆、血清。为了维护心脏功能，可应用西地兰、毒毛旋花子苷K、安钠咖等药物。

3. 中医治疗

中兽医称肠炎为肠黄，治以清热解毒、消黄止痛、活血化瘀为主。宜用郁金散（郁金36g，大黄50g，栀子、诃子、黄连、白芍、黄柏各18g，黄芩15g）或白头翁汤（白头翁72g，黄连、黄柏、秦皮各36g）。

4. 护理

搞好畜舍卫生；当病畜4～5d未吃食物时，可灌炒面糊或小米汤、麸皮大米粥。开始采食时，应给予易消化的饲草、饲料和清洁饮水，然后逐渐转为正常饲养。

【预防】

做好饲养管理工作，不用霉败饲料喂家畜，不让动物采食有毒物质和有刺激、腐蚀的化学物质；防止各种应激因素的刺激；做好畜禽的定期预防接种和驱虫工作。

二、 幼畜消化不良

幼畜消化不良是哺乳期幼畜胃肠消化功能障碍的统称。该病的特征主要是明显的消化功能障碍和不同程度的腹泻。消化不良以犊牛、羔羊、仔猪最为多发，幼驹也有发生。

幼畜消化不良根据临床症状和疾病经过，分为单纯性消化不良和中毒性消化不良两种。单纯性消化不良，主要表现为消化与营养的急性障碍和轻微的全身症状；中毒性消化不良，主要呈现严重的消化障碍、明显的自体中毒和重剧的全身症状。

幼畜消化不良通常不具有传染性，但具有群发性的特点。因此在兽医临床上，幼畜消化不良应与由特异性病原体引起的腹泻进行鉴别。在犊牛应与轮状病毒病、冠状病毒病、细小病毒病、犊牛副伤寒、弯杆菌性腹泻、球虫病等相鉴别；在羔羊应与羊副伤寒、羔羊痢疾等相鉴别；在猪应与猪瘟、猪传染性胃肠炎、猪副伤寒、猪结肠小袋虫病等相鉴别；在幼驹应与幼驹大肠杆菌病、马副伤寒等相鉴别。

【病因】

妊娠母畜的饲养不良，特别是在妊娠后期，饲料中营养物质不足，可使母畜的营养代谢过程紊乱，结果使胎儿的正常发育受到影响。在这种情况下出生的幼畜必然发育不良，吮乳反射出现较晚，抵抗力低下，极易罹患胃肠道疾病。此外营养不良的母畜初乳中蛋白质（清蛋白、球蛋白）、脂肪含量低，维生素、溶菌酶以及其他物质缺少。而且，在产仔后经数小时才开始分泌初乳，并经 1 ~ 2d 后即停止分泌。这样新生幼畜只能吃到量少、质差的初乳，从初乳中得不到足够的免疫球蛋白，则易引起消化不良。此外哺乳母畜饲养不良，饲料中营养物质不足，不仅影响母畜体况的恢复，而且也影响母乳的数量和质量，如母乳中维生素 A 不足时，可导致消化道黏膜上皮角化；B 族维生素不足时，可使幼畜胃肠蠕动功能障碍；维生素 C 不足时，可引起幼畜胃肠分泌功能减弱。哺乳幼畜摄入这样的乳后，不能满足生长发育所需要的营养，体质下降，抵抗力降低。此外当母畜罹患乳房炎以及其他慢性疾病时，此种母乳中通常含有各种病理产物和病原微生物，幼畜食后极易发生消化不良。

饲养管理及护理不当也是引起幼畜消化不良的重要因素。当护理疏忽，新生幼畜不能及时吃到初乳或哺食的量不够时，不仅使幼畜无法获得足够的免疫球蛋白，而且会造成幼畜因饥饿而舔食污物，致使肠道内乳酸菌的活动受到限制，乳酸缺乏，肠内腐败菌大量繁殖，从而破坏对乳汁的正常消化作用。人工哺乳的不定时、不定量，乳温过高或过低或使用配制不当的代乳品以及哺乳期幼畜补饲不当，均可妨碍消化腺的正常功能活动，抑制或兴奋胃肠分泌和蠕动功能，而引起消化功能紊乱，导致发病。畜舍潮湿、卫生不良、拥挤或气候变化而未得到良好保护引起的应激，都是引起幼畜消化不良不可忽视的因素。

近年来，一些学者认为自体免疫因素在引起幼畜消化不良方面，具有特异的作用。当母畜初乳中含有与消化器官及其酶类抗原相应的自身抗体和免疫淋巴细胞时，幼畜食入这种初乳后，发生免疫反应，引起消化不良。

至于中毒性消化不良的病因，多半是由于对单纯性消化不良的治疗不当或治疗不及时，导致肠内容物发酵、腐败，所产生的有毒物质被吸收，或是受微生物及其毒素的作用，而引起自体中毒。

【发病机制】

幼畜消化不良的发病机制较为复杂，这主要与幼畜胃肠道的生理解剖特点有关。幼畜出生后的一段时间，大脑皮层的活动功能尚不健全，神经系统的调节作用也不精确，消化器官的发育不完全，功能不完善。此期幼畜的胃液酸度很低，酶的活性弱，故消化能力弱，杀菌作用不强。此外肠黏膜柔嫩极易损伤，血管丰富，渗透性极强，致使肠内毒素易被吸收，且肝脏的屏障功能微弱，使许多毒物不能被中和解毒。因此，当幼畜机体遭受不良因素的作用时，哺乳幼畜的消化适应性被破坏，胃液的酸度与酶的活性低下，母乳或饲料进入胃肠后不能进行正常的消化，而发生异常分解。分解不全的产物以及发酵所形成的低级有机酸积聚于肠道内，刺激肠壁使肠蠕动增强，同时也改变了肠内容物的氢离子浓度，从而为肠道微生物群的繁殖创造了良好的环境（主要是发酵菌和腐败菌生成增多），致使发酵和腐败产物生成增多。

由于发酵、腐败产物以及细菌毒素对肠黏膜感受器的协同刺激，导致肠道的分泌、蠕动和吸收功能障碍，而发生腹泻。腹泻使机体丧失大量水分和电解质，引起机体脱水，体液浓缩，循环障碍，进而影响心脏的活动功能。

由于肠内容物异常发酵、腐败，有毒产物和细菌毒素通过肠黏膜进入血液，经门静脉达到肝脏，破坏肝脏屏障和解毒功能而发生自体中毒，引起中毒性消化不良。肠内毒素及毒物进入血液循环，直接刺激中枢神经系统，使中枢神经系统功能紊乱。患病幼畜呈现精神沉郁、昏睡、昏迷或兴奋、痉挛等神经症状。

【症状】

1. 单纯性消化不良

病畜精神不振，喜躺卧，食欲减退或废绝，体温一般正常或低于正常。腹泻，犊牛多排粥样稀粪，有的呈水样，粪便为深黄色、黄色或暗绿色；羔羊的粪便多呈灰绿色，混有气泡和白色小凝块；仔猪的粪便稀薄，呈淡黄色，含有黏液和泡沫，有的粪便呈灰白色或黄白色干酪样；幼驹的粪便稀薄，尾和会阴部被稀粪污染，粪便带酸臭气味，混有小气泡及未消化的凝乳块或饲料碎片。肠音高朗，并有轻度臌气和腹痛现象。心音增强，心率增快，呼吸加快。当腹泻不止时，皮肤干皱、弹性降低，被毛蓬乱、失去光泽，眼窝凹陷。严重时，站立不稳，全身颤栗。粪便中有机酸及氨含量变化：单纯性消化不良时，粪便内由于含有大量低级脂肪酸，故呈酸性反应。

2. 中毒性消化不良

病畜精神沉郁，目光痴呆，食欲废绝，全身无力，躺卧于地。体温升高，对刺激反应减弱，全身震颤，有时出现短时间的痉挛。腹泻，频排水样稀粪，粪内含有大量黏液和血液，并呈恶臭或腐败臭气味。持续腹泻时，则肛门松弛，排粪失禁自痢；皮肤弹性降低，眼窝凹陷。心音减弱，心率增快，呼吸浅快。病至后期，体温多突然下降，四肢及耳尖、鼻端厥冷，终至昏迷而死亡。中毒性消化不良时，由于肠道内腐败菌的作用致使腐败过程加剧，粪便内氨的含量显著增加。

【病理变化】

皮肤干皱，眼窝深陷，尾根及肛门被粪便污染。胃肠道黏膜充血、出血；肝脏肿胀、脆弱；心肌质地变软，心内膜与心外膜有出血点；脾脏及肠系膜淋巴结肿胀。

【病程及预后】

单纯性消化不良的病畜，如给予及时、正确的治疗，一般预后良好；如病因未除且延误治疗，则病情急剧恶化，可转为中毒性消化不良。中毒性消化不良的病畜，病情重剧，发展迅速，如治疗不及时，多于1～5d内死亡，预后不良。

【治疗】

应采取包括食饵疗法、药物疗法及改善卫生条件等措施的综合疗法。

首先，将患病幼畜置于干燥、温暖、清洁的畜舍或畜栏内；加强母畜的饲养管理，给予全价日粮，保持乳房卫生。

为缓解胃肠道的刺激作用，可施行饥饿疗法。禁食（禁乳）8～10h，此时可饮盐酸水溶液（氯化钠5g，33%盐酸1mL，凉开水1000mL）或饮温茶水（红茶），犊牛、幼驹250mL，每日3次；羔羊、仔猪酌减。为排除胃肠内容物，对腹泻不甚严重的病畜，可应用油类泻剂或盐类泻剂进行缓泻。

清除胃肠内容物后，可给与稀释乳或人工初乳（鱼肝油10～15mL、氯化钠10g、鲜鸡蛋3～5个、鲜温牛乳1000mL，混合搅拌均匀）。饲喂人工初乳时要稀释，开始时以1.5倍稀释，以后为1倍稀释，犊牛、幼驹每次饮用500～1000mL，羔羊、仔猪每次50～100mL，每日5～6次。

为促进消化可给予胃液、人工胃液或胃蛋白酶。胃液可采自空腹时的健康马或牛，犊牛、幼驹30～50mL/次，每日1～3次，于喂饲前20～40min给予；以预防为目的时，可于出生后2h内给予。人工胃液（胃蛋白酶10g，稀盐酸5mL，常水1000mL，加适量的维生素B或维生素C），犊牛、幼驹30～50mL，羔羊、仔猪10～30mL，灌服。

为防止肠道感染，特别是对中毒性消化不良的幼畜，可肌肉注射链霉素（10mg/kg）或卡那霉素（10～15mg/kg），头孢噻吩（10～20mg/kg），庆大霉素（1500～3000IU/kg），氯霉素（10～30mg/kg），痢菌净（2～5mg/kg）。内服呋喃唑酮（10～12mg/kg）或磺胺脒（0.12g/kg），磺胺-5-甲氧嘧啶（50mg/kg）等。

为制止肠内发酵、腐败过程，可选用乳酸、鱼石脂、萨罗、克辽林等防腐制酵药物。

当腹泻不止时，可选用明矾、鞣酸蛋白、次硝酸铋、颠茄酊等药物。

为防止机体脱水，保持水盐代谢平衡。病初，可给幼畜饮用生理盐水，犊牛、幼驹500~1000mL，羔羊、仔猪50~100mL，每日5~8次。也可应用10%葡萄糖注射液或5%葡萄糖生理盐水注射液，幼驹、犊牛200~500mL，羔羊、仔猪50~100mL，静脉或腹腔注射。犊牛和幼驹还可应用5%葡萄糖生理盐水注射液250~500mL、5%碳酸氢钠注射液20~60mL，静脉注射，每日2~3次。或应用由蒸馏水1000mL、氯化钠8.5g、氯化钾0.2~0.3g、氯化钙0.2~0.3g、氯化镁0.2~0.25g、碳酸氢钠1g、葡萄糖粉10~20g、安钠咖0.2g、青霉素80万IU组成的平衡液，静脉注射。首次量1000mL，维持量500mL（制备时，碳酸氢钠和青霉素不宜煮沸）。

为提高机体抵抗力和促进代谢功能，可施行血液疗法。皮下注射10%柠檬酸钠贮存血或葡萄糖柠檬酸钠血（由血液100mL，柠檬酸钠2.5g，葡萄糖5g，灭菌蒸馏水100mL混合制成），犊牛、幼驹3~5mL/kg，羔羊、仔猪0.5~1mL/kg，每次可增量20%，间隔1~2d，注射一次，每4~5次为一疗程。

【预防】

保证母畜获得充足的营养物质，特别是在妊娠后期，应增喂富含蛋白质、脂肪、矿物质及维生素的优质饲料；改善母畜的卫生条件，经常刷拭皮肤，对哺乳母畜应保持乳房的清洁，并保证适当的舍外运动。保证新生幼畜能尽早地吃到初乳，最好能在出生后1h内吃到初乳，其量应在出生后6h内吃到不低于5%体重重量的高质初乳；对体质孱弱的幼畜，初乳应采取少量多次人工饮喂的方式供给；母乳不足或质量不佳时，可采取人工哺乳，人工哺乳应定时、定量，且应保持适宜的温度；哺乳期幼畜补饲的饲料及其调制要适宜；畜舍应保持温暖、干燥、清洁，防止幼畜受寒；幼畜的饲具必须经常洗刷干净，定期消毒。

三、 胃肠卡他

胃肠卡他是胃肠黏膜表层的炎症，并伴有胃肠神经支配失调及消化功能障碍的疾病。

【病因】

原发性胃肠卡他的病因有：①突然变换草料或喂料过多，或者过度饥饿后贪食，咀嚼不全；②饲喂霉败的草料或饲草过于粗硬，草中土、沙过多；③饲喂冰冻饲草；④饮水不洁或饮水不足；⑤饲喂后立即重役，或重役后立即饲喂；⑥淋雨、受寒或厩舍潮湿；⑦误食有毒物质（如有毒植物、真菌毒素）及不适当的应用水合氯醛、强酸、强碱和砷剂。

继发性胃肠卡他，常继发于口腔疾病、营养代谢性疾病、肝脏疾病、肾脏疾病、心脏疾病、肺脏疾病以及某些传染病和寄生虫病。

【症状】

1. 急性胃卡他

病马精神倦怠，常打呵欠，抬头翻举上唇，结膜黄染。饮食欲减退，有时出现异嗜；口臭，舌面被覆舌苔，肠音减弱，粪球干小、色深，表面被覆少量黏液，粪球夹杂有未消化的饲料。体温有时轻微升高，易出汗。患猪出现舔食泥土、墙壁现象，体温变化不大，有时表现呕吐、腹胀，粪便量和次数都减少。

2. 急性肠卡他

急性肠卡他分为酸性肠卡他和碱性肠卡他两种。酸性肠卡他系肠内容物发酵过程占优势（旺盛），形成大量的有机酸，使肠内容物 pH 偏低；碱性肠卡他为肠内容物腐败过程占优势（旺盛），形成大量的含氮产物，使肠内容物 pH 偏高。

3. 酸性肠卡他

病畜食欲无明显变化，或者只是采食缓慢、食量稍减；口腔滑利，可视黏膜有轻度黄染；肠音增强，排便频繁，粪球松软或稀软带粪汤，内含黏液，有酸臭味。易出汗和疲劳，往往呈现肠臌气与肠痉挛。胃液检查：胃液酸度增高。尿液检查：尿呈酸性反应，含有少量尿蓝母。血液检查：淋巴细胞增多。

4. 碱性肠卡他

病畜食欲减退或废绝，口腔干燥；肠音减弱，排便迟缓，粪干、色暗有腐败臭味。尿液检查：尿中有多量的尿蓝母。血液检查：嗜中性粒细胞增多。

5. 慢性胃肠卡他

病畜精神不振，食欲不定，有时出现异嗜，舔墙壁，啃泥土；易出汗，不断打呵欠，逐渐瘦弱，贫血，被毛无光泽，可视黏膜苍白稍带黄色。口黏膜干燥或蓄积黏稠唾液，有舌苔、口臭，硬腭肿胀；便秘与腹泻交替发生。当胃肠功能处于兴奋性减弱时出现便秘。便秘期间，肠内容物发酵、腐败，其产物刺激肠黏膜，致使肠功能兴奋性增强，引起腹泻。病势弛张不定，有时好转，有时增剧，长时期不能恢复健康。

【病程及预后】

轻症的病程较短，经治疗可痊愈。如不排除病因，不及时地给予合理治疗，病情往往恶化，继发胃肠炎而造成死亡。

【治疗】

治疗原则：除去病因，加强护理，清理胃肠，制止发酵、腐败和调整胃肠功能。

首先找出发病原因，并除去病因，如因牙齿磨灭不整引起胃肠卡他，则应修整牙齿。病初禁食或减饲1～2d，然后给予优质易消化的草料。病愈后，逐渐转为正常饲喂。

1. 急性胃卡他

胃酸过少的病畜（常伴发口腔干燥），可服缓泻制酵剂（液体石蜡300～700mL、鱼石脂15～20g或芳香氨醑30～50mL，酒精50mL）。消导健胃可选用稀盐酸（10～20mL）或稀醋酸（50～200mL），胃蛋白酶（8～15g），陈皮酊（30～80mL），大黄酊（25～50mL）或龙胆酊（50～80mL），姜酊（50～80mL）。中药可灌服消导健脾散（芒硝70g，麻仁、大黄、白术、枳壳、茯苓、郁李仁、神曲、山楂、麦芽各35g，陈皮、知母各20g，甘草10g）或平胃散（苍术30g，厚朴30g，陈皮30g，三仙90g，干姜15g，炙甘草15g）。胃酸过多的病畜（常伴发口腔湿润，舌苔薄白），可持续应用人工盐等碱性健胃剂；当胃肠内容物异常发酵时，可选用芳香性健胃药（如桂皮酊、陈皮酊、姜酊等），并配合鱼石脂、大蒜酊等制酵剂。

中药可灌服理中汤（党参60g，白术60g，炙甘草60g，干姜60g）或桂心散（桂心、益智仁、厚朴、当归各20g，白术30g，陈皮30g，干姜25g，青皮、砂仁、五味子、肉豆蔻、炙甘草各15g，共为末，开水冲，候温加炒盐15g、青葱3根、酒60mL，同调灌服）。

2. 酸性肠卡他

服用大蒜5～10头（捣碎），复方龙胆酊30mL，豆蔻酊30mL，常水适量，或者服用0.1%高锰酸钾液1000～3000mL。也可用磺胺脒（或琥珀磺胺噻唑、肽磺胺噻唑）30～40g，碳酸氢钠30～40g，次硝酸铋20g，常水适量，内服。根据病情，还可选用庆大霉素、痢特灵、痢菌净、氟哌酸等抗菌药物。

中药可灌服健脾散（当归、白术、菖蒲、厚朴、砂仁、官桂、青皮、茯苓、泽泻、炙甘草、五味子各30g，干姜15g）或加味理中汤（白术70g，党参、茯苓、白芍、车前子、神曲、山楂、麦芽各35g，甘草20g，干姜20g）。

3. 碱性肠卡他

可服缓泻制酵剂，并静脉注射10%氯化钠注射液150～400mL。在清理胃肠的基础上，可酌情给予稀盐酸、苦味酊、龙胆酊等健胃剂。根据病情还可选用庆大霉素等抗菌药物。

4. 慢性胃肠卡他

在应用药物治疗的同时，应配合细心饲喂，少喂勤添，给予易消化的草料和清洁的饮水，减轻劳役负担等措施，才易见到效果。可用稀盐酸10～20mL，大黄末30～40g，龙胆末30～40g，酵母粉20～40g，常水适量，一次内服；或者人工盐40～50g，姜酊30～50mL，桂皮酊30～50mL，复方龙胆酊30～50mL，常水适量，一次内服。中药可灌服加味理中汤（白术70g、党参、茯苓各35g，甘草20g，干姜20g）。

【预防】

加强饲养管理，保证饲料质量和饮水清洁；使役要适度；厩舍卫生、干燥；定期驱虫，保证家畜的健康。

任务七 | 肝脏疾病

以急性实质性肝炎为例进行介绍。

急性实质性肝炎是在致病因素作用下，肝脏发生以肝细胞变性、坏死为主要特征的一种炎症。本病各种家畜、家禽都有发生。

【病因】

急性实质性肝炎主要是由传染性因素与中毒性因素引起。

1. 常见的传染因素

（1）细菌性因素　链球菌、葡萄球菌、坏死杆菌、结核杆菌、牛沙门菌、猪沙门菌、化脓棒状杆菌、肺炎弯曲杆菌、禽败血性梭状杆菌及钩端螺旋体等都可引起肝炎。

（2）病毒因素　犬病毒性肝炎病毒、鸭病毒性肝炎病毒、鸡包涵体肝炎病毒、马传染性贫血病毒、牛恶性卡他热病毒等病毒都可引起肝炎。

（3）寄生虫性因素　弓形虫、球虫、鸡组织滴虫、肝片吸虫、血吸虫等感染，可导致肝炎。

进入肝脏的病原体，不仅可以破坏肝组织而产生毒性物质，同时其自身在代谢过程中也释放大量毒素，并且还以机械损伤作用使肝脏受到损伤，导致肝细胞变性、坏死。

2. 常见的中毒性因素

（1）霉菌毒素　一些霉菌，如镰刀菌、杂色曲霉菌、黄曲霉菌等，它们产生的毒素可严重损伤肝脏。因此，长期饲喂霉败饲料可导致肝炎。

（2）植物毒素　采食了羽扇豆、蕨类植物、野百合、春蓼、千里光、小花棘豆、天芥菜等有毒植物可引起肝炎。

（3）化学毒物　砷、磷、锑、汞、铜、四氧化碳、六氯乙烷、氯仿、萘、甲酚等化学物质，可使肝脏受到损害，引起肝炎。

（4）代谢产物　由于机体物质代谢障碍，使大量中间代谢产物蓄积，引起自体中毒，常常导致肝炎的发生。

此外在大叶性肺炎、坏疽性肺炎、心脏衰弱等病程中，由于循环障碍，肝脏长期瘀血，二氧化碳和有毒的代谢产物滞留，肝窦状隙内压增高，肝脏实质受压迫，引起肝细胞营养不良，导致门静脉性肝炎的发生。

【症状】

食欲减退，精神沉郁，体温升高，可视黏膜黄疸，皮肤瘙痒，脉率减慢。呕吐（猪、犬、猫明显），腹痛（马较明显）；初便秘，后腹泻，或便秘与腹泻交替出现，粪便恶臭，呈灰绿色或淡褐色。尿色发暗，有时似油状。叩诊肝脏，肝脏浊音区扩大；触诊和叩诊均有疼痛反应。后躯无力，步态蹒跚，共济失调；狂躁不安，痉挛，或者昏睡、昏迷。

尿液检查：病初尿胆素原增加，其后尿胆红素增多，尿中含有蛋白，尿沉渣中有肾上皮细胞及管型。血液检查：红细胞脆性增高，凝血酶原降低，血液凝固时间延长。

肝功检查：血清胆红素增多，重氮试剂定性试验呈两相反应；麝香草酚浊度与硫酸锌浊度升高；谷丙转氨酶（GPT）、谷草转氨酶（GOT）和乳酸脱氢酶（LDH）活性增高。

当急性肝炎转为慢性肝炎时，则表现为长期消化功能紊乱，异嗜，营养不良，消瘦，颌下、腹下与四肢下端浮肿。如果继发肝硬变，则呈现肝脾综合征，发生腹水。

【病理变化】

在急性实质性肝炎初期，肝脏肿大，呈黄土色或黄褐色，表面和切面有大小不等、形状不整的出血性病灶，胆囊缩小。组织学检查：肝细胞呈严重的颗粒变性和脂肪变性；中央静脉和肝窦状隙扩张、充血；间质有少量炎性细胞浸润。

中、后期，肝脏表面有大小不等的灰黄色或灰白色小点或斑块；当肝细胞坏死范围广泛时，肝脏体积缩小，被膜皱缩，边缘薄，质地柔软，呈灰黄色或红黄色相间。组织学检查：肝小叶中央区的肝细胞坏死，肝细胞核浓缩、崩解或消失；在后期，坏死的肝小叶溶解、肝小叶结构破坏，网状纤维支架明显；汇管区充血、水肿和炎性细胞浸润，胆管上皮增生。

【病程及预后】

本病的病程经过，通常较为急剧；若能及时地排除致病因素，加强饲养和护理，采取病因疗法，可以恢复健康，预后佳良。但在病情严重的病例，全身症状重剧，发生自体中毒，如果治疗不及时、护理不当，则预后不良。有的病例往往转为慢性肝炎。

【治疗】

治疗原则：排除病因，加强护理，保肝利胆，清肠止酵，促进消化功能。

1. 排除病因

停止饲喂发霉变质的饲料或含有毒物的饲料；治疗原发病，如由细菌因素引起者，应使用抗菌药物，由寄生虫引起者应进行驱虫。

加强护理与食饵疗法：应使病畜保持安静，避免刺激和兴奋；役用家畜应停止使役。饲喂富有维生素、容易消化的碳水化合物饲料，给予优质青干草、胡萝卜，或者放牧。饲喂适量的豆类或谷物饲料；但昏睡、昏迷时，禁喂蛋白质，待病情好转后再给予适量的含甲硫氨酸少的植物性蛋白质饲料。

2. 保肝利胆

通常用25%葡萄糖注射液500～1000mL（猪、羊50～100mL），静脉注射，每日2次，或者用5%葡萄糖生理盐水注射液2000～3000mL（猪、羊100～500mL），5%维生素C注射液30mL（猪、羊5mL），5%维生素B_1注射液10mL（猪、羊2mL），静脉注射，每日2次。必要时，可用2%肝泰乐注射液50～100mL（猪、羊10～20mL），静脉注射，每日2次。良种家畜还可用胰岛素保护肝脏功能。利胆，可内服人工盐，并皮下注射氨甲酰胆碱或毛果芸香碱，促进胆汁分泌与排泄。另外，改善新陈代谢、增进消化功能，可给予复合维生素B和酵母片。可服用氯化胆碱（20～40mg/kg）或甲硫氨酸（20～40mg/kg）以利移出肝脏中的脂肪。

3. 清肠止酵

可用硫酸钠（或硫酸镁）300g、鱼石脂20g、酒精50mL，常水适量，内服。

对于黄疸明显的病畜，可用退黄药物，如苯巴比妥（0.6～12mg/kg）或天冬氨酸钾镁（40～100mL，加入5%葡萄糖注射液内，缓慢静脉注射）。

具有出血性素质的病畜，应静脉注射10%氯化钙注射液100～150mL（猪、羊20～30mL）。必要时，肌肉注射1%维生素K_3注射液10～30mL（猪、羊2～5mL）。

抑制炎性促进因子的形成，减轻反应，可以用氢化可的松等肾上腺皮质激素进行治疗。当出现肝昏迷时，可静脉注射甘露醇，降低颅内压，改善脑循环。病畜表现疼痛或狂躁不安时，可应用水合氯醛或安溴注射液，镇静止痛。

4. 中医治疗

按中兽医辨证施治原则，当肝脏湿热、胆汁外溢、黄疸鲜明，则应利湿消炎，清热泻火。宜用加味茵陈汤：茵陈200g、栀子80g、大黄40g、黄芩60g、板蓝根200g，水煎去渣，内服。若湿重于热、精神困倦、食滞腹痛、尿黄短少时，应加枳实、神曲以破积散满，消食和胃加茯苓、滑石、车前子，利尿清热加猪苓、泽泻，以渗湿利水。

当肝脏寒湿、湿热内蕴、黄疸晦暗、脉性沉迟，则应温化寒湿，强脾健胃。宜用加味茵陈四逆汤：茵陈200g，炮附子30g，干姜20g，茯苓60g，白术60g，陈皮40g，甘草20g，水煎去渣，内服。若肝气淤结、肝区疼痛、举止不安时，可加柴胡、郁金、元胡、香附，以疏肝解郁，理气止痛。

【预防】

本病的预防，加强饲养管理，防止霉败饲料、有毒植物以及化学毒物的中毒；加强防疫卫生，防止感染，增强肝脏功能，保证家畜健康。

任务八 | 腹膜疾病

一、 腹膜炎

腹膜炎是在致病因素作用下，引起腹膜局限性或弥散性炎症。本病各种家畜和家禽都发生，而马和牛最常见。

【病因】

原发性腹膜炎是由于受寒、过劳或某些理化因素的影响，机体防卫功能降低，抵抗力减弱，受到大肠杆菌、沙门菌、链球菌和葡萄球菌等条件致病菌的侵害而发生。猫可由传染性腹膜炎病毒引起。

继发性腹膜炎多由胃肠及其他脏器破裂或穿孔所致，或者由腹壁的创伤、腹腔与胃肠的穿刺或手术感染引起；也见于腹腔脏器炎症的蔓延；还见于炭疽、出血性败血症、肠结核、马腺疫、猪瘟、猪丹毒、肝片吸虫病、棘球蚴病等疾病。

【症状】

腹膜炎的临床症状视家畜的种类、炎症的性质和范围而有所不同。

1. 马急性弥散性腹膜炎

病马精神沉郁，体温升高，食欲废绝，眼窝凹陷，结膜发绀，腹围紧缩；有时痛苦呻吟，全身出冷汗。不愿走动，常低头拱背站立；强迫行走时，则举步谨慎；当转弯或卧地时，则表现格外小心。腹痛，病畜表现摇尾，前肢刨地，回顾腹部，有时企图卧地或卧下而复起。口色暗红，舌苔黄腻，口干、臭；病初肠音增强，随后减弱或消失。尿量少，浓稠，色深；呼吸浅快，为胸式呼吸；心率增快，心音减弱，有时节律不齐。触诊腹部，病畜躲避或抵抗。腹腔大量积液时，叩诊呈水平浊音。直肠检查：直肠内蓄有恶臭粪便，腹膜敏感；胃肠穿孔引起的腹膜炎，可摸到渗出液中有食物或粪渣。腹腔穿刺液检查：有相应的渗出液及内容物。血液检查：白细胞增多，核左移。

2. 马急性局限性腹膜炎

仅局部敏感，全身症状不明显。

3. 马慢性腹膜炎

症状轻微，发展缓慢，体温有时升高，消化不良，发生顽固性腹泻，逐渐消瘦；有时继发腹水，腹部膨大。直肠检查：往往触到腹膜与其他器官或器官之间互相粘连，并感到腹膜面粗糙。

4. 牛腹膜炎

病牛精神沉郁，眼窝凹陷，四肢集于腹下，拱背而立，强迫行走，步态小心，有时表现疼痛、呻吟。食欲减退或废绝，瘤胃蠕动音消失，并有轻度臌气、便秘。体温变化不明显，如在创伤性腹膜炎初期，体温升高。直肠检查：发现在直肠中宿粪较多，可感到腹壁紧张；腹腔积液时肠管呈浮动状。患慢性腹膜炎的病牛，则逐渐消瘦。

5. 猪腹膜炎

病畜精神较差，喜卧，食欲不振或仅吃少量稀食；严重时，食欲废绝，体温升高，呕吐或呃逆，呼吸加快，排粪很少。

6. 犬结核性腹膜炎

腹壁紧张，触诊时，于腹膜上可触摸到小丘状肿瘤样物。

7. 猫传染性腹膜炎

发病急骤，精神沉郁，体温升高，厌食，急剧消瘦，腹部膨大，呼吸困难。有的病猫还出现呕吐、腹泻及贫血。

【病理变化】

腹膜充血、潮红、粗糙；腹腔中有浑浊的渗出液，其内混有纤维蛋白絮片；腹膜面覆盖有纤维蛋白膜，腹膜和腹腔各器官互相粘连或愈着。胃肠破裂或穿孔所引起的腹膜炎，腹腔内有食糜或粪便；化脓性腹膜炎有脓性渗出物；腐败性腹膜炎有恶臭的渗出物；血管严重损伤时，渗出物中有大量红细胞；膀胱破裂时，则有尿液。

慢性腹膜炎结缔组织增生，纤维蛋白机化，形成带状或绒毛状的附着物，并与邻近的内脏器官粘连。

【病程及预后】

马的急性弥散性腹膜炎，病程持续2～4d，严重的穿孔性腹膜炎，往往于数小时内死亡。牛的急性弥散性腹膜炎，病程持续至7d以上。局限性腹膜炎可形成粘连，病程达数周至数月之久。

【诊断】

根据病史和症状可作出诊断，必要时可作腹腔穿刺液检查。但应与肠变位、胃肠炎、牛创伤性网胃炎、肝硬化等疾病进行鉴别。

【治疗】

本病治疗原则是加强护理，消炎止痛，保护心脏功能，增强病畜抵抗力。

1. 加强护理

使动物保持安静，最初2～3d应禁食，经静脉给予营养药物，随病情好转，逐步给予流质食物和青草。如系腹壁创伤或手术创伤引起者，则应及时进行外科处理。

2. 消炎止痛

用青霉素200万IU，链霉素200万IU，0.25%普鲁卡因注射液300mL，5%葡萄糖注射液500～1000mL，加热（37℃左右），一次腹腔注射。为抑制炎症的发展，可同时应用广谱抗生素或磺胺类药物。减轻疼痛可用安乃近、盐酸吗啡、水合氯醛酒精等药物。防止肠臌气可内服萨罗、鱼石脂。解除便秘可用缓泻剂，并进行灌肠。

3. 增强机体抵抗力

可用10%氯化钙注射液100～150mL，40%乌洛托品注射液20～30mL，5%葡萄糖生理盐水注射液1500mL，一次静脉注射。改善血液循环，增强心脏功能，可及时应用安钠咖或毒毛旋花子苷K、西地兰。

有大量渗出液时，用套管针进行腹腔穿刺排出积液（如果渗出液浓稠，可行腹壁切开），应用生理盐水，加入无刺激性的抗菌药物进行彻底的洗涤腹腔。利尿可用速尿或醋酸钾。

【预防】

避免各种不良因素的刺激和影响，特别是注意防止腹腔及骨盆腔脏器的破裂和穿孔；导尿、直肠检查、灌肠都须谨慎；去势、腹腔穿刺以及腹壁手术均应按照操作规程进行，防止腹腔感染；母畜分娩、胎盘剥离、子宫整复、难产手术以及子宫内膜炎的治疗等都须谨慎，防止本病发生。

二、 腹腔积液

动物的腹腔，在生理状态下腔内含有少量液体，主要起润滑作用；病理状态下，腹腔内液体增多，称为腹腔积液或腹水。

【病因】

因积液形成的原因及性质不同，可分为漏出液性腹腔积液和渗出液性腹腔积液。

漏出液性腹腔积液为非炎性积液，其形成的主要原因为：①血浆胶体渗透压减低，常见于肾病、慢性间质性肾炎、重度营养不良等；②毛细血管内压增高，常见于慢性心脏衰弱；③淋巴管阻塞，常见于肿瘤压迫、结核引起的淋巴回流受阻。也有上述两种或两种以上的因素所致的漏出液性腹腔积液，如肝硬化。

渗出液性腹腔积液为炎性积液，见于各种原因引起的弥散性腹膜炎，如细菌性腹膜炎、结核性腹膜炎、内脏器官破裂、穿孔所引起的腹膜炎等。在致病因素的作用下，腹膜发生炎症，使发炎区内的毛细血管壁受损，通透性增高，使血液内的液体、细胞和分子较大的蛋白质渗出到腹腔。马的渗出液可高达40L，牛的可达100L。

【症状】

除有引起腹腔积液的原发病所特有的临床症状外，最明显的症状是腹部外形的变化，腹部向下，向两侧对称性臌胀，状如蛙腹。当动物体位改变时，腹部的形态也随着改变，腹部的最低处即膨起。腹部叩诊，呈水平浊音。腹部冲击式触诊，可感到回击波或震荡音。此外由于腹水压迫横膈膜，动物常常表现呼吸困难。腹腔穿刺有多量液体流出。

腹腔穿刺液检查：其目的是鉴别腹腔积液的性质。

漏出液为淡黄色透明液体或稍浑浊的淡黄色液体，相对密度低于1.018，一般不凝固，蛋白质总量在25g/L以下，黏蛋白定性试验（Rivalta试验）为阴性反应。细胞计数常小于100×10^6/L，以淋巴细胞和间皮细胞为主。细菌学检查为阴性。

渗出液为深黄色浑浊液体（但因病因不同，也可呈现红色、黄色等颜色），相对密度高于1.018，蛋白总量在30g/L以上，黏蛋白定性试验为阳性。细胞计数常大于500×10^6/L，根据不同病因分别以嗜中性粒细胞或淋巴细胞为主。细菌学检查可找到病原菌。

【治疗】

本病的治疗，首先应着重治疗原发病，如肾病、慢性间质性肾炎、肝硬化、营养不良、心脏衰弱和腹膜炎等疾病。为促进漏出液或渗出液的吸收和排出，可应用强心剂和利尿剂。有大量积液时，应采取腹腔穿刺排出腹腔积液（逐渐排放，以防发生虚脱）。

附1：牛胃肠内科疾病鉴别诊断要点

（1）根据食欲减退或废绝、反刍减少或停止、瘤胃蠕动减弱或消失等前胃弛缓的基本症状，以及全身症状是否明显，将前胃弛缓区分为原发性前胃弛缓和继发性前胃弛缓。

（2）具有前胃弛缓症状，全身症状明显，且腹围在增大者，应考虑瘤胃臌气、瘤胃积食、瘤胃酸中毒、皱胃阻塞及皱胃变位、皱胃扭转、迷走神经消化不良等。

①左上腹部膨大：单纯性臌气、泡沫性臌气、迷走神经消化不良。

②左下腹部膨大：瘤胃积食、瘤胃酸中毒、皱胃左方变位。

③右侧腹部膨大或轻度膨大：皱胃阻塞、皱胃右方变位、皱胃扭转。

（3）具有前胃弛缓症状、全身症状明显，但腹围不增大，且有腹痛（轻度）者，应考虑创伤性网胃腹膜炎、创伤性网胃心包炎、瓣胃阻塞、肠阻塞、皱胃溃疡、皱胃穿孔。

（4）具有前胃弛缓症状、有明显腹痛者，应考虑瘤胃积食、皱胃变位、皱胃扭转、小肠扭转、肠钳闭和肠套叠等。

（5）具有前胃弛缓症状，且在右腹壁出现明显的钢管叩击音者，应考虑皱胃右侧变位、皱胃扭转、十二指肠起始部臌胀、盲肠臌胀、结肠臌胀、空肠及回肠臌胀等。

附2：腹痛疾病鉴别诊断要点

1. 五大真性腹痛症状鉴别要点

（1）呈间歇性腹痛，肠音连绵不断，排稀软粪便，口腔湿润，体温、呼吸、脉搏无太大变化，可诊断为肠痉挛。

（2）采食后短时间内出现腹痛，或在其他腹痛病经过中，腹痛突然加剧，腹围不大而呼吸粗迫，口腔黏液酸臭，不断嗳气，并能听到胃蠕动音或食管逆蠕动音，可初步诊断为急性胃扩张。初诊后，插入胃导管作胃排空试验，凡是排出多量气体、食糜排空障碍，可确诊为急性胃扩张。排出多量气体的为气胀性胃扩张，排出多量液体的为液胀性胃扩张，排出物不多但胃排空功能障碍的多为食滞性胃扩张。

（3）腹痛剧烈，腹围膨大，肷窝膨满突出者可诊断为肠臌气。

①腹痛与腹围增大同时发生的，一般为原发性肠臌气。

②腹痛出现后4～8h腹围才逐渐膨大的一般为继发性肠臌气。在穿肠放气后进行直肠检查可确诊原发病，如肠阻塞、肠变位等。

（4）持续剧烈腹痛，后期转为腹痛，口干，肠音弱甚至消失，全身症状重剧，腹腔穿刺呈血水样，且继发胃扩张或肠臌气的应怀疑肠变位。此时，可结合直肠检查或开腹探查进行确诊。

（5）呈现不同程度的腹痛，肠音减弱或消失，口干，排粪迟滞或停止，全身症状逐渐增重的可初诊为肠阻塞。

①腹痛剧烈，排粪停止，全身症状在起病后12h内很快变得明显或重剧的，可诊断为肠的完全性阻塞。其中，继发胃扩张的，可能是小肠的完全阻塞；继发肠臌气的，可能是大肠完全阻塞。具体是哪段肠管阻塞，可通过直肠检查，根据秘结粪球的形状、软硬度和存在位置确定。

②腹痛轻微，起病缓慢，发病24h后腹围仍不增大，全身症状仍不明显，且排出少量粪便，仍可听到弱的肠音，可诊断为肠的不完全阻塞。不完全阻塞发生的肠段，通过直肠检查进行确定。常发生的肠段多为盲肠、结肠等。

2. 反复发作性腹痛症状鉴别要点

在几个月内、几年内不定期的反复发作腹痛的病畜，应考虑肠结石、肠积沙、蛔虫性阻塞、慢性胃扩张。

（1）肠结石诊断要点

①有慢性消化不良的病史。

②有长期饲喂麸皮及其他含高磷饲料的生活史。

③直肠检查可发现结石块。

（2）肠积沙诊断要点

①有啃食泥沙、煤渣等的生活史。

②排出粪便中含沙质多，有时排出纯沙子。

③直肠检查，手背上有沙子，可摸到积沙的肠段。

（3）慢性胃扩张诊断要点

①采食后为轻度或中度腹痛。

②平时常有嗳气，导胃后有一定的气体和食糜排出。

③在马属动物直肠检查可触诊到膨大的胃壁。

（4）蛔虫性阻塞诊断要点　多发生于1～2岁幼驹和犊牛。

①腹痛明显，常伴有明显的黄疸。

②可继发液胀性胃扩张。

③肠音听诊，多数病例肠音强。

④粪检可见有多量的蛔虫卵，常随粪便排出蛔虫，用敌百虫驱虫效果良好。

3. 伴有高热腹痛病症状鉴别要点

主要包括有：出血性肠炎、腹膜炎、肠变位等。

（1）出血性小肠炎诊断要点

①继发带血色的液胀性胃扩张。

②直肠检查找不到肠阻塞部位。

③腹腔穿刺有红色腹腔液。

④开腹探查可确诊。

（2）腹膜炎诊断要点

①高热起病，全身症状明显或重剧。

②腹痛沉重隐静，运步时呈现细步前移。

③触诊腹壁敏感、紧张。

④腹腔穿刺可见有多量红色的腹腔液。

（3）肠变位诊断要点　肠变位诊断要点同前述。

知识链接

喂牛用巧法

秸秆巧处理：当饲草单一、营养缺乏，易导致牛掉膘消瘦，如果把秸秆进行氨化处理，牛就喜采食。方法是：把麦草、稻草等铡成2～3cm的短节，每100kg碎麦草或稻草加4kg尿素，先用40kg水把尿素溶解后，搅拌在碎麦草、碎稻草内；搅匀后，装入大缸或水泥池，压实、封严，不透空气，进行氨化，一个月后可开缸饲喂。氨化过的饲草绵软、芳香，易消化。

（1）饲草巧搭配　冬季喂牛要尽量做到饲草多样化，要短草配长草，优质草配次草。如麦草、稻草配青干草、配秫叶、配花生秧、配苜蓿草等，这样混合均匀，牛喜采食，营养全面。

（2）精料巧配合　喂精料时要软硬配合，如玉米、黄豆等硬料和麸皮、粉料等软料喂时要拌料。开始先喂草，吃到多半饱时要拌料。将要吃饱时再加料，并且要加有香味的料，如把黄豆炒香磨碎加拌在草内，虽然无青草，牛也能顿顿吃饱。或饲喂用秸秆分解剂分解的饲料等。

(3) 尿素巧加喂　尿素是补充蛋白质的重要措施，冬季可适量饲喂。一般6月龄以上的犊牛日喂40～60g，育肥牛70～100g，成年母牛日喂150g。尿素适口性差，可按1%与精料混合后拌草饲喂，喂后30min内不要饮水。

(4) 食量巧安排　冬季昼短夜长，不但白天要喂好，夜间还要加喂一次，日喂草13～15kg。

(5) 饮水巧加温　冬天不能给牛饮冷水，应饮25℃的温水，还要在温水中加点食盐和豆末，这样牛喜饮食，并有降火、消炎作用。

(6) 卫生巧刮刷　牛舍内的粪便应勤清出，打扫干净，勤垫干碎草和土，保持干燥卫生，防止牛蹄患病。每天把牛牵至室外晒太阳，用刮子或刷子刷拭牛体，可促进血液循环，防止牛生疮癣。

民间小验方

1. 辣椒巧治牛瘤胃胀气

红辣椒末50～100g，豆油脚（豆油经长期放置后的沉淀物）200～300g，混合加温水1000mL调和，一次灌服。若治疗马、驴阴茎麻痹，则取干辣椒50g、酒精250mL，浸泡6h备用。加热辣椒酊至40～50℃后，用棉球蘸药擦洗清洁的阴茎5min即可，5～7次治愈。

2. 啤酒加辣椒治牛前胃弛缓

取啤酒2500mL加热至35～40℃，与辣椒末50g混合均匀，一次内服即可。如果是心脏衰弱的牛，可配合静脉注射治疗，将10%氯化钠溶液300～500mL、10%氯化钙200mL和20%安钠咖20mL混合，静脉注射即可。

思考与练习

一、名词解释

1. 食管阻塞　2. 前胃迟缓　3. 宿草不转　4. 瘤胃酸中毒　5. 胃肠炎　6. 百叶干　7. 肠套叠　8. 腹腔积液

二、简答题

1. 试述口炎的主要症状及治疗方法。

2. 试鉴别前胃疾病的临床不同点。

3. 请写出腹膜炎的诊断依据及防治措施。

三、病例分析

针对以下病例，依据所给临床症状，提出初步诊断，制定治疗措施，开具处方。

病例一：某日上午，某黄牛在饮凉水 2h 后表现为精神萎靡，弓背站立，不安，鸣叫。体温为 40.2℃，呼吸数为 46 次/min，脉搏为 98 次/min。反刍停止，听诊瘤胃蠕动减弱。静脉注射糖盐水 2500mL，10 支 80 万 IU 青霉素钠，10% 阿米卡星 40mL，10% 维生素 C 40mL 后，精神好转，体温降至 38.6℃，但是不反刍，不吃草，不排粪，于是灌硫酸镁 600g。次日上午开始腹泻，并持续 1d，体温为 37.5℃。至第三日上午，排粪停止，体温为 38.4℃，听诊瘤胃蠕动音微弱，肌肉注射新斯的明后，病情加剧。心音亢进，颈静脉努张，前肢明显水肿。上坡时容易驱赶，而稍遇下坡时则不愿行走。白细胞数 13600/mm^3。

病例二：一头 7 岁母水牛于半月前产一小犊，畜主因爱牛心切，立即加喂麦麸 5kg 之多，次日即吃少量精料。临床检查：体质稍差，精神沉郁，行走缓慢，体温 39.0℃，瘤胃蠕动音减弱，次数减少，仅 1 次/5min，呼吸增数，鼻镜干燥，苔黄津少，口臭难闻，眼球下陷，瓣胃音消失，大小便停止，或偶尔见到病牛努责时排出一点黑色干粪。

病例三：一头 6～13 岁母水牛因不吃草前来就诊。主诉：该牛体质差，草口不好，为了加强营养，前段时间连续多量喂细糠、干草；昨天上午该牛出现不吃草和喜饮水，且左边肚子略大。经检查：病牛头低耳耷，精神不振，反刍停止，嗳气酸臭，偶尔空嚼，拱背呆立，四肢张开，回头顾腹，触诊左肷部有坚实感，瘤胃蠕动微弱，粪便稀软，口色赤红，脉象沉涩，体温、呼吸正常。

病例四：一养牛专业户 16 头乳牛和 10 头小牛因饲喂过量的液体糖浆，当晚即开始发病，由于未及时救治，第三天来兽医院就诊时已死亡 3 头，另 10 余头病情严重。病牛初期精神沉郁，食欲较差或废绝，反刍减少，肠胃蠕动减慢，瘤胃膨胀，出现腹泻；中期病牛呆立，肌肉震颤，四肢无力，走路摇晃，站立困难，体温稍降，排出水样粪便，恶臭，带有黏液和组织碎块，头向背部弯曲，甩头，呼吸、心跳加快；后期表现衰竭及神经症状，卧地不起，眼球凹陷，瞳孔散大，少尿或无尿，临死前呈昏迷状态。病死牛尸僵不全，血凝不良。

病例五：一头 4 岁公牛患病，主诉该牛一直食欲不佳，反刍时间特少，近日拒绝采食，排粪停止，磨牙严重，前天排出的粪便附有血丝，粪呈算盘珠状，临床检查，该牛精神很差，鼻镜干燥、龟裂，肚腹膨胀，不愿活动，体温 39.0℃，心率 98 次/min，呼吸 52 次/min，眼结膜潮红，瘤胃蠕动音减弱，瓣胃蠕动音也减弱，被毛无光。

病例六：饲养的牛近日出现吃草时咀嚼长时间后又吐出来，不能咽下。临床检查：患牛精神、体温、心跳、呼吸均正常，小便清而不浊，大便呈粒状，口腔、咽部均无异常，瘤胃、肠蠕动均无异常，咽、食管也不敏感，无肿块，给少量水能咽下，给少量麦苗能咀嚼和咽下，但多量的水或麦苗咽下后不久从口和鼻流出。用胃管探诊患牛挣扎明显。

病例七：近日来由于气候变化，某6月龄公犬患病，体重约3.5kg，吃食量及饮水量明显减少，日渐消瘦，大便较干，尿黄而少，经常打喷嚏，精神沉郁，体温39.7℃，鼻镜干燥，鼻孔有黏液性鼻液，两眼有脓性眼眵，呼吸较快而浅表，肺部听诊有湿啰音。

病例八：泰州某乳牛场的病牛，产后20d左右发病。病初期采食减少，厌食高能量的饲料，吃少量干草，粪便量少而呈糊状，病牛出现严重的脱水，但体温、呼吸、心跳基本正常，瘤胃蠕动减弱。产乳量伴随采食量的减少而减少。从尾侧观察，左侧腹壁最后三个肋间区明显膨大，但右侧腰旁窝下陷。在倒数第1~3肋骨区域听诊，同时用手指叩诊，可听到高亢的钢管音。

病例九：某一黄牛发病，体重约400kg，5岁，营养良好，雄性。病牛倒卧不起，精神沉郁，四肢麻痹，触痛无反应，结膜充血，饮欲、食欲废绝，反刍停止，流涎，瘤胃胀满、黏硬，蠕动音消失，粪便稀软酸臭，心跳110次/min，呼吸60次/min，体温37.5℃，皮肤干燥，眼窝凹陷，排尿量减少，呈昏迷状态。

病例十：农户将刚收割的黄豆藤用来饲喂耕牛。由于疏忽管理，将黄豆藤堆于牛栏边，致使耕牛采食过量。翌日早9点，畜主发现牛有反常表现，急忙求诊。临床症状：病牛举止不安，眼结膜潮红，呼吸急促，颈静脉怒张，腹部明显臌胀，叩诊呈鼓音，体温38.6℃。

病例十一：四头黄牛于放牧时采食玉米苗，8~10h之后即相继出现中毒症状，精神沉郁，腹痛不安，卧地不起，呼吸浅表，眼球凹陷，体温37℃，可视黏膜鲜红，反射消失，心动徐缓65~75次/min，排水样便，并带有少量鲜红血，严重者排多量鲜血，其中还伴有肌肉震颤、惊厥神经症状。

病例十二：一头黑白花乳牛，4岁龄，离预产期还有一个多月，在饮食后出现反刍停止，流涎，呼吸急促，腹胀，肛门外凸，发出呻吟声，已发病3h。据畜主反映，该乳牛即将临产，近期一直给它添加优质精料，昨晚喂食玉米颗粒约1.5kg，第二天清晨出现该症状。具体症状表现为：呼吸急促、困难，71次/min，心跳75次/min，流泡沫状口涎，腹胀极为明显，左侧肷部明显出，肛门突出，不安，不断发出呻吟声，黏膜发绀，左侧肷部叩诊发出鼓音，瘤胃蠕动停止，口色苍白，鼻镜干燥。

病例十三：一头乳牛食欲近几日逐渐减少，呈时好时坏状态，日产乳量逐渐下降，现在不吃食。临床检查：患牛精神差，胃肠蠕动消失。左侧胸壁，特别最后肋骨处比右侧突出，在左胸壁听诊，有时可听到钢管音，如用手指叩肩胛骨后方胸壁，同时用听诊器在肩胛骨后方听，可听到钢管音。

病例十四：一匹疝痛马到兽医站就诊。主诉：该马突然发病，前蹄刨地，起卧不安，不吃不饮，未见排便。临床检查：体温正常，疝痛剧烈，腹围增大，呼吸急促，排粪停止。直肠检查：手伸入直肠即呈不断地强努责，腹腔内压大，肠管严重臌气难以鉴别。在耻骨前缘稍下方摸到一段肠管有拳头大的结症。

项目二 呼吸系统疾病

【知识目标】

通过本项目内容的学习，使学生了解上呼吸道疾病、支气管炎及肺脏疾病和胸膜疾病的病因、症状和治疗等内容，识别临床上涉及本项目的主要疾病，掌握各个病的基本概念、致病原因和临床特点，呼吸系统疾病的诊断依据及鉴别诊断要点，呼吸系统疾病的治疗原则、选用药物及其注意事项。

【技能目标】

掌握呼吸系统疾病常见检查方法、诊断依据、治疗原则、具体治疗措施及方案，并提出预防方法，能做出呼吸系统病例临床诊断的一般处理程序和报告，能设计呼吸系统疾病治疗方案。

【必备知识】

呼吸系统疾病是指动物上呼吸道（鼻腔、副鼻窦、喉、气管）、下呼吸道（支气管、肺）以及胸膜的疾病，是内科学中的基础疾病，也是动物的常见多发病，多发生于寒冷潮湿的秋、冬和初春。呼吸器官由鼻腔、喉、气管、支气管、肺和胸膜构成，与外界直接相通，空气中的各种微生物、变应原、化学毒素、矿物粉尘以及其他有害的颗粒和分子不间断地与肺脏相接触，由于呼吸器官已具备完整的防御功能，得以抵抗有害因素的侵袭。

呼吸器官疾病的发病率较高，仅次于消化器官疾病，居第二位，尤其是北方冬季寒冷，气候干燥，发病率相当高。许多呼吸器官疾病呈慢性病程，肺功能逐渐受损，严重时可危及生命。环境中的病原微生物感染、物理化学刺激、过敏原以及过度疲劳等均可直接引起呼吸器官发病。流鼻液、咳嗽、呼吸困难、发绀、发热以及肺部听诊有啰音等是呼吸器官疾病的主要症状。

一、 呼吸器官的结构与生理功能

呼吸器官包括鼻、副鼻窦、喉、气管等上呼吸道和支气管、肺等下呼吸道。呼吸道是一条较长的管道，其黏膜内壁具有丰富的毛细血管网，并有黏液腺分泌黏液。这些结构特征使吸入的空气在到达肺泡之前加温和湿润，并通过鼻毛阻挡、黏膜上皮的纤毛运动及喷嚏和咳嗽，将吸入空气中的尘埃排出，以维持肺泡的正常结构和生理功能。

呼吸器官的主要功能是进行体内外之间的气体交换。动物机体在新陈代谢过程中，对营养物质进行生物氧化以提供生命活动所需的能量，此过程需不断地消耗氧，同时不断地产生二氧化碳和水以及其他物质。因此，机体必须不断从外界摄取氧，并将二氧化碳排出体外，以确保机体新陈代谢的进行和内环境的相对稳定。机体与外界环境之间进行的这种气体交换过程，总称为呼吸。机体的呼吸过程由三个环节来完成：一是外界空气与肺泡之间以及肺泡与毛细血管血液之间的气体交换，称为外呼吸；二是组织细胞与组织毛细血管血液之间的气体交换，称为内呼吸；三是血液的气体运输，通过血液的运行，使肺部摄取的氧及时运送到组织细胞，同时将组织细胞产生的二氧化碳运送到肺排出体外。

二、 呼吸器官的疾病种类

上呼吸道疾病：鼻炎、鼻出血、喉炎、喉水肿、喉囊炎、鼻副窦炎和感冒等。

下呼吸道疾病：支气管炎、肺充血、肺水肿、肺出血、肺泡气肿、间质性肺气肿和慢性阻塞性肺病等。

胸膜疾病：胸膜炎和胸腔积水。

三、 呼吸器官的防御与免疫

1. 非特异性免疫

非特异性免疫包括滤过空气、黏液纤毛上皮的廓清作用及其他动力所引起的呼吸道液体的排出；肺泡巨噬细胞对吸入颗粒的解毒与吞噬作用；非特异性体液固有的抗感染作用。

2. 特异性免疫

特异性免疫是后天获得的，针对某一抗原物质的免疫机制。一般分为体液免疫和细胞免疫（T 淋巴细胞产生的淋巴因子）。

四、 呼吸系统疾病的主要病因

呼吸器官与外界相通，环境中的病原微生物（包括细菌、病毒、衣原体、支原体、真菌、蠕虫等)、粉尘、烟雾、化学刺激剂、过敏原(变应原)和有害气体均易随空气进入呼吸道和肺部，直接引起呼吸器官发病。在我国西北地区，家畜饲草中粉尘较多，吸入后刺激呼吸器官容易发生尘肺。集约化饲养的动物临床上最常见的呼吸器官疾病是肺炎，一般认为多数肺炎的病因是上呼吸道正常寄生菌群的突然改变，导致一种或多种细菌的大量增殖。这些细菌随气流被大量吸入细支气管和肺泡，破坏正常的防御机制，引起感染而发病。另外，呼吸器官也可出现病毒感染，使肺泡吞噬细胞的吞噬功能出现暂时性障碍，吸入的细菌大量增殖，导致肺泡内充满炎性渗出物而发生肺炎。

(1) 饲养管理不当　饲料中维生素A、蛋白质缺乏或不足；通风不良，空气污秽，CO_2、SO_2、NO_2、NH_3含量过高；潮湿，相对湿度60%～70%，如达到80%～90%，则易诱发呼吸道疾病。通常突然更换日粮、断乳、寒冷、贼风侵袭、环境潮湿、通风换气不良、高浓度的氨气及不同年龄的动物混群饲养、长途运输等，均容易引起呼吸道疾病。

(2) 邻近器官炎症蔓延。

(3) 其他器官的疾病　如慢性心脏病、慢性肾炎、脑病等。

(4) 继发于传染病和寄生虫病　某些传染病和寄生虫病专门侵害呼吸器官，如流行感冒、鼻疽、肺结核、传染性胸膜肺炎、猪传染性萎缩性鼻炎、猪肺疫、羊鼻蝇、肺包虫和肺线虫等。

五、呼吸器官疾病的主要表现

呼吸器官疾病的主要症状有流鼻液、咳嗽、呼吸困难、发绀和肺部听诊的啰音，在不同的疾病过程中有不同的特点。严重的呼吸器官疾病可引起肺通气和肺换气(即外呼吸)功能障碍，出现呼吸功能不全，又称呼吸衰竭。呼吸衰竭时发生的低氧血症和高碳酸血症可影响全身各系统的代谢和功能，最终导致机体酸碱平衡失调及电解质紊乱，同时影响循环系统、中枢神经系统和消化系统的功能。

六、呼吸器官疾病的诊断

询问病史和临床检查是诊断呼吸器官疾病的基础，X射线检查对肺部疾病具有重要价值。必要时进行实验室检查，包括血液常规检查、鼻液及痰液的显微镜检查、胸腔穿刺液的理化及细胞检查等。随着检测技术的发展，对呼吸器官疾病的诊断和鉴别诊断将更加灵敏和准确，如采用聚合酶链反应技术诊断结核病、支原体病、肺孢子虫病、病毒感染等。

七、呼吸系统疾病的预防

呼吸系统疾病的预防关键在于：①增强动物机体的抵抗力；②防止家畜受寒

感冒；③避免物理性、化学性异常刺激。

任务一 | 上呼吸道疾病

一、感冒

感冒是寒冷所引发的一种以上呼吸道黏膜发炎为主症的急性全身性疾病。临床上以体温突然升高、咳嗽、羞明流泪和流鼻液为特征。

【病因】

本病最常见的原因是寒冷因素的作用。如厩舍条件差，贼风侵袭，家畜突然在寒冷条件下露宿；使役的家畜出汗后被雨淋、风吹等。此外，长途运输、过劳及营养不良等，都可使机体抵抗力降低，致使呼吸道内的常在菌得以大量繁殖，引发本病。

【发病机制】

健康家畜的上呼吸道常寄生一些能引起感冒的病毒和细菌，当动物遭受寒冷因素刺激时，呼吸道防御功能降低，上呼吸道的黏膜血管收缩，分泌减少，气管上皮纤毛运动减弱，致使寄生于呼吸道黏膜上的微生物大量繁殖，引起呼吸道黏膜肿胀、大量渗出等变化，出现呼吸不畅、咳嗽、喷鼻、流鼻液等症状。

在呼吸道内产生的细菌毒素及炎性产物被机体吸收后，作用于体温调节中枢，引起发热，从而出现一系列与体温升高相关的症状，如精神沉郁、食欲减退、心跳与呼吸加快、胃肠蠕动减弱、粪便干燥、尿量减少等。

【症状】

常在寒冷作用后突然发病。病畜精神沉郁，食欲减退或废绝，脉搏浮数，皮温不整，多数病畜耳尖、鼻端发凉，体温升高。结膜潮红或轻度肿胀，羞明流泪。咳嗽，呼吸加快，鼻塞，初流浆性鼻液，随后转为黏液性或黏液脓性鼻液。肺泡呼吸音粗粝，并发支气管炎时，则出现干、湿啰音。心跳加快。牛、羊患感冒时，除上述症状外，还呈现前胃弛缓症状。猪患感冒时，多怕冷，喜钻草堆，仔猪尤为明显。一般如能及时治疗，3～5d 全身症状逐渐好转，可很快痊愈；如治疗不及时，易继发支气管肺炎。

【诊断】

根据受寒发病的病史，有发热、皮温不均、流鼻液、流泪、咳嗽等主要症状时，可以诊断。鉴别诊断中要与流行性感冒相区别。

【治疗】

本病治疗以解热镇痛为主，为了防止继发感染，适当抗菌消炎。

（1）解热镇痛　可应用30%安乃近液或复方氨基比林注射液，马、牛 30～

40mL，猪、羊 5～10mL 肌肉注射。

（2）抗菌消炎 当病情较重有合并感染时，可用磺胺类或抗生素类药物。

（3）中医治疗 荆防败毒散：荆芥 30g、防风 30g、羌活 25g、柴胡 35g，前胡 25g、枳壳 25g、桔梗 30g、茯苓 45g、川芎 15g、甘草 15g。用法：共为细末，开水冲调，马牛一次灌服，可配合应用抗生素。桑菊银翘散：桑叶、杏仁、桔梗、薄荷各 25g，菊花、金银花、连翘各 30g，生姜 20g，甘草 15g，共研末，马、牛（猪、羊酌减）一次开水冲服。

【预防】

加强饲养管理，增强机体耐寒性，主要应防止家畜突然受寒。如防止贼风侵袭，使役出汗时不要把家畜拴在阴冷潮湿的地方，冬季气候突然变化时注意防寒等。

二、 鼻炎

鼻炎是鼻黏膜发生充血、肿胀而引起的以流鼻液和打喷嚏为特征的急、慢性炎症。临床上以鼻腔黏膜充血、肿胀，流鼻液和打喷嚏为特征。鼻液根据性质不同分为浆液性、黏液性、脓性和出血性等。各种动物均可发生，但主要见于马、犬和猫等。

【病因】

由细菌、病毒、真菌、蠕虫等感染引起的许多传染性呼吸道病常出现鼻炎症状，如马鼻疽、马流感、牛传染性胸膜肺炎、牛传染性鼻气管炎、牛恶性卡他热、慢性猪肺疫、猪流感、猪萎缩性鼻炎、绵羊鼻蝇蛆、犬瘟热、犬副流感、感染等传染病。支气管败血波氏杆菌或多杀性巴氏杆菌感染可引起犬的原发性细菌性鼻炎。

多种变应原均可引起鼻的变态反应。季节性发生的鼻炎与花粉有关，犬和猫常年发生的鼻炎可能与房舍尘土及霉菌有关。牛和绵羊的“夏季鼻塞”综合征常见于春、夏季牧草开花时，是一种原因不明的变应性鼻炎。

受寒感冒、吸入刺激性气体和化学药物（如吸入氨、硫化氢、烟雾以及农药、化肥等有刺激性的气体）及机械性刺激（如麦芒、昆虫及使用胃管不当或异物卡于鼻道）均能引起动物的原发性鼻炎。

【症状】

急性鼻炎因鼻黏膜受到刺激主要表现为打喷嚏、流鼻液、摇头、摩擦鼻部、犬猫抓挠面部；鼻黏膜充血、肿胀，敏感性增高，由于鼻腔变窄，小动物呼吸时出现鼻塞音或鼾声，严重者张口呼吸或发生吸气性呼吸困难。病畜体温、呼吸、脉搏及食欲一般无明显变化。鼻液初期为浆液性，继发细菌感染后变为黏液性，鼻黏膜炎性细胞浸润后则出现黏液脓性鼻液，最后逐渐减少、变干，呈干痂状附着于鼻孔周围。有的下颌淋巴结肿胀。急性单侧性鼻炎伴有抓挠面部或摩擦鼻部，提示鼻腔可能有异物。初期为单侧性流鼻液，后期呈双侧性，或鼻液由黏脓性变为浆液血性或鼻出血，提示肿瘤性或霉菌性疾病。

慢性鼻炎病程较长，临床表现时轻时重，有的鼻黏膜肿胀、肥厚、凹凸不平，严重者有糜烂、溃疡或瘢痕。犬的慢性鼻炎可引起窒息或脑病。猫的慢性化脓性鼻炎可导致鼻骨肿大，鼻梁皮肤增厚及淋巴结肿大，很难痊愈。牛的“夏季鼻塞”常见于春、夏季牧草开花时，突然发生呼吸困难，鼻孔流出黏脓性至干酪样不同稠度的橘黄色或黄色的大量鼻液。还可出现打喷嚏，鼻塞，因鼻腔发痒而使动物摇头，在地面擦鼻或将鼻镜在篱笆及其他物体上摩擦。严重者两侧鼻孔完全堵塞，表现呼吸困难，甚至张口呼吸。最严重的病例形成明显的伪膜，有的喷出一条完整的鼻腔管型。在慢性期，鼻孔附近的黏膜上有许多直径1cm大小的结节。

【诊断】

根据鼻黏膜充血、肿胀及打喷嚏和流鼻液等特征症状即可确诊。本病与鼻腔鼻疽、马腺疫、流行性感冒及副鼻窦炎等疾病有相似之处，应注意鉴别。

鼻腔鼻疽：初期鼻黏膜潮红肿胀，一侧或两侧鼻孔流出灰白色、黏液性鼻液，其后鼻黏膜上形成小米粒至高粱粒大小的灰白色、圆形小结节，突出于黏膜面，结节迅速坏死、崩解，形成深浅不一的溃疡，有些病灶逐渐愈合，形成瘢痕。下颌淋巴结肿大。鼻疽菌素试验阳性。

马腺疫：主要表现体温升高，下颌淋巴结及其邻近淋巴结肿胀、化脓，脓肿内有大量黄色黏稠的脓汁。病马咳嗽，咽喉部知觉过敏。脓汁涂片染色镜检，可发现形成弯曲、波浪状长链的马腺疫链球菌，菌体大小不等。

流行性感冒：传染性极强，发病率很高，体温升高，眼结膜水肿，黏膜卡他性炎症症状明显。可从鼻液或咽喉拭子中在鸡胚内分离获得血凝性流感病毒。

副鼻窦炎：多为一侧性鼻液，特别在低头时大量流出。

【治疗】

首先应去除致病因素。局部治疗可用1%碳酸氢钠溶液，2%～3%硼酸溶液，1%磺胺溶液，1%明矾溶液，0.1%鞣酸溶液或0.1%高锰酸钾溶液，每日冲洗鼻腔1～2次。冲洗后涂以青霉素或磺胺软膏，也可向鼻腔内撒入青霉素或磺胺类粉剂。鼻黏膜严重充血肿胀时，可用可卡因0.1g，1∶1000的肾上腺素溶液1mL，加蒸馏水20mL混合后滴鼻，每日2～3次；也可用1%麻黄素滴鼻。对有频繁喷嚏、多量流涕等症状的患病动物，可酌情选用苯海拉明等抗过敏药物。轻症可不治而愈；重症可用温生理盐水或0.1%高锰酸钾液等冲洗鼻腔，局部消炎。

对体温升高、全身症状明显的病畜，应及时选用抗菌和抗病毒药物进行治疗。对慢性细菌性鼻炎可根据微生物培养及药敏试验，用敏感的抗菌药物治疗3～6周。对霉菌性鼻炎应根据真菌病原体的鉴定结果，用抗真菌药物进行治疗。对小动物的鼻腔肿瘤，应通过手术将大块鼻甲骨切除，然后进行放射治疗。

【预防】

鼻炎的预防主要为防止受寒感冒和其他致病因素的刺激。对于继发性鼻炎应及时根治原发病。

三、鼻出血

鼻出血是指鼻腔血管破裂而发生的出血现象，可以是一种原发病，也可以是许多疾病的一种临床症状。任何家畜都可以发生，以马为多见。

【病因】

原发性鼻出血主要是由于鼻黏膜和头部的损伤所致。如使用胃管检查和投药不慎而损伤了鼻黏膜，牛羊角折，头部遭受打击，异物寄生虫及蝇类的叮咬，都会使鼻黏膜出血。重剧鼻炎和鼻腔肿瘤时，家畜猛烈的喷鼻或在墙壁上用力擦鼻止痒；血压升高和头部过度充血，可使过度紧张的鼻毛细血管破裂，导致鼻出血。

在其他疾病，如炭疽、马鼻疽、马传染性贫血、猪传染性萎缩性鼻炎，维生素 C、维生素 K 缺乏，白血病及某些中毒性疾病也常伴有鼻出血的症状。

【症状及诊断】

属机械损伤所致者，包括肿瘤在内，一般多呈单侧性出血。属其他因素所致者，多呈双侧性出血。一般大量毛细血管破裂时，出血可成滴状、线状或涌泉状流出，较大的血管或较小的动脉管破裂，则出血呈喷射状。瘀血性出血流出的血液呈暗红色；炎症性出血流出的血液混有气泡、脓液或黏液。当出现大出血并持续不止时，动物不安和惊慌，可视黏膜苍白，心动加速，脉搏快而弱，部分肌肉群震颤，站立不稳，体驱摇晃，严重休克和脱水，可在 8 ~ 12h 死亡。

【治疗】

首先应除去致病因素，让患畜安静休息。夏天应将其置于阴凉处，使其头部高举，并用冷水毛巾在额部与鼻梁冷敷，一般数分钟到半小时即可止血。如出血不止，向鼻腔灌注 1% ~ 2% 明矾溶液、1% 鞣酸溶液或 10% 明胶水溶液等收敛剂；也可用冰片、血余炭或生龙骨、生白矾各等分共为细末，吹入鼻内进行止血。如为一侧鼻孔出血，可用 0.1% 肾上腺素浸泡纱布或脱脂棉填塞鼻孔，但需在填塞物上系一结实的长线，使其游离段暴露在鼻孔之外，或系在龙头上，2h 后取出。

常用的止血药有安络血（马、牛 25mg，猪、羊 5mg），肌肉注射；10% 氯化钙溶液 200mL，缓慢静脉注射，止血效果很好，止血敏（马、牛 5 ~ 10mL），静脉注射。对维生素 C 和维生素 K 缺乏症，则应及时补给维生素 C 和维生素 K。

四、喉炎

喉炎是喉头黏膜的炎症，以导致剧烈咳嗽和喉头敏感为特征的一种上呼吸道疾病。临床上以剧烈咳嗽和喉部敏感为特征。各种动物均可发生，且多发生于寒冷的春、秋、冬季。主要见于牛、马、羊、猪和犬等。

【病因】

原发性原因主要是受寒感冒，物理性、化学性及机械性刺激能引起原发性喉炎。插管麻醉或插入胃管时，因技术不熟练而损伤黏膜可引起喉头水肿，过度吼叫也可引起本病。短头且肥胖的犬或喉麻痹的犬在兴奋或高温环境下，因严重喘气或用力呼吸可导致喉头水肿和喉炎。喉部手术也可引起喉水肿。牛、马和羊还可发生喉软骨基质的化脓性炎症，多见于幼龄的雌性动物，并且有明显的品种易感性，主要发生于杂交马、比利时蓝牛。

喉炎也可由邻近器官的炎症蔓延引起，如鼻炎、咽炎、气管炎等，尤其常与咽炎合并发生咽喉炎。病原微生物感染是继发性喉炎最常见的原因，如马鼻病毒感染、马腺疫、马传染性支气管炎、牛传染性鼻气管炎、羊痘、羊坏死杆菌或化脓棒状杆菌感染、猪流感、犬瘟热等都会继发喉炎。

【症状】

突出的表现是剧烈的咳嗽和喉部体征，其次是喉部肿胀、敏感及头颈伸展。病初呈短、干、痛咳，以后变为湿性咳嗽，饮冷水、吸入冷空气或采食干料时，咳嗽加剧。犬咳嗽时常伴有呕吐。触诊喉部敏感，躲闪并连续咳嗽。如伴发咽炎时，则吞咽困难及流涎。下颌淋巴结呈急性肿胀。重症病例，全身症状明显，精神沉郁，体温可达40℃以上，喉部肿胀严重者，可出现吸入性呼吸困难，喉头有喘鸣音。轻症喉炎，全身无明显变化，慢性喉炎多呈干性咳嗽，病程较长，病情呈周期性好转或复发。

【诊断】

根据临床症状可作出初步诊断，确诊则需要进行喉镜检查。本病应与咽炎相鉴别，咽炎主要以吞咽障碍为主，吞咽时食物和饮水常从两侧鼻孔流出，咳嗽较轻，要注意病因学诊断。

【治疗】

治疗原则：消除致病因素，加强护理，缓解疼痛。

首先将病畜置于通风良好和温暖的畜舍，供给优质松软或流质的食物和清洁饮水。缓解疼痛主要采用喉头封闭，牛、马可用0.25%普鲁卡因20～30mL，青霉素80万～160万IU混合，每日2次，进行喉头周围封闭。对肿胀的喉部可外用10%樟脑酒精或复方醋酸铅粉、鱼石脂软膏涂擦。抗生素雾化治疗犬喉炎效果甚佳。对出现全身反应的病畜，可内服或注射抗菌药物。

频繁咳嗽时，应及时内服祛痰镇咳药，常用人工盐20～30g，茴香粉50～

100g，牛、马一次内服；或碳酸氢钠 15～30g，远志酊 30～40mL，温水 500mL，一次内服；或氯化铵 15g，杏仁水 35mL，远志酊 30mL，温水 500mL，一次内服。小动物可内服复方甘草片、止咳糖浆等；也可内服羧甲基半胱氨酸片（化痰片），犬 0.1～0.2g，猫 0.05～0.1g，每日 3 次。

有窒息危象时，应施行气管切开术。

中医治疗：可选用具有清热解毒、消肿利喉的普济消毒饮：黄芩、玄参、柴胡、桔梗、连翘、马勃、薄荷各 30g，黄连 15g，橘红、牛蒡子各 24g，甘草、升麻各 8g，僵蚕 9g，板蓝根 45g，水煎服。也可用消黄散加味：知母、黄芩、牛蒡子、山豆根、桔梗、花粉、射干各 18g，黄药子、白药子、贝母、郁金各 15g，栀子、大黄、连翘各 21g，甘草、黄连各 12g，朴硝 60g，共研末，加鸡蛋清 4 个，蜂蜜 120g，开水冲服，或水煎服。另外，雄黄、栀子、大黄各 30g，冰片 3g，白芷 6g，共研末，用醋调成糊状，涂于咽喉外部，每日 2～3 次，有一定效果。

【预防】

喉炎的预防措施同鼻炎。

任务二 | 支气管炎及肺脏疾病

一、 支气管炎

支气管炎是各种原因引起动物支气管黏膜表层或深层的炎症，临床上以咳嗽、流鼻液和不定热型为特征。各种动物均可发生，但幼龄和老龄动物比较常见。寒冷季节或气候突变时容易发病。一般根据疾病的性质和病程分为急性和慢性两种。

（一）急性支气管炎

支气管黏膜的急性炎症，也称急性支气管卡他，临床上以咳嗽，胸部听诊有啰音为特征。按炎症侵害部位及程度分为：急性大支气管炎、急性细支气管炎和腐败性支气管炎。

【病因】

1. 感染

主要是受寒感冒，导致机体抵抗力降低，一方面病毒、细菌直接感染，另一方面呼吸道寄生菌（如肺炎球菌、巴氏杆菌、链球菌、葡萄球菌、化脓杆菌、霉菌孢子、副伤寒杆菌等）或外源性非特异性病原菌乘虚而入，呈现致病作用。也可由急性上呼吸道感染的细菌和病毒蔓延而引起。另外，犬副流感病毒、犬瘟热病毒及支气管败血波氏杆菌等可引起犬传染性气管支气管炎。

2. 物理、化学因素

吸入过冷的空气、粉尘、刺激性气体（如二氧化硫、氨气、氯气、烟雾等）均可直接刺激支气管黏膜而发病。投药或吞咽障碍时由于异物进入气管，可引起吸入性支气管炎。

3. 过敏反应

常见于吸入花粉、有机粉尘、真菌孢子等引起气管－支气管的过敏性炎症。主要见于犬，特征为按压气管容易引起短促的干而粗砺的咳嗽，支气管分泌物中有大量的嗜酸性粒细胞，无细菌。

4. 继发性因素

在马腺疫、流行性感冒、牛口蹄疫、恶性卡他热、家禽的慢性呼吸道病、羊痘、肺丝虫等疾病过程中，常表现支气管炎的症状。另外，患喉炎、肺炎及胸膜炎等疾病时，由于炎症扩展，也可继发支气管炎。

5. 诱因

饲养管理粗放，如畜舍卫生条件差、通风不良、闷热潮湿以及饲料营养不平衡等，导致机体抵抗力下降，均可成为支气管炎发生的诱因。

【发病机制】

在病因作用下，呼吸道防御功能降低，呼吸道寄生的细菌乘机大量繁殖，刺激黏膜发生充血、肿胀，上皮细胞脱落，黏液分泌增加，炎性细胞浸润，刺激黏膜中的感觉神经末梢，使黏膜的敏感性增高，出现反射性的咳嗽。同时，炎症变化可导致管腔狭窄，甚至堵塞支气管，炎症向下蔓延可造成细支气管狭窄、阻塞和肺泡气肿，出现高度呼吸困难和啰音。炎性产物和细菌毒素被吸收后，则引起不同程度的全身症状。

【症状】

1. 急性大支气管炎

主要症状是咳嗽，病初呈干、短、痛咳，以后变为湿、长咳；从两侧鼻孔流出浆液性、黏液性或黏液脓性鼻液；胸部听诊仅干、湿啰音；全身症状较轻。

2. 急性细支气管炎

多继发于大支气管炎，呈现弥散性支气管炎的特征。全身症状重剧，体温升高1～2℃，呼吸疾速，呈呼气性呼吸困难，可视发绀，有弱痛咳。胸部听诊，肺泡呼吸音增强，可听到干啰音和小水泡音。胸部叩诊：叩诊音较正常高朗。易继发肺泡气肿，肺叩诊呈过清音，叩诊界扩大。

3. 腐败性支气管炎

除急性支气管炎基本症状外，还表现为：全身症状重剧。呼出气带腐败性恶臭；两侧鼻孔流污秽不洁并带腐败臭味的鼻液；叩诊有时呈破壶音—空洞。听诊可听到空瓮性呼吸音。

【病程及预后】

（1）急性大支气管炎　经过1~2周，预后良好。

（2）细支气管炎　病情重剧，常有窒息倾向，或变为慢性而继发慢性肺泡气肿，预后慎重。

（3）腐败性支气管炎　病情严重，发展急剧，多死于败血症。

【诊断】

主要是明显的咳嗽，胸部听诊有干、湿啰音，叩诊无浊音，X射线检查，肺部有时可见纹理增粗的支气管阴影，而无病灶，此外具有以下特征。

（1）全身症状轻微者，为急性大支气管炎。

（2）全身症状较重，高度呼吸困难，易继发肺泡气肿者，为急性细支气管炎。

（3）全身症状重剧，呼出气和鼻液带腐败臭味者，为腐败性支气管炎。

【鉴别诊断】

根据病史，结合咳嗽、流鼻液和肺部出现干、湿啰音等呼吸道症状即可初步诊断。X射线检查可为诊断提供依据。本病应与流行性感冒、急性上呼吸道感染等疾病相鉴别。流行性感冒发病迅速，体温高，全身症状明显，并有传染性。急性上呼吸道感染，鼻咽部症状明显，一般无咳嗽，肺部听诊无异常。

【治疗】

治疗原则：加强护理，消除病因；祛痰止咳；抑菌消炎和抗过敏。

1. 祛痰止咳

动物频繁咳嗽，分泌物黏稠时，应用溶解性祛痰剂，如氯化铵（马、牛10~20g，猪、羊0.2~2g），吐酒石（马、牛0.5~3g，猪、羊0.2~0.5g）。频发痛咳，分泌物不多时，可应用镇痛祛痰剂，常用的有复方樟脑酊（马、牛30~50mL，猪、羊5~10mL内服，一日2~3次），磷酸可待因（马、牛0.1~0.2g，猪、羊0.05~0.1g内服，一日1~2次），水合氯醛（马、牛8~10g，常水500mL，加适量淀粉，内服一日一次）。

2. 抑菌消炎

为抑制细菌生长，可进行气管内注入抗生素，如青霉素100万IU，或链霉素100万IU，溶于1%普鲁卡因溶液15~20mL，一次注入，每日一次。也可全身应用抗生素或磺胺类药物（马、牛10%磺胺嘧啶钠100~150mL，肌肉注射或静脉注射）。

呼吸困难时，可肌肉注射氨茶碱，马、牛1~2g，猪、羊0.25~0.5g，犬0.05~0.1g，每日两次。或用5%麻黄素进行皮下注射，马、牛4~10mL。氨茶碱和麻黄素均为平喘药，可松弛支气管平滑肌，扩张支气管。氨茶碱除对支气管平滑肌外，对血管、胆道等其他平滑肌也有松弛作用，并可间接抑制组织中胺及慢性反应物质等致敏物的释放，缓解支气管黏膜充血和水肿，此外，还有强心和中枢兴奋作用。主要用于治疗痉挛性支气管炎、支气管喘息等。与儿茶酚胺类药物配合应用治疗喘息时，具有显著协同作用，可提高疗效。麻黄素：连续用药易产生抗药性，使作用减弱，常与祛痰药配合，用于急、慢性支气管炎，以减弱支气管痉挛和咳嗽。

3. 抗过敏

一般应用盐酸异丙嗪，马、牛 0.25～0.5g，猪、羊 25～50mg，内服，或用扑尔敏等。地塞米松、可的松不能长期应用，否则易产生副作用。

盐酸异丙嗪：抗组胺药，有显著的中枢抑制作用，可增强麻醉药和镇痛药的作用效果，并能降低体温。尚有轻度镇咳和扩张支气管的作用，因此，常与镇咳祛痰药配伍，治疗支气管炎，禁与碱性液合用。

4. 中医治疗

外感风寒引起者，宜疏风散寒、宣肺止咳。可选用荆防散合止咳散加减：荆芥、紫苑、前胡各 30g，杏仁 20g，苏叶、防风、陈皮各 24g，远志、桔梗各 15g，甘草 9g，共研末，马、牛（猪、羊酌减）一次开水冲服。也可用紫苏散：紫苏、荆芥、防风、陈皮、茯苓、桔梗各 25g，姜半夏 20g，麻黄、甘草各 15g，共研末，生姜 30g、大枣 10 枚为引，马、牛（猪、羊酌减）一次开水冲服。

外感风热引起者，宜疏风清热、宣肺止咳。可选用款冬花散：款冬花、知母、浙贝母、桔梗、桑白皮、地骨皮、黄芩、金银花各 30g，杏仁 20g，马斗铃、枇杷叶、陈皮各 24g，甘草 12g，共研末，马、牛（猪、羊酌减）一次开水冲服。也可用桑菊银翘散：桑叶、杏仁、桔梗、薄荷各 25g，菊花、银花、连翘各 30g，生姜 20g，甘草 15g，共研末，马、牛（猪、羊酌减）一次开水冲服。

（二）慢性支气管炎

慢性支气管炎为支气管黏膜慢性炎症。临床上以持续咳嗽和胸部听诊有啰音为特征。

【病因】

原发性慢性支气管炎通常由急性转变而来，常见于致病因素未能及时消除、长期反复作用，或未能及时治疗、饲养管理及使役不当，均可使急性转变为慢性。老龄动物由于呼吸道防御功能下降，喉头反射减弱，单核吞噬细胞系统功能减弱，慢性支气管炎发病率较高。动物维生素 C、维生素 A 缺乏时，影响支气管黏膜上皮的修复，降低了溶菌酶的活力，也容易发生本病。另外，本病可由心脏瓣膜病、慢性肺脏疾病（如鼻疽、结核、肺蠕虫病、肺气肿等）或肾炎等继发引起。

【发病机制】

由于病因长期反复的刺激，引起炎性充血、水肿和分泌物渗出，上皮细胞增生、变性和炎性细胞浸润。初期，上皮细胞的纤毛粘连、倒伏和脱失，上皮细胞空泡变性、坏死、增生和鳞状上皮化生。随着病程延长，炎症由支气管壁向周围扩散，黏膜下层平滑肌束断裂、萎缩。后期，黏膜萎缩，气管和支气管周围结缔组织增生，管壁的收缩性降低，造成管腔僵硬或塌陷，发生支气管狭窄或扩张。病变蔓延至细支气管和肺泡壁，可导致肺组织结构破坏或纤维结缔组织增生，进而发生阻塞性肺气肿和间质纤维化。

【症状】

持续性咳嗽是本病的特征，咳嗽可拖延数月甚至数年。咳嗽严重程度视病情而定，一般在运动、采食、夜间或早晚气温较低时，常常出现剧烈咳嗽。痰量较少，有时混有少量血液，急性发作并有细菌感染时，则咳出大量黏液脓性的痰液。人工诱咳阳性。体温无明显变化，有的病畜因支气管狭窄和肺泡气肿而出现呼吸困难。肺部听诊，初期因黏膜有大量稀薄的渗出物，可听到湿啰音，后期由于支气管渗出物黏稠，则出现干啰音；早期肺泡呼吸音增强，后期因肺泡气肿而使肺泡呼吸音减弱或消失。由于长期食欲不良和疾病消耗，病畜逐渐消瘦，有的发生贫血。

X 射线检查早期无明显异常，后期由于支气管壁增厚，细支气管或肺泡间质炎症细胞浸润或纤维化，可见肺纹理增粗、紊乱，呈网状或条索状、斑点状阴影。

【病程及预后】

病程较长，可持续数周、数月乃至数年，往往导致肺膨胀不全、肺泡气肿、支气管狭窄、支气管扩张，预后不良。

【诊断】

根据持续性咳嗽和肺部啰音等症状即可诊断，X 射线检查可为确诊本病提供依据。

【治疗】

治疗原则：同急性支气管炎，治疗急性支气管炎的药物都可选用。临床上还可试用盐酸氯丙嗪 0.25 ~ 0.5g，复方干草合剂 100 ~ 150mL，或复方樟脑酊 30 ~ 40mL，人工盐 80 ~ 200g，加赋形剂适量，内服，一日一次，连用 3d 效果良好。

中医治疗：益气敛肺、化痰止咳。用参胶益肺散：党参、阿胶各 60g，黄芪 45g，五味子 50g，乌梅 20g，桑皮、款冬花、川贝、桔梗、米壳各 30g，共研末，开水冲服。

二、 支气管肺炎

支气管肺炎是细支气管和肺泡内充满炎性渗出物与脱落的上皮细胞的炎症，指个别的肺小叶或几个肺小叶的炎症，故又称小叶性肺炎。通常于肺泡内充满由上皮细胞、血浆与白细胞组成的卡他性炎症渗出物，故也称为卡他性肺炎。

【病因】

原发性病因：受寒和感冒，特别是突然受到寒冷的刺激最易引起发病；幼年和老弱、过度疲劳、维生素缺乏的动物，由于抵抗力低，易受各种病原微生物（如肺炎球菌、绿脓杆菌、衣原体、霉菌及病毒等）的侵入而发病；物理性、化学性及机械性刺激或有毒的气体、热空气的作用等。

继发性病因：咽炎或神经系统发生紊乱时，将饲料、饮水或唾液等吸入肺内，或由经口投药失误，将药液投入气管内引起异物性肺炎。此外，某些传染病（猪流感、猪肺疫、鸡传染性支气管炎、口蹄疫、牛恶性卡他热、犬瘟热）和寄生虫（弓形虫、肺丝虫病）或衣原体性等疾病均可引发肺炎。

在致病因素的作用下，机体的抵抗力减弱，病原微生物乘机侵入支气管、细支气管和肺泡，使其发生充血、肿胀、浆液性渗出、上皮细胞脱落和白细胞游出。炎性渗出物和脱落的上皮细胞等聚积在细支气管和肺泡内，引起肺小叶或小叶群的炎症，导致肺的有效呼吸面积缩小、呼吸困难，叩诊呈小片浊音区。肺小叶炎症的发展是不平衡的，呈跳跃发展，当炎症蔓延到新的小叶时体温升高，当旧的病灶开始恢复时，体温开始下降，但不降至常温，因此呈现较典型的弛张热型。

【症状】

弛张热型，叩诊有散在的局灶性浊音区和听诊有捻发音。病初呈急性支气管炎的症状，随着病情的发展，当多数肺泡群出现炎症时，全身症状明显加重，患病动物精神沉郁，食欲减退或废绝，结膜潮红或发绀，体温升高至 40～41℃，呈弛张热，有的呈间歇热。脉搏随体温的变化也相应改变，牛、马可达 60～80 次/min，猪、羊可超过 100 次/min，第二心音增强，呈混合性呼吸困难，呼吸增数，牛、马 30～40 次/min，猪、羊可达 100 次/min 左右。发炎面积越大，呼吸困难越严重，呼吸性酸中毒，严重的出现肌肉抽搐、昏迷等症状。尿呈酸性，轻度脱水，有时便秘，牛羊多站立不动，泌乳下降。

咳嗽贯穿于病的始终，继发胸膜炎时为痛咳。流鼻液，初为浆液性，后为黏液性，最后变为脓性，在牛羊常被舐食而不易发现。

【病理变化】

肺泡内充满由上皮细胞、血浆与白细胞等组成的浆液性细胞性炎症渗出物。主要病变在尖叶、心叶和膈叶前下部，病变为一侧性或两侧性。发炎的肺小叶肿大呈灰红色或灰黄色，切面出现许多散在的实变病灶，大小不一，多数直径在 1cm 左右（相当于肺小叶范围），形状不规则，从支气管内能挤压出黏液性或黏液脓性渗出物，支气管黏膜充血、肿胀。严重者病灶互相融合，可波及整个大叶，形成融合性支气管肺炎。组织学变化为病变区细支气管黏膜上皮坏死脱落、崩解，管腔内充满浆液、中性粒细胞、脓细胞以及脱落、崩解的黏膜上皮细胞。管壁充血，有多量中性粒细胞弥散性浸润。支气管周围受损的肺泡间隔毛细血管扩张充血，肺泡腔内充满中性粒细胞、脓细胞和脱落的肺泡上皮细胞，有时可见少量红细胞和纤维蛋白。病灶周围肺组织常可伴有不同程度的代偿性肺气肿。

【诊断】

依据卡他性肺炎的临床症状，弛张热，叩诊小片浊音区，听诊肺泡呼吸音减弱或消失，有捻发音，咳嗽，呼吸困难及 X 射线检查所见可初步确诊。

（1）细支气管炎诊断　呼吸极度困难，热型不定，胸部叩诊音高朗，肺泡呼吸音普遍增强并有各种啰音。

（2）纤维素性肺炎诊断　本病呈高热稽留，病情发展迅速并有定型经过，胸部叩诊呈大片浊音区，听诊肺脏肝变期时有较明显的支气管呼吸音，典型病例可见铁锈色鼻液。

（3）胸部听诊　在病灶部位，病初肺泡呼吸音减弱，可听到捻发音，当肺泡和支气管内充满渗出物时，则肺泡呼吸音消失；因炎性渗出物的性状不同，随着气流的通过，还可听到干啰音或湿啰音。健康部的肺脏，由于代偿呼吸，肺泡呼吸音增强。

（4）胸部叩诊　多呈散在的岛屿状浊音区。

（5）血液检查　白细胞总数增多，核型左移。当继发化脓性肺炎时，白细胞总数可达 2 万以上，核型可能转为右移。

（6）X 射线检查　于 X 射线照片上可见到散在的炎症病灶部呈现阴影，此种阴影大小不等，似云状，甚至扩散融成一片。

【鉴别诊断】

本病应注意与急性细支气管炎、纤维素性肺炎、化脓性肺炎、坏疽性肺炎、霉菌性肺炎等鉴别。

（1）支气管肺炎　除咳嗽和胸部听诊有啰音外，还具有弛张热型，胸部叩诊出现小片浊音区，X 线检查有散在局灶性阴影，血液学变化明显。

（2）急性细支气管炎　全身症状重剧，严重呼气困难，胸部叩诊，叩诊音较正常高朗，继发肺泡气肿后，呈过清音，叩诊界扩大。X 射线检查，无病灶。

（3）纤维素性肺炎　高热稽留，铁锈色鼻液，胸部听诊可听到广泛性浊音区，进而听到捻发音，X 射线检查呈明显而广泛的阴影。

（4）化脓性肺炎　又称肺脓肿，其病原菌主要为链球菌、葡萄球菌、肺炎球菌及化脓棒状杆菌，多继发于脓毒败血症或肺内感染性血栓形成。发热。叩诊呈局限性浊音。大脓肿破裂形成肺空洞时，呈空瓮性呼吸音，叩诊呈破壶音。大量恶臭脓性鼻，内含弹力纤维。X 射线检查，呈大片浓密阴影，密度不匀，边缘模糊，胸膜增厚。

（5）坏疽性肺炎　又称吸入性肺炎，是误咽食物、呕吐物或药物，或腐败细菌侵入肺脏所致发的一种坏疽性炎症。特点：有误咽病史；呼出气腐败臭味，流污秽恶臭、含弹力纤维的鼻液；胸部病理学检查确认肺空洞体征（听诊空瓮音，叩诊金属音或破壶音）的存在。X 射线检查：可见限局性阴影，有液平面影。

（6）霉菌性肺炎　是霉菌或霉菌孢子感染引起肺脏发生的慢性炎症过程。多见于幼龄动物。特点：有支气管肺炎基本症状；病理检查有肉芽肿结节，内有真菌菌丝体；X射线检查可发现支气管炎、弥散性小结节的影像，或肿块状的阴影。抗生素治疗无效。

【治疗】

治疗原则：抑菌消炎，祛痰止咳，制止渗出和促进炎性渗出物的吸收和排出。

（1）抑菌消炎　可选用抗生素和磺胺类药物。对肺炎球菌和链球菌引起的肺炎，首选药物应是青霉素和链霉素的联合应用。给药的途径可肌肉注射、静脉注射或气管内注射。牛、马青霉素400万～600万IU，猪、羊为50～100IU，链霉素2～4g，溶于0.5%～1%普鲁卡因或蒸馏水15～20mL，肌肉注射或气管内注射，2次/d；或用氨苄青霉素，按25mg/kg体重，静脉注射；还可选用头孢唑啉钠（先锋Ⅴ）肌肉或静脉注射，牛、马11mg/kg体重，2次/d，犬15～25mg/kg体重，3次/d。对小动物也可口服阿莫西林干糖浆，内服吸收较好，杀菌作用快而强，血药浓度较高，分布广，制剂有125mg袋装的干糖浆粉剂，小动物5～10kg一袋，3次/d，尤其适合犬、猫的呼吸道及肺部炎症。如果是由病毒和细菌混合感染引起的肺炎，还应选用抗病毒药物如病毒灵或病毒唑，或同时应用双黄连或清开灵注射液，静脉注射。

（2）祛痰止咳（见急性支气管炎）　为促进炎性产物的排出，可用克辽林、来苏儿等进行蒸气吸收。

（3）防止炎性渗出　静脉注射10%氯化钙或10%葡萄糖酸钙，大动物100～150mL点滴，小动物（仔猪、犬等）可用1%葡萄糖酸钙15～20mL静脉注射。

（4）制止渗出和促进炎性渗出物吸收　可静脉注射10%氯化钙液，马、牛每次200～300mL。也可应用维生素C和利尿剂。

（5）呼吸困难，结膜发绀可进行氧气吸入；或0.3%双氧水葡萄糖液2～3mL/kg体重，静脉注射。

（6）减轻炎症反应　地塞米松，马2.5～5mg/d，牛5～20mg/d，羊猪4～12mg/d，犬、猫0.125～1mg/d，肌肉注射。

（7）对症处置　体温升高时，可适当应用解热剂；为了改善消化道功能和促进食欲，可采用苦味健胃剂；改善心功能可应用强心剂。

三、大叶性肺炎

大叶性肺炎是以细支气管、肺泡内充满大量纤维蛋白渗出物为特征的急性肺炎，常侵及肺的一个或多个大叶。因为炎性渗出物为纤维素性物质，故又称为纤维素性肺炎或格鲁布肺炎，病变起始于局部肺泡，并迅速波及到整个或多个大叶

(见图2-1)。临床上以高热稽留、铁锈色鼻液和肺部出现广泛的浊音区为特征。本病常发生于马，牛、猪、羔羊、犬、猫也可发生。

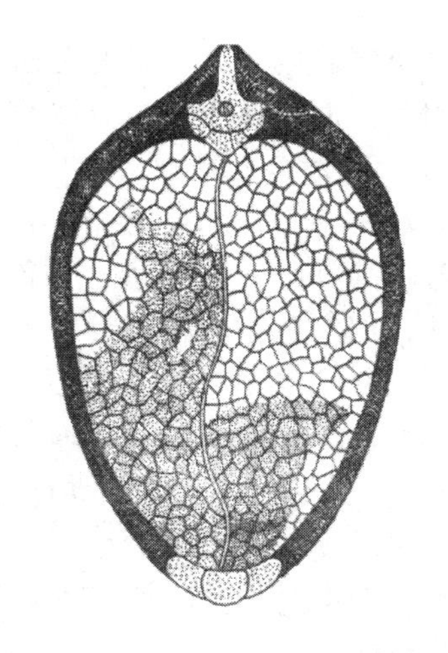

图2-1 大叶性肺炎模式图

【病因】

目前认为致病的因素有两类。一是认为纤维素性炎是由传染因素引起的，包括由病毒引起的马传染性胸膜肺炎和由巴氏杆菌引起的牛、羊、猪的肺炎，以及近年证明的由肺炎双球菌引起的大叶性肺炎。二是认为纤维素肺炎是由非传染因素，即由变态反应所致，是一种变态反应性疾病，可因内中毒、自体感染、受寒感冒、过度疲劳、胸部创伤、有害气体的强烈刺激等因素引起。可继发于马腺疫、血斑病、流行性支气管炎及犊牛副伤寒等，常取非定型经过。典型纤维素性肺炎有明显的4个时期：①充血水肿期；②红色肝变期；③灰色肝变期；④溶解吸收期。

【症状】

患病动物体温突然升高达40~41℃，呈稽留热型，精神沉郁，食欲减退或废绝，反刍停止，泌乳降低。呼吸困难，呼吸数增多，大动物20~50次/min。可视黏膜充血并有黄疸。皮肤干燥，皮温不匀，四肢衰弱无力，不愿活动，喜躺卧，常卧于病肺一侧，站立时前肢向外侧叉开。脉搏在病初充实有力，以后随心功能衰弱，变为细而快。小动物脉搏可增至140~190次/min。发病后2~3d内有时可能流出铁锈色鼻液，以后变为黏液-脓性。病初呈干、痛、短咳，尤其当伴有胸膜炎时更为明显，甚至在叩诊肺部便出现连续的干、痛咳嗽。到溶解期则出现长的湿性咳嗽。肺部叩诊，在充血期呈鼓音，肝变期则变为浊音。肺部听诊，在充血期可听到捻发音或湿性啰音；肝变期，听诊患部呼吸音消失，可听到明显的支气管呼吸音；在溶解期时，又可听到捻发音和湿性啰音，肺泡呼吸音逐渐增强，啰音也逐渐消失，肺泡呼吸音趋于正常。脉搏加快，一般初期体温升高1℃，脉搏增加10~15次/min，继续升高2~3℃时，脉搏则不再增加，后期脉搏逐渐变小而弱。呼吸迫促，频率增加，严重时呈混合性呼吸困难，鼻孔开张，呼出气体温度较高。黏膜潮红或发绀。

【病理变化】

大叶性肺炎一般只侵害单侧肺脏，有时可能是两侧性的，多见于左肺尖叶、心叶和膈叶。在未使用抗菌药物治疗的情况下，病变常表现典型的自然发病过程，一般分为以下四个时期。

1. 充血水肿期

病初以充血和水肿为特征，经过时间短，不超过24h，肺泡上皮脱落及肺泡和支气管内积有大量的白细胞和红细胞。病变部肺体积肿大，呈深红色，切面光滑、湿润，按压流出血样的泡沫性液体，切取小块放入水中，常下沉。

2. 红色肝变期

出现于发病的第一天末或第二天初，病程可持续2d，渗出物凝结，肺泡被红色的纤维蛋白充满，切面类似肝脏，故称为红色肝变期。切面干燥，呈颗粒状，似红色花岗石，取病变部位小块放入水中，很快下沉。

3. 灰色肝变期

充血程度减轻，白细胞渗入，聚积在肺泡内的纤维蛋白渗出物开始脂肪变性。此期经过约48h，切面似灰色花岗石。

4. 溶解吸收期

渗出的蛋白质被蛋白酶分解为可溶性蛋白质和更简单的分解产物（亮氨酸、酪氨酸等），被吸收或排出，肺组织变柔软，切面湿润。

在肝变期，可有大量的毒素和炎性分解产物被吸收，呈现高热稽留。由于渗出的红细胞被巨噬细胞吞噬，血红蛋白分解并转变为含铁血红素，出现铁锈色鼻液。大面积肺叶或整个肺叶发生实变，呼吸面积减少，出现呼吸困难，叩诊有大片浊音区，并可听到明显的支气管呼吸音。如果继发化脓菌或腐败菌感染可引起坏疽性肺炎。

大叶性肺炎的上述典型经过已不多见，分期也不明显，病变的部位有局限性。另外，动物的大叶性肺炎在发病过程中，往往造成淋巴管受害，肺泡腔内的纤维蛋白等渗出物不能完全被吸收清除，则由肺泡间隔和细支气管壁新生的肉芽组织加以机化，使病变部分肺组织变成褐色肉样纤维组织，称为肺肉变。

大叶性肺炎常累及胸膜，引起浆液－纤维素性胸膜炎，表现为胸膜粗糙，表面有数量不等的纤维素附着，胸腔内有浆液－纤维素性渗出物蓄积。液体吸收后，胸膜表面的纤维蛋白渗出物也可因机化而使胸膜肥厚或粘连。化脓菌感染时，可引起肺脓肿、脓胸或脓气胸，甚至出现败血症、脓毒败血症或感染性休克。

【病程及预后】

1. 典型大叶性肺炎

第5～7日为极期，第8日以后体温即行下降，全病程为2周左右。

2. 非典型大叶性肺炎

病程有长有短。轻症常止于充血期，并很快康复。重症可出现各种并发症，如肺脓肿、肺坏疽、胸膜炎等，转归于死亡。

【诊断】

根据典型经过，稽留热型，叩诊呈大片浊音，听诊各病理阶段的特点，铁锈色鼻液、白细胞增多、X射线检查呈大片阴影，诊断不难。

（1）肺部叩诊出现大小不等的浊音区，X射线检查表现斑片状或斑点状的渗出性阴影（见图 2－2）。

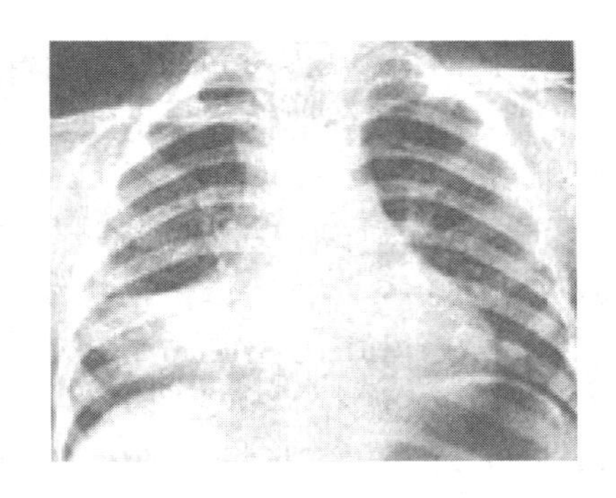

图 2－2 大叶性肺炎 X 射线检查

（2）胸膜炎热型不定，初期触诊胸壁敏感，听诊有胸膜摩擦音。当有大量渗出液时，叩诊呈水平浊音，听诊呼吸音和心音均减弱，胸腔穿刺有大量渗出液流出。

（3）肺部听诊　充血期可听到捻发音或湿性啰音；肝变期，听诊患部肺泡音消失，可听到明显的支气管呼吸音；在溶解期时，渗出物逐渐溶解、液化和排除，支气管呼吸音逐渐消失，又可听到捻发音和湿性啰音。最后随疾病的痊愈，呼吸音恢复正常。

（4）胸部叩诊　随着病程出现规律性的叩诊音。充血渗出期，因肺脏毛细血管充血，肺泡壁松弛，叩诊呈过清音或鼓音；肝变期，细支气管和肺泡内充满炎性渗出物，肺泡内空气逐渐减少，叩诊呈大片半浊音或浊音，可持续 3～5d；溶解期，凝固的渗出物逐渐被溶解、吸收和排除，重新呈过清音或鼓音；随着疾病的痊愈，叩诊音恢复正常。

（5）血液学检查　白细胞总数显著增加，可达 2×10^{10}/L 或更多，中性粒细胞比例增加，核左移，淋巴细胞比例减少，嗜酸性粒细胞和单核细胞缺乏。病毒性肺炎的早期，白细胞总数正常或减少。

（6）X 射线检查　充血期仅见肺纹理增粗，肝变期见肺脏有大片均匀的浓密阴影，溶解期为不均匀的散在片状阴影。2～3 周后，阴影完全消散。

【治疗】

治疗原则：加强护理，控制感染，制止渗出和促进炎性渗出物吸收。

（1）加强护理　应将病畜置于通风良好、清洁卫生的环境中，供给优质易消化的草料和清洁饮水。

（2）控制感染　临床上主要应用抗生素、喹诺酮类或磺胺类药物。常用的抗生素为青霉素、链霉素、红霉素、头孢菌素及四环素等；有条件的可在治疗前取鼻分泌物作细菌药敏试验，以便选择最敏感药物。如果是由病毒引起的，还应选用抗病毒药物，如病毒唑、金刚烷胺等，或特异性抗血清、干扰素，或同时应用抗病毒中草药和中成药等。病的初期应用新砷矾钠明效果很好，按 0.015g/kg 体重，溶于 5% 葡萄糖生理盐水 200～500mL，牛、马一次静脉注射，间隔 3～4d 再注射一次，常在注射 30min 后体温便可下降 0.5～1℃。最好在注射前 30min 先行皮下或肌肉注射强心剂（樟脑磺酸钠或苯甲酸钠咖啡因），待心功能改善后再注入新砷矾钠明。

糖皮质激素类药物在呼吸器官疾病的治疗上占有重要地位，必要时可静脉注射氢化可的松或地塞米松，以降低机体对各种刺激的反应性，控制炎症发展。

(3) 制止渗出和促进吸收　可静脉注射10%氯化钙或10%葡萄糖酸钙溶液。当渗出物消散太慢时，为防止机化，可用碘制剂，如碘化钾，牛、马5～10g；或碘酊，牛、马10～20mL（猪、羊酌减），加在流体饲料中或灌服，每日2次。

(4) 对症疗法　体温过高可用解热镇痛药，如安乃近、复方氨基比林、安痛定注射液等。剧烈咳嗽时，可选用祛痰止咳药。严重呼吸困难时可吸入氧气。当休克并发肾功能衰竭时，可用利尿药。合并心衰时可酌用强心剂。

(5) 中医治疗　清瘟败毒散：石膏120g，水牛角30g，黄连18g，桔梗24g，淡竹叶60g，甘草9g，生地30g，山栀30g，丹皮30g，黄芩30g，赤芍30g，元参30g，知母30g，连翘30g，水煎，牛、马一次灌服。

四、 肺泡气肿

肺泡气肿是肺泡腔在致病因素作用下发生扩张，并常伴有肺泡隔破裂，引起以呼吸困难为特征的疾病。根据其发生的过程和性质，分为急性肺泡气肿、慢性肺泡气肿和间质性肺气肿三种。

（一） 急性肺泡气肿

急性肺泡气肿是肺组织弹力一时性减退，肺泡极度扩张，充满气体，肺体积增大。本病主要的临床表现为呼吸困难，但肺泡结构无明显病理变化。常见于急剧过度劳役的动物，尤其多发生于老龄动物。

【病因】

急性弥散性肺气肿主要发生于过度使役、剧烈运动、长期挣扎和鸣叫等紧张呼吸。特别是老龄动物，肺泡壁弹性降低，更容易发生。呼吸器官疾病引起持续剧烈的咳嗽也可发生急性肺泡气肿。慢性支气管炎使管腔狭窄，也可发病。另外，肺组织的局灶性炎症或一侧性气胸使病变部肺组织呼吸功能丧失，健康肺组织呼吸功能相应增强，可引起急性局限性或代偿性肺泡气肿。

【发病机制】

急性肺泡气肿的发生，因病因的不同而有一定差异。

当上呼吸道内腔狭窄时，吸气时气体容易进入肺泡，呼气时由于胸膜腔内压增加使支气管闭塞，空气由肺泡向外呼出发生困难。残留在肺泡中的气体过多，使肺泡充气过度，从而引起肺泡壁扩张，肺体积增大。肺泡壁弹力暂时丧失，机体必须借助呼吸肌的参与完成呼气过程。由于呼吸肌在呼气时主动收缩，压迫肺脏及小支气管，使小支气管内腔更加狭窄，肺泡内气体排出更加困难，肺泡扩张加剧，临床上出现明显的呼吸困难。

剧烈运动、过度劳役及持续性咳嗽，均可使肺泡长时间处于过度膨胀状态，导致肺泡壁弹性减退而发生肺泡气肿。

【症状】

急性弥散性肺泡气肿发病突然，主要表现呼吸困难，病畜用力呼吸，甚至张口伸颈，呼吸频率增加。可视黏膜发绀，有的病畜出现低而弱的咳嗽、呻吟、磨牙等。肺部叩诊呈广泛性过清音，叩诊界向后扩大。听诊，有肺泡呼吸音（病初增强，后期减弱），可能伴有干啰音或湿啰音。X射线检查，两肺透明度增高，膈后移及其运动减弱，肺的透明度不随呼吸而发生明显改变。

代偿性肺泡气肿发病缓慢，呼吸困难逐渐加剧。肺部叩诊时过清音仅局限在浊音区周围。X射线检查可见局限性肺大泡或一侧性肺透明度增高。

【病理变化】

病变部肺体积增大、膨胀，边缘钝圆。表面突起大小不等的膨胀物，颜色发白，触之柔软。切开肺脏，减缩缓慢，切面可压出泡沫状的气体。右心室扩张。

【诊断】

根据病史，结合呼吸困难及肺部的叩诊和听诊变化，结合X射线检查，即可确诊。

【治疗】

治疗原则为加强护理、缓解呼吸困难、治疗原发病。病畜应置于通风良好和安静的畜舍，供给优质饲草料和清洁饮水。

缓解呼吸困难，可用1%硫酸阿托品、2%氨茶碱或0.5%异丙肾上腺素雾化吸入，每次2~4mL。也可采用皮下注射1%硫酸阿托品溶液，剂量为大动物1~3mL，小动物0.2~0.3mL。出如现窒息危险时，有条件的应及时提供输入氧气。

（二）慢性肺泡气肿

慢性肺泡气肿是肺泡持续性扩张，肺泡壁弹性丧失，导致肺泡壁、肺间质及弹力纤维萎缩甚至崩解的一种慢性肺脏疾病。临床上以高度呼吸困难、肺泡呼吸音减弱及肺脏叩诊界后移为特征。本病主要常见于马、骡，役用牛、猎犬也可发生。

【病因】

原发性慢性肺泡气肿发生于长期过度劳役和迅速奔跑的家畜，由于深呼吸和胸廓扩张，肺泡异常膨大，弹性丧失，无法恢复而发生。

继发性慢性肺泡气肿多发生于慢性支气管炎和毛细支气管卡他，因呼气性呼吸困难和痉挛性咳嗽导致发病。肺硬化、肺扩张不全、胸膜局部粘连等均可引起代偿性慢性肺泡气肿。另外，老龄动物和营养不良者也容易发病。

【发病机制】

过度使役或运动的动物因耗氧量增加，增强呼吸功能，呼吸运动加剧，使肺泡长期处于扩张状态，导致肺泡壁毛细血管内腔狭窄，减少了血液循环，破坏了肺泡壁的营养，引起弹性纤维断裂，肺泡上皮细胞的脂肪分解，肺泡壁萎缩，进而结缔组织增生，肺泡壁弹性减弱，失去了正常肺组织的回缩能力，于是发生慢性肺泡气肿。

慢性支气管炎或细支气管炎时，由于支气管黏膜增厚和炎性渗出物蓄积，可造成不完全阻塞，出现呼气性呼吸困难，残留于肺泡的气体过多，使肺泡充气过度。另外炎症过程可损伤和破坏细支气管壁的弹性纤维，导致细支气管在吸气时过度扩张，呼气时发生塌陷，阻碍气体排出，肺泡内积聚多量的气体，使肺泡明显膨胀和压力升高；同时肺部慢性炎症使白细胞和巨噬细胞释放的蛋白分解酶增加，损害肺组织和肺泡壁，使多个肺泡融合成大小不等的囊腔。另外，慢性支气管炎动物往往出现持续性咳嗽，使肺泡内压升高，肺泡壁遭受来自内外两侧的压迫，血管伸长，内径狭窄，血管网却反而扩大。时间长则使肺泡中隔血管萎缩，肺泡壁营养不良，弹性丧失，肺泡壁变薄并膨大，严重时多数肺泡相互融合而形成大空洞。

由于肺泡壁弹力纤维数量减少和充满空气，肺脏弹性完全丧失，肺体积不断增大，肺呼吸面积则不断减少，肺泡及毛细血管大量丧失，产生通气与血流比例失调，使换气功能发生障碍。通气和换气功能障碍可引起缺氧和二氧化碳潴留，发生不同程度的低氧血症和高碳酸血症，最终导致呼吸衰竭。

【症状】

主要表现为呼气性呼吸困难，特征是呈现二重式呼气，即在正常呼气运动之后，腹肌又强烈地收缩，出现连续两次呼气动作。同时可沿肋骨弓出现较深的凹陷沟，又称喘沟或喘线，呼气用力，脊背拱曲，肷窝变平，腹围缩小，肛门突出。黏膜发绀，容易疲劳、出汗。体温正常。肺部叩诊呈过清音，正常叩诊界后移，可达最后 1 ~2 肋间，心脏绝对浊音区缩小。肺部听诊，肺泡呼吸音减弱甚至消失，常可听到干、湿啰音。因右心室肥大，肺动脉第二心音高朗。

X 射线检查，整个肺区异常透明，支气管影像模糊，膈穹隆后移。

【病理变化】

由于肺血液含量减少，空气含量增多，肺脏呈苍白色，体积增大、膨胀，有肋骨压痕，边缘钝圆，重量减轻。触压柔软，留有痕迹。右心室肥大或扩张。组织学变化为肺泡腔扩大，多数破裂融合成残缺不全的大囊腔，弹性纤维染色可见肺泡壁弹性纤维断裂、变细或消失，有些肺泡壁胶原纤维增多。

【诊断】

根据病史，结合二重式呼气为特征的呼气性呼吸困难及 X 射线检查，即可诊断。本病应与急性肺泡气肿和间质性肺气肿相鉴别。

急性肺泡气肿发病迅速，但病因消除后，症状随即消失，动物恢复健康。

间质性肺气肿一般突然发病，肺脏叩诊界不扩大，肺部听诊出现破裂性啰音，气喘明显，皮下发生气肿，常见于颈部和肩背部，严重时迅速扩散到全身皮下组织。

【治疗】

本病无根治疗法。主要原则为加强护理，控制病情进一步发展及对症治疗。

应改善饲养管理，将病畜置于清洁、安静、通风良好、无灰尘和烟雾的畜舍，让其休息，饲喂优质青草或潮湿的干草。可口服亚砷酸钾溶液提高病畜的物质代谢速率，改善其营养和全身状况，以便恢复肺组织的功能，剂量为马、牛10～15mL，每日2次。有人用砷制剂和碘制剂（碘化钾3g，碘化钠2g，混合分为12包，每日2次，每次1包）相结合进行治疗，效果良好，方法为前10～20d用砷制剂治疗，以后10d用碘制剂治疗，直至病情好转。

缓解呼吸困难可用舒张支气管药物，如抗胆碱药、茶碱类等。如有过敏因素存在，可适当选用糖皮质激素。有条件的应每天输氧，改善呼吸状态。

对急性发作期的病畜，应选用有效的抗生素，如青霉素、庆大霉素、环丙沙星、头孢菌素等。

（三）间质性肺气肿

间质性肺气肿是由于肺泡、漏斗和细支气管破裂，空气进入肺间质，在小叶间隔与肺膜连接处形成串珠状小气泡，呈网状分布于肺膜下的一种疾病。临床特征为突然表现呼吸困难、皮下气肿以及迅速发生窒息。本病最常见于牛。

【病因】

主要是肺泡内的气压急剧地增加，导致肺泡壁破裂。临床上常见于以下原因。

（1）牛，特别是成年肉牛，在秋季转入草木茂盛的草场后，可在5～10d发生急性肺气肿和肺水肿，即所谓的“再生草热”。主要是生长茂盛的牧草中*L*－色氨酸含量高，牛可将其降解为吲哚乙酸，然后又被某些瘤胃微生物转化为3－甲基吲哚（3－MI）。3－MI被血液吸收后，经肺组织中活性很高的多功能氧化酶系统代谢，对肺脏产生毒性。后期因肺泡遭到破坏，肺小叶间和胸膜下形成大的气泡，呈间质性肺气肿，一些牛在背部发生皮下气肿。

（2）吸入刺激性气体、液体，或肺脏被异物刺伤，或被肺线虫损伤。

（3）继发于流行热和某些中毒性疾病，如对硫磷、安妥、白苏和黑斑病甘薯中毒等。

（4）在屠宰时动物强力呼吸，肺泡壁和支气管壁因过度扩张而破裂，也可发病。

【发病机制】

肺脏在上述因素的作用下，导致机体发生痉挛性咳嗽或用力的深呼吸，使肺内压力突然剧烈升高，细支气管和肺泡壁破裂，空气进入肺间质。进入间质中的小气泡散布于整个肺脏中，部分还汇合成大的气泡。大部分气体随着肺脏的运动移动至纵隔，沿前胸口而到达颈部、肩部以及背部皮下，引起皮下气肿。

【症状】

本病常突然发生，迅速呈现呼吸困难，甚至窒息。病畜张口呼吸，伸舌，流涎，惊恐不安，脉搏快而弱。胸部叩诊音高朗，呈过清音，肺中有较大充满气体的空腔时，则出现鼓音，肺界一般正常。听诊肺泡呼吸音减弱，但可听到碎裂性啰音及捻发音。在肺组织被压缩的部位，可听到支气管呼吸音。在多数病畜颈部和肩部出现皮下气肿，有的迅速散布于全身皮下组织。

【病理变化】

肺小叶间质增宽，内有成串的大气泡，牛与猪因间质丰富而且疏松，间质性肺气肿时特别明显。间质中的气泡可从外部给肺泡压力，使邻近肺组织发生萎陷。组织学变化为肺水肿、间质气肿、肺泡上皮增生、透明膜形成、嗜酸性粒细胞浸润等。

【诊断】

病史结合临床上突然出现呼吸困难、叩诊呈鼓音及皮下气肿等症状，可以诊断。

【治疗】

无特效疗法。原则为加强护理，消除病因，防止空气进入间质组织及对症治疗。

首先应将病畜置于安静的环境，供给清洁饮水和优质饲草料。对极度不安和剧烈咳嗽的病畜，应用镇静剂，如皮下注射吗啡或阿托品，也可内服可待因，可预防咳嗽而使空气不再进入肺间质。用肾上腺素、氨茶碱及皮质类固醇，也有一定效果。对严重缺氧并危及生命的动物，有条件的应及时输氧。

五、 真菌性肺炎

真菌性肺炎是霉菌或酵母菌感染后引起的一种支气管肺炎，各种动物均可发生，多见于幼龄动物。在家禽常伴有气囊和浆膜的真菌感染。

【病因】

致病的霉菌及其孢子主要通过呼吸道感染，其次是通过采食含有霉菌的饲料而感染。在鸡除直接接触感染外，还可通过卵垂直传播给雏鸡。隐球菌属、组织胞浆菌属、球孢子菌属、毛霉菌属、皮炎芽生菌属、曲霉菌属及其他真菌和酵母均可引起动物发病。呼吸道组织及其分泌物是这些微生物良好的繁殖场所。真菌感染时常并发细菌感染，大部分感染源存在于畜舍的土壤、垫草和发霉的谷粒及饲料上。牛、马主要由曲霉菌属的烟曲霉菌引起。家禽多为灰绿色曲霉菌、黑曲霉菌、烟曲霉菌、黄曲霉菌、土曲霉菌等感染引起。这些霉菌在环境潮湿和温度（37～40℃）适宜时大量繁殖，当机体抵抗力减弱或同时吸入或食入霉菌孢子而发病。

【症状】

家禽发病的潜伏期在10d左右，临床上表现为呼吸困难，张口喘气，有喘鸣音，吸气时颈部气囊扩张，冠与肉髯发绀并出现皱褶，病鸡出现下痢，精神沉郁，体温升高，食欲降低，消瘦，嗜睡，羽毛松乱。有的病例呈一侧性眼炎，眼睑肿胀，羞明，角膜中心发生溃疡，眼结膜囊内有干酪样凝块。当感染侵害至大脑时，则表现神经症状，如摇头、头颈不随意屈曲、运动失调，严重者出现强直性痉挛，甚至麻痹。如不及时治疗，多在出现症状后 1 周左右因呼吸困难而窒息死亡。

在哺乳动物，除具有小叶性肺炎的基本症状外，常流出污秽绿色鼻液，结膜苍白或发绀，咳嗽，体温升高，呼吸加快，呈进行性呼吸困难。肺部听诊有啰音，叩诊有较大的浊音区。

【病理变化】

禽呼吸道、肺脏、气囊或体腔浆膜出现粟粒至黄豆大的黄白色结节或灰白色结节，结节质地柔软似橡皮或软骨，切面为层状结构，其中心为干酪样坏死，内含有大量菌丝体。有时为弥散性肺炎而无小结节。有肺肝变、炎症病灶和气肿。真菌在增厚的气囊壁上呈毛状生长。组织学检查小结节病变是肉芽肿型炎症，PAS 染色可清楚地看到紫红色菌丝壁和孢子壁。

其他动物肺脏坚实，肿大，重量增加，呈斑驳状，不萎缩。亚急性或慢性霉菌性肺炎时，肺脏有多个单独存在的肉芽肿结节，大小不等，与结核病十分相似。组织学检查可发现肉芽肿内有真菌和多核巨细胞。

此外，皮肤、乳房、淋巴结、肝脏、肾脏、消化道、脑及脑膜也发生病变。

【诊断】

根据流行病学、临床表现及典型的病理剖检变化，结合抗菌药物治疗无效，可初步诊断。确诊则需进行病原学检查。取病灶组织（最好是结节中央的菌丝体）少许，置于载玻片上，加生理盐水 1～2 滴，用细针将病料破碎，加盖玻片在显微镜下观察，若发现菌丝和孢子，即可诊断。也可将结节内的坏死物进行培养，常用的培养基有马铃薯培养基或由麦芽糖 4g、蛋白胨 2g、琼脂 1.8g、蒸馏水 100mL 制成的培养基，在 34℃ 培养 10～12h，可发现有白色薄膜菌落生长，再经 22～24h 培养可形成孢子，镜检培养物即可确诊。X 射线检查，可发现支气管肺炎、大叶性肺炎、弥散性小结节的影像，肿块状的阴影。

【治疗】

发现病情，应迅速查明原因，并立即排除，同时进行环境、用具等的消毒工作。可选用以下抗真菌药物进行治疗。

制霉菌素，剂量为牛、马 250 万～500 万 IU，羊、猪 50 万～100 万 IU，犬 10 万 IU，每日 3～4 次，混于饲料中。家禽按 50 万～100 万 IU/kg 饲粮，添加在饲料中。雏鸡、雏鸭每 100 只用 50 万～100 万 IU，每日 2 次，连用 7～10d。

两性霉素 B，剂量为马 0.38mg/kg 体重，犬、猫 0.15～0.5mg/kg 体重，用 5% 葡萄糖溶液稀释成每毫升含药量 0.1mg，缓慢静脉注射，隔日或每周注射 2 次。该药有较大的毒副作用，尤其会损害肾脏，应予注意。

克霉唑，剂量为牛、马 10～20g，猪、羊 1.5～3g，分两次内服。雏鸡每 100 只 1g，混于饲料中。连用 3～5d。该药在门诊中用来治疗禽的曲霉菌病取得了较好的效果。

硫酸铜，1∶3000 溶液饮水，牛、马 600 ~ 2500mL，羊、猪 150 ~ 500mL，家禽 3 ~ 5mL，每日 1 次，连用 3 ~ 5d，有一定效果。

此外，尚可选用酮康唑（马 3 ~ 6mg/kg 体重，犬、猫 5 ~ 10mg/kg 体重，每日 1 次）、氟康唑（马 5mg/kg 体重，犬、猫 2.5 ~ 5 mg/kg 体重，每日 1 次）等广谱抗真菌药物，它们对念珠菌、隐球菌、环孢子菌、组织胞浆菌、曲霉菌等引起的深部真菌感染有较好疗效，而且水溶性好，体内分布广泛，吸收快，血药峰值高，在主要器官、组织、体液中具有较好的渗透能力，不良反应较轻。

任务三 | 胸膜疾病

一、 胸膜炎

胸膜炎是胸膜发生以纤维蛋白沉着和胸腔积聚大量炎性渗出物为特征的一种炎症性疾病。临床表现为胸部疼痛、体温升高和胸部听诊出现摩擦音。根据病程可分为急性和慢性；按病变的蔓延程度，可分为局限性和弥散性；按渗出物的多少，可分为干性和湿性；按渗出物的性质，可分为浆液性、浆液 - 纤维蛋白性、出血性、化脓性等。各种动物均可发病。

【病因】

原发性胸膜炎比较少见，肺炎、肺脓肿、败血症、胸壁创伤或穿孔、肋骨骨折、食管破裂、胸腔肿瘤等均可引起发病。剧烈运动、长途运输、外科手术及麻醉、寒冷侵袭及呼吸道病毒感染等应激因素可成为发病的诱因。

胸膜炎常继发或伴发于某些传染病的过程中，如多杀性巴氏杆菌和溶血性巴氏杆菌引起的吸入性肺炎、纤维素性肺炎、结核病、鼻疽、流行性感冒、马胸疫、牛肺疫、猪肺疫、马传染性贫血、反刍动物创伤性网胃心包炎、支原体感染等，在这些疾病过程中，均可伴发胸膜炎。

【发病机制】

在病因的作用下，各种病原微生物产生毒素，损害胸膜的间皮组织和毛细血管，使血管的神经肌肉发生麻痹，导致血管扩张，血管通透性升高，血液成分通过毛细血管壁渗出进入胸腔，产生大量的渗出液。渗出液具有重要的防御作用，可稀释炎症病灶内的毒素和有害物质，减轻毒素对组织的损伤。渗出液中含有抗体、补体及溶菌物质，有利于杀灭病原体。渗出液的性质与感染的病原微生物有关，常见的致病微生物有链球菌、大肠杆菌、巴氏杆菌、某些厌氧菌、支原体等。渗出的纤维蛋白原，在损伤组织释放出的组织因子的作用下，凝固成淡黄色或灰黄色的纤维蛋白即纤维素，当渗出的液体成分又被健康部位的胸膜吸收后，纤维素则沉积于胸膜上，呈网状、片状或膜状。

细菌产生的内毒素、炎性渗出物及组织分解产物被机体吸收，可导致体温升高，严重时可引起毒血症。炎症过程对胸膜的刺激，以及沉着于胸膜壁层和脏层的纤维蛋白，在呼吸运动时相互摩擦，均可刺激分布于胸膜的神经末梢，引起动物胸部疼痛，严重者出现腹式呼吸。当大量液体渗出时，肺脏受到液体的压迫，肺活量降低，影响气体的交换，出现呼吸困难。

【症状】

疾病初期，病畜精神沉郁，食欲降低或废绝，体温升高（40℃），呼吸迫促，出现腹式呼吸，脉搏加快。在胸壁触诊或叩诊，动物敏感疼痛，甚至发生战栗或呻吟。站立时两肘外展，不愿活动，有的病畜胸腹部及四肢皮下水肿。胸部听诊，随呼吸运动出现胸膜摩擦音，随着渗出液增多，摩擦音消失。伴有肺炎时，可听到拍水音或捻发音，同时肺泡呼吸音减弱或消失，出现支气管呼吸音。当渗出液大量积聚时，胸部叩诊呈水平浊音。

慢性病例表现食欲减退，消瘦，间歇性发热，呼吸困难，运动乏力，反复发作咳嗽，呼吸功能的某些损伤可能长期存在。

胸腔穿刺可抽出大量渗出液，一般浆液－纤维蛋白性渗出液最多，可在短时间内大量渗出，马两侧胸腔中平均可达 20～50L，猪、羊为 2～10L，犬 0.5～3L。同时炎性渗出物表现浑浊、易凝固，蛋白质含量在4%以上或有大量絮状纤维蛋白及凝块，显微镜检查发现大量炎性细胞和细菌。渗出液的白细胞常超过 $500 \times 10^6/L$，脓胸时白细胞高达 $10000 \times 10^6/L$ 以上。中性粒细胞增多提示为急性炎症，淋巴细胞为主则可能是结核性或慢性炎症。有条件的除进行革兰染色外，应进行细菌培养。

X 射线检查，少量积液时，心膈三角区变钝或消失，密度增高。大量积液时，心脏、后腔静脉被积液阴影淹没，下部呈广泛性浓密阴影。严重病例时，上界液平面可达肩端线以上，如体位变化，液平面也随之改变，腹壁冲击触诊时液平面呈波动状。

超声波检查有助于判断胸腔的积液量及分布，积液中有气泡表明是厌氧菌感染。

血液学检查，白细胞总数升高，嗜中性粒细胞比例增加，呈核左移现象，淋巴细胞比例减少。慢性病例呈轻度贫血。

【病理变化】

急性胸膜炎，胸膜明显充血、水肿和增厚，粗糙而干燥。胸膜面上附着一层黄白色的纤维蛋白性渗出物，容易剥离，主要由纤维蛋白、内皮细胞和白细胞组成。在渗出期，胸膜腔有大量浑浊液体，其中有纤维蛋白碎片和凝块，肺脏下部萎缩，体积减小呈暗红色。有的病例渗出物在腐败细菌的作用下，色污秽并有恶臭。本病常有肺炎变化，甚至伴发心包炎及心包积液。

慢性胸膜炎，因渗出物中的水分被吸收，胸膜表面的纤维蛋白因结缔组织增生而机化，使胸膜肥厚，壁层和脏层及与肺脏表面发生粘连。

【诊断】

根据胸膜摩擦音和叩诊出现的水平浊音等典型症状，结合X射线和超声波检查，即可诊断。胸腔穿刺对本病与胸腔积液的鉴别诊断有重要意义，穿刺部位为胸外静脉之上，马在左侧第7肋间隙或右侧第6肋间隙，反刍动物多在左侧第6肋间隙，猪在左侧第8肋间隙或右侧第6肋间隙，犬在5～8肋间隙。对抽取的胸腔积液进行理化性质和细胞学检查。渗出液的细胞组成主要是白细胞，中性粒细胞常发生变性，特别是当病原微生物产生毒素时，白细胞出现核浓缩、溶解和破碎的现象。也有一些吞噬性巨噬细胞，常常吞噬细菌和其他病原体，有时可发现吞噬细胞胞浆内有中性粒细胞和红细胞的残余。在慢性感染性胸膜炎，渗出液中可发现大量淋巴细胞及浆细胞。在某些肉芽肿性疾病，可发现单核细胞的集聚与巨细胞。

【鉴别诊断】

根据呼吸浅表急速，腹式呼吸，触、叩胸壁表现疼痛、咳嗽，听诊水平浊音，有胸膜磨擦音，穿刺液为渗出液（蛋白多、相对密度高）可初步诊断。如发生胸腔积液，叩诊时出现水平浊音，随体位改变而改变。本病需与胸腔积液与传染性胸膜性肺炎进行鉴别，胸腔积液不发热，无炎症，无胸膜摩擦音，触、叩无疼痛反应，穿刺液色淡、透明、不易凝固；传染性胸膜性肺炎有流行性，同时具有胸膜炎与肺炎症状。

【治疗】

治疗原则为抗菌消炎，制止渗出，促进渗出物的吸收和排除。

首先应加强护理，将病畜置于通风良好、温暖和安静的畜舍，供给营养丰富、优质易消化的饲草料，并适当限制饮水。

1. 抗菌消炎

可选用广谱抗生素或磺胺类药物，如青霉素、链霉素、氯霉素、庆大霉素、四环素、土霉素等。也可根据细菌培养后的药敏试验结果，选用更有效的抗生素。支原体感染可用泰妙菌素，某些厌氧菌感染可用甲硝唑（灭滴灵）。

2. 制止渗出

可静脉注射5%氯化钙溶液或10%葡萄糖酸钙溶液，每日1次。

3. 促进渗出物吸收和排除

可用利尿剂、强心剂等。当胸腔有大量液体存在时，穿刺抽出液体可使病情暂时改善，并可将抗生素直接注入胸腔。胸腔穿刺时要严格按操作规程进行，以免针头在呼吸运动时刺伤肺脏；如穿刺针头或套管被纤维蛋白堵塞，可用注射器缓慢抽取。化脓性胸膜炎，在穿刺排出积液后，可用0.1%雷佛奴尔溶液、2%～4%硼酸溶液或0.01%～0.02%呋喃西林溶液反复冲洗胸腔，然后直接注入抗生素。

4. 中医治疗

银柴胡30g、栝蒌皮60g、薤白18g、黄芩24g、白芍30g、牡蛎30g、郁金24g、甘草15g，共为末，马、牛一次开水冲服。适用于干性胸膜炎。

归芍散：当归30g、白芍30g、白芨30g、桔梗15g、贝母18g、寸冬15g、百合15g、黄芩20g、花粉24g、滑石30g、木通24g，共为末，马、牛一次开水冲服。加减：热盛加双花、连翘、栀子；喘甚加杏仁、杷叶、葶苈子；胸水加猪苓、泽泻、车前子；痰多加前胡、半夏、陈皮；胸痛甚加没药、乳香；后期气虚加党参、黄芪等。适用于渗出性胸膜炎。

二、胸腔积液

胸腔积液又称胸水，是指胸腔内因某种原因积聚有大量的漏出液，而胸膜无炎症变化的一种异常状态。

【病因】

常见于心力衰竭、前腔静脉阻塞、肾功能不全、肝硬化、营养不良、各种贫血等，也见于动物硒缺乏症、某些毒物中毒、机体缺氧等因素。另外，发生慢性消耗性疾病（如结核、鼻疽、恶性淋巴瘤等）时也常见胸腔积液。

【症状】

少量的胸腔积液，一般无明显的临床表现或仅有胸痛。大量的胸腔积液，动物出现呼吸频率加快，严重者呼吸困难，甚至出现腹式呼吸。体温正常，心音减弱或模糊不清。肺部听诊，浊音区内常听不到肺泡呼吸音，有时可听到支气管呼吸音。胸部叩诊呈水平浊音，水平面随动物体位的改变而发生变化。胸腔穿刺，有大量淡黄色、清澈的液体流出。

X射线检查，大量积液显示一片致密的水平阴影。

【诊断】

根据呼吸困难，叩诊胸壁呈水平浊音，穿刺液为漏出液，结合X射线和超声波检查，即可诊断。本病应与渗出性胸膜炎相鉴别，胸膜炎时体温升高，胸部疼痛，咳嗽，听诊有胸膜摩擦音，胸腔穿刺液有大量炎性细胞、纤维蛋白等渗出液的成分。

【治疗】

本病是胸部或全身疾病的一部分，主要是治疗原发病或纠正胸腔液体漏出的原因，使漏出的胸腔积液逐渐吸收或稳定。首先应加强饲养管理，限制饮水，供给蛋白质丰富的优质饲料。可选用强心剂和利尿剂促进液体吸收和排除。当胸腔积液过多引起严重呼吸困难时，应通过穿刺抽液治疗，以减轻肺、心血管的受压症状，但抽液每次不宜过快、过多，以免造成胸腔压力骤降，出现复张性肺水肿。

附：呼吸器官疾病鉴别诊断要点

呼吸器官疾病具有相似的症状，如流鼻液、咳嗽、呼吸困难、发绀、发热以及肺部听诊有啰音等，在临床上应注意鉴别。

1. 上呼吸道疾病

通常表现为喷嚏或咳嗽、流鼻液，无呼吸困难或呈吸气性呼吸困难，胸部听、叩诊变化不明显，X 射线检查肺部无异常。根据鼻液多，呼吸时闻有鼻狭音，常打鼻喷或喷嚏，鼻黏膜充血、肿胀，以及鼻腔狭窄等特征症状可诊断为鼻炎等鼻腔疾病。如咳嗽剧烈或呈连续性咳嗽，头颈伸展，喉部肿胀，触诊敏感，可能是喉部炎症，确诊则需要进行喉镜检查。喉炎应与咽炎相鉴别，咽炎主要以吞咽障碍为主，吞咽时食物和饮水常从两侧鼻孔流出，咳嗽较轻。患喉囊病时触诊喉囊肿大、坚硬、发热和疼痛，喉囊黏膜充血、水肿和有脓性分泌物，X 射线检查在特别明亮的喉囊投影下部呈水平阴影（液面），随头部移动而波动。根据有喘鸣音和吸气性呼吸困难等特征症状可作出喘鸣症的初步诊断，内窥镜检查可确诊。

2. 支气管疾病

通常表现为咳嗽频繁，流鼻液，胸部听诊有啰音，叩诊无浊音，热型不定，全身症状较轻微。大支气管疾病，表现为咳嗽多，流鼻液，肺泡呼吸音普遍增强，可听到干啰音或大、中水泡音，X 射线检查，肺部有较粗纹理的支气管阴影，而无灶性阴影。细支气管疾病，表现为呼气性呼吸困难，广泛性干啰音和小水泡音，肺泡呼吸音增强，胸部叩诊音比较高朗。

3. 炎性肺病

通常见有混合性呼吸困难，流鼻液、咳嗽，肺泡呼吸音减弱或消失，出现病理性呼吸音，肺叩诊有局限性或大片浊音区，X 射线检查可见相应的阴影变化，体温升高，全身症状重剧，白细胞总数和中性粒细胞比例显著增加，核型左移或右移。如果是弛张热型、叩诊呈小片浊音区及听诊有捻发音和啰音等典型症状，结合 X 射线检查表现斑片状或斑点状的渗出性阴影，可诊断为小叶性肺炎。如果呈典型稽留热，病程发展迅速，并有明显的病理发生的阶段性，叩诊有大片浊音区，在病区内可听到清楚的支气管呼吸音，流出铁锈色的鼻液，X 射线检查呈均匀一致的大片阴影，可诊断为大叶性肺炎。

4. 非炎性肺病

通常见有呼气性或混合性呼吸困难，胸部听、叩诊有异常，但一般不发热，白细胞计数一般无异常。肺气肿，呈现呼气性呼吸困难，二段呼气明显，肺泡呼吸音减弱，叩诊呈过清音，X 射线检查肺野透明。肺充血或肺水肿，混合性呼吸困难，两侧鼻孔流多量白色细小泡沫样鼻液，胸部听诊有广泛的小水泡音或捻发音，肺部叩诊，当肺泡内充满液体时，呈浊音；肺泡内有液体或气体时，呈浊鼓音，X 射线检查肺野阴影普遍加深，肺门血管纹理显著。重者呈现心力衰竭的体征。

5. 胸膜疾病

患病动物呈现混合性呼吸困难，腹式呼吸明显，无鼻液，咳嗽少，胸壁敏感，听诊有胸膜摩擦音，叩诊呈水平浊音，胸腔穿刺有大量渗出液或漏出液，如为渗出液，需要进行厌氧和需氧培养（猫传染性腹膜炎例外）。如为漏出液，要反复进行X射线检查，以区别心脏疾病、膈疝或异物。在此种情况下最好应用超声检查，必要时结合钡剂造影检查。

好牛乳是怎样炼成的

近10%的农场主反映乳牛对人类的恐惧会导致挤乳时的性情较暴躁。如果给予乳牛多些人文的关怀，它们会感觉更快乐、更放松。英国纽卡斯尔大学的科学家发现：很多聪明的、富于关怀精神的农场主在很早以前就对此深信不疑，通过给予个体更多的关注，例如呼喊乳牛的名字或在乳牛成长过程中与其进行互动，不仅能改善乳牛的健康状况以及它对人类的认知，还能增加牛乳产量。乳制品农场主丹尼斯·吉布和他哥哥理查德共同经营英格兰北部纽卡斯尔外的红房子农场。他说他相信把乳牛当作个体来对待是“至关重要的”。丹尼斯说：“它们不仅仅是我们的谋生之本，它们同样是这个家庭的一部分。我们很爱农场的乳牛，且每一头乳牛都有专属的名字。我们都管它们叫‘女士’，而且我们清楚地知道每一头乳牛的名字和性格。”

事实证明，听音乐可以让奶牛心情舒畅，当天泌出的牛乳就可以充分挤空。而通过一年两次的定期护蹄，可以减少乳牛疾病，进而降低饲养成本、延长产乳期，一头乳牛的产乳量可以增加5%~10%。幸福乳牛产出幸福牛乳，提倡“动物福利”理念，就是让乳牛们快乐生活，幸福产乳。

1. 豆腐巧治牛肺炎喘咳

取豆腐800~1000g，白矾30~60g（共研末），混合后喂服，每日一次，3~5d可治愈。

2. 牛感冒的烟叶治疗法

牛患感冒，一般症状表现为：精神倦怠，食欲减少，体温升高，毛松逆立，尾紧夹于股内、弓腰、畏寒颤抖、体表冷热不均，耳尖、鼻镜、四肢末端厥冷，鼻汗时有时无。治疗方法：取干燥陈旧的烟叶一把，点燃，放在病牛鼻嘴下30cm处，直熏至其打喷嚏、流泪为止。

一、名词解释

1. 感冒　2. 支气管肺炎　3. 纤维素性肺炎

二、简答题

1. 试述上呼吸道炎症有哪些主要症状。

2. 大叶性肺炎和小叶性肺炎的临床症状有哪些区别？请写出大叶性肺炎及小叶性肺炎的治疗方法。

三、病例分析

对以下病例，依据所给临床症状，提出初步诊断，制定治疗措施，开出处方。

病例一：某村民养海兰褐蛋鸡2500只，日龄280d，这些鸡在同一个院子里，分三个鸡舍饲养。主述10d前其中之一鸡舍出现了呼吸道症状，兽医开了几天药物，全群也同时喂该药物预防，具体药物不详。用药3～4d，效果不好，病情依然发展。出现眼睑肿胀症状并有鸡冠发紫的鸡开始死亡。又找另一兽医医治，开具药物为金蟾素、强力呼泰（成分：强力霉素、金霉素、酒石酸泰乐菌素）、新霉素。用药5d以上，病情依然没有得到控制，来诊时，主述三个鸡舍的鸡已经全部感染，肿头数量增加，病死鸡增加，每天已达8～10只。病鸡精神状况极度不好，食欲严重下降，由原来正常时的每天290kg料下降到每天不足200kg料，产蛋下降3～4成。对来诊时带来的病死鸡进行解剖，症状如下：气管充血，管内有黏稠状分泌物，腹内脂肪有少量点状出血，腹膜炎症状明显，腺胃有出血点，盲肠扁桃体有肿大、出血等，询问禽主新城疫疫苗的使用情况，一月前用过新城疫疫苗，并进行了抗体监测。

病例二：某牛场的一头6岁黑白花乳牛，体温升高，食欲、反刍减退，按感冒治疗2d后，病情好转，于是停止用药。两天后，发现病情再次加重。临床检查：体温为39.8℃，心跳为84次/min，呼吸数为50次/min；精神沉郁，食欲减退，反刍减少，鼻镜干燥，瘤胃蠕动音减弱，排粪较干，产乳量下降；呼吸浅表快速，听诊肺区见有局限性的湿性啰音和捻发音。

病例三：某狐场饲养近1000只狐，近期因转群、周围有施工等因素，狐群出现零星发病，体温升高达40℃以上，持续数天。脉搏增快，呼吸闲难，有的呈现混合性呼吸困难。咳嗽，个别的有铁锈色鼻液。叩诊部有广泛性浊音，听诊有湿性啰音。

病例四：某封闭式猪场进行甲醛气雾消毒后，第二天即从外地购进一批商品仔猪。部分猪出现食欲降低，咳嗽，有时咳出灰白色黏液，鼻孔流出浆液性或黏液性鼻液。临床检查体温基本正常，呼吸加快，个别猪呼吸困难，听诊肺泡呼吸音增强。

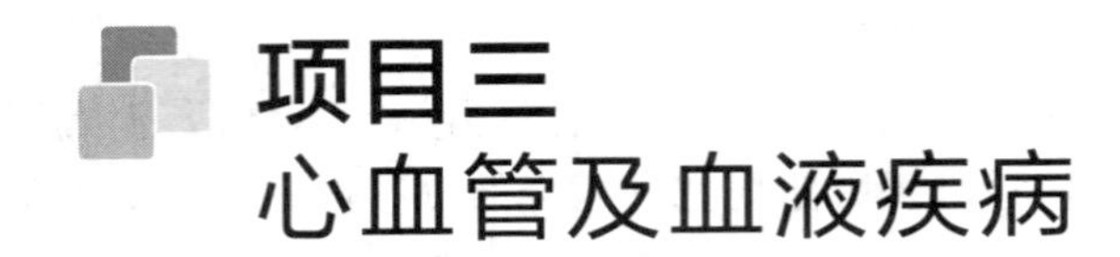

项目三 心血管及血液疾病

【知识目标】

通过本项目内容的学习，了解心血管系统常见疾病的基本概念、病因及发病机理、症状、诊断和治疗等内容，识别临床上涉及本项目的主要疾病。掌握各个病的基本概念、致病原因和临床基本特点，各个病的诊断依据、诊断要点、疾病的治疗原则及选用药物及其注意问题。

【技能目标】

能在掌握常用的诊疗方法及要领的基础上，学习运用现代先进仪器设备对疾病进行辅助诊断与治疗，会使用各种仪器设备，能完成心血管及血液疾病病例临床诊断的一般处理程序和报告，能设计心血管及血液疾病治疗方案并运用实验分析技术诊断疾病。

【必备知识】

心脏是一个中空的肌性器官，由纵隔和房室瓣将其分为四个心腔（左心房、右心房、左心室和右心室）。血管是血液运动的管道，由动脉管、静脉管和毛细血管网构成。血液由右心室出发，经肺动脉，肺部血管网、肺静脉到达左心房，称为小循环；左心室将血液输送到主动脉，经全身的血管网、静脉，流入上、下腔静脉，最后达右心房，称为大循环。

血液循环过程中，心脏的正常节律性搏动具有泵血作用。血管的功能在于输送血液到全身，在毛细血管内，血液将氧和营养物质等供给组织和脏器，并运走组织不需要的物质——二氧化碳和代谢产物。总之，心血管系统的主要功能是维持血液循环，使血液和组织之间能够进行体液、电解质、氧和其他营养物质以及排泄物的正常交换。

心脏具有强大的储备力量和代偿能力。在劳役或运动期间，心脏的血液排出量可以比安静状态下增加许多倍，以适应机体的需要。如心脏在心舒张期高度扩张，收缩期加强收缩，能增加血液输入量和排出量；又可通过提高心搏动的速率，来提高单位时间血液排出量。但心脏血管系统的代偿能力有限，在超出一定时间和限度时，可导致心脏和血管发生结构或功能的改变，临床上呈现血液循环障碍。也会影响其他系统的功能，以至整个机体的生命活动。

心血管疾病，特别是心脏的疾病，大多继发或并发于许多传染性疾病（如炭疽、口蹄疫、腺疫、出血性败血病、马传染性贫血和幼驹副伤寒等）、普通病（如肺炎、胸膜炎、肝炎、胃肠炎、肾脏疾病、子宫疾病、新陈代谢疾病、外伤性心脏疾病和化脓性外科疾病）、中毒性疾病（如有毒植物中毒、矿物性毒物中毒、过量使用呋喃唑酮等）或微量元素缺乏（如铜缺乏等）等过程中，饲养管理不当或使役不合理，也可发生心力衰竭和循环虚脱等疾病。

循环系统疾病发生率较高，达26.6%～66%，但由于心脏有强大的储备力和代偿机制，病变轻者往往不表现明显的临床症状。循环器官疾病一般表现以下共同症状。

（1）由于心血管功能障碍，供给组织细胞的氧气不足，病畜对运动的耐受性降低。肌肉，尤其是骨骼肌缺血缺氧，导致肌乳酸蓄积，肌肉疲劳无力，病畜不耐使役，使役中易疲劳出汗，动则气喘。症状较重的病畜，即使在安静状态下，也表现呼吸增数，特别是受到骚扰时，呼吸增数更明显，呼吸困难更严重。病畜为了降低氧的消耗量而不愿运动，中枢神经系统功能活动降低，外观上精神沉郁、头颈低垂、四肢无力。站立时间较久的病马，常常两前肢交替提举，以借肌肉收缩运动时对四肢血管挤压促进肢体下部血液的回流。

（2）由于心肌收缩力减弱，排血量减少，病畜靠增加心跳次数来克服血液供应不足的状态，临床上出现心跳加快，心音减弱，动脉血压下降，脉搏细弱无力。对于重症病例，由于血液不能压到远端的末梢血管，出现耳、鼻及四肢末端厥冷的现象。

（3）由于心肌收缩力减弱，心室不能充分排空，心腔内压增高，静脉血回流受阻，引起外周静脉瘀血，临床上表现体表静脉怒张，特别是面部、股内侧静脉更明显。静脉瘀血造成血液中还原血红蛋白的显着增量，致使可视黏膜出现广泛的青紫颜色（发绀）。

（4）对于重症心血管器官疾病，由于心输出量减少，肾脏血流量灌注不足，水、钠潴留；静脉瘀血，由于毛细血管通透性增大等原因，病畜往往出现水肿，特别是颈下、胸前、腹下、四肢下部最明显，心性水肿往往是对称性的。

（5）一般表现

①全身性缺血、缺氧症状。

②病畜不耐使役，容易疲劳出汗。

③黏膜潮红、暗红或发绀。
④心率增数，脉搏细弱，甚至出现心律失常。
⑤皮下水肿、瘀血性肺水肿或体腔积水。

任务一 | 心脏疾病

一、心力衰竭

心力衰竭又称心脏衰弱、心功能不全，是因心肌收缩力减弱或衰竭，引起外周静脉过度充盈，使心脏排血量减少，动脉压降低，静脉回流受阻等所引起的呼吸困难，皮下水肿、发绀，甚至心搏骤停和突然死亡的一种全身血液循环障碍综合征。此病对各种动物都可发生，但马和犬发病居多。

心力衰竭的表现形式视其病程长短而异，可分为急性心力衰竭和慢性心力衰竭；视其发病起因而异，可分为原发性心力衰竭和继发性心力衰竭。

【病因】

急性原发性心力衰竭，主要是由于压力负荷过重或容量负荷过重而导致的心肌负荷过重。由于压力负荷过重所引起的心力衰竭主要发生于使役不当或过重的役畜，尤其是饱食逸居的家畜突然进行重剧劳役，如长期舍饲的育肥牛在坡陡、崎岖道路上载重或挽车等，猪长途驱赶等；由于容量负荷过重而引起的心力衰竭往往是在治疗过程中，静脉输液量超过心脏的最大负荷量，尤其是向静脉过快地注射对心肌有较强刺激性的药液，如钙制剂或砷制剂等。此外，还有部分发生于麻醉意外、雷击、电击等。

急性继发性心力衰竭，多继发于急性传染病（如马传染性贫血、马传染性胸膜肺炎、口蹄疫、猪瘟等）、寄生虫病（如弓形虫病、住肉孢子虫病）、内科疾病（如肠便秘、胃肠炎、日射病等）以及各种中毒性疾病的经过中，这多由病原菌或毒素直接侵害心肌所致。未成年的警犬开始调教时，由于环境突变、惩戒过严或训练量过大，易发生急性应激性心力衰竭。

慢性心力衰竭（充血性心力衰竭），是心脏由于某些固有的缺损，在休息时不能维持循环平衡并出现静脉循环充血，伴以血管扩张，肺或末端水肿，心脏扩大和心率加快。除长期重剧使役外，本病常继发或并发于多种亚急性和慢性感染、心脏本身的疾病（如心包炎、心肌炎、心肌变性、心脏扩张和肥大、心瓣膜病、先天性心脏缺陷等）、中毒病（如棉籽饼中毒、霉败饲料中毒、含强心苷的植物中毒、呋喃唑酮中毒等）、甲状腺功能亢进、幼畜白肌病、慢性肺泡气肿、慢性肾炎等。

在瑞士的红色荷斯坦与西门塔尔杂种牛中，曾发生一种由遗传因素起主导作用，外源性因素（可能是饲料中的毒素）为触发因子的心力衰竭病例。

【发病机制】

急性心力衰竭时，由于心排血量明显减少，主动脉和颈动脉压降低，而右心房和腔静脉压增高，反射性地引起交感神经兴奋，发生代偿性心动过速，由于心脏负荷加重，代偿性活动增强，从而使心肌能量代谢增加，耗氧量增加，心室舒张期缩短，冠状血管的血流量减少，氧供给不足。当心率超过一定限度时，心室充盈不充足，排血量降低。此外交感神经兴奋使外周血管收缩，心室压力负荷加重，使血流量减少，导致肾上腺皮质分泌的醛固酮和下丘脑－神经垂体分泌的抗利尿素增多，加强肾小管对钠离子和水的重吸收，引起钠离子和水在组织内潴留，心室的容量负荷加剧，影响心排血量，最终导致代偿失调，发生急性心力衰竭。

慢性心力衰竭多半是在心脏血管疾病病变不断加重的基础上逐渐发展而来的。发病时，既增加心跳频率，又使心脏长期负荷过重，心室肌张力过度，刺激心肌代谢，增加蛋白质合成，心肌纤维变粗，发生代偿性肥大，心肌收缩力增强，心排血量增多，以此维持机体代谢的需要。然而，肥厚的心肌静息时张力较高，收缩时张力增加、速度减慢，致使耗氧量增加，肥大心脏的贮备力和工作效率明显降低。当劳役、运动或其他原因引起心动过速时，肥厚的心肌处于严重缺氧的状态，心肌收缩力减弱，收缩时不能将心室排空，遂发生心脏扩张，导致心力衰竭。

当机体发生心力衰竭时，组织缺血缺氧，产生过量的丙酮酸、乳酸等中间代谢产物，引起酸中毒。并因静脉血回流受阻，全身静脉瘀血，静脉血压增高，毛细血管通透性增大，发生水肿，甚至形成胸水、腹水和心包积液。左心衰竭时，首先呈现肺循环瘀血，迅速发生肺水肿。右心衰竭时，呈现体循环瘀血和心脏性水肿。

【症状】

急性心力衰竭的初期，病畜精神沉郁，食欲不振甚至废绝，动物易于疲劳、出汗，呼吸加快，肺泡呼吸音增强，可视黏膜轻度发绀，体表静脉怒张；心搏动亢进，第一心音增强，脉搏细数，有时出现心内杂音和节律不齐。进一步发展，各症状全部严重，且发生肺水肿，胸部听诊有广泛的湿啰音；两侧鼻孔流出多量无色细小泡沫状鼻液。心搏动震动全身，第一心音高朗，第二心音微弱，伴发阵发性心动过速，脉细不感于手。有的步态不稳，易摔倒，常在症状出现后数秒钟至数分钟内死亡。

慢性心力衰竭（充血性心力衰竭），其病情发展缓慢，病程长达数周、数月或数年。病畜除精神沉郁和食欲减退外，多不愿走动，不耐使役，易于疲劳、出汗。黏膜发绀，体表静脉怒张。垂皮、腹下和四肢下端水肿，触诊有捏粉样感觉。呼吸比正常深，次数略增多。排尿常短少，尿液浓缩并含有少量清蛋白。初期粪正常，后期腹泻。随着病程的发展，病畜体重减轻，心率加快，第一心音增强，第二心音减弱，有时出现相对闭锁不全性缩期杂音，心律失常。心区叩诊心浊音区增大。由于组织器官淤血缺氧，还可出现咳嗽、知觉障碍。心区 X 射线检查和 M 型超声心动图检查，可发现心脏增厚或心室腔扩大。病犬血浆醛固酮水平增高，去甲肾上腺素浓度也增高，且心房尿钠肽含量也增高。病荷斯坦乳牛的心房钠尿肽也增高。病马血清乳酸脱氢酶组分显著增高。故充血性心力衰竭时，几乎都在短暂的呼吸窘迫中死亡。

【病理变化】

左心衰竭时，剖检左心腔扩张，充积血液或血液凝块，心壁柔软、脆弱。肺脏的体积稍增大，重量增加，色泽加深呈红褐色。肺胸膜湿润而有光泽，用手触之可留有指压痕。肺切面湿润，富含血液。间质增宽，湿润，从支气管和细支气管断端流出许多泡沫状液体，支气管内也充积多量泡沫状液体。镜检，肺泡壁毛细血管充血，肺泡充满淡红色水肿液，其中混杂少量脱落的肺泡上皮或巨噬细胞。

右心衰竭时，右心扩张，心腔充积血液和血凝块，心壁变薄，心肌实质变性，大循环静脉系统明显瘀血。肝、脾、肾、胃肠及脑等器官都见瘀血和水肿。肝脏肿大，实质变性。经时较久者，肝实质尚可见纤维化，进而发展为肝硬化。胃肠壁和肠系膜明显瘀血，严重时可导致瘀血性卡他。肾脏瘀血，间质水肿，肾小球毛细血管的通透性增高，肾小管和尿中可出现蛋白质和管型。脑瘀血，水肿，神经细胞呈不同程度的变性，严重时，尚可见脑膜和脑实质小点状出血。

【诊断】

心力衰竭的诊断，主要根据发病原因，静脉怒张，脉搏增数，呼吸困难，垂皮和腹下水肿以及心率加快，第一心音增强，第二心音减弱等症状可作出诊断。心电图、X 射线检查和 M 型超声心动图检查资料有助于判定心脏肥大和扩张，对本综合征的诊断有辅助意义。应注意与其他伴有水肿（如寄生虫病、肾炎、贫血、妊娠等）、呼吸困难（如有机磷中毒、急性肺气肿、牛再生草热、过敏性疾病等）和腹水（如腹膜炎、肝硬化等炎症）的疾病进行鉴别。同时，也要注意急性与慢性、原发性与继发性的鉴别诊断。

【治疗】

治疗原则是加强护理，减轻心脏负担，缓解呼吸困难，增强心肌收缩力和排血量以及对症疗法等。

对于急性心力衰竭，往往来不及救治；病程较长者可参照慢性心力衰竭使用强心苷药物。麻醉时发生的心室纤颤或心搏骤停，可采用心脏按摩或电刺激起搏，也可试用极小剂量肾上腺素心内注射。

对于慢性心力衰竭，首先应将患畜置于安静厩舍休息，给予柔软易消化的饲料，以减少机体对心脏排血量的要求，减轻心脏负担。同时也可根据患畜体质，静脉瘀血程度以及心音、脉搏强弱，酌情放血 1000 ~ 2000mL（贫血患畜切忌放血），放血后呼吸困难立即解除，此时缓慢静脉注射 25% 葡萄糖溶液 500 ~ 1000mL，增强心脏功能，改善心肌营养。

为消除水肿和钠、水滞留，最大限度地减轻心室容量负荷，应限制钠盐摄入，给予利尿剂，常用双氢克尿噻，马、牛 0.5～1.0g；猪、羊 0.05～0.1g；犬 25～50mg 内服或速尿按 2～3mg/kg 体重内服或 0.5～1.0mg/kg 体重肌肉注射，每日 1～2 次，连用 3～4d，停药数日后再用数日。

为缓解呼吸困难，可用樟脑兴奋心肌和呼吸中枢，在马、牛发生某些急性传染病及中毒经过中的心力衰竭时，常用 10% 樟脑磺酸钠注射液 10～20mL，皮下或肌肉注射；也可用 1.5% 氧化樟脑注射液 10～20mL，肌肉或静脉注射。

为了增加心肌收缩力，增加心排血量，习惯上用洋地黄类强心苷制剂。但应注意洋地黄类药物长期应用易蓄积中毒；成年反刍动物不宜内服；由心肌发炎损害引起的心力衰竭禁用。临床上应用时，一般先在短期内给予足够剂量的洋地黄，以后每天给予一定的维持量。在马，先按 0.016～0.022mg/kg 体重静脉注射地高辛，经 2.5～4h 后再按 0.008～0.011mg/kg 体重注射第二次，以后每 24h 给予 0.008～0.011mg/kg 体重即可维持；在牛，洋地黄毒苷按每 100kg 体重用 3mg 肌肉注射，或地高辛按 0.88mg/kg 体重静脉注射，维持剂量为 0.0011～0.0017mg/kg 体重；在犬，地高辛 0.07～0.22mg/kg 体重内服，维持剂量为内服剂量的 1/8～1/3。

对于心率过快的马、牛等大家畜，用复方奎宁注射液 10～20mL 肌肉注射，每日 2～3 次；犬用心得宁 2～5mg 内服，每日 3 次，有良好效果。

对于持续时间较长或难治的犬、猫心力衰竭，可应用小动脉扩张剂，如肼苯哒嗪，0.5～2.0mg/kg 体重，每日 2 次；静脉扩张剂，如硝酸甘油、异山梨醇二硝酸酯等；兼有扩张小动脉和降低静脉血压的制剂，如哌唑嗪 0.02～0.05mg/kg 体重内服，每日 2 次；醛固酮拮抗剂，如安体舒通 10～50mg/kg 体重内服，每日 3 次，兼有利尿效果；血管紧张素转移酶抑制剂，如甲巯丙脯酸 0.5～1.0mg/kg 体重内服，每日 3 次，有缓解症状、延长存活时间的功效。

此外，应针对出现的症状，给予健胃、缓泻、镇静等制剂，还可使用 ATP、辅酶 A、细胞色素 C、维生素 B_6 和葡萄糖等营养合剂，作辅助治疗。

中医治疗：对心力衰竭，多用参附汤和营养散治疗。

参附汤：党参 60g，熟附子 32g，生姜 60g，大枣 60g，水煎两次，候温灌服于牛、马。

营养散：当归 16g，黄芪 32g，党参 25g，茯苓 20g，白术 25g，甘草 16g，白芍 19g，陈皮 16g，五味子 25g，远志 16g，红花 16g，共为末，开水冲服，每日一剂，7 剂为一疗程。

二、 心肌炎

心肌炎是伴发心肌兴奋性增强和心肌收缩功能减弱为特征的心脏肌肉炎症。本病单独少有发生，常继发于各种传染病、脓毒败血症、中毒性疾病等。心肌炎按病因可分为原发性和继发性两种，按病程可分为急性和慢性两种，按病变范围可分为局灶性和弥散性两种，按发生部位和炎症性质可分为实质性、间质性和化脓性等类型。临床上以急性、继发性心肌炎为常见，慢性心肌炎的过程实质上是心肌的营养不良过程。

【病因】

原发的急性心肌炎在家畜很少见，主要是继发或并发于传染病、寄生虫病、真菌病、脓毒败血症以及中毒性疾病过程中。

（1）急性心肌炎见于某些传染病（如猪丹毒、炭疽、传染性胸膜炎、口蹄疫、结核病、布氏杆菌病）、寄生虫病（如焦虫病）、各种中毒（如夹竹桃中毒、汞、砷、磷、铜、有机磷农药中毒、磺胺中毒、抗生素过敏）。

（2）慢性心肌炎见于风湿、过劳或继发于心内膜炎或急性心肌炎。

（3）马属动物的急性心肌炎多见于炭疽、传染性胸膜肺炎、传染性贫血、腺疫、血孢子虫病，以及细菌性心内膜炎、幼驹脐炎、肺炎等所致的脓毒败血症；也见于夹竹桃中毒和汞、砷、铅、锑、磷等中毒病经过中。

（4）牛、羊的急性心肌炎多见于传染性胸膜肺炎、牛瘟、口蹄疫、布氏杆菌病、结核病、乳房炎、子宫内膜炎等疾病过程中。

（5）猪的急性心肌炎常见于猪瘟、猪丹毒、猪肺疫、猪口蹄疫、弓形虫病等疾病经过中，还可发生于脑心肌炎病毒感染。

（6）犬的急性心肌炎常见于犬细小病毒病、犬瘟热、流行性感冒、传染性肝炎、犬心丝虫病、弓形虫病等疾病经过中，以及多种细菌感染和真菌感染。

另外，某些药物（如磺胺类药物、青霉素）和疫苗、血清引起的变态反应以及风湿病的过程中，也常伴发或诱发心肌炎。

【症状】

1. *初期*

心悸亢进、心音高朗，稍作运动心跳迅速加快，即使运动停止，也持续较长时间。以心肌变性为特征的心肌炎多以心力衰竭为主，表现为脉搏增速（马 80～120 次/min）和交替脉（一时快一时慢）。第一心音强盛伴有混浊或分裂；第二心音显著减弱，多伴有缩期杂音，其原因为心脏扩张、房室孔相对闭锁不全。

2. *心脏失偿期*

黏膜发绀，呼吸高度困难，体表静脉怒张，颌下、垂皮、四肢末端水肿。脉搏：初期紧张充实，随病情发展，心跳与脉搏不相对应，心跳强而脉搏弱，心跳快而脉搏少数（呈分离现象）。

3. *严重时期*

期前收缩、节律不齐。对于重症患畜，精神高度沉郁，食欲废绝，全身虚弱无力，战栗，步态不稳、神志不清。

4. *心电图变化*

急性心肌炎初期无明显变化，与健康相似，只由于心肌兴奋性升高，R 波增大，收缩及舒张的间隔缩短，T 波增强以及 P～Q 和 S～T 间期缩短。

【病理变化】

致病因子作用于心肌，导致心肌炎症，炎症刺激传导系统使心肌兴奋性增强，随后心肌发生变性，心收缩减弱。心肌收缩力下降（冠状动脉供血不足、心肌受损）导致心输出量下降，动脉血压降低，血流缓慢，末梢水肿、静脉瘀血、呼吸困难。同时心输出量降低（代偿）、心率升高，但心脏本身耗氧量升高，心肌收缩更加无力，心输出量进一步下降。由于全身及心脏本身血液循环障碍，心肌代偿能力丧失，导致代偿性心率衰竭，各组织器官缺氧、肌肉无力、易疲劳。由于心肌不能排空（压出）回流血液使血回流受阻，门脉循环及肝、肺、胃肠、肾全身瘀血。

门脉循环障碍导致肝瘀血、肝功能紊乱，其结果是糖、脂肪、蛋白质代谢障碍，肝屏障功能降低，胆红素代谢障碍形成胆红素－尿胆素性混合型黄疸，病畜表现可视黏膜黄染。血中间接胆红素和尿胆素升高。肺的瘀血导致肺静脉血回流受阻，呼吸困难，伴发肺充血和肺水肿。胃肠瘀血引起胃肠运动分泌功能紊乱，消化吸收功能障碍。肾瘀血导致血流量减少、肾小球滤过量下降、尿量减少、醛固酮升高、Na^+重吸收增加，水、钠潴留而致全身水肿。体循环瘀血，黏膜发绀、静脉怒张、出现显著对称性瘀血水肿和体腔积液。

心肌炎症成为异物刺激，心脏节律异常，前期收缩。心肌炎症导致疼痛，运动时发生阵发性心跳加快。

【诊断】

急性心肌炎多为继发，所以应从病史材料、临床症状和心电图检查进行综合分析。临床症状中特别注意心肌兴奋性增高和迅速出现血液循环障碍等特点。心肌兴奋性增高，主要表现在初期，脉搏和心冲动明显增快，特别是运动时或运动后更加明显，为了诊断心肌的兴奋性是否增高，临床上可做运动试验（心功能试验）。方法：先在安静状态下测其脉搏次数，然后急走5min，立即再测脉搏次数，心肌炎患畜运动停止后，脉搏次数不减慢，甚至经2～3min，脉搏仍很快或继续增加，并且需较长时间才能恢复到运动前的脉搏次数。正常家畜，运动停止后，脉搏就逐渐减漫，一般2min内即可恢复原来的次数。心肌炎后期，因心脏扩张，瓣膜相对闭锁不全而出现缩期杂音，节律不齐，血压下降并迅速发生血液循环障碍，可作为诊断的依据。

【鉴别诊断】

本病由于心肌兴奋性升高，心跳收缩次数增多是确诊急性心肌炎的一项指标，心电图是确定本病的另一个重要指标。

确诊本病时应与下列疾病相区别：心包炎：多伴有心包摩擦音或心包拍水音；心内膜炎：多出现心内杂音。

【治疗】

本病的治疗原则，主要是加强护理，减轻心脏负担，增加心肌营养，提高心脏收缩功能，注意防治原发病等。

1. 加强护理，减轻心脏负担

疾病初期要使病畜安静休息，给予良好地护理，尽可能地避免过度的兴奋和运动。多次、少量地饲喂容易消化、富有营养的饲料。停喂食盐，适当地限制饮水。心肌兴奋期过后要进行适当的牵溜，特别是发生水肿的病畜。

2. 治疗原发病

本病多为继发，从一开始就应针对原发病实施血清、疫苗等特异型疗法以及磺胺-抗生素疗法。

3. 增加心肌营养，提高心肌收缩功能

增加心肌营养，主要是输入高糖，但剂量不要太大，速度一定要慢，25%～50%葡萄糖，马、牛剂量为300～500mL，每日一次。提高心肌收缩功能，主要是应用强心剂，但要在正确判断疾病的不同发展阶段的基础上选用。疾病初期，心脏兴奋性增高时，不宜用强心剂，以免心脏过度兴奋而加快心力衰竭的出现。在此期间，可对心区冷敷，减低心脏兴奋性。当发展到心力衰竭时，为了维持心脏活动，改善血液循环，可选用20%安钠咖10～20mL，皮下注射。对于心力衰竭显著、血压降低的病畜，为了急救，可选用0.3%硝酸士的宁（马、牛10～20mL，犬0.5～1mL）和0.1%肾上腺素（马、牛3～5mL，犬0.3～0.5mL）皮下注射。心肌炎病畜禁用直接兴奋心肌的强心药，如洋地黄制剂。为促进心肌的代谢，可选用三磷酸腺苷（ATP）、辅酶A、细胞色素C、肌苷、环化腺苷酸等药物。

4. 对症治疗

呼吸高度困难时，可进行氧气吸入，也可注射尼可刹米等兴奋呼吸肌的药物。对尿少而水肿明显的患畜，可内服利尿药。出现严重心律失常的病畜，可选用磷酸奎尼丁、盐酸利多卡因、心得安等制剂。

任务二 | 血液疾病

一、贫血

贫血是指单位容积血液中的红细胞数、血红蛋白量和红细胞比容值低于正常水平的综合征。贫血不是独立的疾病，而是一种症状表现，也是临床上一种最常见的病理状态，主要表现是皮肤和可视黏膜苍白，以及各器官由于组织缺氧而产生的各种症状。

【病因】

1. 出血性贫血

急性出血见于血管受到损伤（外伤及外科手术等），内脏出血见于肝、脾破裂。如鼻腔、喉及肺受到损伤而出血，母畜分娩时损伤产道，公畜去势止血不良所引起的血管断端出血及发生于某些部位的肿瘤等引起的长期大量出血。某些中毒病（如草木樨中毒、敌鼠钠中毒、蕨类植物中毒）也可引起出血性贫血。

2. 溶血性贫血

凡是以溶血为主症状的疾病，如传染病（马传染性贫血、溶血性梭菌、猫的传染性贫血）、寄生虫病（锥虫病、焦虫病、附红细胞体病、钩端螺旋体病）、中毒病（铜、铅、蛇毒中毒）以及抗原体反应（新生幼畜溶血病、不相合血型输血）都表现溶血性贫血。

3. 营养性贫血

由于造血原料供应不足所引起的贫血为营养性贫血。其中包括微量元素（铁、铜以及钴）缺乏、维生素（维生素 B_{12}及维生素 B_6、叶酸、烟酸、硫胺素）及蛋白质缺乏。

4. 再生障碍性贫血

再生障碍性贫血见于造血器官（如骨髓）受到放射性损伤，动物发生中毒及药物使用过度（如有机汞中毒、有机砷中毒、磺胺酰胺及氯霉素过度使用）而发生的贫血，也可见于病毒性疾病，如猫白血病病毒感染。

【症状】

黏膜苍白或黄染为其突出的临床症状。病因及机体反应性的不同，症状则有所差异。

1. 急性出血性贫血

发病急，病畜虚弱，步行踉跄。严重病例出现呼吸困难，心动急速，瞳孔反应迟钝，失明，尿失禁，出冷汗，肌肉痉挛。血压及体温急剧下降，四肢厥冷，有时发生休克，迅速死亡。

2. 慢性出血性贫血

病况发生缓慢，病畜日益瘦弱，役用动物易于疲劳，乳牛产乳量降低，可视黏膜苍白。严重病例，心音低沉而微弱，往往可以听到所谓贫血性杂音（呈柔和而类似吹风音）。由于血液稀薄和血管壁脂肪变性的结果，血管壁渗透性强，引起腹下及下颌水肿、体腔积液。血液变化特点是：血浆蛋白减少，血清游离胆红素降低，白细胞和血小板轻度增多。血片上有各种大小的淡染红细胞。

3. 溶血性贫血

起病快速或缓慢，可视黏膜和皮肤呈现黄染以及全身贫血现象，往往排血红蛋白尿，体温正常或升高。如溶血快速，病情严重，血清呈现金黄色，黄疸指数升高，游离胆红素增多，血小板显著增数，血片显示再生反应，出现大量网织红细胞、多染性红细胞，甚至有核红细胞等各种幼稚型细胞。

4. 营养性贫血

病势发展缓慢，临床症状初期不明显，发展到一定程度，可视黏膜苍白，体温正常或降低，脉搏增数。动物虚弱无力，精神委顿，食欲减退或异嗜，严重者可伴发全身水肿。血液学变化，缺铁性贫血时，血红蛋白减少、血色指数降低、红细胞体积大小不等，且小红细胞增多；缺钴性贫血时，红细胞大小不等，以大红细胞为主，中心淡染区消失，有大椭圆形红细胞，中性粒细胞核分叶。

5. 再生障碍性贫血

除继发于急性放射病例，一般起病缓慢。可视黏膜苍白逐渐明显，全身症状越来越重，而且伴有出血综合征，常易继发感染，预后不良。血液学变化最大特点是全血细胞减少，即红细胞、粒细胞和血小板均显著减少。尽管贫血十分严重，末梢血液却不显示骨髓的再生反应，网织红细胞反而减少，血片上几乎看不到多染性红细胞等各种幼稚细胞。

【诊断】

根据病畜贫血的原因、黏膜苍白的临床体征，以及血液检验，不难作出综合判断。

（1）发病突然，可视黏膜苍白，且伴有休克，应考虑急性失血性贫血。

（2）发病快，可视黏膜苍白，黄染明显或不明显，有血红蛋白症并排出血红蛋白尿，应考虑急性血管内溶血性贫血。

（3）病程较长，可视黏膜苍白并黄染，但不排血红蛋白尿，应考虑慢性（血管外）溶血和慢性失血性（内出血）贫血。

（4）发病缓慢、病程长，可视黏膜苍白，应考虑慢性失血性贫血、营养性贫血和再生障碍性贫血。

【治疗】

治疗原则是除去治病因素，补给造血物质，增进骨髓造血功能，维持循环血量，防止休克等。但类型不同的贫血，治疗时应各有侧重。

1. 急性出血性贫血

治疗要点是止血和解除循环衰竭。外出血时，可用外科方法止血（如结扎止血）或敷以止血药。内出血时，可选用5%安络血注射液，马、牛5～20mL，猪、羊2～4mL，犬、猫1～2mL，肌肉注射，2～3次/d。止血敏注射液，马、牛10～20mL，猪、羊2～4mL，犬2～3mL，猫1～2mL，肌肉注射或静脉注射，2～3次/d。4%维生素K_3注射液，马、牛0.1～0.3g，猪、羊8～40mg，肌肉注射2～3次/d。凝血质注射液，马、牛20～40mL，猪、羊5～10mL皮下或肌肉注射。马、牛还可静脉注射10%氯化钙液100～200mL。

为解除循环衰竭，应立即静脉注射5%葡萄糖生理盐水1000～3000mL，其中可加入0.1%肾上腺素液3～5mL。条件许可时，最好迅速输给血或血浆2000～3000mL，隔1～2d再输注一次。大量输血不仅有止血作用，还可补充血液量和增加抗体。病畜输入异体血后，可兴奋网状内皮系统，促进造血功能，提高血压，马、牛可输2000～3000mL。

补液应用右旋糖酐和高渗葡萄糖溶液，可补充血液量。右旋糖酐30g，葡萄糖25g，加水至500mL，静脉注射，马、牛500～1000mL，猪、羊250～500mL。

脱离危险期后，应给予富含蛋白质、维生素及矿物质的饲料并加喂少的铁剂，以促进病畜康复。

慢性失血性贫血应及早发现和根治原发病，对寄生虫引起的贫血进行阶段性驱虫。止血方法可参考急性失血性贫血。要注意加强饲养管理，补充造血物质，如蛋白质、维生素和含铁的饲料。

2. 溶血性贫血

治疗的要点是消除感染，排出毒物，输血换血。凡感染和中毒所引起的急性溶血性贫血病畜，只要感染被抑制或毒物排除，则贫血本身一般无需治疗，可由骨髓代偿性增生而迅速自行恢复。但溶血性贫血常因血红蛋白阻塞肾小管而引起少尿、无尿，甚至肾功能衰竭，应及早输液并使用利尿剂。对新生畜溶血病，可行输血，输血时力求一次输足，不要反复输注，以免因输血不当而加重溶血。最好换血输血，即先放血后输血或边放血边输血，以除去血液中能破坏病畜自身红细胞的同种抗体和能导致黄疸的游离胆红素。

3. 营养性贫血

治疗要点是补给所缺乏的造血物质，并促进其吸取和利用。缺钴性贫血，可用维生素 B_{12} 或直接补钴。绵羊可用维生素 B_{12} 100～300μg，犬100～200μg，猫50～100μg，肌肉注射，每周1次，3～4次为一疗程；也可用硫酸钴内服，牛30～70mg，羊7～10mg，每周1次，4～6次为一疗程。单纯缺铜性贫血，通常只用口服或静脉注射硫酸铜，不必补铁，牛2～4g，羊0.5～1g，溶于水中灌服，每隔5d一次，3～4次为一疗程。静脉注射时，可配成0.5%硫酸铜溶液，牛100～200mL，羊30～50mL。缺铁性贫血，常用0.1%～0.2%硫酸亚铁水溶液内服，马、牛2～10g，猪、羊0.5～2g。或用硫酸亚铁配合人工盐，制成散剂混入饲料中喂给，大动物开始每日6～8g，3～4d后逐渐减少到3～5g，连用1～2周为一疗程，为促进铁的吸收，可同时用稀盐酸10～15mL，加水0.5～1L投服，1次/d。

4. 再生障碍性贫血

治疗要点是消除发病因素，刺激骨髓造血功能，补充血液量。睾酮类药物具有刺激骨髓新生细胞的作用，是目前比较有效的药物。丙酸睾酮，马、牛0.1～0.3g，猪、羊0.1g，犬、猫10～40mg，肌肉注射，每2～3d1次。氟羟甲睾酮，马、牛100～300mg，氟化钴，牛0.5g、羊0.1g，内服。另可反复进行中等量的输血，兴奋造血功能。但因为此类贫血的原发病常难根治，反复输血维持生命又失去经济价值，故一旦确诊，建议及早淘汰。

二、仔猪缺铁性贫血

仔猪缺铁性贫血是由于饲料中缺乏铁，导致铁的摄入不足，机体中铁缺乏所致的一种以仔猪贫血、疲劳、活力下降以及生长受阻为特征的疾病。多见于3～6周龄仔猪，故又名仔猪营养性贫血或仔猪铁缺乏症。本病多发于冬春季节。仔猪多在出生后8～10d开始发病，7～21日龄的仔猪发病率最高。仔猪长得越快，铁贮消耗越快，发病也越快。黑毛仔猪更易患缺铁性贫血。

【病因】

仔猪发育快、造血功能强，如造血原料不足则影响红细胞生成。如铁缺乏则血红蛋白（Hb）值下降（Hb生成障碍），铜缺乏则红细胞数量减少，钴缺乏则维生素B_{12}合成障碍，引起贫血。

初生猪8～12gHb/100mL血，8～10d逐渐下降至4～5gHb/100mL血。这时幼畜由胎儿母体供血变为自体骨髓造血，这一现象称为生理贫血。这时由于生长快、母乳铁质供应不足导致Hb合成障碍及贫血。贫血又可引起消化吸收功能减弱；抗病力降低。

原发性缺铁性贫血多见于新生仔猪，死亡仔猪的30%是由于缺铁所致，同时也往往伴有铜缺乏，这是因为一方面体内铁的贮存量低（约50mg），另一方面新生仔猪对铁的需要量大（约7～11mg/d），仔猪每增重1kg需21mg铁，而母乳中铁的含量低微，仔猪每天从乳汁中仅能获取1～2mg铁，不能满足仔猪的正常生长需要；铁是血红蛋白合成的必需物质，铜则是红细胞生成所必需的一种微量元素。在冬春季节，舍饲集约化管理以及在用砖或水泥铺地的猪舍内饲喂的仔猪，铁的唯一来源是母乳，如不补饲铁制剂，则极易发生缺铁性贫血。此外，饲料中铜、钴、锰、蛋白质、叶酸、维生素B_{12}缺乏也与本病的发生有关。

【症状】

病仔猪精神沉郁，生长缓慢，食欲减退，呼吸增数，脉搏加快，被毛粗乱无光泽。出生后8～10d出现贫血症状，可视黏膜苍白、心率快。仔猪活力降低，吮乳能力下降、仔猪发育不良、机体衰弱、易病、被毛粗乱皮肤有皱褶，健康状况低下，大肠杆菌感染率剧增，很易诱发仔猪白痢，有的猪还有链球菌感染性心包炎。消瘦、消化功能障碍、下痢、便秘、腹壁卷缩。呈两头尖猪。血液学变化：7～8日龄仔猪Hb 5～7g/100mL以下，红细胞数量不少；20日龄仔猪Hb 3～4g/100mL，白细胞也减少，甚至降至300/mm^3，常死于贫血或继发病。

【病理变化】

皮肤、可视黏膜苍白，肝脏脂肪变性、肿大、呈淡灰色，有时有出血点。肌肉苍白，心肌尤为明显，心肌松弛，心脏扩张，心包液增多。肺水肿，胸腹腔充满淡黄色清亮液体。脾肿大。肾实质变性，肺水肿，血液稀薄呈水样。组织学检查：骨髓中红细胞生成加强，肝脏、脾脏淋巴结有髓外造血。

【诊断】

新生仔猪血红蛋白浓度为80g/L，生后10d内可低至40～50g/L，属于生理性血红蛋白浓度下降。缺铁性仔猪血红蛋白浓度可由正常的 80～120g/L 降至 40g/L，红细胞数由正常的 $5\times10^{12}\sim8\times10^{12}$/L 降至 $3\times10^{12}\sim4\times10^{12}$/L，呈现典型的低色素性小细胞性贫血。

【治疗】

主要是补充铁制剂。仔猪可肌肉注射铁制剂，用右旋糖酐铁 2mL（含铁 50mg/mL），深部肌肉注射，一般一次即可，必要时隔周再注射 1 次；或葡聚糖铁钴注射液，1 周龄内仔猪深部肌肉注射 2mL，重症者隔两天重复注射 1 次，并配合应用叶酸、维生素 B_{12} 等；或后肢深部肌肉注射血多素（含铁 200mg）1mL。也可用硫酸亚铁 2.5g、氯化钴 2.5g、硫酸铜 1g，常水加至 500～1000mL，混合后用纱布过滤，涂在母猪乳头上，或混于饮水中或掺入代乳料中，让仔猪自饮、自食，此方法对大群猪场较适用。或用硫酸亚铁 2.5g、硫酸铜 1g，常水加至 100mL，按 0.25mL/kg 体重口服，每日 1 次，连用 7～14d；或每天给予 1.8% 的硫酸亚铁 4mL；或正磷酸铁，每日灌服 300mg，连用 1～2 周；或还原铁每次灌服 0.5～1g，每周 1 次。

乳牛饲养有讲究

（1）饲喂青绿多汁饲料　苜蓿、甜高粱、甜菜、胡萝卜等青绿多汁饲料适口性好，易消化吸收。饲料要新鲜、干净、无污染，尤其不要堆放闷置。

（2）饲喂氨化或碱化秸秆　麦草、玉米秸、稻草等经加工调制后能增强适口性，改善营养成分，提高消化利用率。

（3）添加油脂　油脂产热多，能改善饲料适口性，在乳牛日粮中添加 5% 动物油脂并补充钙质能有效提高产乳量及牛乳的品质。

（4）添加尿素　每天在乳牛的精料中添加尿素 2%～2.5%，或按每 100kg 体重添加 15～20g 尿素，有明显的增产效果。

（5）添加醋酸钠　在乳牛日粮中添加 200～300g 醋酸钠有助于营养物质的消化吸收，可每隔 10d 补喂 20d。

（6）饲喂粥料　精料最好制成粥料饲喂，比干湿料适口且易消化。夏季喂稀粥降温防暑，冬季喂热粥保暖抗寒。

（7）冬季夜间补料　冬季夜长寒冷，23 点左右给乳牛加喂 1kg 温热玉米粥或麸皮粥均可增加营养，增强抗寒能力，提高产乳量。

（8）保证饮水　水质要清洁、水量要充足，冬季气温在 15℃ 以下时要饮用深井水或供给温水，最好是温热的麸皮汤、绿豆汤。

一、名词解释

1. 心力衰竭　2. 贫血　3. 仔猪缺铁性贫血

二、简答题

1. 简述心力衰竭发生的原因。

2. 贫血的类型有哪几种？引起的原因有什么不同？

3. 如何治疗仔猪缺铁性贫血？

三、病例分析

对以下病例，依据所给临床症状，提出初步诊断，制定治疗措施，开出处方。

病例一：一头六岁龄黄牛，近日来食欲不定，反刍减少，粪便干硬，兽医曾按消化不良治疗，病情未见好转，反而加重，于是到兽医院求治。经检查，体温39℃，呼吸40次/min，脉搏115次/min；听诊肺中部混合性呼吸音增强，心区有拍水音，触诊瘤胃蠕动力减弱，颈静脉高度怒张呈绳索状。

病例二：某犬场一德国牧羊犬前来就诊。主诉该犬表现咳嗽已有1月余，应用抗生素无效。运动时此症状加重且运动时易疲劳。经临床检查，该犬无上呼吸道感染的其他症状，营养、膘情正常，精神状态亢奋。脉细弱并有间歇，肝区触诊疼痛，肝略肿大，心内有杂音。当时怀疑该犬为肝病。2d后该犬于深夜猝死。

病例三：某种猪场，一栋猪舍的仔猪近期相继出现急性死亡现象。该猪舍的母猪曾经得过口蹄疫，仔猪精神高度沉郁，全身虚弱无力，运步踉跄，可视黏膜高度发绀，呼吸高度困难。听诊第一心音强盛，第二心音微弱。

病例四：某肉鸡场新进了一批肉鸡，为了节省饲料成本，鸡场自己配料，20日龄后出现个别生长快的鸡精神沉郁，不愿走动，行走时飞节着地，病鸡脚趾向内蜷曲或两侧均为内偏，严重时两趾出现完全蜷曲，似拳头样，行走时似踩高跷；消瘦，贫血，体温正常。

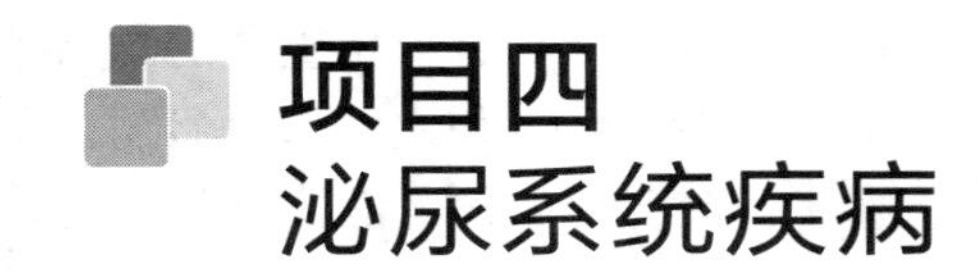

项目四 泌尿系统疾病

【知识目标】

通过对泌尿系统各器官疾病病因分析，讲述泌尿系统各器官疾病发生的原因，识别泌尿系统各器官疾病的临床症状与其他疾病相似临床症状的区别，掌握泌尿系统各器官疾病发病的病因及机制，能掌握泌尿系统各器官疾病临床表现及诊断治疗的措施。

【技能目标】

能熟练掌握泌尿系统各器官疾病临床表现，会对泌尿系统各器官疾病的病因及临床特征表现进行分析，能设计泌尿系统各器官疾病的防治方案。

【必备知识】

泌尿系统由肾脏、输尿管、膀胱和尿道组成。肾脏主要生成尿液，尿液经输尿管流入膀胱，暂时贮存，再经尿道排出体外。

泌尿系统的主要功能是生成和排出尿液，从而排泄代谢终产物。血液流经肾小球时，血液中的尿酸、尿素、水、无机盐和葡萄糖等物质通过肾小球和肾小囊内壁的过滤作用，过滤到肾小囊中，形成原尿。当尿液流经肾小管时，原尿中对动物机体有用的全部葡萄糖、大部分水和部分无机盐被肾小管重新吸收，回到肾小管周围毛细血管的血液里。原尿经过肾小管的重吸收作用，剩下的水和无机盐、尿素和尿酸等就形成尿液进入肾小盂，经过肾盂的收缩进入输尿管，再经过输尿管的蠕动进入膀胱。在此过程中被排出的物质一部分是营养物质的代谢产物，另一部分是衰老的细胞破坏时所形成的产物，排泄物中还包括一些随食物摄入的多余物质，如多余的水和无机盐类。可见肾脏是通过生成尿而排除对机体无用或多余的物质，并保留重要的物质，从而保持内环境的相对稳定，因此肾脏又是一个维持内环境稳定的重要器官，在调节水、盐代谢和维持体液酸碱平衡方面起重要作用。肾脏还具有内分泌功能，可生成某些激素，如肾素、促红细胞生成素等。

尿的生成是通过肾脏的滤过、重吸收和排泄分泌等过程而完成的，它是持续不断的，而排尿是间断的。尿由肾脏生成后经输尿管流入膀胱，在膀胱中贮存，当贮积到一定量之后，才排出体外。

正常状态下，肾脏具有强大的代偿功能，当发生超越肾脏或泌尿器官的自身代偿能力的损伤或严重障碍时，则可能引起肾脏或泌尿器官的病理变化而发病。

泌尿系统各器官疾病病因复杂，病种多，但主要由于细菌病毒感染、免疫机制、遗传、中毒性损伤、寄生虫等引起，但又有其特有的疾病，如肾小球肾炎、尿石症、肾功能衰竭等。

泌尿系统器官疾病并非某一器官单独的病变，而是整个机体疾病的一种局部反应。泌尿系统器官疾病的临床症状也是错综复杂的，主要临床表现在泌尿系统本身，如排尿姿势改变、尿液性质的改变、尿液量的改变、泌尿器官肿块、疼痛以及全身或部分脏器水肿、心血管症候等。

泌尿系统器官疾病的诊断主要通过临床症状，配合实验室诊断。如尿液化验、B 超检查、X 射线造影、生化分析等的检验可以辅助诊断，进行确诊。

在兽医临床中，常见的泌尿系统器官疾病有肾炎、尿道炎、肾病、膀胱炎、尿结石、肾衰竭等。

任务一 | 肾脏疾病

一、 肾炎

肾炎是指肾小球、肾小管及肾间质组织所发生的非化脓性炎症病理变化。该病的临床以血清蛋白减少、严重的蛋白尿及肾区敏感疼痛、尿量减少，四肢、胸前和腹下水肿为特征。临床上最常见的是急性肾小球性肾炎，各种家畜都可发生，以马、猪和犬较为多见。

肾炎种类很多，以肾小球血管炎症为主的称为肾小球性肾炎，伴有肾小管上轻微的变性病变，以肾间质病变为特征的称为间质性肾炎。根据最初发病原因可分为原发性肾小球肾炎与继发性肾小球肾炎。根据时间来划分，则分为急性肾炎与慢性肾炎。

【病因】

该病多继发或并发于某些传染性疾病，与病原微生物感染、中毒等有直接关系。

1. 病原微生物感染

可引发该病的细菌有大肠杆菌、化脓杆菌、结核杆菌、炭疽、链球菌、葡萄球菌、钩端螺旋体等；病毒如犬瘟热病毒、肝炎病毒、口蹄疫病毒。

2. 中毒

胃肠炎、代谢性疾病、肠内容物发酵产生的毒素和组织分解产物引起的内源性中毒，采食有毒植物、发霉变质饲料引起的外源性中毒，以及误食有强烈刺激性的药物（如砷、汞、松节油等）经肾脏排出而致病。

3. 其他

肾结石或肾寄生虫刺激、膀胱炎、尿在肾盂积聚时间过久，尿道不畅，尿路梗阻，使肾发生炎症而患病。

【发病机制】

近年来的大量实验和临床研究证明肾炎的大多数类型都是抗原抗体反应引起的免疫性疾病。引起肾小球肾炎的抗原物质有些还不了解，已知的大致可分为内源性和外源性两大类。

内源性抗原主要包括肾小球基底膜的成分如肾小球毛细血管上皮细胞抗原，内皮细胞膜抗原，DNA，免疫球蛋白，免疫复合物，肿瘤抗原等。外源性抗原主要有微生物及病毒的感染（如链球菌、葡萄球菌、肺炎球菌、脑膜炎球菌、伤寒杆菌、病毒等）、寄生虫（如丝虫等）、药物（如青霉胺、金和汞制剂等），其他的如异种血清、类毒素等。

各种不同的抗原物质引起的抗体反应和形成免疫复合物的方式和部位不同，肾炎的发病和引起的病变类型也不完全相同。

血循环中的各种免疫复合物是否在肾脏内沉积并引起肾损伤，取决于免疫复合物的大小、溶解度和携带电荷的种类等。当抗体明显多于抗原时，常形成大分子不溶性免疫复合物，这些免疫复合物常被吞噬细胞所清除，不引起肾小球损伤。只有当抗原稍多于抗体或抗原与抗体等量时，所形成的免疫复合物能在血液中保存较长时间，随血液循环流经肾小球时沉积下来，引起肾小球损伤。

【症状】

马：马急性肾炎症状多为精神沉郁，食欲减退或废绝，体温常在39℃以上，结膜苍白或发绀。站立时后肢开张，运动时背腰强拘，甚至后肢拽地，运步困难。卧倒时，后肢收于腹下，常表现腹痛，急起急卧。直肠触诊肾脏敏感，疼痛，呻吟。病的后期，病畜衰弱、嗜睡。一般数日无尿或排少量红褐色血尿，多见胸腹下及四肢下端出现水肿。当发生尿毒症时，痉挛、出汗加剧，并出现顽固性下痢，呼出的气体和排出的汗液均带尿臭味，最后出现痉挛性呼吸，窒息而死亡。

牛：患牛多呈慢性经过，反刍、食欲减少，消瘦，外部触诊肾区敏感，病牛不愿走动，站立时背腰拱起，后肢叉开或集于腹下。强迫行走时背腰僵硬，步态强拘，常小步前进，且侧转困难，严重者后肢拖曳前进。肾区叩诊有痛感，直肠内触诊可感知肾脏肿大，触压时出现不安、拱背、摆尾等疼痛表现。当肾盂内有脓液时，输尿管也膨大，或有波动感，病牛常有凹腰排尿姿势，排尿时有疼痛不安，尿频，拱腰排尿，但尿量很少，少数见有血尿或尿中有血丝、血块、脓块。

犬：急性肾炎病犬精神沉郁，厌食，体温升高，有时呕吐，排便迟滞或腹泻。肾区触痛，拱腰，尿频但尿量少。病程长时眼睑、胸腹下水肿。出现尿毒症时呼吸困难，昏迷，全身肌肉痉挛，体温下降，呼气中带尿味。慢性肾炎时症状变化大，有时症状不明显，有时出现水肿、血尿，尿量多少不一。伴发膀胱炎时有泌尿道症状。肾区触诊时，病犬表现不安，抗拒检查，病至后期，出现肾功能衰竭而死亡。

各种动物发生肾炎后，尿检时呈蛋白阳性，镜检有多量尿路上皮细胞、白细胞、脓球，有时有少量红细胞、肾上皮细胞，有时可见透明管型和颗粒管型。血检，白细胞总数和嗜中性粒细胞增多，有的可见病原菌。动脉血压上升，伴发心脏肥大时，心脏绝对浊音区扩大，主动脉第二音增强。急性病畜精神沉郁，食欲减退，消化不良，常体温升高达40℃。慢性病畜的症状与急性者相似，但症状较轻，发展缓慢，持续时间较长。慢性经过患病动物体温一般不高。慢性肾小球性肾炎多由急性转来。

【病理变化】

急性病例一般在下颌间隙和腹下有明显的皮下水肿，在胸腔、心包和腹腔有积液。真胃水肿，肾脏苍白、肿大、切面有光泽，偶有界线清晰的出血性梗死，肾体积缩小，变硬，肾内有不规则分布的片状病灶，病变处多数肾小管和肾小球萎缩、坏死及纤维化。镜检肾脏：肾小囊和近曲小管扩张。肾皮质内出现由浆细胞浸润纤维化的小病灶。整个肾小球充滞着过多的细胞。

慢性病例肾体积缩小，表面呈弥散性细颗粒状。切面皮质变薄，皮髓质界限不清。肾盂周围脂肪增多。镜下观察：病变的肾小球、肾内细小动脉玻璃样变和硬化，肾小管萎缩或消失，伴有淋巴细胞和浆细胞浸润。肾小球体积增大，肾小管扩张，腔内可出现各种管型。

【诊断】

根据临床症状可作出初步诊断，同时结合病史的调查、尿液的化验，诊断不是很困难。必要时可进行肾功能测定来确诊。

经实验室尿液检查，出现尿蛋白、尿管型，尿沉渣中有肾上皮细胞就可确诊。

肾功能测定时可通过酚红排泄试验、尿液浓缩、稀释试验及肌酐清除率等来确诊。

【治疗】

1. 治疗原则

主要是消除病因，加强护理，消除炎症，抑制变态反应，利尿及尿路消毒，对症治疗。

2. 加强饲养护理，改善环境

将患病动物置于温暖、干燥、阳光充足通风良好的畜舍内，给予充分的休息，防止受寒感冒。在饲养方面，病初可实施1～2d的饥饿疗法，以后应酌情给予富含营养的饲料。为缓解水肿和肾脏的负担，对饮水和食盐应适当限制。

3. 药物治疗

侧重于治疗感染，抑制免疫反应和利尿、消肿等措施。

消除感染，即清除病原，为此，要选择适当的药物。抗生素可选用青霉素，病牛320万～420万IU，肌肉注射，6～8h 1次。链霉素2～3g肌肉注射，1～2次/d。或青霉素，病牛2400万～3200万IU，溶解在生理盐水中静脉注射，2次/d。或甲枫霉素2～4g，肌肉或静脉注射。也可用卡那霉素，10～15mg/kg体重，2次/d，肌肉注射。

4. 免疫抑制反应

鉴于免疫抑制反应在肾炎发病方面有着重要作用，在临床上开始应用某些免疫疗法治疗肾炎，收到一定效果。可用激素类药物进行治疗。

肾上腺皮质激素：皮质激素主要影响免疫反应的早期反应，同时也有一定的抗炎作用。一般选用皮质酮类制剂。醋酸泼尼松50～150mg，2次/d，连用3～5d后应减量1/10～1/5；氢化泼尼松200～400mg，分2～4次肌肉注射，连续3～5d。也可用醋酸可的松或氢化可的松200～300mg，肌肉注射或静脉注射，或地塞米松0.1～0.2mg/kg体重，肌肉或静脉注射。

5. 利尿消肿

可用利尿剂。双氢克尿塞0.5～2g，内服，1～2次/d，连用3～5d停药。利尿素，牛5～10g，内服。醋酸钾，牛10～30g，或25%氨茶碱注射液，牛4～8mL，静脉注射。

6. 尿路消毒

40%乌洛托品50mL；葡萄糖注射液1000mL；氨茶碱50mL；0.90%氯化钠注射液500mL，以上一次静滴，每日一次。另外肌注青霉素钠，连用5d。

7. 中医治疗

归芍散：当归30g、白芨30g、桔梗20g、贝母25g、寸冬20g、百合25g、黄芬20g、天花粉25g、滑石30g、木通25g。用法：共为细末，开水冲调，一次灌服。

【预防】

改善饲养管理，将病畜置于温暖、干燥、阳光充足，通风良好的畜舍内，防止继发感冒。酌情给以富含营养、易消化的饲料，为减少肾脏的负担，对饮水和食盐给予适量控制。注意家畜卫生，特别是对母畜进行助产、导尿、输精时，做好消毒工作，防止病原微生物的感染。

二、肾病

肾病是由毒素、药物所引起的肾小管所致的肾变性疾病。临床特征是食欲减退至废绝、消瘦、多尿和脱水。各种家畜均可发生，而以马多发。可分为急性与慢性肾病，临床以急性多见。

【病因】

此病由外源性因素或内源性毒素所致。

1. 外源性因素的作用

饲喂大量霉败饲料或误食有毒植物可造成此病的发生，如饲喂霉败的酒糟、豆腐渣及变质的青贮、栎树叶等；刺激性的药物和药物过量所致的药物中毒，如新霉素、庆大霉素、卡那霉素、四环素、磺胺制剂、盐酸土霉素等的不合理使用都可引起肾小管的损伤，并能在肾小管内沉积，因而增加了对肾脏损伤的可能性；重金属铅、砷、汞等引起的中毒，当这些物质经肾脏排出又经肾小管浓缩时，因其刺激作用的增强，可造成本病的发生；另外可继发于急性传染病，如传染性胸膜肺炎等。

2. 内源性毒素的作用

主要指机体自身产生的毒性物质对肾脏的刺激。如患脓毒性子宫炎、蠕虫病、妊娠毒血症及腹泻等消化道疾病所产生的毒素；大面积烧伤时腐败产物的吸收；脓毒败血症的毒素及酮病时酮体在体内的蓄积等都伴有肾病的发生。

【发病机制】

目前认为肾病的发病机制主要与肾组织物理化学性状的变化有关。由体外侵入的有害物质或机体生命活动过程中产生的各种代谢产物，在经肾脏排出时，由于肾小管对尿液的浓缩作用，致使有害物质含量增高，对肾小管上皮呈现强烈的刺激作用，使之发生变性，严重时可发生坏死。一些与血浓缩有关的生理现象、内毒素血症以及局部缺血性变化均可引起肾小管变性，如在药物的使用过程中，由于使用量过大或在机体脱水、血液浓稠和肾灌注量降低时而使用，都增加了对肾脏损伤的可能性。

当发生急性肾病时，肾小管上皮变性致肾小球滤液流经肾小管发生重吸收障碍，尿中出现大量蛋白质，当尿呈酸性反应时，进入尿中的部分蛋白质发生凝结而形成管型，在尿排出时则发生管型尿。蛋白质随尿液大量排出，致血浆蛋白质含量降低，当蛋白质含量过低时，引起血浆胶体渗透压下降，则液体成分进入并蓄积于组织间隙而发生水肿。

肾病的后期，由于肾小管上皮严重变性或坏死，对原尿溶质和液体的重吸收功能紊乱，造成尿液量增多。

【症状】

患有肾病的病畜通常无特异性临床症状，只表现为精神抑郁、食欲减退或厌食，体温略低，消瘦，脱水，初期少尿，后期排尿频繁，多尿，尿蛋白量增多，有的出现贫血，但没有血尿现象。大动物直肠检查肾增大，小动物触诊肾区敏感。如是脓毒性子宫炎、腹泻等引起的肾病往往被原发疾病的症状所掩盖。

急性肾病，尿相对密度高，蛋白尿，尿蛋白含量可高达3%～5%，谷丙氨酰转肽酶升高，尿素氮和亮氨酸氨基肽酶水平升高，后期尿相对密度降低。摄入毒物或重金属所致的肾病可表现神经症状或胃肠道症状。对于植物毒素中毒，多数需通过临床病理学和剖检来协助诊断。由传染病引起的则存在着传染病的特征症状。

病理变化：肾脏切面水肿、湿润、肿大，肾周围组织中尤为明显，肾小管上皮脱落和坏死，在扩张的肾小管中有透明管型。

【诊断】

根据发病情况调查、症状表现和血液、尿液的实验室检验可以确诊。

尿液检验，其中含有大量蛋白质、肾上皮细胞、颗粒状管型。但缺乏红细胞及红细胞管型。肾脏活组织检查是最确切的诊断手段。

临床上与肾炎应进行区别。急性肾炎无少尿、水肿及心脏肥大症状，只有病情严重时才有少尿或无尿，尿液浑浊，含红细胞，并伴有渗出、增生等病理变化。肾病则多尿、尿频，后期尿相对密度低，蛋白质含量低或没有蛋白质，无红细胞及红细胞管型。

【治疗】

肾病的治疗原则是消除病因，改善饲养管理，抗菌、利尿、防止水肿和酸中毒。治疗措施应尽快恢复肾功能，积极治疗原发病。

1. 利尿

给病畜静脉注射速尿250～500mg（牛），针对脱水情况，静脉输注大量溶液，以补充体液的流失，促进利尿。

2. 维持电解质平衡

根据病畜的具体情况，静脉输入维持电解质平衡的溶液，如氯化钾、氯化镁、林格氏液等。对低血钙病牛，可缓慢地静脉注射10%葡萄糖酸钙溶液500～1000mL、生理盐水3000～5000mL、50%葡萄溶液500～1000mL，一次静脉注射。

3. 防止酸中毒

用0.9%氯化钠溶液1000～2000mL、5%葡萄糖溶液500～1500mL、5%碳酸氢钠溶液500～2000mL，一次静脉注射。

感染情况：可给予抗生素（参考肾炎的治疗）。

【预防】

加强对原发病的预防和治疗，以减少此病的发生。在日常饲养过程中，合理配合日粮，严禁饲喂发霉、变质饲料。在疾病防治工作中，应不断提高兽医技术水平，在使用抗生素、钙制剂时，要严格遵守药物用量和用药次数，不能因为一次或几次用药效果不明显就继续随意增加药量和用药次数。

任务二 | 尿路疾病

一、 膀胱炎

膀胱炎是指膀胱黏膜和黏膜下肌层的炎症。临床上表现排尿疼痛、尿频、尿量少。尿沉渣检验时，多见膀胱上皮、脓球和大量红细胞以及尿酸盐类结晶体等。常见于老龄动物。

【病因】

膀胱炎主要由病原微生物感染、严重积尿、膀胱结石和临近器官炎症的蔓延以及外伤性刺激等引起。

（1）严重积尿　外界刺激（即鞭炮、严寒、噪声）造成动物害怕，致使动物不便排尿而使膀胱积尿，过度充盈，使排尿肌收缩乏力，尿液无力排出，膀胱壁过度被压迫刺激，使膀胱麻痹而引起膀胱炎。

（2）病原微生物感染　链球菌、葡萄球菌、绿脓杆菌、大肠杆菌、变形杆菌等病原菌通过血液循环或尿道侵入膀胱引起感染。

（3）膀胱结石　膀胱如产生结石或肾结石进入膀胱，常可因结石的机械摩擦刺激而发生膀胱炎。

（4）生殖泌尿系统等部位炎症的蔓延　如尿道炎、肾炎、子宫内膜炎、子宫弛缓、恶露潴留、阴道炎、输尿管炎等均可蔓延至膀胱而导致膀胱炎。

（5）机械性刺激及药物刺激　常见于粗暴使用导尿管或膀胱镜引起的刺激。有毒物质或强烈刺激性药物（如松节油、斑蝥、甲醛等），会引起膀胱黏膜发炎。

【症状】

病情轻的患病动物，全身症状通常不明显。严重病例，患畜精神沉郁，一般伴有体温升高，食欲减退或废绝，排出干硬粪便，出现出血性膀胱炎时，因尿中出现大量血液、黏液絮片和血凝块，患病动物会出现贫血症状。尿检时，尿沉渣中可见大量白细胞、脓细胞、膀胱上皮、组织碎片及病原菌。

尿频：常作排尿姿势，但每次排尿量很少，仅作滴状流出或不排尿。排出的尿液浑浊而且有腥臭气味，有时含有血液，多在排尿的最后出现，排尿时有痛感，摇尾、踢腹、不断呻吟，越尿频则越明显。如果膀胱颈黏膜肿胀或者膀胱括约肌痉挛性收缩，可发生尿闭。按压后腹部有疼痛感。种公猪阴茎频频勃起。

慢性膀胱炎症状与急性相似，慢性膀胱炎时无排尿困难，病程较长，症状较轻。

【病理变化】

膀胱黏膜充血肿胀，膀胱壁水肿增厚，点状出血或弥散性出血，有大量黏膜附于内膜上，严重者出现溃疡，黏膜表面有大量纤维性蛋白薄膜或黄色附着物。

【诊断】

根据病因调查、临床症状及临床检查、询问病史可以作出初步诊断。

实验室诊断：尿沉淀物检查有白细胞、红细胞、脓球、膀胱上皮、组织碎片，尿蛋白检验呈现尿蛋白阳性；在膀胱充盈时，X 射线检查可见一清晰梨型轮廓，如果有结石，则清晰可见；超声波检查可见密度大而均匀的膀胱轮廓阴影。

【治疗】

可以根据不同的病情采用不同的治疗方法及时治疗，同时积极治疗原发病，防止感染，促使病畜尽早恢复。

如果膀胱内有积尿，要及时导尿，尽早缓解膀胱壁的张力。根据动物大小种类不同选择合适的导尿管经尿道插入膀胱内，尿液便可从导尿管内自行流出，导出尿液后用0.1%雷佛奴尔液冲洗，随后再向膀胱内注入适量的消炎药。当患病动物有尿道炎或阴道炎时不适用此方法。

（1）膀胱灌洗　可用刺激性小的消毒液，如0.1% 硝酸银溶液、0.5%碳酸氢溶液、0.1%雷佛奴尔溶液，1.0%氨苯磺胺溶液等通过导尿管进行膀胱灌注冲洗。

（2）药物疗法　将尿液导出后，便可根据具体情况使用抗菌消炎药物。可用口服尿路消炎药物，如吡哌酸、氟哌酸等。遇有出血性膀胱炎时，可以配合使用止血药，如止血敏、安络血等。在严重情况下，可以全身用药治疗。青霉素160 万 IU，链霉素 160 万 IU 按体重用注射用水溶解后肌肉注射，每日 2 次，连用3 ~5d。

（3）尿路消毒　20%乌洛托品注射液，呋喃旦啶一次静脉注射，每日 1 次，连用3 ~5d。

（4）中医治疗　瞿麦5 ~10g，地肤子、木通、地骨皮、花粉、知母、胆草、陈皮、黄芩、槟榔、地榆各5g，水煎服，每日 1 次，3 ~5 剂即见效。

【预防】

加强圈舍和牧场的兽医卫生消毒工作，防止细菌感染，严格执行操作规程和无菌原则，减少经生殖道感染的机会。对患生殖道和泌尿器官疾病的病畜，应及时治疗，防止继发感染。对患病动物加强饲养，适当休息，用无刺激性、营养丰富和易消化的饲料喂饲，适当限制高蛋白质饲料。

二、 尿道炎

尿道炎是指尿道黏膜发生的炎症。临床上以尿频，尿痛，尿量少，尿中带有黏液、血液或脓液、尿道口黏膜红肿为特征。

【病因】

主要由尿道细菌感染引起，常见于下列情况。

导尿时导尿管消毒不彻底，无菌操作不严密，导致细菌感染或导尿时操作粗暴引起尿道黏膜损伤而感染。尿道结石的机械刺激或交配等原因损伤尿道，或有刺激性的药物随尿排出刺激尿道而发生尿道炎。

邻近器官的炎症蔓延，如膀胱炎、子宫内膜炎等炎症蔓延至尿道而发病。

【症状】

发病突然，病畜排尿频繁，常呈排尿姿势，拱腰努责，痛苦呻吟，尿液呈断续状流出，尿量减少，尿色黄赤。由于炎症的刺激，常反射地引起公畜阴茎频频勃起，触诊阴茎肿胀增粗，疼痛不安，增温。母畜阴门不断开张，尿道口发红肿胀。严重时可见黏液、血液、脓性分泌物不断从尿道口流出。尿液浑浊，有时混有坏死、脱落的尿道黏膜。大动物直肠检查时可发现膀胱有不同程度的积尿。

可用导尿管进行尿路探查，以与尿道炎症及尿道结石相区别。

【治疗】

治疗原则是抑菌消炎，利尿，防腐消毒，及时应用抗生素类药物进行治疗。

（1）冲洗尿道　明矾水或0.1%雷佛奴尔溶液适量进行冲洗。

（2）抗菌药物　青霉素100万IU注射用水5mL，用法：一次肌肉注射，每日2次，连用3~5d。若怀疑为变形杆菌感染时，可选用四环素、环丙沙星、恩诺沙星等治疗；大肠杆菌感染时，可选用庆大霉素、青霉素或氟喹诺酮治疗。

（3）利尿消肿　尿闭时用1%速尿注射液5~10mL，用法：一次肌肉注射。按1~2mg/kg体重用药，每日2次，连用3~5d。

（4）中医治疗　车前子12g，滑石12g，黄连12g，栀子12g，木通10g，甘草10g。用法：煎汤内服，每日一剂。

【预防】

加强饲养管理，不要喂过多的精饲料。为了防止尿道感染，导尿时导尿管要彻底消毒，操作时要严格按操作规程进行，防止尿道黏膜的损伤感染。要及时治疗泌尿和生殖系统疾病，以防炎症蔓延至尿道。

三、 尿石症

尿石症是泌尿系统各部位结石的总称。尿路结石是动物的一种常见泌尿道疾病。尿结石成分可反映结石形成过程中尿液的理化性质改变及体内代谢紊乱状况。动物尿结石的形成与饲料、饮水、气候等多种因素有关，其中饲料因素最为重要。各种动物由于摄入饲料的种类不同，以及不同动物尿液特性的差异，在其体内形成的结石的化学组成也不相同，且成分复杂，故动物尿结石中混合性结石较多。

牛羊的结石主要成分多为草酸钙、磷酸铵镁、尿酸盐、胱氨酸、碳酸盐等。小动物尿石症有较高的发病率，犬、猫常发该病，猫发该病又称猫泌尿综合征，发病率为10%，多发于1～6岁的猫，犬该病的发病率为2.8%，2～8岁的犬易发该病。猪尿结石大多发生于公猪。

按照尿石形成的原因，可以将结石分为原发性结石和继发性结石两大类。原发性结石一般找不到明确的原因，继发性结石则可以找到其形成的原因，如梗阻、感染、异物等。按照尿石所在的部位，可以将结石分为上尿路结石和下尿路结石两大类。上尿路结石包括肾结石和输尿管结石；下尿路结石则包括膀胱结石和尿道结石。

【病因】

结石的形成原因至今尚未完全清楚，一般认为它与代谢紊乱、尿液pH、尿道感染、矿物质代谢障碍等多种因素有关。精料过多而粗料（特别是青草）过于缺乏、维生素A缺乏或不足、饮水量减少、早期去势、雌激素的应用等均与引发本病有关。

1. 饲料因素

长期饲喂钙磷失调食物或饲喂含镁量高的食物，饮食中动物蛋白增多，纤维素减少，饲喂棉饼、麸皮、长期饲喂萝卜等块根饲料都可以引起尿石症的发生。

2. 饮水不足

特别是炎热季节，大量出汗，引起尿液浓缩，盐类浓度过高而促进结石的形成，大量饮水可以增加尿液，降低结石盐类的过饱和度，并可冲刷小结石的滞留，减少结石的形成。

3. 长期尿潴留

酸性尿液可阻碍结石形成，碱性尿液则能促进结石形成。磷酸盐性尿石和碳酸盐性尿石在碱性尿液中比酸性尿液中更易于析出沉淀。尿潴留时，尿中尿素分解而生成氨，使尿液变为碱性，碱性尿液能析出大量不易或不能溶解的盐类化合物，使盐类结晶沉淀，同时尿中有机物增多，也有助于尿结石的形成。

4. 肾及尿路感染

慢性炎症，尿中细菌和炎性产物积聚可成为盐类晶体沉淀的核心。肾和尿路感染、甲状旁腺功能亢进、维生素A缺乏、长期过量应用磺胺类药物等也可促进尿石的形成。

【发病机制】

正常情况下，尿中常含有多种晶体盐类，如草酸盐、磷酸盐等。这些盐类与尿中的胶质物质维持相对平衡，若晶体盐类浓度增高或黏多糖类发生量或质的异常，会造成晶体与胶体的平衡失调，晶体物质即可析出沉淀，形成结石。例如当机体脱水，尿量减少，尿浓缩时，尿中晶体盐类浓度增高，尿结石的发生率增加。膀胱炎、尿路炎、肾炎时积聚的脓液，脱落的尿路上皮或其他碎屑样物增多，围绕着这些核心物质，一些不溶性的盐类不断沉积于其上，逐渐就形成了尿石。盐类在尿液中的相对浓度的高低对尿石生成有很大的关系，动物饮水不足的条件下，更容易使矿物盐在尿液中析出沉淀形成尿石。

【症状】

牛羊：患有尿道结石的牛羊初期出现精神委顿，食欲减退。体温一般正常或略有升高。尿频，尿液不时呈点滴下流，后肢屈曲叉开，拱背卷腹，频频举尾和努责等排尿姿势，尿液淋漓或无尿排出，尿道外口周围的毛上有盐类堆积，由于尿液的浸润，包皮明显肿胀，尿道外触诊疼痛。如果结石在龟头部阻塞，可在局部摸到硬结物。公牛羊初期会出现性欲减低。

尿结石形成于肾和膀胱，但阻塞常发生于尿道，膀胱结石在不影响排尿时，不显示症状；尿道结石多发生在公畜龟头部和“S”状曲部。如果结石不完全阻塞尿道，则可见排尿时间延长，尿频，尿量减少，呈断续或滴状流出，如果结石完全阻塞，尿道则仅见排尿动作而不见尿液的排出，出现腹痛，直肠检查膀胱高度膨大、紧张，尿液充盈，若不及时治疗，则可导致膀胱破裂，患畜口流清涎，肌肉震颤，呼吸深而慢，脉搏弱而快，若不及时施术抢救，很快死亡。

马属动物：尿道比较宽大，即使是公畜或骗畜，其尿道也比牛、羊、猪等同性别动物的尿道宽大得多，所以临床发生尿道结石的马并不多见。猪的临床症状与牛羊类似。

犬猫：由于发生结石的部位及侵害程度不同而出现不同的临床症状。肾结石一般在肾盂，无感染时，可长期不引起症状，疼痛多属于钝痛。结石较小的话，在肾盂中活动较多，容易引起肾盂和输尿管连接部梗阻，出现肾绞痛，可引起结膜苍白、出汗、虚脱。严重感染时体温升高；输尿管结石很少见，多数是由于肾结石下移阻塞输尿管，以疼痛和血尿为主。输尿管结石容易造成肾盂积水和泌尿系统继发感染；膀胱结石较常见，B 超可见，有时数量较多，有时数量较少，体积较大，主要症状是排尿困难和排尿疼痛。结石较小时，不表现临床症状，当结石较大时，刺激膀胱黏膜，发生炎症，尿频、努责、排尿困难，有血尿；尿道结石一般为膀胱炎、膀胱结石的一种并发症。多数病例突然尿闭，频频作排尿姿势，强烈努责，呻吟不安。若不完全堵塞，有少量血尿排出，触诊腹部紧张，膀胱增大。膀胱破裂时则转为安静，腹腔穿刺有大量黄色尿液流出，全身出现水肿，往往因腹膜炎和尿毒症死亡。

【诊断】

根据临床症状表现结合视诊、触诊（肾区敏感、疼痛，血压升高，主动脉第二音增高，水肿，出现尿频、无尿、腹痛等现象）等临床检查可做出初步诊断。

确诊可经过X射线检查及实验室尿液检查（尿液检查见有肾盂上皮细胞、尿路上皮细胞、血液和砂石样沉渣）结果进行综合分析可做出确切诊断。

【治疗】

治疗原则为促进尿石排出，抗菌消炎，预防继发感染。

（1）尿道疏通疗法　适用于泥砂型结石的排除。动物全身麻醉后，膀胱穿刺排尿，导尿管插入尿道后，向尿道内注入生理盐水，使尿道扩张，远端尿道用手握紧，然后迅速松开解除尿道压力，结石常随液体排出体外。也可用最粗的导尿管经尿道口插至结石端，用力注入生理盐水或液体润滑剂，将结石冲回膀胱，对于较小的尿道结石有效。

（2）对于轻症患病动物，可以饲喂液体饲料和大量饮水，同时投服利尿药及消炎药物。利尿可用双氢克尿噻等；溶解结石可用氯化铵，稀盐酸内服和膀胱内注射；防止细菌感染可使用青霉素、水杨酸钠、乌洛托品。镇静止痛可用盐酸吗啡、安乃近，肌肉注射。

（3）结石不完全堵塞，尿液呈滴状下流时，可用中药排石。中药处方：广香9g，滑石12g，木通18g，扁蓄12g。将以上各药碾细，共分3次，每次用500g开水冲开，候温灌服，每日1次。

（4）手术治疗　根据结石的大小、位置、动物品种、性别及全身状况，制定合适的手术治疗方案。

【预防】

在平时的饲养当中，平衡其日粮的营养成分，减少高蛋白质含量食物所占比例，调整食物中钙、磷含量。多喂富含维生素A的饲料；及时对泌尿器官疾病进行治疗，防止尿液滞留，平时多喂多汁饲料和增加饮水，以稀释尿液、减少晶体沉淀、冲洗尿路和排出微小结石。

附：排粪排尿姿势的腹痛病症状鉴别诊断

包括：直肠便秘、直肠破裂、尿疝、输尿管结石、尿道结石、膀胱炎。

1. 直肠便秘

手入直肠后即可直接摸到便秘粪球。

2. 直肠破裂

不管什么原因引起的直肠破裂的病畜，均经常出现排粪姿势。破裂部位一般多在直肠狭窄部前后。

3. 膀胱括约肌痉挛（尿疝）

（1）直检可感知膀胱高度膨满，压之也不排尿。

（2）导尿管插至膀胱颈部时受阻。

（3）用解痉药后立即见效。

4. 输尿管结石

（1）有反复发作腹痛病史。

（2）伴有血尿。

（3）直检可摸到结石部位。

5. 尿道结石

（1）排尿带痛。

（2）血尿淋漓。

（3）尿道探诊可发现结石而确诊。

6. 膀胱炎

（1）疼痛性频尿、尿淋漓、排尿困难。

（2）直检膀胱空虚有压痛。

（3）尿液浓稠、浑浊。

（4）尿沉渣中有多量红细胞、白细胞、扁平上皮细胞和磷酸铵镁结晶等。

乳牛兽药使用关键控制点

（1）允许在临床兽医的指导下使用符合《中华人民共和国兽药典》《中华人民共和国兽药规范》《兽药质量标准》《兽用生物制品质量标准》《进口兽药质量标准》规定的钙、磷、硒、钾等补充药、酸碱平衡药、体液补充药、电解质补充药、营养药、血容量补充药、抗贫血药、维生素类药、吸附药、泻药、润滑剂、酸化剂、局部止血药、收敛药和助消化药。

（2）对饲养环境、厩舍、器具进行消毒，不能使用酚类消毒剂，如苯酚（石炭酸）、甲酚等。

（3）禁止在乳牛饲料中添加和使用肉骨粉、骨粉、血粉、血浆粉、动物下脚料、动物脂粉、干血浆及其他血液制品、脱水蛋白、蹄粉、角粉、鸡杂碎粉、羽毛粉、油渣、鱼粉、骨胶等动物源性饲料。

（4）泌乳期乳牛禁止使用抗生素——恩诺沙星注射液、注射用乳糖酸红霉素、土霉素注射液、注射用盐酸土霉素、磺胺嘧啶片、磺胺二甲嘧啶钠注射液。

（5）泌乳期乳牛禁止使用抗寄生虫药——阿苯哒唑（即丙硫唑）片、伊维菌素注射液、盐酸左旋咪唑片、盐酸左旋咪唑注射液。

（6）泌乳期乳牛禁止使用生殖激素类药——注射用绒促性素、苯甲酸雌二醇注射液、醋酸促性腺激素释放激素注射液、注射用垂体促卵泡素、注射用垂体促黄体素、黄体酮注射液、缩宫素注射液。

一、名词解释

1. 肾炎 2. 尿石症 3. 膀胱炎

二、简答题

1. 试述肾炎的诊断要点，及治疗时应注意哪些问题。

2. 试述尿石症的发生与哪些因素有关，常发生于哪些部位。

3. 如何诊断膀胱炎？如何治疗？

三、病例分析

对以下病例，依据所给临床症状，提出初步诊断，制定治疗措施，开具处方。

病例一：某 8 岁骡食欲废绝，尿少且浓暗，呈褐红色，畜主反映，病骡四肢常集于腹部卧下，并打滚，间隔 1～2h 一次。经检查：体温 38.8℃，精神沉郁，肾区敏感，疼痛，站立时腰拱起，行走时运步不自然，步态强拘，四肢末端浮肿。

病例二：牛场一头五、六岁黑白花乳牛已经停止进食 4d，并且持续了 2d 的腹泻，该牛一周前曾产犊并患有胎盘滞留性子宫炎。乳牛中等程度脱水并排多量水样稀粪。腹部听诊和叩诊均未出现异常病理音。在腹腔积液时，能听到拍水音。体温、脉搏、呼吸均在正常范围内。牛的胸部、下颌间隙已经出现皮下水肿。经几日的采血进行血常规和生化检查发现该牛有中等程度低蛋白血症。连续 3d 进行过三次尿常规检查，均发现大量蛋白尿。

病例三：猫，雄性，3 岁，畏惧陌生人，积尿严重，膀胱高度充盈，春节期间家中客人较多，2～3d 未见排尿，故而发病。导尿时尿色正常，日后为血尿。

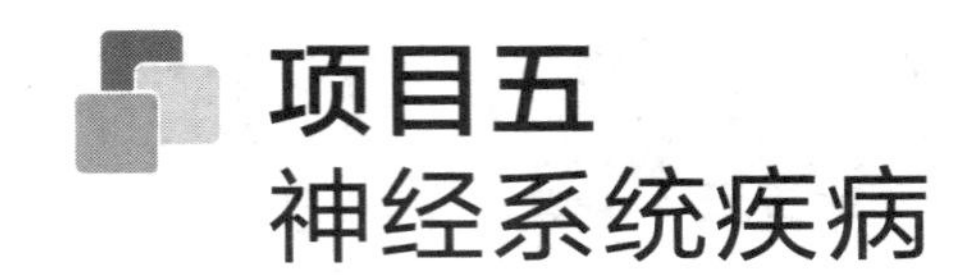

项目五 神经系统疾病

【知识目标】

通过对脑膜脑炎、日射病、热射病等神经系统疾病的病因、临床症状、诊断、防治原则和治疗措施的讲述，使学生能够识别常见神经系统疾病，掌握脑膜脑炎、日射病、热射病等的临床症状、诊断、防治措施。

【技能目标】

能够对患病动物进行正确全面的诊断，根据症状结合理论知识进行正确判定，会设计合理的治疗方案，并能熟练进行静脉、肌肉、消化道给药等操作。

【必备知识】

神经系统是机体和器官活动的主要协调机构，不仅协调机体内的各种功能，使之成为统一的整体，而且在机体不断受到外界环境影响时，也能使各种功能发生适应性反应，从而保证机体与外界环境的相对平衡。反射是神经的基本活动形式，表现为兴奋与抑制的交互作用。如果这两个过程紊乱，那么疾病就发生了。当动物机体受到强烈的外界和内在因素，尤其是对神经系统有着直接危害作用的致病因素侵害时，神经系统的正常反射或运动功能就会受到影响或破坏，从而引起一系列病理变化。

一、 主要症状

（一）精神状态异常

家畜神经系统疾病主要表现为高度兴奋或精神沉郁两种类型。高度兴奋时呈现狂暴或冲撞，兴奋狂暴可发生于有机磷农药中毒、食盐中毒、急性铅中毒、某些植物中毒、神经型酮血病、狂暴型狂犬病、脊髓炎早期。病畜常表现不能自控的剧烈运动和攻击人、畜的倾向，有的病畜甚至撞墙、抵栏和圆圈运动。

精神沉郁包括嗜睡、倦怠、晕厥和昏迷，都是病因作用后，大脑皮质功能受到不同程度的抑制，可见于各种引起颅内压升高的疾病以及脑脊髓炎、大脑缺氧和低血糖症。大脑出血、脑震荡和挫伤、雷击及电击均可引起晕厥。尿毒症、热射病和多数中毒病与传染病可导致昏迷。

（二）感觉障碍

感觉障碍主要表现为：感觉缺失、感觉过敏和感觉异常等。

感觉缺失见于外周感受器、传入神经纤维受到器质性损伤，或因刺激而转入抑制状态时，由于受损部位不同，表现为全部或部分感觉丧失，如触觉、痛觉、温觉丧失等。感觉过敏是由于神经中枢或感觉神经末梢的兴奋性升高所致。其兴奋性升高的原因可能与局部轻微病灶或邻近部位有较强的刺激病灶有关。感觉异常多发生于外周神经遭受各种病理性刺激作用，如神经炎、皮炎等。

（三）运动障碍

运动障碍分为中枢性和外周性两类。主要临床表现：麻痹、痉挛、共济失调和植物性神经功能紊乱。

1. 麻痹

中枢麻痹是由中枢神经的不同部位损伤或传导障碍所形成的，常发生于大脑、脑干和小脑出血与血栓形成或肿瘤生长期。病畜可出现偏瘫、单瘫和截瘫。外周性麻痹是因脊髓运动神经元及以下部分受损伤所致，发生于脊髓外伤、脊髓前角灰白质炎、外周神经干损伤及因硫胺素缺乏所致的多发性神经炎。外周性麻痹的特点是随意运动丧失，随后发生肌肉萎缩。

2. 痉挛

痉挛最常见的原因是神经系统受病毒（如狂犬病病毒等）和细菌毒素，以及药物等的作用，此外大出血、过热、外伤和电击也能引发痉挛。

3. 共济失调

当调节肌肉的收缩和肌群协调运动的神经受到损伤时，肢体的运动就可出现异常，病畜主要表现为躯体的平衡失调、步态踉跄和动作不协调。

4. 植物性神经系统功能紊乱

根据受损部位，植物性神经系统功能紊乱可分为交感与副交感性以及中枢性两种。

交感或副交感神经受损可引起植物性神经功能紊乱，最常见于外伤、炎症、中毒和肿瘤等因素，表现为功能亢进和功能丧失。当发生功能亢进时，相应部位的皮肤、血管收缩，体表温度下降及出汗增多。而当功能丧失时，则相应部位的皮肤、血管扩张，充血，发热，排汗减少，皮肤干燥。

中枢性植物性神经紊乱的发生主要是因控制植物性神经功能的中枢（如脊髓、延髓、下丘脑和大脑皮层）的外伤、炎症和肿瘤等病变所致，也可由血液循环障碍以及感染因素所引起。临床上病畜可出现排粪、排尿障碍，出汗，吞咽障碍，体温下降和嗜眠等症状。

二、诊断与治疗原则

通过主诉了解病畜的行为变化、发病情况、病史；经临床检查病畜的步态、姿势、运动、触诊肌肉紧张度和针刺反应等特异的表现进行综合判断。必要时可进行血液常规和生化检查，脑、脊髓穿刺液和尿液的检查，脑、脊髓 X 射线照片、脑电图、肌电图描记，甚至脑活组织检查等特殊诊断，做出进一步的确诊。

神经系统疾病的治疗原则是消除病因，治疗原发病，降低颅内压，镇静，解痉，恢复神经系统的调节功能，以及对症治疗。

任务一 | 脑及脑膜疾病

一、脑膜脑炎

脑膜脑炎是软脑膜及脑实质发生炎症，伴有严重脑功能障碍的疾病，主要由传染性或中毒性因素引起。临床上以一般脑症状和灶性脑症状为特征。牛、马多发，也发生于其他家畜，狐、貂等也时有发生。

【病因】

1. 原发性脑膜脑炎

多数是由感染与中毒引起的。其中病毒感染是主要的，例如家畜的疱疹病毒、牛恶性卡他热病毒、猪的肠病毒、犬瘟热病毒、犬虫媒病毒、犬细小病毒、猫传染性腹膜炎病毒以及绵羊的慢病毒等；其次是细菌感染，如链球菌、葡萄球菌、肺炎球菌、双球菌、多杀性巴氏杆菌、化脓杆菌、坏死杆菌、变形杆菌、化脓性棒状杆菌、猪流感嗜血杆菌、马放线杆菌以及单核细胞增生李斯特杆菌等；另外，原虫感染、霉菌感染也可引发该病。中毒性因素主要见于猪食盐中毒、马霉玉米中毒、铅中毒以及各种原因引起的严重自体中毒。

2. 继发性脑膜脑炎

常继发于脑部及邻近器官炎症的蔓延，如颅骨外伤、角坏死、龋齿、额窦炎、中耳炎、腮腺炎、眼球炎、脊髓炎等。也见于一些寄生虫病，如脑脊髓丝虫病、脑包虫病、普通圆线虫病等。也常见于脑充血、中暑、寄生虫病、狂犬病、乙型脑炎和流行性脑炎等。

凡能降低机体抵抗力的不良因素，饲养管理不当、受寒、感冒、过劳、中暑、脑震荡、车船运输、卫生条件不良、饲料霉败或精料饲喂过多等，均可诱发本病。

【发病机制】

病原微生物、有毒物质，经由外伤或邻接病变组织炎症的蔓延，或经血液、淋巴途径侵入脑膜及脑实质，引起软脑膜及大脑皮层表在血管充血，当血脑屏障被破坏时，可引起浆液性、纤维素性、出血性、化脓性或混合性炎性渗出物渗出。炎症蔓延到脑实质时，引起脑实质出血、水肿。炎症蔓延至脑室时，炎性渗出物增多，因室间孔变狭窄或被阻塞，致使脑室液流出受阻，发生脑室积水。

【症状】

由于炎症的部位、性质、持续时间、动物种类以及颅内压增高等不同，临床表现错综复杂，一般可分为脑膜刺激症状、一般脑症状和局部脑症状。

1. 脑膜刺激症状

脑膜脑炎常伴发前几段颈脊髓膜同时发炎，使背侧脊神经根受刺激，故病畜颈部及背部感觉过敏，对其皮肤轻微刺激，即可引起强烈的疼痛反应，并反射地引起颈部背侧肌肉强直性痉挛，头向后仰。膝腱反射亢进。随着病程的发展，脑膜刺激症状逐渐减弱或消失。

2. 一般脑症状

一般脑症状又称全脑症状，通常是指精神状态、运动及感觉功能、内脏器官的活动状况以及采食、饮水、性行为等发生变化。

病畜先兴奋后抑制，或交替出现。兴奋时动物感觉过敏，反射功能亢进，瞳孔缩小，视觉紊乱，易于惊恐，呼吸急促，脉搏增数。狂躁不安，攀登饲槽，冲撞墙壁甚至挣断缰绳，不顾障碍向前冲，或转圈运动。哞叫，频频从鼻喷气，口流泡沫，头部摇动，攻击人畜。有的举扬头颈，抵角甩尾，跳跃，狂奔，其后站立不稳，倒地，眼球向上翻转呈惊厥状。

数十分钟兴奋发作后，病畜转入抑制状态：呈嗜眠、昏睡状态，瞳孔散大，视觉障碍，反射功能减退及消失，呼吸慢而长。有的动物兴奋与沉郁交替出现，或无目的走动，或倒地不起，但兴奋期逐渐变短，昏睡时间逐渐加长。后期，常卧地不起，意识丧失，昏睡，出现陈－施二氏呼吸，有的四肢做游泳样划动，身体凸起部位擦伤。

病畜体温、脉搏、呼吸、消化、泌尿等方面也发生明显改变。体温在病初升高，可达39～40.3℃。头部增温，沉郁期体温下降，少数重症病例，体温低于常温。脉搏变化不定，病初由于迷走神经兴奋，脉搏缓慢，以后由于迷走神经麻痹，脉搏加快。后期脉搏显著加快，节律不齐。食欲减退或完全废绝，采食和饮水的方式也发生异常。

3. 局部脑症状

局部脑症状又称灶性症状，主要表现为痉挛和麻痹，是因脑实质细胞或脑神经核受炎性刺激或损伤所引起的。神经功能亢进的症状：眼肌痉挛、眼球震颤、斜视、瞳孔大小不等、咬肌痉挛、牙关紧闭、舌震颤等；神经功能减退的症状：口唇歪斜、耳下垂、舌脱出、吞咽障碍、听觉减弱、视觉消失、嗅觉及味觉错乱等。颈部肌肉痉挛或麻痹，角弓反张，倒地时四肢有节奏运动。以上局部脑症状，可单独出现，但经常合并出现，有的在疾病基本治愈后，会长期残留后遗症，如半侧身躯瘫痪或某一外周神经麻痹等。

此外，在行眼底检查时可发现乳状突肿胀，视盘边缘模糊不清，眼底的变化是脑膜脑炎的典型症状。严重的脑膜脑炎，还能引起毒血症或全身性败血症。

4. 实验室检查

血沉正常或稍快，中性粒细胞增多，核左移。脑脊髓液压力增高，外观浑浊，蛋白质和细胞含量增高，在化脓性脑膜脑炎时，脑脊髓液中还有大量细菌，而由病毒或毒素、毒物引起的脑膜脑炎，脑脊髓液中的细胞主要为淋巴细胞。

【病程及预后】

本病发展急剧，死亡率较高，病程一般 3 ~ 4d，也有在 24h 内死亡的，预后不良。有的病例可转为慢性脑积水。马骡的散发性脑膜脑炎，通常自发病后经 2 ~ 3d症状即消失，病程 3 ~ 14d，在此期间病情时好时坏，如治疗及时，死亡率不高，为 10% ~30% 。

如全身持续性抽搐，长时间狂躁兴奋，间歇期甚短，前肢或后肢瘫痪，病情逐渐加重，为预后不良之兆。

【诊断】

根据脑膜刺激症状、一般脑症状和局部脑症状，结合病史调查和分析，一般可做出诊断，若确诊困难时，可进行脑脊液检查。必要时可进行脑组织切片检查。

【治疗】

治疗原则：消炎解毒，降低颅内压，调整大脑皮层功能，对症治疗，加强护理等。

将患畜置于安静、通风处，多铺垫草，避免刺激，注意保温，防止感冒。若病畜体温升高，头部灼热时可采用冷敷，消炎降温。

青霉素 160 万 ~320 万 IU，硫酸链霉素 2 ~3g，肌肉注射；10% 磺胺嘧啶钠注射液 200mL，20% 甘露醇注射液 750mL，地塞米松磷酸钠注射液 20mg，10% 葡萄糖注射液 1000mL，每日 1 次，静脉注射。

伴有急性脑水肿、颅内压升高和脑循环障碍的马、牛：颈静脉放血 1000 ~ 2000mL，再静脉注射等量 5% ~10% 葡萄糖生理盐水，并加入 40% 乌洛托品溶液 50 ~ 100mL。或静脉注射 25% 山梨醇或 20% 甘露醇溶液，50 ~ 100mL/kg 体重。

2. 5% 盐酸氯丙嗪 10 ~20mL 肌肉注射；或安溴注射液 50 ~100mL，静脉注射用于狂躁不安的病畜。心功能不全时，用安钠咖等强心剂。也可考虑应用 ATP

和辅酶A等药物以促进新陈代谢。

中兽医称脑膜脑炎为脑黄，是由热毒扰心所致的实热症。

治则采用清热解毒、解痉息风和镇心安神。治方“镇心散”合“白虎汤”加减：生石膏150g，知母、黄芩、栀子、贝母各60g，蒿本、草决明、菊花各45g，远志、当归、茯神、川芎、黄芪各30g，朱砂10g，水煎服。

针治：配合针刺太阳、舌底、耳尖、山根、胸堂、蹄头等穴位效果更好。

二、日射病及热射病

日射病及热射病是因日光和高热所致的动物急性中枢神经功能严重障碍性疾病。日射病是动物在炎热的季节中，头部持续受到强烈的日光照射引起的中枢神经系统功能严重障碍性疾病；热射病是因动物所处的外界环境气温高、湿度大，产热多、散热少，体内积热而引起的严重的中枢神经系统功能紊乱的疾病。临床上日射病和热射病统称为中暑，在炎热的夏季多见。

【病因】

高温天气在强烈日光下使重役、驱赶和奔跑等常可发病。饲养管理不当，动物长期休闲、缺乏运动，厩舍拥挤、闷热潮湿、通风不良，用密闭而闷热的车、船运输等都是引起本病的常见原因。动物体质衰弱，心脏和呼吸功能不全，代谢功能紊乱，皮肤卫生不良，出汗过多、饮水不足、缺乏食盐，以及在炎热天气的条件下动物从北方运至南方，其适应性差、耐热能力低，是本病发生的诱因。

【发病机制】

1. 日射病

动物头部因持续受到强烈日光照射，日光中紫外线穿过颅骨直接作用于脑膜及脑组织，引起头部血管扩张，脑及脑膜充血，颅顶温度和体温急剧升高，甚至导致神智异常。又因日光中紫外线的光化反应，引起脑神经细胞炎性反应和组织蛋白分解，从而导致脑脊液增多，颅内压增高，影响中枢神经调节功能，新陈代谢异常，导致自体中毒，心力衰竭，患病动物卧地不起、痉挛、昏迷。

2. 热射病

由于外界环境温度过高，湿度大，动物体温调节中枢的功能降低、出汗少、散热障碍，且产热与散热的相对平衡被破坏，产热大于散热，以致造成动物机体过热，引起中枢神经功能紊乱，血液循环和呼吸功能障碍而发生本病。

热射病发生后，病畜体温高达41～43℃，体内代谢加强，氧化产物大量蓄积，导致酸中毒；同时因热刺激，反射性地引起大出汗，致使患病动物脱水。由于脱水和水、盐代谢失调，组织缺氧，碱贮下降，脑脊髓与体液间的渗透压急剧改变，影响中枢神经系统对内脏的调节作用，肺脏等脏器代谢功能衰竭，最终导致窒息和心脏麻痹。

【症状】

在临床实践中，日射病和热射病常同时存在，因而很难精确区分。

1. 日射病

发病突然，病畜精神沉郁，四肢无力，步态不稳，共济失调，突然倒地，四肢作游泳样滑动。目光凝视，眼球突出，有的全身出汗。随病情发展，体温略有升高，呈现血管运动中枢、呼吸中枢、体温调节中枢功能紊乱，甚至麻痹症状。心力衰竭、静脉怒张、脉搏细弱、呼吸急促而节律紊乱，呈陈-施二氏式呼吸，结膜发绀，瞳孔散大，皮肤干燥，汗液减少或无汗，皮肤、角膜、肛门反射减退甚至消失，腱反射亢进，剧烈痉挛、抽搐或呼吸麻痹而迅速死亡。

2. 热射病

发病突然，病畜体温急剧上升，高达41℃以上，皮温增高，甚至烫手，白色皮肤动物全身通红，马易出汗。患病动物站立不动或倒地张口喘气，流粉红色、带小泡沫的鼻液。心悸亢进，脉搏疾速，每分钟可达100次以上。眼结膜充血，瞳孔扩大。后期病畜呈昏迷状态，意识丧失，四肢划动，呼吸浅而疾速，节律不齐，脉不感手，第一心音微弱，第二心音消失，血压下降。严重者甚至因呼吸中枢麻痹而死亡。

【病理变化】

日射病及热射病的病理变化相同：脑及脑膜血管充血，淤血，有出血点，脑组织水肿，肺水肿、充血，胸膜、心包膜、胃肠黏膜和全身脂肪都有出血点和炎症变化。血液暗红色且血凝不良。尸僵及尸体腐败迅速。

【病程及预后】

日射病及热射病发病突然，常常来不及治疗即死亡。早期采取急救措施可望治愈，若伴发肺水肿，常预后不良。

【诊断】

根据天气炎热，运动场和厩舍条件，或在暑日长途运输后，病畜体温显著升高，心肺功能障碍和倒地昏迷等临床症状不难判断，但应与急性心衰、肺水肿、肺充血和脑充血等疾病鉴别诊断。

【治疗】

治疗原则：消除病因，加强护理，促进机体散热，缓解心肺功能障碍，纠正水盐代谢和酸碱平衡。

1. 消除病因和加强护理

立即停止使役，将患病动物移至阴凉通风处，若卧地不起，可就地搭起阴棚，保持安静。

2. 降温疗法

不断用冷水浇洒患畜全身或用冷水灌肠，灌服1%冷盐水，头部放置冰袋，也可用酒精擦拭体表。体质较好者可颈静脉放血1000~2000mL（大动物），静脉注射等量生理盐水。

3. 缓解心肌功能障碍

皮下注射20%安钠咖注射液10～20mL。为防止肺水肿，静脉注射1～2mg/kg地塞米松。当病畜烦躁不安并出现痉挛时，可灌服或直肠灌注水合氯醛黏浆剂或肌肉注射2.5%氯丙嗪10～20mL。5%碳酸氢钠注射液500～1000mL，可纠正酸中毒。

4. 中医疗法

中兽医称之为发痧，以清热解暑为治疗原则。

用针灸急救：血针静脉、太阳、三江、耳尖、蹄头、尾尖等穴。针灸后用生理盐水或复方氯化钠注射液1500～2000mL、10%安钠咖注射液10～20mL，静脉注射。

处方用香薷散：香薷60g，黄芩30g，黄连25g，甘草20g，柴胡30g，连翘45g，天花粉60g，栀子30g，研末，开水冲，候温1次灌服。

附：脑及脑膜疾病的鉴别诊断要点

1. 病毒性脑炎

马的一些病毒性脑炎呈季节性发病，如马流行性乙型脑炎多在8～9月发生，并呈流行性，缺少明显的诱发因素，且病理剖检变化典型，故通过流行病学调查、血清学诊断等，可与其他脑膜疾病区别。其他如狂犬病时，感觉功能障碍不明显，但有一定的病程经过；牛的恶性卡他热有角膜混浊、口鼻黏膜有纤维素坏死性附着物。

2. 脑挫伤及脑震荡

主要是由于头颅部遭受暴力作用所引起，并立即呈现不同程度的昏迷状态，很少见到兴奋症状，常伴发一定的局部脑症状，故根据发病原因及临床表现可与脑膜脑炎相区分。

3. 慢性脑室积水

病程缓慢，逐渐出现独特的意识障碍和沉郁症状，不发热，脑脊髓液中缺乏白细胞。

4. 热射病和日射病

多在炎热季节及剧烈使役中发病，仅呈一般脑症状，缺乏局部脑症状，体温显著升高、脉搏增速、呼吸促迫、静脉怒张。

5. 发霉饲料及有毒植物中毒

一般经过急剧，多有严重的胃肠炎症状，往往在同一饲养条件下有多数动物同时发病，并呈现类似的临床症状，而且多以精神兴奋和沉郁为主要临床表现，只是在某些中毒时才会出现局部脑症状。

6. 肝病

重症肝脏病，除呈现昏迷等神经症状外，多伴有消化紊乱及明显黄疸症状，缺乏局部脑症状，依据肝功能检查等可确诊。

“十滴水” 治耕牛中暑

夏季或秋初，耕牛在炎热的太阳下长时间劳役，易引起中暑。中暑初期精神委顿，随后兴奋，狂跳，体温升高至41℃以上，最后突然倒地，昏迷，甚至因心脏麻痹死亡。治疗方法：按牛大小，可购买“十滴水”5～10瓶，兑等量井水或河水1次灌服。因药液激性大，病牛呼吸急促，故灌药要慢，以避免药液流入气管。一般病牛灌药15～20min后临床症状逐渐消失，30～40min痊愈。

“十滴水”主要成分：樟脑、干姜、大黄、小茴香、桂皮、辣椒、桉油。

问答题

1. 动物中暑有哪些临床症状表现？应采取哪些措施进行治疗？
2. 请写出夏季防暑措施。

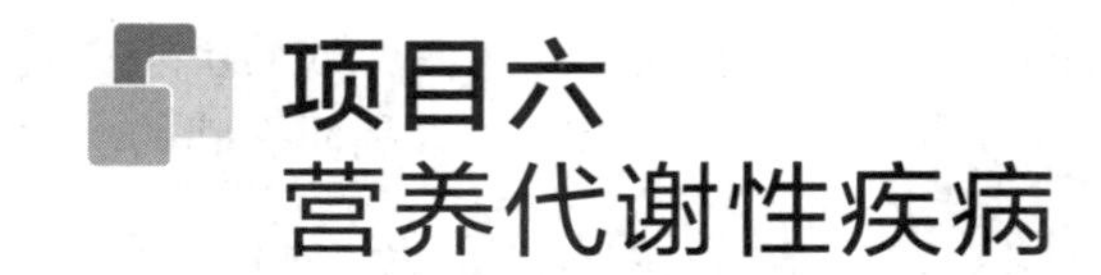

项目六
营养代谢性疾病

【知识目标】

(1) 通过学习使学生掌握营养代谢性疾病的发病原因、发病机制、诊断和防治，识别牛醋酮血病、仔猪低血糖病、禽痛风、脂肪肝综合征的临床症状，掌握几种疾病的诊断要点和治疗方法。

(2) 通过学习使学生掌握维生素缺乏症的发病原因、发病机制、临床症状、诊断和防治，识别几种疾病的主要临床诊断特征，掌握几种常见维生素缺乏症的诊断要点和治疗方法。

(3) 通过学习使学生掌握矿物质缺乏症的发病原因、发病机制、临床症状、诊断和防治，识别其主要临床诊断特征，掌握几种常见矿物质缺乏症的诊断要点和治疗方法。

【技能目标】

(1) 能进行乳牛醋酮血病、仔猪低血糖病、禽痛风、脂肪肝综合征的临床诊断，会测定血糖和血酮的含量，能设计血糖、血酮测定的步骤和方法。

(2) 能进行维生素 A 缺乏症、维生素 B 缺乏症、维生素 D 缺乏症、维生素 E 缺乏症的临床诊断，能设计疾病的治疗方案。

(3) 能进行骨质软化症、佝偻病、反刍动物低镁搐搦的临床诊断，会使用 X 射线进行临床确诊疾病，能设计血钙、血镁测定的步骤和方法。

(4) 能进行硒缺乏症、异食症、锰缺乏症、锌缺乏症、自咬症的临床诊断，能设计疾病的治疗方案。

【必备知识】

营养代谢性疾病是营养性疾病和代谢障碍性疾病的总称。前者是指动物所需的某类营养物质缺乏或过多所致的疾病；后者是指因机体内的一个或多个代谢过程异常，导致机体内环境紊乱而引起的疾病。

一、 营养代谢性疾病的种类

动物的营养代谢性疾病主要有以下几种：①碳水化合物、脂肪和蛋白质代谢性疾病；②维生素代谢性疾病；③矿物质代谢性疾病。营养代谢性疾病一般有病程时间长、发病率高、临床症状多样化、具有某一特征性器官的病理变化等特点。据统计表明：老龄动物多发肥胖症、脂肪肝综合征等；幼龄动物多发低血糖症、吸收不良综合征、佝偻病、维生素缺乏症等；成年动物多发骨软症、矿物质缺乏症等。

二、 营养代谢性疾病的发展趋势

近年来，营养代谢性疾病的发生呈明显增多趋势，可能的原因如下。

（1）畜禽结构及饲养方式的转变　养禽业、宠物饲养的迅猛发展；由自然散养变成了集约化的圈养，家畜多在水泥地面上养殖，家禽多采用网上饲养、笼养。

（2）品种的变化　各地方优良品种的选育；引进的外来品种，生长速度快，对营养要求高。

（3）地区性因素　污染因素（工业“三废”、施肥、农药、真菌污染等）；部分地区土壤矿物质元素缺乏或严重超标。

三、 营养代谢性疾病的病因

碳水化合物、脂肪、蛋白质、矿物质、维生素等是动物的基本营养物质，也是营养代谢性疾病中主要的相关因素，其影响涉及到内科、外科、产科疾病等领域。在这些相关因素中，营养物质的缺乏在某些情况下仍然是引起该类疾病发生的主要原因，但随着生活水平的提高和宠物食品的普及，碳水化合物、脂肪和蛋白质等基本营养物质的缺乏，在一般情况下已经不是主要致病因素，相反营养物质的过剩或比例不当引起的危害，开始成为临床上的重要问题。

四、 营养代谢性疾病的临床特点

（1）群体发病　对于养殖场来讲，大多数饲养还是采取的集约饲养，在饲养失误或管理不当造成的营养代谢病，常呈群发性，同群动物同时或相继发病，表现相同或相似的临床症状。

（2）起病缓慢　营养代谢病的发生一般要经历化学紊乱、病理学改变及临床异常 3 个阶段。从病因作用至呈现临床症状常需数周、数月乃至更长时间，故而称慢性消耗性病。

（3）生长速度快的或处于妊娠或泌乳阶段的动物容易发生。

（4）营养不良和生产性能低　营养代谢病常影响动物的生长、发育、成熟等生理过程，而表现为生长停滞、发育不良、消瘦、贫血、异嗜、体温低下等营养不良综合征。

（5）无传染性　无接触传染病史，一般体温变化不大；通过对饲料、土壤、水源检验和分析，可查明原因。

（6）多种营养物质同时缺乏　在慢性消化疾病、慢性消耗性疾病等营养性衰竭症中，缺乏的不仅是蛋白质，其他营养物质如铁、维生素等也显不足。

（7）地方流行　由于地球化学方面的原因，土壤中有些矿物元素的分布很不均衡。我国缺硒地区分布在北纬21°～53°和东经97°～130°，呈一条由东北走向西南的狭长地带，包括16个省、市、自治区，约占国土面积的1/3。我国北方省份大都处在低锌地区，以华北面积为最大，在这些地区应注意动物的硒缺乏症和锌缺乏症。

（8）遗传因素　某些代谢病与遗传因素有关，如犬猫的肥胖症。

（9）早期诊断较困难　早期不易确诊，待临床症状明显后，治疗费时间且疗效不佳，即使达到临床病理学治愈，其生产性能也会下降。

五、诊断与亚临床监测

营养代谢病的诊断首先应从以下几方面考虑。

（1）临床症状检查　如生长发育迟缓或停滞；毛粗乱，骨棱外露，母畜低产、死胎，宠物跛行，骨质关节变形；脱毛，异嗜，充血，母犬猫不能站立，或视力降低，运动失调，均是与某些营养缺乏相关的症状。

（2）流行病学调查　着重调查疾病的发生情况，如发病季节、病死率、主要临床表现及既往病史等；饲养管理方式，如日粮配合及组成、饲料的种类及质量、数量、饲养方法及程序等；环境状况，如水源资料及有无环境污染等。

（3）病理学检查　剖检变化对多数营养代谢病没有特征性，但有些营养代谢病可呈现特征性的病理学改变，如关节型痛风时关节腔内有尿酸盐结晶沉积；硒缺乏症等有时可能有典型的病理变化。

（4）治疗性诊断　为验证依据流行病学和临床检查结果建立的初步诊断或疑问诊断，可进行治疗性诊断，即补充某一种或几种可能缺乏的营养物质，观察其对疾病的治疗作用和预防效果。

（5）实验室检查　主要测定患病个体及发病群血液及组织器官等样品中某种（些）营养物质及相关酶、代谢产物的含量，作为早期诊断和确定诊断的依据。

（6）特殊诊断　可利用一些特殊仪器辅助诊断，如对佝偻病、骨软症可以用X射线摄影技术辅助诊断，若发现骨骼的特征性变化，再结合其他诊断结果，作出综合判断。

（7）饲料分析　饲料中营养成分的分析，提供各营养成分的水平及比例等方面的资料，可作为营养代谢病，特别是营养缺乏病病因学诊断的直接证据。

（8）病畜群实验室诊断及亚临床监测　在分析饲料的基础上，或临床上根据观察到的症状特点，可直接对病畜禽的血液、肝、肾等组织进行相关项目生化分析。测定的指标有血糖、总蛋白、清蛋白、球蛋白、血红蛋白、（血浆尿素氮Bun）、红细胞压积，以及血清Ca、P、Mg 、Fe、Cu、Se等，此外还有相关的血清酶，如碱性磷酸酶等。对于检查出的结果，解释起来有时是有困难的。为了做到有的放矢，可通过平时监测判断是否存在临床或亚临床异常，保证畜禽的生产性能得到充分发挥。

六、营养代谢性疾病的防治要点

营养代谢病的防治要点在于加强饲养管理，合理调配日粮，保证全价饲养；开展营养代谢病的监测，定期对群体进行抽样调查，了解各种营养物质代谢的变动，正确估价或预测畜禽的营养需要，早期发现是否患病，实施综合防治措施。

任务一　糖、脂肪、蛋白质代谢障碍疾病

一、乳牛醋酮血病

乳牛醋酮血病是由于乳牛体内碳水化合物及脂肪酸代谢紊乱所引起的酮体在体内过量积聚而引起的一种全身性功能失调的代谢性疾病。临床上以精神异常、瘤胃代谢紊乱、酮血、酮尿、酮乳和低血糖症为特征，可伴有神经症状。

本病多发生于母牛产犊后的第一个泌乳月内，尤其在产后3周内高发，最迟不超过6周。各胎龄母牛均可发病，但以3～6胎产乳量高的母牛发病最多。一年四季都可发生，冬春发病较多。

妊娠动物发生一般称为妊娠毒血症。

【病因】

醋酮血病又称酮病，病因涉及的因素很广，主要是各种因素导致低血糖。

1. 原发性醋酮血病

（1）产前过度肥胖　干乳期供应能量水平过高，母牛产前过度肥胖，严重影响产后采食量的恢复，会使机体缺乏生糖物质，引起能量负平衡。

（2）产后大量泌乳　使血糖转变为乳糖，使外界糖原物质不足，导致血糖降低。所以高产乳牛酮病的发病率高。

（3）日粮供给不足或营养不平衡　饲料供应过少，品质低劣，饲料单一，日粮营养不平衡，使瘤胃产生的挥发性脂肪酸（包括乙酸、丙酸和丁酸）的量减少，特别是生糖的丙酸量减少，使体内糖的来源不足，导致酮病的发生。或者是精料过多，粗饲料供应不足，而精料属于高蛋白、高脂肪和低碳水化合物饲料，使机体的生糖物质缺乏。

2. 继发性醋酮血病

继发性酮病占酮病的30%～40%，可见于前胃弛缓、肝脏疾病、创伤性网胃炎、慢性消化不良、乳房炎、慢性子宫炎、中毒等一些能使食欲下降的疾病。

【发病机制】

正常情况下，体内酮体数量较少，可被肝外组织如心肌、骨骼肌所利用，也可在皮下合成脂肪或由乳腺合成乳脂。当体内血糖来源不足时，机体为了满足能量的需要，脂肪组织被大量分解，使酮体生成量过多，超过上述组织对酮体的利用，可导致酮体在体内蓄积而发生中毒。

【症状】

乳牛醋酮血病一般可分为隐性型、临床型两种。临床型酮病的症状在产犊后几天至几周内出现。

1. 隐性型（潜在型或亚临床型）

见于轻症或重症酮病的初期，常无明显的症状，或有轻度的食欲减退、精神沉郁、便秘等，只是化验时能发现乳、尿中含有酮体。

2. 临床型

症状较轻者主要表现为消化障碍。患牛食欲减退，反刍、嗳气减少，前胃弛缓和胃肠卡他症状。有的食欲反常，偏食以及异嗜等。轻度兴奋不安或精神沉郁，有时表现轻度腹痛症状；产乳量降低，乳汁易形成泡沫，类似初乳状。

症状重的患畜除具有上述消化扰乱症状外，尚可见到程度不等的神经症状：初兴奋，后抑制，很快表现出虚弱和步态不稳，继则发生四肢瘫痪；有时头向颈侧屈曲而卧地，犹如生产瘫痪症状。病牛迅速消瘦，少数可发生精神重度兴奋症状，表现为狂躁，吼叫，站立或走路时摇摆，无目的圆周运动，横冲直撞。也有的发生肌肉痉挛，眼球颤动，以及流涎、惊厥和不断咀嚼运动等；精神兴奋和抑制交替发生。呼出气体、分泌的乳汁和排出的尿液中有类似烂苹果气味。

无继发感染者，体温正常或略低，呼吸及脉搏数通常减少，心音弱而低沉，有时分裂或重复，心律不齐。瘤胃蠕动音减弱或稀少，粪便干硬或稀软，粪便恶臭。尿呈浅黄色，水样，易形成泡沫。

【诊断】

（1）发生于营养良好的高产乳牛，在产后30d左右发病。

（2）皮肤、呼出气、尿、乳有酮味。

（3）尿、乳酮体检查呈阳性。

(4) 注意与产后瘫痪的区别。产后瘫痪多发于产后 1 ~ 3d，皮肤、呼出气、尿、乳无特异性气味，尿、乳酮体检验呈阴性。

实验室检查：血液检查，血糖浓度从正常时的 500mg/L 降至 200 ~ 400mg/L。血清酮体含量在升高，亚临床酮病母牛血清中的酮体含量在 100 ~ 200mg/L，而临床酮病母牛血清中的酮体含量一般都在 200mg/L 以上，而健康牛血清中的酮体含量一般在 100mg/L 以下。尿酮检查阳性。

继发性醋酮血病可根据血清酮体水平增高，原发病本身的特点以及对葡萄糖或激素治疗不能得到良好反应而诊断。

【治疗】

治疗原则是消除病因，补糖降酮和对症治疗。具体的措施为：改变日粮，增加多汁和块根类饲料及优质干草。

1. *替代疗法*

静脉注射 25% ~ 50% 葡萄糖溶液 500 ~ 1000mL，对大多数母牛有明显效果。严重者可增加次数，或少量多次地反复注射，以维持血糖的稳定。重症可在应用大剂量葡萄糖的同时，肌肉注射维生素 B_1 3 ~ 5g，胰岛素 100 ~ 150IU，以增加肝糖原的储备和维持血糖的恒定，降低脂肪的分解。辅助应用维生素 B_{12}，一般 1 日或隔日肌肉注射 1 次，每次 1 ~ 2mg。

为了增加体内生糖物质的来源，牛可内服丙酸钠 100 ~ 250g，羊 5 ~ 20g，每日 1 ~ 2 次，连用 7 ~ 10d；丙三醇（甘油）200 ~ 500mL，连服数日；乳酸钠或乳酸钙每次 450g 内服，每日 1 次，连用 2 日；重复给予丙二醇或甘油（每日 2 次，每次 500g，用 2d；随后每日 250g，用 2 ~ 10d），灌服或饲喂，效果很好。反刍动物采用口服葡萄糖方法无效。

2. *激素疗法*

对于体质较好的病牛，用促肾上腺皮质激素（ACTH）200 ~ 600IU 肌肉注射，效果是确实的，而且方便易行。因为 ACTH 兴奋肾上腺皮质，促进糖皮质类固醇的分泌，既能动员组织蛋白的糖原异生作用，又可维持高血糖浓度的作用时间。应用糖皮质激素（剂量相当于 1g 可的松，肌肉注射或静脉注射）来治疗酮病也非常满意，但往往伴发一定的抑制泌乳作用，严重时可导致停止，但有助于病的迅速恢复。

3. *其他疗法*

水合氯醛，首次剂量在牛为 30g，加水口服，继之再给予 7g，每日 2 次，连续几日。首次剂量较大，通常用胶囊剂投服，继则剂量较小，放在蜜糖或水中灌服。氯酸钾 30g 溶于 250mL 水中，每日 2 次，口服，但常引起严重的腹泻。每日 100mg 硫酸钴，放在水中或饲料中，可用于辅助治疗酮病。

用 5% 碳酸氢钠溶液 500 ~ 1000mL 静脉注射，可作为牛酮病导致酸中毒的治疗。此外，前胃弛缓时还可用健胃剂、兴奋时应用氯丙嗪等做对症治疗。

【预防】

根据酮病发生的病因和病理机制，可采取一系列措施防止疾病的发生。

对高度集约化饲养的牛群，要严格防止在泌乳结束前牛体过肥，在产前4～5周应逐步增加能量供给，直至产犊和泌乳高峰期，都应逐渐增加。在增加饲料摄入过程中，不要轻易更换配方。随着产乳量增加，用于促使产乳的日粮也应增加。浓缩饲料应保持粗料和精料的合理比例。其中精料中粗蛋白含量以不超过16%～18%为宜，碳水化合物应以磨碎玉米为好。在达产乳高峰期时，要避免一切干扰其采食量的因素，适当运动。

此外，在酮病的高发期喂服丙酸钠（每次120g，每日2次，连用10d），也有较好的预防效果。

二、仔猪低血糖症

仔猪低血糖症是由于新生仔猪肝糖原贮备少，肝脏糖异生功能尚未健全，当饥饿时间过长时，糖来源缺乏而致血糖含量大幅度减少并出现脑神经功能障碍为特征的一种新生仔猪疾病。主要发生于1周龄内的新生仔猪，特别是2～3日龄仔猪发病率最高，可达到30%～70%，病死率可达50%～100%。多发于冬春季，夏秋季节少见。临床上以仔猪全身绵软和呈昏睡状态为特征。

【病因】

1. 母猪营养不全或患有疾病

在母猪妊娠后期饲养管理不善，造成母猪无乳、少乳、乳中含糖量低下；在冬春季节妊娠母猪缺乏青绿料，且饲料单纯，常常容易造成此病的发生。母猪患病，如患乳房炎、发热等疾病，致使泌乳障碍，造成产后乳量不足或无乳。仔猪因为饥饿，获取糖原不足或未能获取糖原而发生本病。

2. 仔猪发育不良

由于母猪孕期的营养、管理及疾病等方面的因素，致使新生仔猪在母猪体内生长发育不良，体内贮存的脂肪酸和葡萄糖不足，生酮和糖原异生作用成熟迟缓，导致仔猪先天性糖原不足，仔猪生后活动加强，体内耗糖量增多，在胎儿时期缺糖或生后不能充分获得糖的补充时，血糖即急剧下降。

仔猪出生后吮乳不足或消化吸收功能障碍会导致仔猪低血糖症的发生。仔猪先天性较弱，生活能力低下而不能充分吮乳；个别初产母猪不让仔猪吮乳；同窝仔猪数量过多，母猪乳头不足；仔猪患有大肠杆菌病、链球菌病、先天性震颤等疾病时，吮乳减少，同时因消化吸收功能障碍，以及初乳过浓，乳蛋白、乳脂肪含量过高，妨碍了新生仔猪的消化吸收。

3. 饲养管理不良

低温是造成新生仔猪低血糖症的主要原因之一。产房的温度较低时，新生仔猪为了维持正常体温，就必须增加体内糖原的消耗，使体内贮存的糖原减少，当新生仔猪对糖原的需求量大于糖原的供给量，并达到一定的差距而又不能及时得到补充时，便发生了低血糖症。

【发病机制】

新生仔猪，特别是出生1～5d仔猪，糖异生功能不健全，不耐饥饿，即使注射糖皮质激素，其血糖也不升高。10d后可耐受相当长时间饥饿。

【症状】

新生仔猪出生后48h开始发病，大多数5～6d才出现症状。病初仔猪精神不振，食欲消失，不愿吮乳，离群伏卧或钻入垫草呈嗜睡状，皮肤发冷苍白，体温低。四肢软弱无力，肌肉震颤，全身尤其后肢及其他下垂部位水肿。约半数病例卧地后出现阵发性神经症状，头向后仰或偏向一侧，四肢作游泳状或四肢伸直痉挛。口微张，口角吐白沫，眼球不转动。瞳孔散大，针刺体表感觉迟钝，痛觉减弱或消失。体温在37℃左右或以下，对外界无反应，多数在倒地昏迷中死亡。一窝仔猪中几乎是100%死亡。病猪血糖含量显著降低，平均为26mg/100mL或更低（正常平均值为90mg/100mL）。

死猪尸僵不全，皮肤干燥无弹性。尸体下侧、颚凹、颈下、胸腹下及后肢有不同程度的水肿，水肿多半透明无色；血液凝固不良，稀薄而色淡。肠系膜血管轻度充血。肝脏呈橘黄色，表面有小出血点；胆囊肿大充满半透明淡黄色胆汁。肾脏呈淡土黄色，表面有散在的针尖大小出血点，肾切面髓质暗红色且与皮质界限清楚。脾脏呈樱红色，边缘锐利，切面平整不见血液渗出。心脏柔软。其他部位未见异常。

【诊断】

常见于母猪妊娠后期饲养管理不当，母猪缺乳或无乳，新生仔猪饥饿24～48h即可发病。在冬末春初发病较多。病初步态不稳，心音频数，呈现阵发性神经症状，发抖、抽动。病后期则四肢绵软无力，呈昏睡状态，心跳变弱而慢，体温低。血糖下降到（5～50mg）/100mL（正常值为90mg/100mL）。血液的非蛋白氮及尿素氮明显升高。给病乳猪腹腔注射5%～20%葡萄糖注射液10～20mL，立刻见到明显的疗效。

【治疗】

1. 补糖

腹腔注射5%～20%葡萄糖液10～20mL，每隔4～6h一次，连用数日，至仔猪能哺乳或食人工配料为止。口服50%葡萄糖水15mL，每日3～6次。用10%或25%葡萄糖注射液10～20mL，加维生素C 0.1g混合后，腹腔内注射，每隔3～4h一次，连用2～3d。对症状较轻者用25%葡萄糖液灌服，每次10～15mL，每隔2h一次，连用2～3d。为了防止复发，停止注射和灌药后，让其自饮20%的白糖水溶液，连用3～5d。

2. 激素疗法

地塞米松磷酸钠注射液，按1～3mg/kg体重放入葡萄糖注射液内，腹腔注射；也可肌肉注射，每日 1～3 次，4d 为一疗程。醋酸氢化可的松 25～50mg 或者促肾上腺皮质激素 10～20IU，1 次肌肉注射，连续 3d。

其他消化不良时，可内服胃蛋白酶、胰酶、淀粉酶等，每头仔猪 1.5g/d。

【预防】

1. 加强母猪的饲养管理

母猪孕期要根据不同妊娠阶段的特点，采取相应的饲养方式，保证母猪从日粮中获得充足的营养物质，满足胎儿生长发育需要。妊娠母猪后期应增加日粮中蛋白质、维生素、矿物质及微量元素的含量，并适当增加能量饲料和青绿多汁饲料，保证胎儿的正常发育和分娩后母猪有充足的乳汁。在给泌乳母猪调配日粮时，要注意适宜的能量和蛋白质水平。

2. 注意初生仔猪的防寒保暖

培育仔猪的适宜温度一般为：1～3 日龄 34～30℃，4～7 日龄为 30～28℃，15～30 日龄 25～22℃，产后 31～45d 为 20～22℃。

3. 早吃初乳

早吃初乳可以及早地获得免疫力，获得丰富营养，尽快产生体热，增加抗寒抗病能力。将弱小仔猪固定在前、中部乳头，体大有力的仔猪固定在中、后部乳头，以便使整窝仔猪发育均匀整齐。产仔过多时，可把部分仔猪寄养给其他母猪。一般仔猪出生后半小时内要吃上初乳。

4. 药物预防

在母猪的妊娠后期要增加能量饲料，或在产前一周到产后 5d 每天给母猪补充白糖 50～100g，溶于水后拌入饲料让猪自食。仔猪出生后立即给予 20% 的葡萄糖水口服，5mL/头，每日 4 次，连喂 3d。对常发本病的猪群可采取葡萄糖盐水补给预防。于产后 12h 开始，给仔猪口服 20% 葡萄糖盐水，每次 10mL，每日 2 次，连服 4d。

三、 痛风

痛风是指动物尿酸产生过量或尿酸排泄不畅引起的血液中尿酸盐大量蓄积，形成高尿酸血症，进而尿酸盐沉积在关节腔、软骨周围及胸腹腔、各种脏器表面和其他间质组织上的一种代谢病。临床上以运动迟缓，关节肿大、跛行、厌食、衰弱及腹泻为特征。

痛风可分为内脏型和关节型。内脏型痛风是指尿酸盐沉积在内脏器官表面；关节型痛风是指尿酸盐沉积在关节腔及其周围。本病多发于鸡、火鸡、水禽（鸭、鹅）、鸽子等，发病率和死亡率都很高，是禽类常见病之一，其他动物也可发生。

【病因】

痛风是一种由于嘌呤代谢紊乱所导致的疾病，病因比较复杂，能使尿酸生成过多或排泄障碍的因素均可导致本病的发生，目前认为与以下因素有关。

（1）饲料中蛋白质尤其核蛋白和嘌呤碱含量过多　如用动物的内脏、鱼粉、大豆粉、豌豆等作为蛋白质来源，且所占比例过高，如鱼粉用量超过8%，饲料中粗蛋白含量超过28%时，由于核酸和嘌呤的代谢终产物尿酸生成太多，而引起尿酸症。

（2）饲料高钙低磷　在产蛋鸡群常引起内脏型痛风和尿酸盐结石，育成鸡或青年鸡误食蛋鸡料或采食高钙饲料也可发生内脏型痛风。高钙低磷引起的痛风近年研究和报道较多。

（3）饲料缺乏维生素A　维生素A缺乏引起肾小管、集合管及输尿管上皮角化、脱落、阻塞管腔，尿酸盐排出减少或障碍而沉积体内引发痛风。

（4）肾脏损伤　磺胺类药物中毒、霉菌毒素等均可引起肾脏损伤。肾小管功能不全造成尿酸盐分泌减少，发生进行性高尿酸血症，尿酸盐沉着于内脏器官表面，引起内脏型痛风。凡具嗜肾性、能引起肾功能损伤的病原微生物，如传染性支气管炎病毒、传染性法氏囊炎病毒、败血性霉形体、雏白痢、艾美尔球虫、组织滴虫等均可引起肾脏损伤而造成尿酸盐排泄受阻，并致痛风发生。

（5）其他诱因　年老、纯系品种、运动不足、受凉、孵化时湿度太大，都可促使痛风的发生。

【发病机制】

尿酸盐是核酸和嘌呤类化合物分解代谢的最终产物。当体内核酸和嘌呤类化合物代谢紊乱和肾脏受损时，尿酸盐形成过多，排出减少或障碍而沉着于关节及内脏器官表面，引起痛风。

由于尿酸在水中溶解度甚小，当血浆尿酸量超过380.8μmol/L（正常为89.3～178.5μmol/L）时，尿酸即以钠盐形式在关节、软组织、软骨和内脏的表面及皮下结缔组织沉积下来，而引起一系列临床和病理变化。

【症状】

本病多呈慢性经过，病禽精神沉郁，食欲减退，逐渐消瘦，冠苍白，羽毛蓬乱，行动迟缓，周期性体温升高，心跳加快，排白色尿酸盐尿。生产中以内脏型痛风为主，关节型痛风较少。

1. 内脏型痛风

鸡冠色淡苍白，精神不振，食欲减退或废绝、消瘦、腹泻，产蛋下降甚至停止。临床表现缺乏特征性。由传染性支气管炎病毒引起者，有呼吸加快、咳嗽、打喷嚏等症状。

病理变化：胸膜腔、腹膜腔、肠系膜及脏器浆膜表面，布满白色石灰样尿酸盐沉着物。肾肿大、苍白，外表面呈现雪花样花纹；输尿管扩张，充满石灰样沉着物（形成尿石）；或者一侧肾脏、输尿管萎缩，另一侧肾脏代偿性增大，输尿管变粗。

2. 关节型痛风

运动障碍，跛行，站立困难；腿和翅关节肿大，趾、趾关节尤为明显。初期肿胀柔软而痛，以后逐渐形成硬结节性肿胀（痛风结节），疼痛不明显，结节从麻子到鸡蛋大小。病程稍久，结节软化破溃，流出白色干酪样物质，局部形成溃疡。

【病理变化】

关节腔中及其周围组织有白色或淡黄色黏稠物或尿酸盐沉着，严重者关节周围形成痛风石。

【诊断】

根据饲喂动物性蛋白饲料过多，关节肿大，关节腔或胸膜腔有尿酸盐沉积，可作出诊断。关节腔内容物显微镜检查可见细针状、禾束状或放射状晶粒，紫脲酸胺反应阳性。

【治疗】

尚无特效疗法，主要是防止高尿酸血症和促进尿酸盐排出，中药有一定的效果。关节型痛风可试用阿托方（又名苯基喹啉羟酸）0.2～0.5g/kg 体重，2 次/d，口服；也可试用别嘌呤醇 10～30mg/kg 体重，2 次/d，口服。对珍贵禽类的关节型痛风，可手术摘除“痛风石”。

此外，痛风发生后，采取更换饲料或饲料中添加维生素 A 10000IU/kg，增加青绿饲料，供给充足的清洁饮水等方法可降低死亡率。

【预防】

根据家禽生长发育和生产需要，合理调配饲料，控制鸡饲料中粗蛋白的含量在20%左右，减少动物性下脚料供给，禁止用动物腺体组织和霉败饲料饲喂，调整日粮中钙磷比例，添加维生素 A，合理使用磺胺类药物，均有一定的预防作用。

四、 脂肪肝综合征

（一）家禽脂肪肝综合征

家禽脂肪肝综合征是由于家禽体内脂肪代谢发生障碍，多量脂肪蓄积于肝脏、腹腔及皮下脂肪组织内，引起肝脏发生脂肪变性，造成产蛋下降，并常伴有小血管出血为特征的疾病。多发生于笼养产蛋鸡。

【病因】

（1）日粮中能量物质过多，导致脂肪合成增加，而集约化养殖的产蛋鸡（鸭）又缺乏运动。

（2）日粮中胆碱、含硫氨基酸（甲硫氨酸、丝氨酸）缺乏或不足，或者料中脂肪过多，或加入了一些酸败脂肪使胆碱消耗过多。

（3）应激。密度过大，通风不良，热应激或突然更换饲料等。

（4）在某些传染病及中毒病时也可引起肝脏的脂肪变性，但这不是一种独立的疾病。

【症状及病理变化】

病鸡外观体况良好，个别鸡突然死亡，有时产蛋量突然下降10%～30%。病鸡精神萎靡，嗜睡，站立不稳，甚至发生瘫痪，部分母鸡的冠和肉髯颜色变淡或者发绀。严重者当肝破裂时，鸡冠突然变白，头颈向前伸，以胸触地，或弯向背侧，侧倒于地，痉挛而死。死亡率一般在5%～20%，从出现症状到死亡一般1～2d。病鸭表现食欲不佳，腹泻，行动迟缓，随后卧地不起，最后昏迷或痉挛而死。有的无明显症状而突然死亡。死鸭往往较肥胖。

剖检可见皮下、腹腔膜、肠管、肌胃、心脏、肾脏周围有大量的脂肪沉积，腹水增多，混有露珠样油滴。肝脏肿大至正常的2～4倍，呈淡褐灰色，质脆易碎，甚至呈软糊状，刀切后刀面有脂肪滴附着，肝表面和体腔中有大凝血块。病鸭心包积液较多，色淡，肝脏病变同鸡，但不发生大出血，肾脏轻度肿胀，甲状腺肿大呈紫红色，胸肌有白色条纹。病鸡的血液总脂、甘油三脂、磷脂、胆固醇含量升高，实验室细菌培养呈阴性。

【诊断】

根据病因、发病特点、临床症状、临床病理学检验结果和病理学特征即可作出诊断。

【治疗及预防】

本病以预防为主，针对病因采取防治措施。

（1）降低能量和蛋白质含量的比例　通过限饲，或在饲料中掺入一定比例的粗纤维（如苜蓿粉）；或添加富含亚麻酸的花生油等来降低能量的摄入。同时增加蛋白质含量，特别是含硫氨基酸，饲料中蛋白质水平可提高1%～2%。

（2）减少应激因素　保持舍内环境安静，控制饲养密度，夏季做好通风降温，补喂热应激缓解剂，如杆菌肽锌等。

（3）添加某些营养物质　在饲料中供应足够的氯化胆碱、叶酸、生物素、维生素E、硒、甲硫氨酸（0.5g/kg）、胆碱、维生素B_{12}、肌醇等，同时做好饲料保管工作，防止霉变。

（4）控制日增重　在8周龄时严格控制体质量，不宜过肥。

（5）治疗　每吨饲料中补加氯化胆碱1000g，维生素E_1 1000IU，维生素B_{12} 12mg，肌醇900g，连续饲喂10～15d；或每只鸡喂服氯化胆碱0.1～0.2g，连续10d。

（二）猫脂肪肝综合征

猫脂肪肝综合征是由于脂质蓄积于肝细胞而造成肝脏肿大的一类疾病，是宠物猫潜在的致病性疾病之一。可见于任何年龄和品种猫，雌性猫的发病率高于雄性猫，多见于10岁以上的老龄猫。

【病因】

（1）变更日粮食物，运动不足，饥饿等应激因素，以及抗脂肪肝物质不足可引发脂肪肝。

（2）猫自身不能合成精氨酸，而精氨酸在将血液中的氨转化为尿素的过程中起着重要作用，精氨酸缺乏会导致血氨升高，也可能是引发脂肪肝的一个原因。

（3）伴发于胆管炎、糖尿病、甲状腺功能亢进、心脏疾病、慢性肾脏疾病、下泌尿道疾病、癌症以及胰腺炎等疾病过程中。

【发病机制】

由于营养、机体代谢异常以及毒素对肝脏造成损伤引发的。患猫在食欲废绝状态下，外周组织中过量的脂肪会分解为游离脂肪酸进入肝脏，在肝细胞和周围组织中蓄积。另外，肝合成游离脂肪酸或由碳水化合物合成三酰甘油增加；脂肪酸在肝线粒体氧化减少；极低密度脂蛋白合成分泌减少；三酰甘油转运障碍等因素都可以引起脂肪肝。

【症状】

绝大多数脂肪肝患猫体态肥胖，腹围较大。该病的临床症状不典型，早期可见精神沉郁，嗜睡，全身无力，行动迟缓，食欲下降，体重减轻，脱水，患猫体温略有升高，尿色发暗或变黄，并且常见间断性呕吐。发病后期可见黏膜、皮肤、内耳和齿龈黄染。在少数情况下，有的患猫会出现肝性脑病，神经症状异常。尸体剖检可见整个肝脏呈黄白色、质脆、多脂，肝脏体积增大，边缘钝厚。

【诊断】

可通过问诊、血液生化检验、超声和活组织检查来确诊。临床触诊可见多数患猫肌肉组织消失，特别是后肢和臀部的肌肉，但肝脏体积轻度肿大。X 射线检查可见肝脏形态正常或增大。超声检查显示肝普遍性增大，肝实质回声显著增强，呈弥散性点状，肝脏内回声强度随深度而递减，肝内血管壁回声减弱或显示不清。血常规可见一些患猫出现贫血，并且血凝能力下降。血液生化检验可见碱性磷酸酶活性显著升高；丙氨酸氨基转移酶和天冬氨酸氨基转移酶活性一般也会升高，但无碱性磷酸酶显著；高胆红素血症；胆固醇和血氨升高；30% 脂肪肝患猫会出现低钾血症。

【治疗】

（1）支持疗法　禁止饲喂高蛋白、高能量日粮。许多患猫会出现不同程度的脱水，应适当补充体液和电解质，如果出现呕吐，则应补钾。

（2）强制性营养疗法　如果患猫食欲废绝，可采取经鼻腔投放胃管，灌服流质饲粮。第 1 天应通过胃管投喂猫正常能量需要量的 1/3 ~ 1/2，第 2 天应喂 2/3 左右，以后按正常需要量进行投喂。胃管饲喂应持续 4 ~ 6 周，在去除胃管前 8h 和去除后 12 h 禁食。

（3）药物治疗　辅酶 A 25～50IU/次，静脉滴注；肌苷 25～50mg/次，肌肉注射。如果患猫出现黄染，使用茵栀黄注射液静脉滴注，一次 2～5mL，用 5% 葡萄糖生理盐水 50～100mL 稀释后滴注，每日 1 次，连用 7d 左右，褪黄效果明显。适当补充补充维生素 K、维生素 B_1 和维生素 E_{12}。

（4）对症治疗　患猫呕吐时，可用胃复安 0.3mg/kg 体重，肌肉注射，以减少呕吐，并可刺激胃肠蠕动。脂肪肝患猫的免疫能力下降，可使用抗生素防止继发细菌感染。

【预防】

该病主要是由于患猫食入高脂肪或高能量日粮所致。同时，也与活动空间过小，宠物猫不爱运动有关，特别是绝育猫。因此，要求畜主应避免经常给猫饲喂肉类等高脂肪和高能量日粮，对肥胖猫尤其应引起注意。另外，防止猫处于应激状态，加强猫只的运动。宠物主人应每年定期带猫去医院检查，可有效地预防猫脂肪肝综合征等疾病的发生。对脂肪肝患猫和有该病倾向的猫可饲喂处方食品。

五、 肉鸡腹水综合征

肉鸡腹水综合征又称肉鸡肺动脉高压综合征，是一种由多种致病因子共同作用引起的以右心肥大扩张和腹腔内积聚大量浆液性淡黄色液体为特征，并伴有明显的心、肺、肝等内脏器官病理性损伤的非传染性疾病。

本病最早见于 1946 年美国关于雏火鸡发生腹水症的报道，而肉用仔鸡发生该病的报道早先见于 1958 年的北美，此后，德国、英国、意大利、加拿大、澳大利亚、墨西哥、秘鲁及日本等国家相继报道了该病的发生。我国出现该病的时间较晚，最早见于 1987 年的个别病例报道。该病多见于快速生长的肉用仔鸡，而近些年，该病的发生率呈明显上升趋势，发生的地域也不断扩大，爆发时易造成肉鸡成活率下降，死淘率上升，给广大养殖户造成巨大的经济损失。

【病因】

（1）与家禽的品种及性别有关　快速生长的肉仔鸡如 AA 肉鸡、艾维茵、红宝、三黄鸡等常发生本病。

（2）发病日龄　主要发生于快速生长的幼龄仔鸡，最早见于出壳后 3 日龄，2～3 周敏感性高，死亡高峰多见于 4～6 周快速生长期。

（3）季节性　发病有明显季节性，寒冷季节发病率高。

（4）与饲养环境有关　饲养密度过大，通风不良，卫生条件差，鸡舍一氧化碳、二氧化碳、氨气浓度过大，氧气含量相对不足均可导致鸡发病。

（5）发病地区　高海拔地区和高钠盐地区腹水症发病率高。

【症状】

患鸡精神沉郁，食欲减退，不愿活动，常斜卧，腹部皮肤发红，皮肤血管充血，羽毛粗乱无光泽，生长迟滞，呼吸困难，心跳加快，冠皱缩，严重时发绀，体温正常。患鸡走路呈企鹅状，下腹部明显膨大，状如水袋，触诊有波动感。腹腔穿刺流出透明清亮液体，有时混有少量血细胞和纤维蛋白凝块。

血液检查：病鸡红细胞数、血红蛋白含量、红细胞比容显著增高，白细胞增多，血清总蛋白、血液总胆固醇含量降低，血清谷草转氨酶活性升高，血钾含量升高。

【病理变化】

剖开腹部，从腹腔中流出多量淡黄色或清亮透明的液体，有的混有纤维素沉积物；心脏肿大、变形、柔软，尤其右心房扩张显著。右心肌变薄，心肌色淡并带有白色条纹，心腔积有大量凝血块，肺动脉和主动脉极度扩张，管腔内充满血液，部分鸡心包积有淡黄色液体；肝脏肿大或萎缩、质硬，瘀血、出血，胆囊肿大，突出肝表面，内充满胆汁；肺瘀血、水肿，呈花斑状，质地稍坚韧，间质有灰白色条纹，切面流出多量带有小气泡的血样液体；脾呈暗红色，切面脾小体结构不清；肾稍肿，瘀血、出血；脑膜血管怒张、充血；胃稍肿、淤血、出血；肠系膜及浆膜充血，肠黏膜有少量出血，肠壁水肿增厚。

【诊断】

根据病鸡腹部膨大，腹部皮肤变薄发亮，站立腹部着地，行走呈企鹅状，触诊腹部有波动感等临床特征性症状，剖检腹腔有数量不等液体，可作出诊断。

【治疗】

一旦病鸡出现临床症状，单纯治疗常常难以奏效，多以死亡而告终，但以下措施有助于减少死亡和损失。

（1）用 12 号针头刺入病鸡腹腔先抽出腹水，然后注入青霉素和链霉素各 2 万 IU，经 2 ~4 次治疗后可使部分病鸡恢复基础代谢，维持生命。

（2）发现病鸡首先使其服用大黄苏打片［20 日龄雏鸡 1 片/（只・d），其他日龄的鸡酌情处理］，以清除胃肠道内容物，然后喂服维生素 C 和抗生素，以对症治疗和预防继发感染，同时加强舍内外卫生管理和消毒。

（3）给病鸡皮下注射 1g/L 亚硒酸钠 0.1mL，1 次或 2 次，或服用利尿剂。

（4）应用脲酶抑制剂，用量为 125mg/kg 饲料，可降低患腹水症肉鸡的死亡率。

采取上述措施约一周后可见效。

【预防】

肉鸡腹水综合征的发生是多种因素共同作用的结果，故在 2 周龄前必须从卫生、营养状况、饲养管理、减少应激和疾病以及采取有效的生产方式等各方面入手，采取综合性防治措施。

（1）选育抗缺氧，心、肺和肝等脏器发育良好的肉鸡品种。

（2）加强鸡舍的环境管理，解决好通风和控温的矛盾，保持舍内空气新鲜，氧气充足，减少有害气体，合理控制光照。另外，保持舍内湿度适中，及时清除舍内粪污，减少饲养管理过程中的人为应激，给鸡提供一个舒适的生长环境。

（3）低能量和蛋白水平，早期进行合理限饲，适当控制肉鸡的生长速度。此外，可用粉料代替颗粒料或饲养前期用粉料，同时减少脂肪的添加。

（4）料中磷水平不可过低（>0.05%），食盐的含量不要超过0.5%，Na^+水平应控制在2000mg/kg以下，饮水中Na^+含量宜在1200mg/L以下，否则易引起腹水综合征。在日粮中适量添加$NaHCO_3$代替NaCl作为钠源。

（5）饲料中维生素E和Se的含量要满足营养标准或略高，可在饲料中按0.5g/kg的比例添加维生素c，以提高鸡的抗病、抗应激能力。

（6）执行严格的防疫制度，预防肉鸡呼吸道传染性疾病的发生。另外，要合理用药，对心、肺、肝等脏器有毒副作用的药物应慎用，或在专业技术人员的指导下应用。

任务二 | 维生素代谢障碍症

一、 维生素A缺乏症

维生素A缺乏症是由维生素A或其前体胡萝卜素缺乏所引起的一种营养代谢疾病。临床上以生长发育迟缓、上皮角化、夜盲症、繁殖功能障碍以及机体免疫力下降等为特征。本病常见于犊牛、仔猪和幼禽，其他动物也可发生。

【病因】

1. 饲料中维生素A和胡萝卜素缺乏

动物自身不能合成维生素A，完全依靠外源供给，即从饲料中摄取。维生素A仅存在于动物源性饲料中，鱼肝和鱼油是其丰富来源。维生素A原（胡萝卜素）存在于植物性饲料中，在各种青绿饲料包括发酵的青绿饲料在内，特别是青干草、胡萝卜、黄玉米中，都含有丰富的维生素A原，维生素A原在体内能转变成维生素A。长期饲喂胡萝卜素和维生素A贫乏的饲料而未添加维生素A的情况下，畜禽很易发病，常见的棉籽、亚麻籽、甜菜根及其谷类加工副产品（麦麸、米糠、粕饼等）中，几乎不含维生素A原，长期饲喂可能导致维生素A缺乏。哺乳仔畜因母乳中维生素A含量不足，或是断乳过早，都易引起维生素A缺乏。

2. 饲料中维生素A和胡萝卜素被破坏

饲料中的胡萝卜素多不稳定，若饲料加工不当、贮存时间过久、发霉变质、被雨淋和长期被日光曝晒，可使其损失达70%～80%；如黄玉米储存6个月后，约60%胡萝卜素被破坏；颗粒料在加工过程中可使胡萝卜素丧失32%以上。作物施用氮肥过多，亚硝酸盐和硝酸盐含量增高，可使胡萝卜素和维生素A氧化。

3. 动物机体对维生素A的需要量增多，而补充不足

妊娠和哺乳期母畜以及生长发育快速的幼畜，对维生素A的需要量增加；长期腹泻，患热性病的动物，维生素A的排出和消耗增多。

4. 动物机体对维生素A或胡萝卜素的吸收、转化、贮存、利用发生障碍

动物患胃肠道或肝脏疾病致使维生素A的吸收障碍，胡萝卜素的转化受阻，贮存能力下降。饲料中缺乏脂肪，会影响维生素A或胡萝卜素在肠中的溶解和吸收。

此外，饲养管理条件不良，畜舍污秽不洁、潮湿、寒冷、通风不良、过度拥挤，动物缺乏运动以及阳光照射不足等因素都可诱导发病。

【症状】

各种动物的症状基本上相似，但在组织和器官的表现程度上有些差异。

鸡：雏鸡以7周龄内多发，成年鸡多见于产蛋鸡且呈慢性经过。特征性症状是羞明流泪，眼睑肿胀，因有分泌物而粘合，进而眼睛中有乳白色干酪样物质积聚，最后角膜软化，眼球下陷，甚至穿孔或发生失明。成年鸡产蛋量及蛋的孵化率显著降低，胚胎发育不良或早期死胚；公鸡性功能降低，精液品质差。雏鸡急性维生素A缺乏时，可出现眼眶水肿，流泪，眼睑下有干酪样分泌物；还表现出生长停滞、消瘦、虚弱、共济失调等症状。

猪：仔猪呈现明显的神经症状，表现为目光凝视，头颈歪斜，步样蹒跚，共济失调，随即倒地且发出尖叫声，继而抽搐，角弓反张；也可发生夜盲症。成年猪后躯麻痹，走路摇摆；母猪发情异常，出现流产、胎儿畸形或死胎。公猪睾丸萎缩，精液品质低下。

牛：特征性临床表现是夜盲症、干眼病、失明和惊厥，多见于犊牛。病犊角膜和结膜干燥，角膜肥厚，混浊呈云雾状，有时呈现溃疡和羞明，甚至失明；共济失调，步态蹒跚等神经症状。肥育牛表现羞明流泪，夜盲症；腹泻，前腿水肿和昏厥。母牛不孕，可发生流产。

【诊断】

根据饲养病史、夜盲、干眼病、共济失调、惊厥等临床特征，维生素A治疗有效等，可初步诊断。结合血液中（或肝脏中）维生素A（或胡萝卜素）的含量可以确诊，正常动物血浆中维生素A水平在100μg/L以上，如降到50μg/L，就可能出现症状。

【治疗及预防】

消除病因，加强饲养管理，保证饲料中含有充足的维生素A和胡萝卜素。

治疗可用维生素A制剂和富含维生素A的鱼肝油。维生素AD滴剂：马、牛5～10mL；犊牛、猪、羊2～4mL；仔猪、羔羊0.5～1mL内服。浓缩维生素A油剂：马、牛15万～30万IU；猪、羊、犊牛5万～10万IU；仔猪、羔羊2万～3万IU，内服或肌肉注射，每日一次。鱼肝油内服，马、牛20～60mL，猪、羊

10～30mL，驹、犊1～2mL，仔猪、羔羊0.5～2mL，禽0.2～1mL。

禽类饲料中补加维生素A，雏鸡按每千克饲料添加1200IU，蛋鸡按2000IU计算。维生素A剂量过大或应用时间过长会引起中毒，应用时应予注意。

保持饲料日粮维生素A和胡萝卜素含量，一般最适摄入量为65～155IU/kg体重。孕畜和泌乳母畜还应增加50%，可于产前4～6周期间给予鱼肝油或维生素A浓油剂：孕牛、孕马60万～80万IU，孕猪25万～35万IU，孕羊15万～20万IU，每周一次。家畜可饲喂胡萝卜。

二、B族维生素缺乏症

B族维生素是一组水溶性维生素，在动物体内分布大体相同，在提取时常互相混合，在生物学上作为一种连锁反应的辅酶，统称复合维生素B。但它们的化学结构和生理功能都是互不相同的，主要是组成某些辅酶或辅基的成分，包括维生素B_1（硫胺素）、维生素B_2（核黄素）、泛酸、烟酸或尼克酸（维生素PP）、维生素B_6（吡哆醇、吡哆醛）、维生素B_7（生物素）、维生素B_{11}（叶酸）、维生素B_{12}（钴胺素）等。

由于B族维生素是水溶性维生素，因此在机体每天排出大量水分的同时，也使一定量的B族维生素被排出。由于B族维生素不在机体内贮存，因此它们必须每天得到补充。B族维生素的来源很广，在青绿饲料、酵母、麸皮、米糠及发芽的种子中含量极高，只有玉米中缺乏烟酸。此外，大部分B族维生素都能通过动物消化道中的微生物来合成，如瘤胃内可合成B族维生素；幼年犊牛和羔羊，由于瘤胃功能不健全，如果供给不足，可能发生B族维生素缺乏症，而母畜乳汁中含有丰富的B族维生素。猪、禽等动物由于肠道合成B族维生素的量不能满足机体的需要，应不断补充。当B族维生素当中的某一种缺乏或不足时，都可称为B族维生素缺乏症。

（一）维生素B_1缺乏症

维生素B_1缺乏症是由于体内维生素B_1缺乏或不足所引起的一种以神经功能障碍为主要特征的营养代谢病。维生素B_1因其分子中含有硫和氨基，故又称硫胺素。

本病多发生于雏鸡和猪，其他畜禽也可发生。

【病因】

分为原发性缺乏（长期饲喂缺乏维生素B_1的饲料）和条件性缺乏（有妨碍或破坏硫胺素合成或阻碍其吸收和利用的因素）两种。具体见于如下原因。

硫胺素拮抗因子所致的缺乏。米糠、油菜籽、棉籽和亚麻籽中含有抗硫胺素因子；抗球虫药氨丙啉的化学结构与硫胺素相似，能竞争性地拮抗硫胺素的吸收使其缺乏。

硫胺素酶分解硫胺素使其失去生物活性导致缺乏。蕨菜、问荆、木贼等植物含有硫胺素酶，芽孢杆菌属的细菌能产生硫胺素酶，一些淡水鱼类、蛤类含有硫胺素酶，可使硫胺素受到破坏。如动物大量采食上述植物、动物饲料或被污染的饲料后可发生维生素 B_1 缺乏症。

瘤胃内合成硫胺素减少导致缺乏。长期食欲废绝，或饲喂低纤维高糖饲料，或发酵饲料、蛋白质饲料严重短缺，而糖类过剩或单一地饲喂谷类精料时，最易发病。长期应用广谱抗生素使瘤胃内微生物菌群失调，硫胺素合成障碍。幼犊、羔羊由于瘤胃功能尚不健全，合成硫胺素能力较差，断乳后易发生缺乏。也见于饲喂加热加碱处理的饲料或是用硫酸盐、硫化物作防腐剂的饲料。

【发病机制】

维生素 B_1 是多种酶系统的辅酶，在动物肝脏内被磷酸化为硫胺素焦磷酯，能促进氧化过程；通过催化 α - 酮戊二酸和丙酮酸的氧化脱羧基作用调节糖代谢，进而影响脂类代谢，神经髓鞘完整性破坏，导致中枢和外周神经系统损害，引起多发性神经炎；维生素 B_1 还可抑制胆碱脂酶的活性，造成胃肠蠕动缓慢，消化液分泌减少，食欲不振，消化不良等。

【症状】

各种动物的症状如下。

鸡：雏鸡多在维生素 B_1 缺乏 2 周内发病，常表现为突然发生多发性神经炎；成年鸡饲喂缺乏维生素 B_1 的日粮，一般在 3 周后发病，也呈多发性神经炎症状，主要显现进行性肌麻痹症状。开始发生于趾部屈肌，继则波及腿、翅和颈部伸肌，以致双腿不能站立。病至后期出现强直性痉挛，病鸡双腿挛缩于腹下，躯体压在腿上，由于颈前肌肉麻痹，头颈后仰而呈所谓“观星姿势”，见图 6 - 1，最后倒地不起，体温可降低至 36℃以下，呼吸频率逐渐降低。一般经 1 ~ 2 周后衰竭死亡。肾上腺肥大，十二指肠肠腺扩张，后期黏膜上皮消失。

图 6 - 1 维生素 B_1 缺乏“观星状”

犊牛与羔羊：脑神经损伤明显，主要呈现神经症状，易兴奋，痉挛，圆圈运动，共济失调，四肢抽搐呈惊厥状。倒地后，牙关紧闭、眼球震颤、角弓反张。重症病犊多反复发作，有的犊牛呈现脑灰质软化症。有时发生腹泻、厌食及脱水，最终昏迷死亡。

猪：仔猪表现为厌食，生长停滞；呕吐，腹泻，跛行，虚弱，心动过缓，心肌肥大。后期体温下降，心搏亢进，呼吸困难，黏膜发绀，最终衰竭死亡。间或出现阵发性 - 强直性痉挛发作，可突然死亡。

犬、猫及貂：维生素 B_1 缺乏可引起对称性脑灰质软化症，小脑桥和大脑皮质损伤。病初食欲不振、呕吐，发生胃肠炎和胃肠弛缓时，很快消瘦；体温正常或稍低，贫血，心脏肥大并有缩期杂音，出现动脉压降低以及水肿等心血管系统功能不全的症状；然后出现中枢神经和外周神经的炎症，导致运动功能障碍，肌纤维震颤，个别肌群麻痹，最后全身麻痹，躺卧，角弓反张，感觉过敏，瞳孔扩大，四肢呈进行性瘫痪，最后呈半昏迷，四肢强直死亡。

【诊断】

依据饲养管理情况，病畜临床表现麻痹、运动障碍等神经症状，病理解剖学变化以心肌弛缓、肌肉萎缩、大脑典型坏死病灶等为主，以及维生素 B_1 治疗有效，可以诊断。

治疗性试验可验证诊断。

【治疗及预防】

为预防发病，应注意保持日粮组成的全价性，供给富含维生素 B_1 的饲料，如添加优质青草、发芽谷物、麸皮、米糠或饲用酵母。在用干料饲喂时，目前普遍采取补充复合维生素 B 添加剂的方法。

畜禽发病时，饲料中及时补加维生素 B_1，同时选用维生素 B_1 制剂口服或注射进行治疗。幼龄动物给予足量的全乳或酸乳，或饲料中补加硫胺素，剂量按每千克饲料添加 5～10mg 计算。

治疗一般多应用维生素 B_1 制剂，马、牛 250～500mg，猪、羊 25～50mg，禽 5～10mg，每日一次，效果良好；或剂量按 0.25～0.5mg/kg 体重计算，口服、肌肉或静脉注射，症状在治疗后数小时即可出现好转。如能配合应用其他 B 族维生素如维生素 B_2、维生素 B_6 或维生素 pp 等可增强疗效。

维生素 B_1 用量过大有一定副作用，注意控制治疗剂量。

（二）维生素 B_2 缺乏症

维生素 B_2 缺乏症又称核黄素缺乏症，是由于体内核黄素缺乏或不足所引起的一种以生长缓慢、皮炎、肢麻痹（禽）、胃肠及眼的损害为主要特征的营养代谢病。

本病多发于禽类和猪，偶见于反刍动物。

【病因】

通常发生于长期饲喂维生素 B_2 贫乏的日粮或过度煮熟以及用碱处理的饲料，幼畜饲喂核黄素含量不足的母乳。饲喂重金属含量较高的饲料、高脂肪和低蛋白质饲料以及环境温度过低，可增加维生素 B_2 的消耗量。动物患胃肠、肝、胰疾病时，维生素 B_2 的吸收、转化、利用发生障碍。长期、大量地使用抗生素或其他抑菌药物，会造成维生素 B_2 内源性生物合成受阻。妊娠或哺乳母畜，体内代谢过于旺盛或幼龄动物生长发育过于快速，维生素 B_2 的消耗增多，需要量增加。如不注意以上因素，皆可引起核黄素缺乏症。

【症状】

病畜主要表现眼、皮肤和神经系统的变化。初期一般呈现精神不振，食欲减退，生长发育缓慢，体重降低。皮肤增厚、粗糙，脱屑或溢脂性皮炎，局部脱毛乃至秃毛。眼流泪，结膜和角膜发炎、晶体浑浊（白内障），乃至失明，口唇发炎及溃疡。外周和中枢神经系统髓鞘退化，动物出现共济失调、痉挛、麻痹、瘫痪等神经症状。

雏鸡腿部的肌肉萎缩并松弛，行走困难，多以跗关节着地而行，爪内曲，呈“曲爪麻痹症”；严重缺乏时，臂神经和坐骨神经肿大。同时由于胃肠黏膜受损，表现消化不良，呕吐，腹泻，脱水。最后心脏衰弱，导致死亡。妊娠母猪还可发生流产、早产或不孕，所产仔猪孱弱、腹泻等。蛋鸡产蛋量下降，蛋清稀薄；种蛋孵化率降低，胚胎发育不全，水肿，羽毛发育受损，出现结节状绒毛。

【诊断】

根据病史和症状，参考病理解剖变化（皮肤病变，角膜、晶状体浑浊，实质器官营养不良，外周神经、脑神经细胞脱髓鞘，重症病雏坐骨和臂神经显著增粗）即可初步诊断。

【治疗及预防】

首先应调整日粮组成，增加富含核黄素的饲料，如全乳、脱脂乳、肉粉、鱼粉、苜蓿、三叶草及酵母等，或给予复合维生素添加剂，特别要注意对幼畜、种畜的增补。

病畜主要应用维生素 B_2制剂治疗，维生素 B_2注射液，0.1～0.2mg/kg 体重，皮下或肌肉注射，疗程为7～10d；或应用复合维生素 B 制剂。

核黄素内服或混于饲料中饲喂，犊牛 30～50mg，猪 50～70mg，仔猪 5～6mg，雏禽 1～2mg，连用 8～15d。也可给予饲用酵母，仔猪 10～20g，育成猪 30～60g，口服，每日 2 次，连用 7～15d。

预防本病的关键是保证日粮含有能满足机体生理需要的富含维生素 B_2的饲料。如青绿饲料、谷类籽实、酵母以及乳制品等。动物对核黄素的需要量一般在 1～4mg/kg，必要时可补给复合维生素 B 饲料添加剂。饲料宜生喂，不宜过度煮熟，切勿加碱处理或过度曝晒，以免维生素 B_2被破坏。幼畜不宜过早断乳。

（三）泛酸缺乏症

泛酸缺乏症是由于体内泛酸缺乏或不足所引起的一种营养代谢病。泛酸因其广泛存在于动植物组织中。在雏鸡，泛酸缺乏症的症状与生物素缺乏症相似，主要表现为皮炎、断羽、胫骨短粗。

本病多发于猪和禽类，偶见于反刍动物。

【病因】

主要见于经常用块根饲料（胡萝卜除外）或玉米喂猪、鸡，使得饲料中泛酸缺乏。将饲料干热或加酸加碱处理，使得泛酸被破坏。某些维生素可影响动物对泛酸的需要，如母鸡维生素 B_{12} 缺乏时，其后代雏鸡对泛酸的需要量比普通雏鸡高。

【症状】

病猪食欲减退乃至废绝，生长缓慢，腹泻，进而便血。被毛粗乱，皮肤粗糙，呈现鳞垢和秃毛斑，特别是臀部和背中部最为明显，呈暗红色的皮炎。后肢僵直，痉挛，站立时后躯发抖，出现运动障碍，呈现所谓的“鹅步”。母猪卵巢萎缩，子宫发育不良，妊娠后胎儿发育异常，所产仔猪出现畸形。

家禽患泛酸缺乏症主要表现为生长缓慢，全身羽毛粗糙卷曲，质脆易脱落。胫骨短粗。雏鸡还表现为消瘦，贫血，眼睑边缘呈颗粒状，并形成小痂块，眼睑常被黏液性渗出物粘合，影响视力。皮肤尤其是喙角及喙下部发生皮炎，口角、眼睑上及肛门周围也有痂状损害。此外尚见羽毛脱落，皮肤角化，上皮逐渐腐脱，趾间及脚底外层皮肤脱落裂开，皮肤增厚角化，球节有疣状隆起，还可出现运动障碍，共济失调，并常发生脱腱乃至死亡。蛋鸡产蛋率无明显影响，种蛋孵化率降低，鸡胚死亡率高，发育中的鸡胚的主要病变为皮下出血和严重水肿。

幼龄反刍动物表现食欲降低，生长缓慢，皮毛粗糙，皮炎，腹泻。成年牛典型的症状为眼睛和口鼻周围发生鳞状皮炎。

【诊断】

主要是根据饲养管理情况、症状，参考病理解剖变化进行诊断。

在鉴别诊断上，应注意与生物素缺乏症相区别。

【治疗及预防】

为预防本病，应注意保持日粮组成的全价性，供给富含泛酸的饲料。平时注意饲喂新鲜嫩绿牧草、酵母、肝粉、苜蓿粉或脱脂乳等富含泛酸的饲料。

畜禽发病时，病畜用泛酸注射液进行治疗，剂量为鸡 20mg，其他动物 0.1mg/kg 体重，肌肉注射，每日 1 次。随后在饲料中补充泛酸钙，以维持疗效。如同时给予维生素 B_{12} 可以提高疗效。

预防本病的关键是日粮中保证足够的泛酸，以满足动物不同生理阶段的需要，需要量为：1～6 日龄雏鸡 6～10mg/kg，产蛋鸡 15mg/kg；生长猪 11～13.2mg/kg，繁殖及泌乳阶段 13.2～16.5mg/kg。

（四）烟酸缺乏症

烟酸缺乏症是由于体内烟酸缺乏或不足而引起的以皮肤和黏膜代谢障碍，消化功能紊乱，被毛粗糙，皮屑增多和神经症状为特征的代谢疾病。烟酸又称为尼克酸，也有人把它称为维生素 PP。

临床上猪、禽的自然发生病例较多。

【病因】

仔猪、家禽易患烟酸缺乏症，因其体内合成量很少，畜禽日粮以玉米为主时可能引起烟酸缺乏症。

饲料中某些烟酸拮抗成分较多，如长期服用抗菌药物，干扰胃、肠内微生物区系的繁殖；饲料中烟酸的拮抗物存在，如磺胺吡啶、吲哚-3-乙酸（玉米中含量较高）、亮氨酸等，与烟酸发生拮抗导致缺乏。另外，动物患有热性病、寄生虫病、消化障碍等使营养消耗增多或影响营养物质吸收，从而导致烟酸缺乏。

【发病机制】

烟酸在机体内易转变为烟酰胺，具有相同活性，是构成脱氢酶的辅酶Ⅰ（NAD）和辅酶Ⅱ（NADP）的成分，在代谢中起重要作用。脱氢酶所催化的反应对正常组织的完整性，特别是皮肤、黏膜代谢和神经功能作用是重要的。此外烟酸还可以扩张末梢血管，降低血清胆固醇含量。因此缺乏烟酸时，由于可影响皮肤黏膜代谢，临床上可产生腹泻、皮肤糙皮及表现痴呆。

【症状】

首先表现为黏膜功能紊乱，出现食欲减退、厌食、消化不良、唇、舌溃烂，腹泻、消化道黏膜发炎、溃疡、出血以至坏死。动物皮毛粗糙、脱毛，并形成鳞屑。禽类有化脓性结节，腿部关节肿大，骨短粗，腿骨弯曲。成年畜禽睾丸上皮进行性变化，繁殖障碍；运动失调，反射紊乱，四肢麻痹等神经症状。因烟酸可影响卟啉代谢，卟啉沉着，因而皮肤发红，对光反射敏感。犬、猫烟酸缺乏症症状还有舌部开始是红色，后有蓝色素沉着，故又称黑舌病。

病理变化为皮肤角化过度而增厚，胃和小肠黏膜萎缩，溃疡，出血，盲肠和结肠黏膜上有豆腐渣样覆盖物，肠壁增厚而易碎。肝脏萎缩并有脂肪变性，脊髓灰质损伤、软化。

【治疗及预防】

调整日粮中玉米比例，添加色氨酸、啤酒酵母、米糠、麸皮、豆类、鱼粉等富含烟酸的饲料。鸡对烟酸的需要量为25～70mg/kg饲料，猪生长期每天为0.6～1mg/kg体重，维持量为0.1～0.4mg/kg体重；犬为25mg/kg体重；猫为60mg/kg体重；兔为50mg/kg体重；貂、狐为30mg/kg体重。

猪、禽日粮中应经常添加烟酸，特别是以玉米为主食的动物。一般按每吨饲料中加10～20g烟酸。

（五）维生素B_6缺乏症

维生素B_6缺乏症是由于动物体内维生素B_6缺乏所致的以生长受阻、皮炎、癫痫样抽搐、贫血为特征的一种营养代谢疾病。临床上见于猪和幼禽，犊牛和羔羊也可发生。

【病因】

主要是饲料加工、精炼、蒸煮及低温贮藏等破坏维生素B_6，也见于日粮中含有维生素B_6拮抗剂和抗代谢产物，如巯基化合物、氨基脲、羟胺、亚麻饼中的亚麻素等。另外，动物对维生素B_6的需要量随日粮蛋白质水平的增加而增加，日粮中氨基酸不平衡（如色氨酸、甲硫氨酸过高）也会增加维生素B_6的需要量。

【发病机制】

维生素 B_6包括吡哆醇、吡哆醛和吡哆胺，三者在动物体内的生物活性相同，参与体内氨基酸及其他几种含氮化合物的反应，其功能涉及糖异生作用、脂质代谢、神经系功能、核酸代谢、免疫系统及激素的调节。

【症状】

动物总的表现生长发育迟缓、消化不良及神经症状。

猪：主要表现食欲降低，小红细胞性低色素性贫血，癫痫样抽搐，共济失调，呕吐，腹泻，被毛粗乱，皮肤结痂，眼睛周围有黄色分泌物，视力减弱，胸、腹下及眼周发炎。病理变化为皮下水肿，脂肪肝，外周神经脱髓鞘。

鸡：雏鸡食欲下降，生长缓慢，痉挛等。产蛋鸡产蛋率和孵化率均下降，羽毛发育受阻，痉挛，跛行。

犬、猫：呈小红细胞、低染性贫血，血液中铁浓度升高，含铁血黄素沉着。幼犬、幼猫有维生素 B_6缺乏症的报道。

【治疗及预防】

肌肉注射维生素 B_6或复合维生素 B 均有良好的效果，也可在日粮中添加。各种动物对维生素 B_6的需要量：雏鸡 6.2 ~ 8.2mg/kg 饲料，青年鸡 4.5mg/kg，育肥肉鸡 4.5mg/kg，鸭 4.0mg/kg，鹅 3.0mg/kg，猪 1mg/kg 饲料或 0.1mg/kg 体重，犬、猫 3 ~ 6mg/kg 体重，幼犬、幼猫加倍量。

（六）维生素 B_{12}缺乏症

维生素 B_{12}又称钴胺素，属于抗贫血因子。维生素 B_{12}缺乏症是由于体内维生素 B_{12}（或钴）缺乏或不足所引起的一种以机体物质代谢紊乱，生长发育受阻，恶性贫血及繁殖功能障碍为主要特征的营养代谢病。

本病多呈地区性发生，缺钴地区发病率较高。动物中以猪、禽和犊牛较为多发。

【病因】

植物性饲料几乎不含维生素 B_{12}，动物性饲料含量较多，反刍动物的瘤胃、马属动物的盲肠和其他动物大肠内的微生物均有利用钴合成维生素 B_{12}的能力。

造成体内维生素 B_{12}缺乏的原因有：长期使用植物性饲料和维生素 B_{12}含量低的代用乳。饲料中钴、甲硫氨酸或可消化蛋白缺乏，或长期大量使用广谱抗生素，使胃肠道微生物菌群受到抑制或破坏，体内维生素 B_{12}生物合成明显下降。患慢性胃肠疾病，胃黏膜壁细胞内因子分泌减少，影响维生素 B_{12}的吸收和利用。幼龄动物体内合成的维生素 B_{12}尚不能满足需要，有赖于从母乳中摄取，母乳不足或维生素 B_{12}含量低下，易引起缺乏症。

【症状】

患病畜禽初厌食，生长停滞，皮肤粗糙，背部有湿疹样皮炎。逐渐出现恶性贫血症状，如皮肤、黏膜苍白，红细胞体积增大，数量减少。消化不良，异嗜，腹泻。应激增加，以及后腿软弱，运动障碍，后躯麻痹，倒地不起，神经兴奋性增高，触觉过敏，共济失调，多有肺炎等继发感染。母畜易发生流产、死胎、胎儿发育不全、畸形，产仔数量少，且仔猪生活力弱，多于生后不久死亡。成年鸡产蛋量减少，孵化率低下，胚胎发育不良，多半死亡。孵出雏鸡弱小且多呈畸形。剖检可见胸腺、脾脏以及肾上腺萎缩，肝脏和舌头呈现肉芽瘤组织的增殖和肿大，发生典型的小红细胞性贫血。

【诊断】

据病史，结合症状与血液检查。可做出初步诊断。确诊需对饲料中钴和维生素 B_{12}含量进行测定。本病应与钴缺乏及泛酸、叶酸缺乏相区别。

【治疗及预防】

为预防本病，应注意保持日粮组成的全价性，保证日粮中含足量的维生素 B_{12}和微量元素钴。

畜禽发病时，重点是查明并清除病因，改善饲养管理，并调整日粮组成，给予富含维生素 B_{12}和钴的饲料。增加全乳、脱脂乳、鱼粉、肉粉、大豆副产品等的补给，也可补加氯化钴等钴化物。

药物通常用应用维生素 B_{12}治疗，猪、羊 0.3～0.4mg，每日或隔日一次。对贫血严重的病畜，还可应用葡聚糖铁钴注射液、叶酸或维生素 C 等制剂。雏鸡 15～27μg/kg，蛋鸡 7μg/kg，肉鸡 1～7μg/kg，鸭 10μg/kg。犬、猫 0.2～0.3mg/kg 体重。反刍动物不需补加维生素 B_{12}，只要口服硫酸钴即可。实践证明硫酸钴经口服效果优于注射。另外，马、兔食物性贫血也只要在食物中添加钴即可。由于胃肠疾病引起维生素 B_{12}缺乏的病畜，应积极治疗原发病。

三、 维生素 D 缺乏症

维生轰 D 缺乏症是指由于机体维生素 D 生成或摄入不足而引起的以钙、磷代谢障碍为主的一种营养代谢病。患病动物主要表现食欲下降，生长阻滞，骨骼病变，幼年动物发生佝偻病，成年动物发生骨软病或纤维素性骨营养不良。各种动物都可出现维生素 D 缺乏症，但幼年动物较为多发。

【病因】

动物长期舍饲或冬天阳光不足，缺乏紫外线照射，体内合成维生素 D 不足，此时又不能从日粮中得到及时补充，即可发生维生素 D 缺乏症。长期饲喂幼嫩青草或未被阳光照射而风干的青草，又不能接触到阳光照射的动物易发维生素 D 缺乏症。

胃肠道疾病、肝脏胆汁分泌不足、日粮中维生素 A 过量影响动物对维生素 D 的吸收；肝脏疾病影响维生素 D 的代谢。长期胃肠功能紊乱、肝肾衰竭等，也可造成维生素 D 缺乏。

幼年动物生长发育阶段、母畜妊娠泌乳阶段、蛋鸡产蛋高峰，应增加维生素

D 的需要量，若补充不足，容易导致维生素 D 缺乏。

日粮中钙、磷比例在正常范围（1～2）：1 时，动物对维生家 D 需要量少，当钙磷比例偏离正常比例太远时，维生素 D 的需要量增加，如未能适当补充，也可造成维生素 D 缺乏。对禽类而言，维生素 D_2 活性代谢产物的生物活性仅为维生素 D_3 活性代谢产物的 1/10～1/5，因此，在家禽饲料中应添加维生素 D_3，才能有效防止雏禽佝楼病。

【症状】

维生素 D 不足会使骨骼呈现病理性骨化，从而影响骨的硬度和坚固性，发生骨软病，骨弯曲变形。表现在生长的最旺盛时期，关节肿大，肋骨呈念珠状，接着发生骨干、臂骨、胫骨、肩胛骨、肱骨等骨弯曲，严重时行走困难，消化功能紊乱，食欲异常和贫血。正在生长发育时期的幼犬，维生素 D 缺乏时可发生佝偻病。家禽多发生于产蛋高峰期的产蛋鸡，表现为产蛋率下降，蛋壳质量下降，薄壳蛋增多。

血清钙、磷含量降低或正常，碱性磷酸酶活性及骨钙素水平升高。

【诊断】

主要根据临床症状（骨弯曲变形、关节肿大，肋骨呈念珠状等），结合日粮的分析以及 X 射线检查，即可确诊。

【治疗及预防】

增加运动和光照，保证日粮中维生素 D 的含量，但不能过量。

药物治疗：临床常用的维生素 D 制剂及用量如下：内服鱼肝油，马、牛20～40mL，猪、羊 10～20mL，驹、犊 5～10mL，仔猪、羔羊 1～3mL，禽 0.5～1mL。维丁胶性钙注射液，牛、马 2 万～8 万 IU，猪、羊 0.5 万～2 万 IU，肌肉注射。维生素 D 注射液，成年畜 1500～3000IU/kg 体重，幼畜 1000～1500IU/kg 体重。维生素 AD 注射液，马、牛 5～10mL，猪、羊、驹、犊 2～4mL，仔猪、羔羊 0.5～1mL，肌肉注射。应用骨化醇治疗，犬每次 1 000～1500IU，肌肉注射，每次间隔 15d，共用 2～3 次，同时口服鱼肝油 500～1000IU。

对于大群动物发生维生素 D 缺乏症，可以在日粮中添加维生素 D_3 粉剂，统一治疗。

四、 维生素 E 缺乏症

动物生产中，维生素 E 需要量很少，但却不可或缺。缺乏时常表现为脑软化症、渗出性素质、白肌病、成年动物繁殖障碍等营养性疾病。

【病因】

（1） 主要发生在某些缺硒或低硒区。或因从这些地区采购的谷物特别是玉米作为饲料，加之在饲料中未补充足够量的硒或维生素 E，均会导致本病的发生。

（2）长期饲喂缺乏硒的饲料，需较多的维生素 E 去补偿，补偿不足则缺乏。维生素 E 广泛存在于青绿饲料，但它极不稳定，在空气中易氧化。因此，饲料加工和贮存不当如曝晒、烘烤、酸渍、霉败、雨淋、水浸等，或贮存时间过久（饲料在一般条件下存放 6 个月，维生素 E 的损失达 30% ~50%），均可使维生素 E 破坏，含量降低或缺乏，引起动物发病。

（3）饲料中添加较多鱼肝油，发生酸败，或饲料本来就变质，使维生素 E 受破坏。

（4）饲料中维生素 E 供应不足。幼龄动物处于生长期、母畜妊娠期对维生素 E 的需要量增加，添加不足都将导致维生素 E 缺乏症。

（5）某些寄生虫病及其他慢性肠道疾病，使维生素 E 的吸收利用降低等。

【症状】

猪缺乏维生素 E 时，仔猪成活率低，母猪不易受孕且易流产，公猪精液品质低，性欲不强，运动失调。家禽可出现脑软化症、渗出性素质、白肌病等。

脑软化症：病鸡精神沉郁，食欲减退或废绝，共济失调，运动失调，身体丧失平衡，头向后向下挛缩，有时伴有向侧方扭转，边拍打翅膀，边向后翻倒，有的向前冲，最后衰弱死亡，病程 1 ~2d。该类型多发生于 3 ~5 周龄的雏鸡，早者在出壳后第 7 天也可发生。病变主要在小脑、纹状体、延脑和中脑，小脑软化肿胀，脑膜水肿，表面常有小点状出血，通常在脑软化症出现后 1 ~2d，即可在脑内看到黄绿色混浊的坏死区。

渗出性素质：病雏腹部皮下水肿，叉腿站立，水肿部常呈青紫色。解剖流出黏稠蓝绿色液体，胸、腿肌肉及肠壁出血。

白肌病：病雏消瘦、贫血、共济失调或不能站立，最后衰竭而死。剖检可见胸、腿肌肉苍白贫血，并伴有灰白色条纹。

营养性胚胎病：成年鸡缺乏维生素 E 时，并无可见症状，但繁殖力下降，即种蛋孵化率明显降低，胚胎早期死亡增加，即头照时“弱精蛋”较多。公鸡将发生睾丸变小、生殖功能减退。

【诊断】

主要根据临床症状（小脑软化、渗出性素质、白肌病等），结合日粮的分析即可确诊。

【治疗】

在治疗时，应加大饲料中硒和维生素 E 的添加量。可给病鸡口服维生素 E300IU，连用 3 ~5d 为一疗程。或每只皮下注射 0.005% 的亚硝酸钠 1mL。对重病例可用亚硒酸钠 3mg/mL 和维生素 E150IU 制剂，按 2mL/kg 体重注射。每羽投喂 300IU 口服维生素 E 制剂。饲料中添加 0.5% 植物油。饲料中增加一定量的豆饼、菜籽饼。每隔 2 ~3d 肌肉注射维生素 E 针剂 300 ~500mg，有条件的加喂新鲜青绿饲料、青绿蔬菜等。

【预防】

为防止维生素 E 缺乏症，配制日粮时应注意：①饲料不宜长期存放，久贮后应补充亚硒酸钠－维生素 E 粉；②养殖户自行加工的饲料，应添加鱼粉；③维生素 E 应适量投喂，不宜长期超量喂给，维生素 E 和硒还有协同作用，硒增加时可适当减少维生素 E 的用量。

任务三 | 矿物质代谢疾病

一、 骨质软化症

骨质软化症又称骨软病，是发生在成年动物的一种钙磷代谢障碍导致的骨营养不良。其病理特征性病变是骨质的进行性脱钙，呈现骨质软化及形成过量的未钙化的骨基质。临床特征是消化紊乱、异嗜癖、跛行、骨质软化及骨变形。

本病主要发生于牛和绵羊，虽然有人认为骨软病也可偶见于猪，但在猪和山羊的骨软病通常以纤维性骨营养不良为特征。至于马的所谓骨软病，实际上就是纤维性骨营养不良。

【病因】

发病的主要原因是钙、磷的缺乏（在反刍动物，主要由于磷缺乏；在猪，主要由于钙缺乏），或钙、磷的比例不当［日粮中合理的钙磷比例：黄牛为（2～1.5）∶1；泌乳牛为 0.8∶0.7；猪为 1∶1；产蛋鸡为（4～6）∶1］。日粮中钙、磷某一种缺乏或过剩时，这种正常比例关系即发生改变。乳牛的骨粉或含磷饲料补充不足时，特别在大量应用石粉或贝壳粉以代替骨粉而继发的骨软病，则是由于日粮中补充过量的钙所致，如泌乳和妊娠后期的母牛发病率最高，尤其高产母牛的骨软病发病率显著增高。猪的骨软病常由于日粮中缺钙而引起，多见于长期给小猪泌乳而断乳不久的母猪。

维生素 D、维生素 A 和维生素 C 缺乏或胃肠功能紊乱时，能直接影响钙、磷的吸收和利用，进而引起骨软症。妊娠及泌乳期间钙磷损失较多，补给不及时或补给不足，是母畜发病的常见原因。动物患有慢性肝脏疾病和肾脏疾病，可影响维生素 D 的活化，从而使钙磷的吸收和成骨作用障碍发生钙化不全，此种病因在乳牛中多见。日粮中锌、铜、锰等不足也影响骨的形成和代谢。甲状旁腺功能代偿性亢进，引起甲状旁腺激素大量分泌，肾排磷量增加，引起低磷血症，继发骨软症。

饲料和饮水中含有拮抗钙、磷吸收的因子时也会导致钙磷的吸收障碍。如高氟饲料和饮水，饲料中含有过多的可溶性硫酸盐、草酸盐、鞣酸及脂肪等物质时，都会导致钙的缺乏。

犬、猫由于长期饲喂动物的肝脏或肉（肝脏和肉中含钙少而磷多），且在室内饲养，缺乏阳光照射，是发生骨软病的主要病因之一。

【症状】

骨软病在临床上呈慢性经过，各种动物骨软病的症状基本相似，临床上主要呈现为消化功能紊乱，异嗜，以后出现跛行和骨骼变形、牙齿磨损较快等特征。

动物表现食欲下降，被毛粗乱，消瘦，舐食灰渣、墙壁泥土，在野外啃嚼石块等；四肢交替负重，站立姿势异常，步态僵硬，不明原因的跛行，严重者不能站立；面部膨隆，下颌间隙变窄，牙齿易磨损；椎骨、盆骨和肋骨等容易骨折变形。家畜发生腐蹄病；有的肋骨变软，胸廓扁平，常在肋骨与肋软骨交界处有"串珠状"肿，且常为两侧对称；最后几节尾椎变软或被吸收的同时，其他尾椎可呈糖葫芦状的突起。骨软症的病牛常表现发情延迟或持久性发情，受胎率降低，发生流产、难产和胎衣不下。随着病情的加重，四肢长骨出现弯曲变形，容易骨折，且骨折后不易愈合。禽类表现为产薄壳蛋、软蛋、蛋壳质量下降，破损率增高，产蛋量急剧下降和停产，种蛋的孵化率降低。

骨质硬度检查，利用骨软症诊断穿刺针穿刺病畜额骨为阳性（容易刺入，针竖立在额部不倒）。长骨 X 射线检查，骨质疏松，骨质密度降低，皮层变薄，最后 1 ~ 2 尾椎愈合或椎体被吸收而消失。

【诊断】

本病在后期症状明显时很容易诊断，所以关键是解决早期诊断的问题。一般可根据饲料分析，病畜全身无力，异嗜，四肢负重下降，无原因的跛行，骨骼变形，牙齿磨损，X 射线检查等可作出诊断。

【治疗及预防】

治疗的原则为消除病因，补充钙磷，调整钙磷比例和对症治疗。针对饲料中钙磷不足、维生素 D 缺乏可采取相应的治疗措施。对牛、羊的治疗，当病的早期呈现异嗜癖时，就应在饲料中补充骨粉。病牛每日给予骨粉 250g，羊每日 40g（磷酸钠或磷酸钙）混于饲料中饲喂，5 ~ 7d 为一疗程。对跛行的病例给予骨粉时，在跛形消失后仍应坚持 1 ~ 2 周。严重病例者，除补充骨粉外，同时应配合无机磷酸盐进行治疗，牛可用 20% 磷酸二氢钠溶液 300 ~ 500mL，或 3% 次磷酸钙溶液 1000mL，静脉注射，每日一次，连续 3 ~ 5d。对关节疼痛的病例，可静脉注射 10% 水杨酸钠液 150 ~ 200mL。另外，也可同时应用维生素 D_2 或维生素 D_3 400 万 IU，肌肉注射，每周一次，用 2 ~ 3 次。马、猪发病主要是由缺钙引起，应饲料中添加乳酸钙、南京石粉或静脉注射葡萄糖酸钙及氯化钙溶液。鸡常用维生素 D_3 添加，并根据饲养标准调整日粮中的钙磷比例，同时注意饲料来源和品质，常有较好的效果。

对日粮要经常分析，有条件时可做预防性监测，根据饲养标准和不同生理阶段的需求，调整日粮中的钙磷比例，补充维生素 D。日粮中的钙、磷含量，黄牛按2.5∶1、乳牛按1.5∶1、猪按1∶1的比例饲喂。为了预防高产母牛得骨软病，有人建议适当降低产乳量，并在产犊前保持6～8周的干乳期。

二、佝偻病

佝偻病是指幼龄动物在生长发育期，由于维生素D缺乏，钙、磷缺乏或比例不当，而使钙磷代谢失常，钙盐不能正常地沉着所发生的一种钙磷代谢障碍的骨骼疾病。临床主要特征为消化紊乱、生长缓慢、异嗜癖、跛行及骨关节变形等。病理特征为成骨细胞钙化作用不足，未钙化的类骨组织形成过多，软骨内骨化障碍，成骨组织的钙化沉积减少，造成持久性软骨肥大、骨骺增大的暂时钙化不全。该病影响发育，引起肢体变形，降低体质并易继发其他疾病。本病多发于冬春季节舍饲的动物。一般以断乳期和生长发育快速的幼畜较易发生。

【病因】

维生素D_3对骨骼的形成非常重要，它不仅能促进钙和磷在肠道当中的吸收，还可作用于骨骼组织，使钙磷最后成为骨质的基本结构。处于正在生长发育时期的幼龄动物，维生素D缺乏时即可发生佝偻病。生长发育时期的幼龄猫患佝偻病，最主要的原因是食物中钙含量不足或钙磷比例不当所引起，而与维生素D缺乏关系不大。佝偻病通常与下列因素有关。

（1）食物中钙磷不足或比例不当　钙、磷不足或两者都缺乏，或两者比例严重失调，都可造成佝偻病。一般情况下，只要有足够量的维生素D，上述钙、磷含量和比例稍有偏差时，不会造成佝偻病。只有同时伴有维生素D缺乏，或维生素D处于临界生理需要时，上述钙、磷营养稍有偏差，幼畜生长较快时，则可发生佝偻病。经济动物饲料中最适合的钙磷比例是（1.5～2）∶1，宠物犬为（1.2～1.4）∶1，猫为（0.9～1.1）∶1。经常食用生、熟肉的宠物犬、猫更容易发生佝偻病，因为肉中钙磷比例为1∶20，所以大量肉喂给犬、猫，可导致钙磷比例不当，易引发佝偻病。

（2）食物中维生素D不足　维生素D的缺乏和不足是引起佝偻病的主要原因。幼龄动物大多在室内饲养，体内 维生素D主要从母乳中获得，依靠自己的皮肤制造的维生素D是很少的。断乳后如果饲料中维生素D供给不足，导致钙、磷吸收障碍，这时即使饲料中有充足的钙、磷，也会发生佝偻病。母乳中维生素D不足，或用代乳饲喂时，或母禽产蛋期维生素D缺乏，蛋中维生素D不足，可产生先天性和后天性维生素D缺乏，导致佝偻病。

（3）维生素D需要量增加　生长迅速的动物，需要维生素D多，相对较容易发生维生素D缺乏。

（4）光照不足　舍饲动物由于运动场狭小，运动不足，缺乏阳光照射，尤其冬季出生的动物更易发病。

（5）维生素A摄入过量　过量的维生素A可竞争性抑制维生素D在肠道内

的吸收，从而影响骨骼的生长代谢而发生骨质疏松。

（6）先天性佝偻病　由于妊娠母畜营养失调或缺乏阳光照射，运动不足，饲料中缺乏矿物质、维生素D和蛋白质，以致胎儿发育不好而发生佝偻病。

（7）断乳过早导致消化不良或患胃肠疾病　虽然能摄食到足够的钙、磷和维生素D，但不能被机体吸收和利用。长期腹泻，尤其是患肝、肾疾病时，致使维生素D在肝、肾内羟化转变作用丧失，造成具有生理活性的维生素D_3的缺乏而致病。饲料中蛋白质缺乏或过剩，微量元素铜、碘、锰的不足或锶、钡含量过多时，以及内分泌功能障碍，都能影响钙、磷代谢和维生素D的吸收和利用，也可促进佝偻病的发生。微量元素如铁、铜、锌、锰、硒等缺乏，会促使佝偻病的发生。

【发病机制】

佝偻病是以骨基质钙化不足为基础而发生的，而促进骨骼钙化作用的主要因子则是维生素D。当食物中钙、磷比例平衡时，机体对维生素D的需求量是很小的；而当钙、磷比例不平衡时，幼龄动物对维生素D的缺乏则极为敏感。

当维生素D被小肠吸收后进入肝脏，通过25－羟钙化醇，再通过甲状旁腺激素的分泌，降低肾小管中磷酸氢根离子的浓度，在肾脏通过1－羟化酶将25－羟钙化醇催化，转变为1，25－二羟钙化醇，后者既促进小肠对钙、磷的吸收，也促进破骨细胞区对钙、磷的吸收，血钙和血磷浓度升高。因此，维生素D具有调节血液中钙、磷之间最适比例，促进肠道对钙、磷的吸收，刺激钙在软骨组织中的沉着，提高骨骼坚韧度的作用。

在动物的骨骼发育阶段中，一旦食物中钙、磷缺乏，且体内钙、磷不平衡，如果伴有任何程度的维生素D不足，就可使成骨细胞钙化过程推迟，同时甲状旁腺促进小肠对钙的吸收作用降低，骨基质不能完全钙化，则出现佝偻病。

牛常因区域性缺磷产生幼畜原发性磷缺乏；舍饲犊牛，长期日照不足引起维生素D缺乏；羔羊虽不如犊牛对缺磷那样敏感，但长期在禾科牧草场放牧，冬季很少用黑麦草饲喂，可继发维生素D缺乏引起佝偻病；仔猪过度集中饲喂，多在2～4月龄发病，因饲料中磷过多（麸皮、米糠含量多），伴有钙和维生素D不足时发生；犬、猫因肾功能衰竭而致肾性骨病时，易引起佝偻病；雏鸡暴露在外的皮肤很少，全部维生素D必须从饲料中供给，大多在2～3周龄时发病，多因维生素D补充不足而引起群发。

【症状】

1. 先天性佝偻病

幼畜出生后即出现不同程度的衰弱，经数天后仍不能自行站立。四肢弯曲不能伸直，但多向一侧扭转，躺卧时也呈不自然姿势。

2. 后天性佝偻病

患病初期往往被人忽视，而至关节肢体变形后才引起人们的注意。病初动物精神不振，食欲减退，消化不良，逐渐消瘦，生长发育缓慢。进行期症状是患病动物发生异嗜，喜欢舔食墙壁和地板，喜食泥土、砖石或食自己的粪便。表现为腹泻或便秘等消化障碍，随后骨骼出现畸形。但在骨骼变形之前，患病犬猫表现为四肢关节疼痛，运步时四肢僵硬，屈伸不灵活，出现跛行或卧地不能站立。

3. 骨骼改变的特征

（1）头面部骨骼　面骨肿胀，突起。下颌骨增厚，出牙期延迟，齿形不规则，齿质钙化不足，坑凹不平，有沟，有色素沉着，常排列不齐，齿面易磨损，不平整。严重时口腔不能闭合，舌突出，流涎，吃食困难。幼禽 10～25 日龄可出现喙变形，易弯曲，俗称橡皮喙。

（2）躯体畸形　站立时弓背，脊柱向上凸起呈弓形弯曲。肋骨与肋软骨交界处膨大成钝圆形，呈串珠状。由于肋骨内陷，胸部凸出，成为鸡胸。膈肌牵引肋骨使肋骨凹陷，从而导致胸廓变小。

（3）四肢畸形　常发生腕（跗）球关节的粗大。四肢负重时管骨逐渐变形，呈现各种异常姿势，如腕关节屈曲，呈内弧形，后肢跗关节内收，呈“八”字形；两膝和两腕分离者呈“O”形腿（见图6－2）；分离方向相反者呈“X”形腿（见图6－3）。骨盆部左右压扁而变狭小。关节增大，仔猪关节轻度肿大，有的成为僵猪，严重者甚至瘫痪在地。家禽腿软弱无力，常以关节着地，关节增大，严重者瘫痪。

图6－2　犬的“O”形腿

图6－3　犬的“X”形腿

4. 其他系统伴发症状

佝偻病是一种全身性疾病，除骨骼系统外，其他系统也受影响。患病动物骨骼肌萎缩无力，关节膨大，胃肠弛缓，若血钙降低，可出现神经症状，如尖叫、痉挛和肌肉疼痛敏感，其神经症状发作是短暂的，但可间歇性频繁发作。

重症佝偻病患畜由于胸壁畸形，影响肺扩张及导致肺循环障碍。因腹肌无力，胃肠弛缓常导致便秘，膀胱积尿。

【治疗】

应重视早期治疗，治疗越早，恢复越快，并不留任何后遗症。除应用维生素D制剂外，应特别重视合理饲养和使动物多进行运动，尤其是早、晚的运动。患佝偻病的幼龄动物多照射太阳对疾病的恢复有积极作用。

给予维生素A、维生素D油剂注射（每毫升约含250μg维生素D），犊牛1～2mL，羔羊、仔猪0.5～1mL。鸡可拌入饲料中，按说明量添加。日粮中，应给予富含维生素D的饲料如鱼粉、青干草，还应注意饲料中钙、磷含量及比例，维持Ca∶P为（1.2∶1）～（2∶1）。家畜体内合成维生素D_3量很少，应补充维生素D_3，剂量见维生素D_3缺乏症的治疗。口服维生素D，犬每日1000～3000IU，猫300～500IU。进行期可适当增加用量，至症状开始消失时即用预防量。

活动期的佝偻病可口服鱼肝油，口服有困难时，可以考虑肌内注射维生素D_3 10万～30万IU。在用维生素D之前，对犬猫应补充钙盐和磷盐，如贝壳粉、骨粉、蛋壳粉等，犬每日4g，猫1～2g，或静脉注射10%葡萄糖酸钙10～20mL或10%氯化钙10～20mL，每日2～3次。用药2～3d后，再大剂量补充维生素D，以防出现高钙血症；也可用维丁胶性钙肌肉注射，犬每次1～2mg，每日1次，连用4～7d。使用骨粉、贝粉或南京石粉1.5～3g/d，拌入饲料中喂给。

【预防】

为了预防幼畜佝偻病，应改善饲养管理，进行全价饲喂，保持充足的维生素D和钙、磷含量及其正确比例，一般应控制在（1.2～2）∶1，骨粉、鱼粉及磷酸钙是较好的补充钙、磷的添加剂，因其比例在正常范围内，不必调整。保持畜舍清洁卫生，干燥温暖、光线充足、通风良好，并有充分的舍外运动和充足的阳光照射。加强对妊娠、哺乳母畜的饲养，经常补充维生素D和钙。哺乳幼畜不易断乳过早，并应对胃肠炎进行有效的防治。冬季对动物进行紫外线照射或适量地给予维生素D和钙制剂。

三、反刍动物低镁搐搦

反刍动物低血镁搐搦是低镁血症所致的一组以感觉过敏、精神兴奋、肌肉强直或阵发性痉挛为主要临床特征的急性代谢病。包括青草搐搦或蹒跚、泌乳搐搦及全乳搐搦。常见于泌乳母牛，其次为犊牛（2～4月龄）、肉牛和水牛，干乳牛、公牛、绵羊和山羊也有发生，且多见于放牧的牛、羊。各国发病率差异较大，一般为1%～2%，最高可达50%，病死率颇高，乳牛为50%，肉牛为100%。

【病因】

主要原因是牧草中镁含量缺乏或存在干扰镁吸收的成分。

1. 牧草镁含量不足

酸性岩、沉积岩的风化土含镁量低，在这些土壤中生长的作物镁含量低；大量施用钾肥或氮肥的土壤，种植出的植物含镁量低；禾本科牧草镁含量低于豆科植物，幼嫩牧草低于成熟牧草。幼嫩禾本科牧草干物质含镁量为0.1%～0.2%，而豆科牧草为0.3%～0.7%。在春末夏初或秋季，特别是降雨之后，包括麦类、禾谷类植物在内的牧草生长迅速，植物吸收镁不充分，其干物质含镁量往往低于0.2%。在低镁牧地连续放牧1～3周，可使牲畜血镁含量降低。

2. 镁吸收减少

大量施用钾肥的土壤，牧草镁含量较低，而钾含量偏多，可竞争性地抑制肠道对镁的吸收，促进体内镁和钙的排泄。牧草K^+/Mg^{2+}摩尔比为2.2以上时，极易发生青草搐搦。偏重施用氮肥的牧场，牧草含氮过多，在瘤胃内产生多量的氨，与磷、镁形成不溶性磷酸铵镁，阻碍镁的吸收。机体对镁的吸收和利用因年龄而异，新生犊牛吸收镁的能力很强，可达50%，至3月龄时明显下降，成年母牛对镁的吸收率变动很大，为4%～35%。磷、硫酸盐、锰、钠、柠檬酸盐以及脂类也可影响镁的吸收。

3. 气候因素

据调查，95%的病例是发生在平均气温8～15℃的早春和秋季，降雨、寒冷、大风等恶劣天气可使发病率增加。

【症状】

临床上根据其发病时间快慢和病程长短可分为以下几种类型。

（1）最急性型　病畜采食过程中突然扬头吼叫，盲目疾走，随后倒地，呈现强直性痉挛，2～3h内死亡。

（2）急性型　病畜惊恐不安，离群独处，停止采食。体温升高达40.5℃，呼吸加快，脉搏疾速，可达150次/min，心悸，心音增强。盲目疾走或狂奔乱跑，行走时前肢高抬，四肢僵硬，步态踉跄，常因驱赶而跌倒。倒地后，口吐白沫，牙关紧闭，轧齿，眼球震颤，瞳孔散大，瞬膜外露，全身肌肉强直，间有阵挛。

（3）亚急性型　起病症状同急性型。病畜频频排粪、排尿，头颈回缩，角弓反张，重症有攻击行为。

（4）慢性型　病初症状不明显，食欲减退，泌乳减少。经数周后，呈现步态强拘，后躯踉跄，头部尤其上唇、腹部及四肢肌肉震颤，感觉过敏，施以微弱的刺激即可引起强烈的反应。后期感觉丧失，陷入瘫痪状态。

实验室检查，出现低镁血症，血清镁低于0.4mmol/L，大多为0.28～0.20mmol/L，重者可低于0.04mmol/L；脑脊液镁往往低于0.6mmol/L，尿镁也减少。常见的伴随改变是低钙血症和高钾血症。由于血镁下降幅度大于血钙，Ca/Mg比值由正常的5.6提高至12.1～17.3。

【诊断】

在肥嫩牧地或禾本科青绿作物田间放牧的牛、羊，表现兴奋和搐搦等神经症状的，即应怀疑本病。实验室检查血清镁含量降低及镁剂治疗效果卓著，可确定诊断，并应注意与牛急性铅中毒、低钙血症、狂犬病等具有兴奋、狂暴症状的疾病相鉴别。

【治疗】

单独应用镁盐或配合钙盐治疗，治愈率可达 80% 以上。常用的镁制剂有 10%、20% 或 25% 硫酸镁液，及含 4% 氯化镁的 25% 葡萄糖液，多采用静脉缓慢注射。钙盐和镁盐合用时，一般先注射钙剂，成年牛用量为 25% 硫酸镁 50～100mL、10% 氯化钙 100～150mL，以 10% 葡萄糖溶液 1000mL 稀释。绵羊和犊牛的用量为成年牛的 1/10 和 1/7。一般在注射后 6h，血清镁即恢复至注射前的水平，几乎无一例外地再度发生低镁血性搐搦。为避免血镁下降过快，可皮下注射 25% 硫酸镁 200mL，或在饲料中加入氯化镁 50g，连喂 4～7d。

【预防】

为提高牧草镁含量，可于放牧前喷洒镁盐，每 2 周喷洒 1 次。按每公顷 35kg 硫酸镁的比例，配成 2% 的水溶液，喷洒牧草。也可于清晨牧草湿润时，喷洒氧化镁粉剂，剂量为每头牛每周 0.5～0.7kg。在低镁牧地，应尽可能少施钾肥和氮肥，多施镁肥。

由舍饲转为放牧时要逐渐过渡，起初放牧时间不宜过长，每天至少补充 2kg 干草，并补喂镁盐。对放牧牛可投服镁丸（含 86% 的镁、12% 的铝和 2% 的铜），其在瘤胃内持续释放低剂量镁可达 35d。每头牛投服 2 枚即可达到预防目的。

任务四 | 微量元素代谢障碍病

一、 硒缺乏症

硒缺乏症主要是由于体内微量元素硒缺乏或不足，而引起骨骼肌的变性、坏死、肌营养不良以及心肌纤维变性的疾病。本病发生于各种动物，幼畜、幼禽发病率较高，给畜牧业的发展造成巨大损失。

本病的流行特点如下。

（1）呈地区性发生　本病主要发生土壤缺硒地区，在我国有一条从东北经华北至西南的缺硒带，此地区动物经常发生。

（2）特定的季节性　本病一年四季均可发生，但是每年的冬末初春多发。这与该季节青绿饲料缺乏，某些营养物质（如维生素类）不足有关；而本病主要是侵害幼龄畜禽，以致形成春季发病高峰。

（3）多发于幼龄阶段　这与幼龄动物生长发育迅速，代谢旺盛，对营养物质需求量增加，对硒的缺乏更为敏感有关。

【病因】

本病发生的直接原因是饲料中硒含量不足或缺乏。

动物对硒的要求是 0.1～0.2mg/kg 饲料，低于 0.05mg/kg 就可出现硒缺乏症。饲料、牧草中硒含量取决于土壤硒含量及溶解度。饲料种类不同，所含硒量差异比较明显，硒含量在鱼粉中较高（3mg/kg），叶类（苜蓿粉、甘薯叶粉）在 0.1～0.5mg/kg，饼粕、糠麸次之（0.08～0.16mg/kg），谷类最低，如玉米为 0.02mg/kg，当以谷类饲料为主时，易导致硒的缺乏。

【发病机制】

硒是一种天然的抗氧化剂，抗氧化作用是通过谷胱甘肽过氧化物酶（GSH－Px）和清除不饱和脂肪酸实现的，谷胱甘肽过氧化物酶能清除体内产生的过氧化物和自由基，从而保护细胞和细胞器脂质膜不受到破坏。硒缺乏时，GSH－Px 活性降低，体内产生的过氧化物蓄积，使组织细胞膜性结构受过氧化物的毒性损害而遭破坏，细胞的完整性丧失，组织器官呈现变性病变。

【症状】

不同畜禽及不同年龄的个体，各有其特征性的临床表现。

1. 鸡

以生长旺盛的 2～6 周龄雏鸡最敏感，发病急，死亡快。病初精神不振，羽毛粗乱无光，生长发育缓慢，食欲减退，腹泻。随疾病发展出现特征性临床表现：①渗出性素质：表现为胸腹部、大腿内侧等部位呈蓝绿色水肿，触及有波动感或指压留痕。渗出性素质出现后的 1～2d，病情加重，站立困难或卧地不起，很快死亡。②肌营养不良：表现为腿软而站立不稳，翅膀松弛下垂，颈部及四肢肌肉痉挛，冠髯苍白，眼半闭，角膜软化。严重时两腿完全麻痹而呈躺卧姿势。③神经症状：因脑软化表现为共济失调，站立不稳，步态异常，头后仰或低垂，或向一侧扭转、转圈，肌肉震颤或惊厥，卧地不起而衰竭死亡或突然死亡，病程 2～3d。成年鸡发病后，少数于死亡之前也出现脑软化的典型变化。禽类产蛋量下降，蛋的孵化率低下。

尸体剖检：胸腹部等皮下充血、出血，蓄积多量淡绿色或蓝绿色胶冻样水肿液，常伴有腹壁的水肿与充血、出血。脑：肿胀，软脑膜血管怒张充血，表面散在出血点；脑实质质地变软，甚至软不成形，切面流出乳糜状液体。肝脏：肿大，切面有灰黄色和红褐色相间的槟榔样花纹。胰腺：呈营养性萎缩与纤维化变化，为硒缺乏症的特征性病变，具有示病意义。肾脏：充血、肿胀，肾实质有出血点和灰色斑状灶。肌肉：主要见于胸部和腿部骨骼肌，水肿浑浊，充血、出血，间有灰白色条纹或斑块。

2. 猪

营养良好、生长迅速的仔猪可发生猝死，病程长的表现为精神沉郁，食欲减退或废绝，生长缓慢，有的腹下、臀部和股部皮下水肿，消化紊乱并伴有顽固性腹泻，排泄粥样或水样稀便，常混有黏液与血液。四肢无力，站立困难，喜卧，步态强拘，后躯摇摆等共济失调症状，甚至轻瘫或呈犬坐姿势；心率加快，心律不齐，常因心力衰竭而死亡。维生素 E 缺乏引起繁殖功能障碍：公猪精液不良，母猪受胎率低下甚至不孕，孕畜流产、早产、死胎，产后胎衣不下，泌乳母畜产乳量减少。

尸体剖检：心脏：心腔扩张，心肌变性、柔软，外观似桑葚状；色苍白或紫红，心肌见有灰黄色的坏死条纹或灰白色结缔组织瘢痕，间有出血。肝脏：肿大瘀血间或有出血点，肝组织严重变性、坏死，表面及切面见有灰黄色或灰白色坏死灶，大小不等。骨骼肌：呈两侧对称性病变，以腰背部和后躯肌肉最明显，颜色苍白似煮肉样，甚至呈鱼肉状，可见灰黄色或灰白色条纹。

3. 犊牛与羔羊

症状与猪相似。

实验室检查：谷胱甘肽过氧化物酶活性和血、组织中硒含量降低。

【诊断】

根据基本症状群（幼龄，群发性），结合症状、特征性病理变化，参考病史及流行病学特点，可以确诊。临床诊断不明确的情况下，可通过对病畜血液及某些组织的含硒量、谷胱甘肽过氧化物酶活性、血液和肝脏维生素 E 含量进行测定，同时测定周围的土壤、饲料硒含量，进行综合诊断。当肝组织硒含量低于 2mg/kg，血硒含量低于 0.05mg/kg，饲料硒含量低于 0.05mg/kg，土壤硒含量低于 0.5mg/kg，可诊断为硒缺乏症。

【治疗】

发病后，应立即更换饲料或在缺乏饲料中及时补加硒，加强饲养管理，可获得良好的治疗效果。也可根据病情的严重程度选用硒、维生素 E 制剂口服或注射进行治疗，效果确实。

鸡群发现症状后，全群立即在饲料中掺入 0.2mg/kg 硒，充分拌匀进行饲喂，或按含 5mg/kg 硒的饮水（100mg/kg 亚硒酸钠）进行滴服，可防止病势继续扩大，同时饲料中提高甲硫氨酸含量。

反刍动物发病后，可用 0.1% 亚硒酸钠，皮下或肌肉注射。羔羊每次 2～4mL；犊牛每次 5～10mL，根据病情 7～14d 重复一次。同时可配合维生素 E，犊牛 500～1500mg/kg 体重，羔羊 100～500mg/kg 体重，肌肉注射。成年牛亚硒酸钠 15～20mL，羊 5mL，醋酸生育酚成年牛羊 5～20mg/kg 体重，肌肉注射。

成年猪每次用 0.1% 亚硒酸钠 10～20mL，醋酸生育酚 1.0g/头，仔猪 1～2mL，醋酸生育酚 0.1～0.5g/头，肌肉注射。母猪在分娩前 21d 给予注射亚硒酸钠，剂量按 0.06mg/kg 体重注射，一周龄时注射一次，断乳时重复注射一次可预防此病。

【预防】

在低硒地带饲养的畜禽或饲用由低硒地区运入的饲粮、饲料时，必须补硒。目前简便易行的方法是应用饲料硒添加剂，硒的添加剂量为0.1～0.3mg/kg。另外，冬春注射0.1%亚硒酸钠液，猪、羊4～6mL，牛、马10～20mL，可起到短期的预防作用。

二、异食症

（一）牛、羊异食症

异食症又名异食癖，是以消化紊乱、味觉异常为特点的许多代谢病的一种症状。各种畜、禽都可发生，常见的有牛、羊、猪、鸡的异食癖，羊、鸡的食毛（羽）瘟，鸡的啄肛癖、食蛋癖等。

【病因】

异食症发生的原因很复杂，有的目前尚未完全弄清楚，一般认为有以下几种因素：

（1）无机盐不足或缺乏如钠、钙、钴、铜、锰、铁、硫等，特别是钠盐不足时，可导致异食。绵羊的食毛（羽）症与硫及某些氨基酸（主要是胱氨酸和甲硫氨酸）的缺乏有关。

（2）某些维生素不足或缺乏，特别是B族维生素缺乏，常是引起异食的原因，因为B族维生素是体内与代谢有关系的许多酶和辅酶的组成成分，当其缺乏时，可导致体内代谢紊乱。

【症状】

一般多以消化不良、食欲减退开始，继之出现味觉异常和异食症状，表现为采食粪尿污染过的垫草、泥土、骨块、毛发以及舔墙壁等，患畜皮肤干燥、弹性减退，被毛松乱而无光泽。拱背，磨牙，口腔干燥。易惊恐，对外界刺激敏感性增高，之后则变为迟钝。初期多便秘，其后下痢，或便秘与下痢交替出现。病畜贫血，逐渐消瘦，食欲进一步恶化，甚至衰竭而死亡。绵羊可发生食毛症，主要发生于早春饲草不足时。羔羊可发生皱胃毛球阻塞。一般认为是由于蛋白质或某些氨基酸缺乏和不足的一种表现。

【诊断】

异食癖的临床特点是家畜到处舔食、啃咬毫无营养的物品，但要弄清发生的原因是比较困难的，必须根据病史、临床症状等方面综合分析。

【治疗及预防】

在查明病因的基础上，应改善饲养管理，给予全价的日粮。根据饲养和土壤情况，补充缺乏的营养物质。有条件的地区，最好放牧。对土壤中缺乏某种无机盐的牧场，要增施含该物质的肥料，有条件时可采取轮牧。有青草的季节多喂青草，无青草的季节喂优质青干草、青贮料，可补喂麦芽、谷芽、酵母等富含维生素的饲料。

牛患此病后，一般每日都给予食盐 15～20g，碳酸氢钠 10～15g，骨粉 50～100g，拌料内服，连喂半月以上；小家畜酌情减量。大家畜也可用人工盐 30～50g 拌料或放饮水中喂饮。有人以氯化钴治疗异食癖收到良好效果，牛的剂量为 30～40mg，马 20mg，犊牛 10～20 mg，羊 3～5mg；硫酸铜配合氯化钴效果更好，大家畜 300mg，犊牛 75～150mg，羊 10～20mg。无机盐和蛋白质饲料，应用微量元素添加剂。

（二）猪咬尾症

猪咬尾症是异食癖的一种，是由于营养代谢功能紊乱、味觉异常和饲养管理不当引起的一种应激综合征，尤其是 8～12、1～3 月份发病率较高。发病的母猪较公猪多。

【病因】

（1）饲养管理不当 饲养密度大及同栏猪数过多、秩序混乱，饲槽空间狭小、限饲与饮水不足，卫生状况不良或并栏饲养，猪群整齐度不佳等，饲养面积每头猪小于 $1m^2$，以及同一圈舍猪只大小强弱悬殊等均可诱发咬尾。

（2）环境因素 猪舍环境条件差，如舍内温度过高或过低，通风不良及有害气体的蓄积，天气的异常变化，猪圈潮湿引起皮肤发痒等因素，使猪产生不适感或休息不好引发啃咬，猪舍光照过强，猪处于兴奋状态而烦躁不安，猪生活环境单调，惊吓、猪乱串群等应激均能引发咬尾。

（3）营养不平衡 当饲料营养水平低于饲养标准，满足不了猪生长发育的营养需要时，可造成猪咬尾，如缺乏蛋白质、饲料的粗纤维过低均可导致咬尾症的发生。另外，日粮中的各种营养成分不平衡，如日粮中铁、钙、磷等不足，维生素和蛋白质的缺乏或者质量不好，铁、铜、钙、磷、镁等元素的缺乏或者不平衡。据报道钠盐缺乏能导致大面积猪咬尾症。

（4）品种和个体差异 同一猪圈内如果饲养不同品种或同一品种间体重差异过大的猪，常出现互咬现象。因品种及生活特点差异，相互矛盾，相互争雄而发生撕咬。个体之间差异大，在占有睡觉面积和抢食中，常出现以大欺小现象。

（5）疾病 猪患有虱子、疥癣等体外寄生虫时，可引起猪体皮肤刺激而烦躁不安，在舍内摩擦而导致耳后、肋部等处出现渗出物，对其他猪产生吸引作用而诱发咬尾；猪体内寄生虫病，特别是猪蛔虫，刺激患猪攻击其他猪，发生咬尾现象。

（6）仔猪的爱玩天性 环境舒适、安居乐业的小猪，咬其他猪的尾巴玩耍。

【症状】

病猪起初举止不安，对外部刺激敏感，食欲减弱，目光凶狠。一般开始只有几头相互咬斗，逐渐有多头参与，主要是咬尾，少数也有咬耳，常见被咬尾脱毛出血，咬猪进而对血液产生异嗜，引起咬尾癖，危害也逐渐扩大。被咬猪常出现尾部皮肤和被毛脱落，影响增重，严重时可继发感染，引起骨髓炎和脓肿，若不及时处理，可并发败血症等导致死亡。

【治疗及预防】

1. 加强饲养管理

（1）同一圈舍猪只个体差异不宜太大。

（2）在猪尾上涂焦油，可防咬尾。

（3）饲养密度不宜过大，保证每头育肥猪饲养面积0.8～1m^2、中猪0.6～0.7m^2、仔猪0.3～0.5m^2。

（4）要加强猪舍通风，合理分群，限制光照，定时定量饲喂，不喂发霉变质饲料，饮水要清洁，饲槽及水槽设施充足，注意卫生，避免抢食争斗及饮食不均。

（5）尽量为猪的生长创造比较适宜的小气候环境，以避免酷暑严寒、贼风侵袭、粪便污染、空气浑浊、潮湿等因素造成的应激。

2. 仔猪断尾

仔猪出生时，在离尾根大约1cm处，用断尾钳将尾巴剪掉并涂上碘酊，或在仔猪出生1～2d打耳号时，用钢丝钳子在尾下1/3处连续钳两钳子，两钳距离0.4cm左右，将尾骨和尾肌钳断，血管和神经压扁，皮肤压成沟，钳后7～10d，尾巴的下1/3即可脱掉。该法简便，不出血、不发炎，效果好。对仔猪断尾是控制咬尾症的一种有效措施。

3. 分散猪只注意力

在断乳猪圈中投放玩具如链条、皮球、旧轮胎以及青绿饲料等，因这些玩具成了猪只关注的焦点，从而减少咬尾症的发生。据研究，向猪圈中投放2m长的软水管更有效，这种软管要求能被猪咬动，但不能被其咬坏。

4. 满足猪的营养需要

注意配合饲料的全价性，适度增加食盐用量，提高日粮钙和赖氨酸水平，加强日粮维生素，选用优质蛋白质饲料。也可使用盐砖，盐砖含钙、钠、锰、锌、铁、镁、铜等元素，放在猪圈一侧与猪头齐高的地方。

5. 药物控制

注射盐酸氯丙嗪50mg/头/次，或用50度以上白酒喷雾猪体全身和鼻端部位，每日3～5次，一般2d可控制咬尾症。

（三）家禽异食症

异食症是由于代谢功能紊乱、味觉异常和饲养管理不当等引起的一种非常复杂的多种疾病的综合征。

【病因】

导致鸡发生异食症的原因主要是日粮配合不当，营养缺乏以及鸡严重的寄生虫病和消化道疾病阶段。鸡群一旦发生异食症要及时查找原因。一是查看鸡群密度是否扩大，舍内光照是否过强，温度是否过高，空气是否新鲜，通风是否良好；二是查看鸡群是否患有疾病，特别是是否患有寄生虫病和消化道疾病，肠道吸收功能是否良好；三是查看日粮的配合是否平衡和全面。根据查找的原因，给予相应地改进，以消除鸡群的异食症现象。

【症状】

家禽啄食癖在临床诊断上常见的有以下几种类型。

（1）啄羽癖　以鸡、鸭多发。幼鸡、中鸭在开始生长新羽毛或换小毛时易发生，产蛋鸡在盛产期和换羽期也可发生。先由个别鸡自食或互啄食羽毛，背后部羽毛稀疏残缺。然后，很快传播开，严重影响鸡群的生长发育和产蛋量。鸭啄羽后毛残缺，新生羽毛根很硬，品质差而不利于屠宰加工利用。

（2）啄肛癖　多发生在产蛋母鸡和母鸭，尤其是产蛋时期，由于腹部韧带和肛门括约肌松弛，产蛋后不能及时收缩回去而留露在外，造成互相啄肛。有的鸡、鸭于拉稀、脱肛、交配后而发生自吸或其他鸡、鸭啄之，继而群起攻之，甚至死亡。

（3）啄蛋癖　多见于鸡产蛋旺盛的春季。由于饲料中缺钙和蛋白质不足。

（4）啄趾癖　大多是幼鸡喜欢相互啄食脚趾，引起出血和跛行症状。

【诊断】

本病根据临床症状很容易做出诊断，必要时进行饲料中钙含量的测定。

【治疗】

（1）雏鸡去喙法　应用电动去喙器等器械去掉一点嘴尖。必要时以后再行修喙。

（2）有啄癖的鸡、鸭和被啄伤的病禽，要及时尽快地挑出，隔离饲养与治疗。

（3）检查日粮配方是否达到了全价营养，找出缺乏的营养成分及时补给。如蛋白质和氨基酸不足，则需添加豆饼、鱼粉、血粉等；若是因缺乏铁和维生素 B_2 引起的啄羽癖，则每只成年鸡每日给药硫酸亚铁 1 ~ 2g 和维生素 B_2 5 ~ 10mg，连用 3 ~ 5d；若暂时弄不清楚啄羽病因，可在饲料中加入 1% ~ 2% 石膏粉，或是每只鸡每日给予 0.5 ~ 3g 石膏粉；若缺硫引起啄肛癖，在饲料中加入 1% 硫酸钠，3d 之后即可见效，啄肛停止以后，改为 0.1% 的硫酸钠加入饲料内，进行暂时性预防；若是缺盐引起的恶癖，在日粮中添加 1% ~ 2% 食盐，供足饮水，此恶癖很快消失，随之停止增加食盐，只能维持在 0.25% ~ 0.5%，以防发生食盐中毒；总之，只要及时补给所缺的营养成分，皆可收到良好疗效。

【预防】

改善饲养管理，消除各种不良因素或应激原的刺激，如降低饲养密度；加强通风，室温适度；调整光照，防止强光长时间照射，产蛋箱避开暴光处；饮水槽和料槽放置要合适；饲喂时间要安排合理，肉鸡和种禽在饲喂时要防止过饱，限饲日也要少量给饲，防止过饥；防止笼具等设备引起外伤。只要认真地管理，便可收到效果。

三、锰缺乏症

锰缺乏症又称滑腱症，是因饲料中锰含量绝对或相对不足所致，临床上以生长缓慢、骨骼畸形、繁殖功能障碍及新生仔畜运动失调为特征。畜禽表现为骨骼短粗，多呈地方性流行。各种动物均可发生，其中以家禽最易发生，其次是仔猪、犊牛、羔羊、绵羊、山羊等。

【病因】

原发性锰缺乏症是由于饲料锰含量不足，这是引起本病的主要原因。不同地区的饲料，不同植物中锰含量相差很大，如小麦、燕麦、麸皮、米糠等中的锰能满足动物生长需要；但是玉米中锰含量很低；畜禽若以其作为基础日粮可引起锰缺乏或锰不足。饲料中维生素 B、维生素 D 等不足，机体对锰的需要量增多。动物不同的生理阶段对锰的需要量也不相同，如鸡饲料含锰 30 ~ 35mg/kg，可保证蛋鸡良好的体况和高产蛋量，要保持蛋壳品质，日粮锰含量应为 50 ~ 60mg/kg。牛日粮含锰 10 ~ 15mg/kg，足以维持犊牛正常生长，但要满足繁殖和泌乳的需要，日粮锰含量应在 30mg/kg 以上。

继发性锰缺乏是由于饲料中含有拮抗物（钙、磷、铁、钴元素等）影响锰的吸收利用。

【症状】

动物锰缺乏表现为生长发育受阻，骨骼短粗。腱容易从骨沟内滑脱，形成滑腱症；繁殖障碍。各种动物的临床表现有以下几种。

（1）家禽锰缺乏　表现为跛行，一侧或两侧跗关节肿大，胫骨远端和跖骨近端扭曲，长骨增厚、变短、变粗。腓肠肌腱或跟腱从髁间沟中滑脱，即滑腱症，见图 6 - 4。病雏无法支撑躯体，蹲伏于跗关节上，强迫运动时，呈跗关节着地，常因采食、饮水困难饥饿而死。母禽缺锰时，产蛋量减少，蛋壳易碎，蛋壳不光滑。蛋受精率下降，孵化率显著降低，胚胎大多在孵化后期死亡；胚胎骨骼发育不良，腿、翅短粗，下颌骨缩短，呈鹦鹉喙，球形头。刚出壳雏还表现神经症状，如共济失调，呈观星姿势。

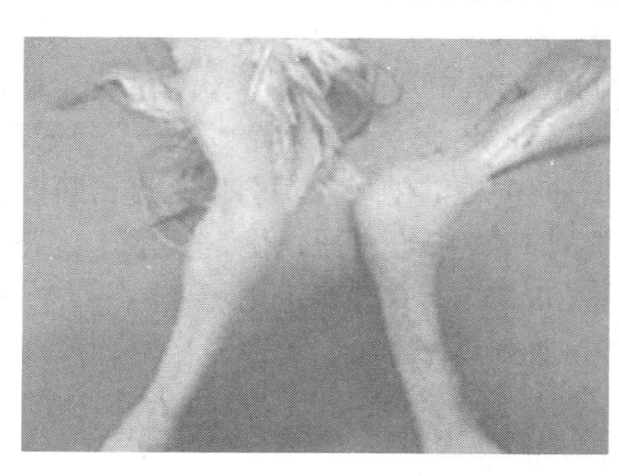

图 6 - 4　家禽锰缺乏引起筋腱滑脱

（2）家畜锰缺乏　表现生长发育受阻，饲料转化率降低，并影响繁殖功能。主要表现为骨骼生长缓慢，软骨营养障碍，跗关节肿大，腿弯曲和变短，跛行，肌肉无力，站立困难，不愿走动或呈跳跃式地向前移行。成畜体内脂肪增加，发情不规律，乳腺发育不良，流产、胎儿吸收或生产弱小的仔畜，腿虚弱，前肢弯曲缩短，共济失调。

【诊断】

主要根据病史，症状和实验室检验即可确诊。

【治疗及预防】

禽患锰缺乏症，一般将锰盐或锰的氧化物掺入到矿物质补充剂中，或掺入粉碎的日粮内。禽类日粮锰的浓度至少为 40 ~ 50mg/kg。为防止雏鸡出现骨短粗症，可于 100kg 饲料中添加 12 ~ 24g 硫酸锰，或用 1∶3000 高锰酸钾溶液作饮水，每日更换 2 ~ 3 次，连用 2d，间隔 2d，以同样方法饮水。种鸡缺锰后补充的锰很快进入鸡蛋，改善鸡胚的发育和增加出壳率。补锰时，若同时添加适量的胆碱、生物素或多种维生素，效果更好。

猪日粮中锰含量一般能满足其需要，不再补充锰。牛羊在低锰草地放牧时，小母牛每天给 2g，成牛每天给 4g 硫酸锰，可防止牛的锰缺乏症。

四、 锌缺乏症

锌缺乏症是由于饲料中锌含量绝对或相对不足所引起的一种以生长停滞、皮肤角化不全、骨骼发育异常及繁殖功能障碍为特征营养缺乏症。各种动物均可发生，且呈地方性流行。有些皮毛动物因缺锌产生掉毛、消瘦而影响自身价值。

【病因】

发病原因有以下方面：

（1）饲料中锌含量不足　饲料锌水平和土壤锌水平密切相关，一般认为，土壤中锌含量低于 30mg/kg，饲草料中低于 10mg/kg 即可发病。不同饲料原料中锌的含量及生物学效应不同。各种植物中锌的含量不一样，一般野生牧草中较高，而玉米、麦秸、苜蓿、三叶草、苏丹草、块茎类饲料等锌含量比较低，常不能满足动物需要。动物性饲料、麸皮、糠等饲料含锌较多。动物性食物中锌容易吸收利用，生物学效价高，植物锌与植酸结合在一起，不利于吸收，生物效价低。

（2）饲料中存在干扰锌吸收利用的因素　饲料中 Ca、P 过多或 Cu、Fe、Mn、Mo 等二价元素过多可干扰锌的吸收。饲料中植酸、维生素含量过高也干扰锌的吸收。

（3）消化功能障碍　慢性消化不良，可影响由胰腺分泌的“锌结合因子”在肠腔内停留，而致锌摄入不足。

【发病机制】

锌广泛存在于畜禽组织中，锌参与多种酶、核酸及蛋白质的合成。缺锌时含锌酶的活性降低、蛋白质及核酸合成减少，细胞分裂、生长受阻，动物生长停滞，增重缓慢。

锌是味觉素的构成成分，缺锌则可使食欲下降。

锌可影响生殖器官组织上皮细胞的功能和形态；或直接影响精子或卵子的形成、发育。缺锌时，公畜睾丸萎缩，精子生成停止，母畜性周期紊乱甚至不孕。

【症状】

锌缺乏可出现食欲减退，严重时有腹泻、呕吐，生长发育迟缓；皮肤出现红斑、丘疹，瘙痒，真皮形成鳞屑和皱裂而过度角化，严重者真皮结痂，并伴有褐色的渗出和被毛变直、变细、易脱落。生产性能降低，泌乳量减少，骨骼发育异常，表现骨短粗，长骨弯曲，关节僵硬；免疫功能缺陷及创伤愈合缓慢等。生殖功能障碍，公畜睾丸变小，母畜性周期紊乱，胚胎畸形；成年母鸡锌缺乏表现为产蛋少，蛋壳薄，易碎，孵化率下降，胚胎畸形。

【诊断】

本病根据症状，结合饲料和血清中锌含量的测定，以及饲料中钙、锌比率的测定可作出诊断。补锌后 1 ~3 周，症状减轻。

猪、牛、羊血锌 800 ~1200μg/L 为正常，严重缺锌时可下降到 200 ~400μg/L。饲料锌当下降到 10 ~20mg 时为临界值，低于 10mg 易引起锌缺乏症。饲料 Ca∶Zn > 150∶1 易诱发缺锌。

诊断本病时应与螨病、湿疹、锰缺乏、维生素 A 缺乏、烟酸缺乏、泛酸缺乏等相区别。

【治疗】

针对病因，在畜禽不同生长时期，均给予全价配合饲料，或合理搭配饲料。

一旦出现本病，应迅速调整饲料锌含量。如 0.02% 的碳酸锌，肌肉注射剂量按 2 ~4mg/kg 体重，连续 10d，补锌后食欲迅速恢复，3 ~5 周内皮肤症状消失。猪锌缺乏时饲料中添加硫酸锌或碳酸锌 200mg/kg，并使钙含量维持在 0.65% ~0.75% 的水平，连续饲喂 3 ~5 周。牛、羊可口服硫酸锌或氧化锌，剂量为 1.0mg/kg 体重，连用 10 ~15d。

【预防】

本病应保证日粮中含有足够的锌，根据动物不同生长发育时期及生产状况，适当调整饲料锌含量，饲料锌参考值：黄牛 40 ~80mg/kg，肉牛 40 ~100mg/kg，仔猪为 41 ~45mg/kg，母猪 100mg/kg，羊 20 ~40mg/kg。

蛋鸡补锌不但能明显改善其生产性能，提高产蛋率，同时还可增加蛋锌含量。

五、 自咬症

本病以自咬躯体的某一部位（多是咬尾巴）造成皮肤破损为特征。自咬程度严重可继发感染而死亡，无明显的季节性。自咬症由营养缺乏病、传染病、外寄生虫感染引发皮肤瘙痒所致，或神经质犬所造成的习惯性自咬。

（一）特种动物自咬症

特种动物自咬症包括水貂、狐狸、貉子的自咬症，是人工养殖多年来常见的、没有特效药物治（制）止的一种难以防治的损耗性疾病。该病没有明显的季节性，但春秋季节多发，特别在春秋发情期、产仔期多发。各个年龄段都能发生。病畜所产仔畜发病率很高，并且发育不良，成活率较低。本病潜伏期2周到几个月之间。一般为慢性经过，反复发作。急性病例死亡率20%左右，如果继发其他感染，死亡率将会提高，达到80%左右。

【病因】

（1）环境温度影响　广义环境是气候变化，小环境是舍内的温度，在湿度大通风性又差，或者人工笼舍饲养离地面高，环境干燥不良，防晒设施不完全等应激因素的存在；还有严重噪声影响，扰乱了动物正常生物钟防御功能，或是说部分生物功能，就易发生此病。

（2）营养缺乏　人工饲养的水貂、狐狸等，饲料中真蛋白、维生素、微量元素少，全价饲料是以70%的杂鱼为主要饲料，或者配合饲料而未掺入动物肉或油的饲养法，自咬症发病的数量就多。

（3）脂肪少　从发病时间、生长规律看，脂肪少是其中的主要方面。在夏秋气温高季节，能量饲料需要消耗大，而多数配合料无油脂，适口性差，缺乏脂溶性维生素，皮毛就缺乏亮光。

【症状】

主要的临床症状，病畜高度兴奋。单向性转圈，咬自己身体某一部位，或咬尾巴，或咬臀部，有的病例也咬脚掌或腹部组织，并发出刺耳的尖叫声。咬掉被毛，破坏皮肤的完整性，严重者咬掉尾巴尖，撕破肌肉，造成断尾、出血。反复发作，对外界刺激敏感，常因外界刺激引起高度兴奋发作。有时咬破尾根、膝关节、脚掌及腹部组织，常因严重外伤的感染而造成死亡。个别兴奋时还咬笼网。

【诊断】

根据临床表现结合病因调查可以做出诊断，但要注意与各种病因的皮肤病、神经末梢炎、某些微量元素缺乏相鉴别。

【治疗】

目前尚无特异性治疗方法。常采用对症治疗以缓解临床症状。对症治疗的原则是：及早给予抗菌药物防止继发感染，尽早使用镇静药物进行缓解；补给微量元素和维生素，并改换新鲜的全价饲料。

据国内外资料报道，治疗效果较好的治疗方法有以下几种。

（1）盐酸氯丙嗪25mg、乳酸钙0.5g、复合维生素B 0.1g，葡萄糖粉0.5g，再加上钴、镍、铬添加剂，研碎混合混入饲料，每天喂给2次。咬伤部位先用0.1%高锰酸钾水冲洗干净，然后再涂以2%碘酊，每日2次。

（2）肌肉注射5%氯化钙液与10%的葡萄糖酸钙液各1～2mL，24小时后再注射1次10%的葡萄糖酸钙液。

（3）肌肉注射青霉素40万IU、烟酰胺0.5mL，防止继发感染。

【预防】

（1）加强饲养管理，保障均衡全价的营养，在饲料中添加足量的微量元素和维生素，特别是硒和维生素E，提高机体的抵抗力。

（2）经济型的毛皮动物可将幼畜或发病畜用齿剪剪断掉犬齿。

（3）隔离病畜，加强消毒。

（4）到取皮期彻底淘汰病畜，绝不留种，同时对病畜所住笼子彻底消毒。

（二）犬自咬症

犬自咬症是以自咬躯体的某一部位（多是咬尾巴），造成皮肤破损为特征，自咬程度严重的可继发感染而死亡。本病无明显的季节性，但春秋两季发病率略高。

【病因】

病因尚不十分清楚，有人认为是营养缺乏病、传染病、外寄生虫感染引发皮肤瘙痒所致，或神经质犬（多为进攻时达不到目的而自残）所造成的习惯性自咬。

【症状】

患犬在舍内自咬尾尖而原地转圈，并不时地发出“喔喔”的叫声，表现极强的凶猛性和攻击性。尾尖处脱毛、破溃、出血、结痂，也有的犬咬尾根、臀部或腹侧面而使被毛残缺不全，个别病犬将全身毛咬断。患犬散放或在牵引时不出现自咬现象。

【诊断】

根据临床表现结合病因调查可以做出诊断，但要注意与各种病因的皮肤病、神经末梢炎、某些微量元素缺乏、神经质的犬相鉴别。

【治疗】

目前尚无特效疗法，但主要治疗原发病，以控制犬的兴奋亢进及攻击性为主。采取镇静、外伤处理的方法可收到一定效果。同时加强饲养管理，使犬安静，减少或避免外界刺激。主人要带犬多活动，满足其易动心理，分散犬的精力，可逐渐克服习惯性自咬。

养牛用哪几种牧草搭配比较好

营养代谢疾病是关乎各个养牛环节的疾病，它包括了精料的配比、日粮的组合。营养的搭配包含了七大营养素的搭配。最终来说，营养代谢疾病还是养殖者在饲养过程造成的，精料配比只是饲养过程的一小部分，从养牛的角度来说，精料只是一种补充料而不是主料，只有拥有优质的粗料才是乳牛养殖的关键。

牛喜食禾本科牧草和高秆类植物，其次为豆科牧草。适宜饲喂牛的牧草品种有杂交狼尾草、苏丹草、紫花苜蓿、串叶松香草、冬牧－70黑麦、菊苣和芜菁甘蓝等。乳牛一般每头每天青饲料需要量为50kg，包括青年牛、犊牛在内的混合牛群平均每头每天青饲料需要量为30kg。要实现青饲料全年不间断供应，应以一年生牧草与多年生牧草、热带型牧草与温带型牧草搭配种植为主，单位面积上尽量采用单种与套种相结合。以乳牛为例，牧草的季节分配方式是：3～6月份选择温带型牧草，如多年生红三叶、白三叶、紫花苜蓿、禾本科的牛尾草、一年生的黑麦草作为主栽品种；6～10月份，种植热带型牧草，如杂交狼尾草、苏丹草等；11月至翌年3月初的枯草期，主要饲喂青贮的多汁饲料和一部分干草。适宜作青贮饲料的作物有玉米、高粱、大麦以及多花黑麦草等。豆科牧草如紫花苜蓿、红三叶、白三叶等，不适宜单独进行青贮。

一、问答题

1. 乳牛的醋酮血病是怎样发生的？有哪些主要症状？怎样预防？
2. 请写出痛风的概念、临床症状、诊断要点及治疗方法。
3. 请写出各种维生素缺乏症的临床症状要点。
4. 请写出常见的微量元素代谢障碍病的诊断要点。

二、病例分析

对以下病例，依据所给临床症状，提出初步诊断，制定治疗措施，开出处方。

病例一：一头4岁龄乳牛，在产后第3周出现精神沉郁、食欲减退，反刍、嗳气减少，产乳量降低，乳汁里混有泡沫，呼出气体、分泌的乳汁和排出的尿液中有类似烂苹果气味，实验室检查血糖含量为200mg/L，血清酮体含量300 mg/L，请结合临床检查结果对疾病进行诊断，并分析产生该疾病的原因。

病例二：2000只鸡的养殖场，鸡群营养状况良好，近2日产蛋量突然下降30%，有20只鸡突然死亡。整群病鸡精神萎靡，嗜睡，站立不稳，部分母鸡的冠和肉髯颜色变淡。对病死鸡进行剖检可见皮下、腹腔膜、肠管、肌胃、心脏、肾脏周围有大量的脂肪沉积，腹水增多，混有露珠样油滴。肝脏肿大至正常的2～4倍，呈淡褐灰色，质脆易碎，甚至呈软糊状，刀切后刀面有脂肪滴附着，肝表面和体腔中有大凝血块，进行实验室细菌培养呈阴性。请结合临床症状作出初步诊断，并说明要确诊还要检查哪些项目。

病例三：30 日龄雏鸡 1000 只，近期出现下痢，眼流泪，结膜和角膜发炎，腿部的肌肉萎缩并松弛，行走困难，多以跗关节着地而行，爪内曲，呈“曲爪麻痹症”；个别严重鸡只，臂神经和坐骨神经肿大。请结合临床症状做出初步诊断，并制定相应的治疗方案。

病例四：一只 3 月龄宠物犬，精神不振，食欲减退，消化不良，腹泻，逐渐消瘦，生长发育缓慢，喜欢舔食墙壁和地板。患犬呼吸困难，张口伸颈呼吸。四肢关节疼痛，运步时四肢僵硬，屈伸不灵活，出现跛行或卧地不能站立。肋骨与肋软骨交界处膨大成钝圆形，呈串珠状。两膝和两腕分离者呈“O”形腿；骨盆部左右压扁而变狭小，膀胱积尿。有间歇性频繁发作的神经症状。请进行病例分析，并提出合理的防治措施。

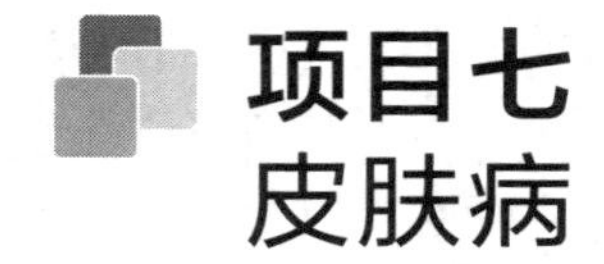

项目七 皮肤病

【知识目标】

通过讲述家畜皮肤的构造、功能、发病原因、一般症状等，及湿疹、荨麻疹、应激综合征的病因、临床症状、诊断、防治原则和治疗措施，使学生能够鉴别诊断常见皮肤病，掌握常见皮肤病的典型症状及防治措施。

【技能目标】

能应用理论知识，根据患病动物症状进行正确诊断，并设计出合理的防治方案，熟练掌握消化道、静脉、皮肤等给药方法。

【必备知识】

皮肤（被皮），是由皮肤及其附属器两大部分组成，包括表皮和真皮，是机体最外一层组织，具有保护体内各种器官、感觉、分泌、排泄、新陈代谢、调节体温等重要功能。由神经调节，以维持机体的平衡与周围环境的统一。

一、 家畜皮肤的构造

皮肤的结构包括表皮、真皮和皮下组织三部分。

1. 表皮

表皮位于皮肤的最表层，由复层扁平上皮构成。表皮最表层的细胞角化，称为角质层，是长期遭受摩擦和受压力的地方，角质层较厚。角质层的表面经常脱落，以消除皮肤上的污物和寄生物，由深层细胞（生发层）新生的角质层所代替。深层细胞具有不断增生的能力。

2. 真皮

真皮由致密结缔组织构成，坚实而富有弹性。皮革，就是由真皮鞣制而成的。在真皮中具有被毛、腺体及丰富的血管、神经，是血液、电解质的贮藏处所，为皮肤的主体部分。

真皮可分为乳头层和网状层两层。乳头层形成圆锥状的乳头，伸向表皮。网状层位于乳头层的深面，由粗大的纤维束交织而成。

3. 皮下组织

皮下组织是位于皮肤深层而含有脂肪的疏松结缔组织，使皮肤有一定的活动性，致皮肤形成皱褶，如颈部的皮肤。皮下组织内富有血管、神经和汗腺。

二、 家畜皮肤的生理作用

（一）保护作用

皮肤是保护机体的重要器官，它参与全身的防御反射机制，抗御机械和化学性刺激、光线、电热、微生物等各种外来侵害。

（二）调节体温

体温的调节，首先是保持机体的产热和散热平衡。如果产热量超过散热量时，在中枢神经系统的调节下，皮肤血管就发生反射性扩张，从机体的内部流入皮肤的血液增多，而且速度加快，然后通过辐射或传导方式增加散热作用。其次，也可通过加强汗腺分泌增加散热。相反，如果散热超过产热时，或气温下降时，皮肤血管收缩，血液回流到内脏，散热减少。同时竖毛肌发生收缩，排出皮脂，阻滞散热，使体温保持平衡。

（三）感觉作用

外界刺激作用于皮肤后，引起神经冲动，冲动沿着感觉通路传入中枢神经系统，并借大脑皮层活动产生各种感觉。这些感觉对于保持机体免受外界环境的伤害起保护作用。

（四）排泄作用

在某种程度上，皮肤起着肾脏功能的辅助作用，磺胺类等药物、酒精、铅及体内部分代谢产物可通过汗液排泄。患有肾病或肾功能不全时，皮肤的排泄功能就显得更加重要。

（五）代谢作用

皮肤也是重要的代谢器官。体内的物质代谢如糖、蛋白质、脂肪、电解质等也在皮肤内进行。皮肤更是全身最重要的色素代谢场所。

（六）吸收作用

虽然皮肤吸收的气体、水分和电解质很少，但脂溶性物质、油脂类、重金属及其盐类、无机酸等均可被皮肤不同程度地吸收。其吸收功能是经皮给药、皮下注射和某些理疗的理论依据。

三、家畜皮肤病的一般症状

1. 痒

痒在皮肤病中最常见，是引起搔抓和摩擦的原因。化学性、机械性、热及电刺激均可诱发痒觉。痒有阵发性、持续性，可限于局部，也可泛发全身。一般认为痒觉发生于表皮内、真皮浅层的游离神经末梢，并通过侧脊丘束径路传到视丘及感觉中枢。据研究，痒觉发生与机体的某些化学物质如组织胺、激肽和蛋白酶等的释放有关，其中蛋白酶起着重要的化学介质作用。这种蛋白酶在表皮、血液以及细菌、真菌中都存在，由于创伤或其他原因可在组织中释放活化，导致皮肤瘙痒的发生。气候变化、寄生虫的活动、昆虫的刺螯、某种药物、饲料、炎性渗出物等外因及皮温升高、皮脂腺分泌减少等可使痒感增加。

家畜的痒觉常见于湿疹、荨麻疹、疥、皮肤真菌病及一些炎症性皮肤病等，也可见于某些全身系统性疾病，如严重肾功能不全等。

2. 疼痛

痛觉和痒觉可能由同种神经传导，有人认为痛觉的域下刺激或痛觉的不全传导可产生痒感。

四、家畜皮肤病的一般诊断方法

家畜皮肤病的种类虽多，但其外部表现则大致由各种皮损所组成。在诊断家畜皮肤病时不仅要识别皮损的类别，还需要仔细观察其各种特征，如大小、形状、色泽、排列、部位等，作为诊断和鉴别的依据。

任务一 | 常见的动物皮肤病

一、湿疹

湿疹是表皮和真皮上皮（乳头层）由致敏物质所引起的一种过敏性炎症反应。临床上以患部皮肤红斑、丘疹、水疱、脓疱、糜烂、结痂及鳞屑等皮损，并伴有热、痛、痒症状为特征。各种家畜都能发生，春夏季多发。

【病因】

1. 外因

（1）机械性刺激　如持续的摩擦，尤其是挽具的压迫和摩擦，以及啃咬和昆虫的叮咬等。

（2）物理性因素　皮肤不洁，污垢在被毛间蓄积，或在阴雨连绵的季节放牧，使皮肤的角质层因潮湿软化，生存于皮肤表面的裂殖菌及各种分解产物进入生发层细胞中。家畜长期处于阴暗潮湿的厩舍或畜床上或烈日暴晒，皮肤的抵抗力下降，极易引起湿疹。

（3）化学性因素　化学药品使用不当，如滥用强烈刺激药涂擦皮肤，或用碱性肥皂水洗刷局部，或长时间被浓汁或病理性分泌物污染的皮肤，可发生湿疹。

2. 内因

外因是引起湿疹的重要因素，但内因是决定因素。

（1）变态反应　变态反应则为本病最重要的原因。如家畜消化道疾病（胃肠卡他、肠便秘）并伴有腐败分解产物吸收，或摄取致敏性饲料，病灶感染、细菌毒素，或由于患畜自身的组织蛋白在体内或体表经过一系列复杂过程，使病畜皮肤发生变态反应，促使湿疹的发生、发展和恶化。

（2）皮肤抵抗力降低　如营养失调、代谢紊乱、慢性肾病、内分泌功能障碍等使皮肤抵抗力降低，导致湿疹的发生。

【发病机制】

湿疹的发生是由于皮肤经常受外界不良因素的刺激，在变态反应的基础上，经过组胺等化合物的作用引起毛细血管扩张和渗透性增高。渗出液和组织液使生发层细胞间隙增大。组织液被含脂质的粒层所阻拦，生发层的上部比较潮湿，细胞发生膨胀，而导致湿疹的发生。

原发性湿疹的病理变化为表层的水肿、角化不全和棘层肥厚，真皮中的血管扩张、水肿和细胞浸润。继发性病变包括表皮的结痂、脱屑，及真皮的乳头层肥大和胶原纤维变性。

【症状】

在临床上，按病程和皮损表现分为急性和慢性湿疹。

1. 急性湿疹

按病性及经过分为以下几期。

（1）红斑期　病初患部充血，无色素皮肤可见大小不等的红斑，轻微水肿，指压褪色，称为红斑性湿疹。

（2）丘疹期　若炎症进一步发展，皮肤乳头层被血管渗出的浆液性渗出液浸润，形成界限分明的粟粒到豌豆大小的隆起，触诊发硬，称为丘疹性湿疹。

（3）水疱期　当丘疹的炎性渗出物增多时，皮肤角质层分离，在表皮下形成含有透明的浆液性水疱，称为水泡性丘疹。

（4）脓疱期　水疱期有化脓感染时，水疱变成小脓疱，称为脓疱性湿疹。

（5）糜烂期　小脓疱和小水疱破裂后，露出鲜红色糜烂面，并有脓性渗出物，创面湿润，称为糜烂性或湿润性湿疹。

（6）结痂期　糜烂面上的渗出物凝固干燥后，形成黄色或褐色的痂皮，称为结痂性湿疹。

（7）鳞屑期　湿疹末期痂皮脱落，新生上皮增生角化并脱落，呈糠秕状，称为鳞屑性湿疹。

急性湿疹有时某一期占优势，而其他各期不明显，甚至在某一期停止发展，病变部结痂或脱屑后痊愈。

2. 慢性湿疹

慢性湿疹病程与急性大致相同，其特点是病程长，易于复发。病期界限不明显，渗出物少，患部皮肤干燥增厚。

3. 湿疹的好发部位和性状

马：常于系凹部、腕关节的后面与跗关节的前面，发生结节或水疱，而后转为慢性湿疹。发病不久，见有瘙痒，摩擦，皮肤增厚。此病春天开始发生，春末及夏季增多，病变一般为局限性，很少波及全身，皮肤干燥，长毛处往往积聚皮屑。由于剧痒，不断啃咬、摩擦，故有脱毛或擦伤。

牛：大多发生于前额、颈部、尾根，甚至背腰部、后肢系凹部，病初皮肤略红、发热、继而形成小圆形水疱，小如针尖，大如蚕豆，后破裂，有的因化脓而形成脓疱。由于病变部位奇痒而摩擦，使皮肤脱毛、变厚，粗糙或形成裂创，出血，病变范围扩大。牛的乳房由于与后肢内侧经常摩擦并积聚污垢，而易发湿疹。牛的慢性湿疹，通常是由急性泛发性湿疹转变而来，或为再发性湿疹。

羊：临床症状与牛相同。多于天热出汗或雨淋后，因湿热而发生急性湿疹。多发生于背部、荐部、臀部，较少发生于头部、颈部和肩部。皮肤发红，有浆液渗出，形成结痂，被毛脱落，继而皮肤变厚，发硬，甚至发生龟裂。易误诊为螨病。

绵羊的日光疹（太阳疹）：绵羊在剪毛后，由于日光长时间照射，可引起皮肤充血、肿胀，并发生热、痛性水肿，以后迅速消失，结痂痊愈。

猪：常称沥青癞。主要发生于饲养管理不当，或有寄生虫及内科疾病（如卡他性肺炎、佝偻病）的瘦弱贫血的仔猪。最初被毛失去光泽，多发生于全身各处，尤其是股、胸膛、腹下等处发生脓疱性湿疹。脓疱破溃后，形成大量黑色痂，奇痒。因此，患猪精神疲惫，逐渐消瘦。

【诊断】

急性的病期常在3周以上，如转为慢性，可经数月，不易痊愈。

根据症状、病史，容易诊断。判断病因和病性时，应考虑是否用过驱虫药（喷雾和药浴），皮肤上是否用过擦剂，是否患过慢性疾病。根据病史调查、内部器官状态、神经功能状态，进行具体分析，方能做出正确判断。

本病与螨病、霉菌性皮炎、皮肤瘙痒症等鉴别要点：①疥螨病：瘙痒显著，病变部位刮削物镜检可发现螨虫体。②霉菌性皮炎：具有传染性，易查出霉菌孢子。③皮肤瘙痒症：皮肤瘙痒，但皮肤无损。④皮炎：皮肤红、肿、热、痛，多不瘙痒。

【治疗】

治疗原则：去除病因，脱敏，消炎。

1. 去除病因

保持皮肤干燥、清洁，厩舍通风良好，使患畜适当运动，给予一定时间的日光浴，防止强刺激性药物刺激，给予营养丰富易消化的饲料。一旦发病，及时给予治疗。用药前，消除皮肤一切污垢、汗液、痂皮、分泌物等。可用温水或3%的鞣酸溶液，或3%的硼酸溶液，或3%的明矾溶液清洗患部。

2. 消炎

湿疹的不同时期，应用不同的药物治疗。

红斑期、丘疹期湿疹：用等量胡麻油和石灰水，涂于患部。

水疱期、脓疱期、糜烂期湿疹：剪毛后，用1%～2%鞣酸溶液或3%硼酸溶液清洗患部，然后涂布3%～5%龙胆紫，或5%美蓝溶液，或2%硝酸银溶液，或撒布氧化锌滑石粉（1∶1）、碘仿鞣酸粉（1∶9），或涂布氧化锌软膏或水杨酸氧化锌（氧化锌软膏100g，水杨酸4g）。

呈慢性炎症时，可涂擦醋酸氢化可的松软膏或碘仿鞣酸软膏（碘仿10g，鞣酸5g，凡士林100g）。

全身可用10%的氯化钙溶液，静脉注射（马、牛100～150mL；猪、羊20～50mL），隔日注射。

3. 脱敏

多用苯海拉明（马、牛0.1～0.5g，猪、羊0.04～0.06g），或用异丙嗪（马、牛0.25～0.5g，猪、羊0.05～0.1g），肌肉注射，每日1～2次。宜配合普鲁卡因疗法。患畜出现剧痒不安时，可用1%～2%石碳酸酒精涂擦。

4. 中医治疗

急性患者宜用以下处方：

茵陈75g，生地50g，金银花50g，黄芩25g，栀子25g，蒲公英50g，苦参40g，苍术50g，车前子40g，剧痒者加蝉蜕25g，白蒺藜40g，共为细末，水冲服，马、牛1次灌服。

寒水石、石膏、冰片、赤石脂、炉甘石各等份，研末，撒布患部或用水调涂。

慢性患者宜用以下处方：

当归50g，生地50g，白癣皮50g，地肤子40g，白芍40g，何首乌50g，薏苡仁50g，丹皮50g，荆芥30g，研末，开水冲服，马、牛1次灌服。

雌黄30g，白芨、白敛、龙骨、大黄、黄柏各50g，研末，水调成糊，涂抹患部，隔日1次。

二、荨麻疹

荨麻疹又名风团、风疹块，中医称为遍身黄，是机体受内、外因素刺激所引起的皮肤乳头层和棘层血管渗出液增多的一种过敏性疾病。其特征是患畜体表突然出现许多圆形或扁平形的疹块，并迅速消散，伴有皮肤瘙痒。马、牛、猪多发，羊、犬次之。

【病因】

1. 外源性荨麻疹

昆虫（蚊、蚋、虻、蚁）的刺螫，有毒植物（荨麻）的刺激（故名荨麻疹）；外擦药物（如松节油、石炭酸、芥子泥等）的涂擦刺激；生物制品，如血清注射、疫苗接种、鼻疽菌素点眼、结核菌素注射等；内服或注射某些药物，使机体过敏而致发；劳役后受寒风或凉风侵袭（故名风疹块），或经常抓挠及磨蹭等物理刺激，都可引起本病。

2. 内源性荨麻疹

饲料中有过敏原（如马对野燕麦、白三叶、紫苜蓿，猪对鱼粉、紫苜蓿等过敏）；变质霉败饲料，消化不全产物或菌体成分被吸收；牛皮蝇蛹、胃鼻疽、蛔虫、绦虫虫体成分及其代谢产物被吸收；乳腺内滞留乳汁再吸收等。

3. 感染性荨麻疹

如在腺疫、流感、脑疫、猪丹毒、犬瘟热等传染病和侵袭病经过中或痊愈后，病原体对畜体的持续作用而致敏，再次接触病原体时即可发病。

【症状】

皮肤上突然出现疹块，呈淡红色或红色，黄豆至核桃大小，扁平状或半球状，界限明显，质地较软，被毛直立，短时间内蔓延至全身，疹块往往融合形成较大的疹块。有的疹块顶端发生浆液性水疱，并逐渐破溃、结痂。马多见于颈侧、躯干和臀股部；牛多见于颈、肩、躯干、眼周、鼻镜、外阴和乳房；猪多见于颈、背、腹部和股内。发生于白色皮肤处的丘疹，周边红晕。外源性荨麻疹伴有剧烈奇痒，患畜摩擦、啃咬，以至皮肤破溃，浆液外溢，被毛粘连，似湿疹。内源性和感染性荨麻疹，痒感轻微。有的病例，眼结膜或口、鼻、黏膜也发生疹块或水疱，伴有口炎、鼻炎和结膜炎。病程通常为数小时至数日，预后良好。有的为慢性经过，迁延数周乃至数月。有的病例，有体温升高，精神沉郁，食欲减退，消化不良等症状。猪有时发生呕吐和下痢，牛表现不安，呼吸促迫，战栗，流涎，耳、鼻、眼睑水肿等。

【诊断】

根据病史和症状容易诊断。与血管神经性水肿鉴别诊断：荨麻疹的病变仅限于皮肤本身；而血管神经性水肿除多见于口唇和眼睑等局限性水肿外，常波及皮下组织，呈明显柔软的较大隆起。

【治疗】

急性荨麻疹短期内多自愈。慢性荨麻疹的治疗原则：去除病因，镇静脱敏和抗感染。

1. 去除病因

系由霉败或有毒饲料引起的，要及时更换饲料，并给予泻剂、胃肠消毒剂（萨罗、鱼石脂等）清理胃肠、制止发酵。

2. 镇静脱敏

盐酸苯海拉明，马、牛 0.1～0.5g，猪、羊 0.04～0.06g，肌肉注射；盐酸异丙嗪肌肉注射，马、牛 0.25～0.5g，猪、羊 0.05～0.1g；皮下注射 0.1% 肾上腺素液，马、牛 2～5mL，羊、猪 0.2～1.0mL；硫酸异丙肾上腺素，马、牛 1～4mg，羊、猪 0.2～0.4mg，混入 5% 葡萄糖注射液 500mL 中缓慢静脉注射；静脉注射 10% 氯化钙溶液，马、牛 5～20g，猪、羊 1～5g，犬 0.5～1.5g；内服乳酸钙，马、牛 5～15g，猪、羊 0.3～1g，犬 0.2～0.5g。慢性荨麻疹，宜用自家血治疗，疗效良好。

3. 局部疗法

1% 醋酸溶液和 2% 酒精涂擦；或用水杨酸酒精合剂（水杨酸 0.5g，甘油 250mL，石炭酸 2mL，酒精 50mL）；或用止痒剂（薄荷 1g，石炭酸 2mL，水杨酸 2g，甘油 5mL，70% 的酒精加至 100mL）。

4. 中医治疗

（1）白癣皮、威灵仙、苦参、甘草、蛇床子各 50g，当归 30g，研末，开水冲调，候温灌服。

（2）黄芪 45g，蒲公英 45g，黄芩 30g，黄柏 30g，知母 30g，防风 30g，郁金 30g，甘草 30g，研末，开水冲调，候温灌服。

三、应激综合征

（一）应激学说与应激的概念

加拿大病理生理学家 Hans Selye 创立了应激学说。应激（stress）是动物受到体内外非特异性有害因子（应激原）的刺激所表现出的功能障碍和防御反应，是机体对外界或内部的各种异常刺激的非特异性应答反应的总和。适当的自然应激可使机体逐步适应环境，提高生产性能。如果应激过度，就会产生严重的不利影响，如生产性能下降、发病率升高，甚至死亡。

Stress 意为“紧张、压力、应力”。按 Selye 的原意，应激通常是指动物受到频率比较高、持续时间长或短时间剧烈变化的刺激时所引起的机体反应，这种反应主要使动物内环境稳定性、生理和行为等发生改变。应激所引起的机体非特异性变化称为全身适应综合征（GAS）。

（二）应激的原因

（1）物理应激 过冷、过热、强辐射、低气压、贼风、强噪声等。

（2）化学应激 空气中的CO_2、NH_3、H_2S等有害气体浓度过高，各种化学毒物、药物等。

（3）饲养过程中的应激 饥饿或过饱、日粮不平衡、急剧变更日粮和饲养方式、饮水不足、水质不洁、水温过低等。

（4）生产工艺应激 变更饲养规程、更换饲养员、断乳、称重、转群、抓捕、驱赶、缺乏运动、饲养密度过大、饲槽宽度不足、组群过大等。

（5）生物学应激 传染性和侵袭性疾病、预防接种等。

（6）外伤性应激 去势、打耳号、烧烙断尾、创伤和骨折等。

（7）心理应激 争斗、社群等级地位、惊吓、人的粗暴对待以及其他引起心理紧张的因素。

（8）运输应激 各种运输工具的装卸和运输行程的不良刺激。

（9）人为应激因素 对生产性能的高强度选育和利用、各种造成不适的机械和设备使用、对畜禽进行不良刺激试验等。

（三）应激的发展阶段

1. 惊恐反应或动员阶段

机体对应激原作用的早期反应，出现典型的GAS症状，此期机体尚未获得适应。根据生理生化的变化不同，该期又分为休克相和反休克相。

休克相表现：体温、血压下降，血液浓缩，神经系统抑制，机体抵抗力降低。此相可持续数分钟至24h。

反休克相表现：血压、血糖升高，血钠、血氯升高，血钾降低，血液总蛋白下降，肾上腺皮质肥大，机体总抵抗力提高。

若应激原作用激烈，家畜可在1h或1d内死亡。若家畜能经受住应激原作用，则惊恐反应持续数小时至数天后，进入适应阶段，此时，反休克相是向适应阶段的过渡或与适应阶段合并。

2. 适应或抵抗阶段

机体许多表现与惊恐反应相反，如果刺激较弱或作用停止，则应激反应的发展就在此阶段结束；如果机体不能克服强烈应激原的作用，应激反应进入衰竭阶段。

3. 衰竭阶段

表现很像惊恐反应，但程度急剧增强，淋巴结肿大，血液中嗜酸性粒细胞和淋巴细胞增加，骨髓中细胞成分减少，继而机体贮备耗尽，新陈代谢出现不可逆变化，许多重要功能衰竭，导致动物死亡。

（四）应激的防治

（1）预防 加强饲养管理，减少转群，降低饲养密度，保证日粮平衡，选育抗应激品种。

（2）治疗　注意消除应激原。氯丙嗪1～2mg/kg体重，肌肉注射；也可用巴比妥等镇静剂；硫酸镁注射液25～50mL，静脉或肌肉注射；5%碳酸氢钠注射液150～300mL静脉注射。

另外，参与代谢的药物如：琥珀酸、苹果酸类、维生素、微量元素（硒）均具防治作用。

给乳牛刷体好处多

很多养乳牛户不习惯每天用刷子、梳子刷拭牛体。殊不知，刷拭牛体是科学饲养乳牛很重要的一个环节。乳牛因皮肤新陈代谢旺盛，分泌物较多，所以乳牛主要通过毛孔、皮肤来散发热量，刷拭牛体既能保证乳牛皮肤毛孔不被堵塞，又能增加皮肤的血液循环，从而增加流经乳房的血液量，有利于乳牛的健康和提高乳牛的产乳量。同时，刷拭牛体还能清除乳牛的体表寄生虫。

乳牛饲养员每天应早晚两次刷拭牛体，每次3～5min，刷拭要周密到全身每个部位，不可疏漏，刷下的毛应收集起来，不能让牛舔食，刷下的灰尘不能落入饲料内。日常管理中，乳牛体表很容易发生创伤，每天刷拭就能更早地发现创伤，以便快速处理。

（一）巧用烟草治牛虱

牛虱寄生于牛体表，分为牛毛虱和牛血虱。牛毛虱以牛毛和皮屑为食，牛血虱则吸食血液。当虱大量寄生时，可引起皮肤发痒、不安、脱毛、发炎以及牛只消瘦。血虱吸血时分泌毒素，毛虱在爬行牛毛和皮屑时均可刺激神经末梢，引起牛只不安，皮肤发痒，并且由于啃咬和擦痒造成皮肤损伤，引起皮炎、脱毛、脱皮，并可继发细菌感染和伤口蛆症。犊牛常因舐吮患部，牛毛在胃内形成毛球，造成严重的胃肠疾病。由于虱的骚扰，影响牛采食和休息，致使消瘦和犊牛发育受阻。

治疗方法：烟叶150g，麻油500g，一同炖热擦患处，或烟骨（或叶）1份，水20份，煮1h，连渣一起擦患处，牛虱就会自动脱落。

（二）烟叶治疗牛疥癣

取烟叶 0.75kg 捣碎，加入 30℃左右的温水 5kg 浸泡 48h 左右，用纱布滤出汁液，然后先用温水擦洗患部，除去痂皮，再用干净毛刷蘸烟叶汁反复刷拭患部。每 10d 1 次，2 次可愈。

一、问答题

1. 湿疹和荨麻疹在病因和症状上有哪些不同？分别用什么方法处理？

2. 怎样预防应激综合征？

二、病例分析

对以下病例，依据所给临床症状，提出初步诊断，制定治疗措施，开具处方。

病例一：一匹马，食欲减退，目光无神，意识障碍，不听呼唤，处于昏睡状态，迫使运动步态蹒跚，举肢运步如涉水样，有时盲目徘徊或转圈运动；有时突然兴奋，狂躁不安，攀登饲槽，攻击人畜，呼吸、脉搏加快。采食时突然忘了咀嚼，饮水时，鼻孔插入水中而忘记呼吸。

病例二：一黄牛颈、背、腹部和股内突然出现扁平状丘疹，有的相互融合出现大面积肿胀。病畜站立不稳，不安，使劲磨蹭，局部有擦破和脱毛现象。呼吸紧迫，颤栗，流涎，眼睑轻微水肿。

病例三：一只 2 岁藏獒，体重 25kg，发病 3 个月。检查：颈两侧、胸背、臀部两侧有不规则脱毛，脱毛处皮肤肥厚、隆起、粗糙，可见多处抓痕，有血痂，病变部位与周围皮肤界限清晰。

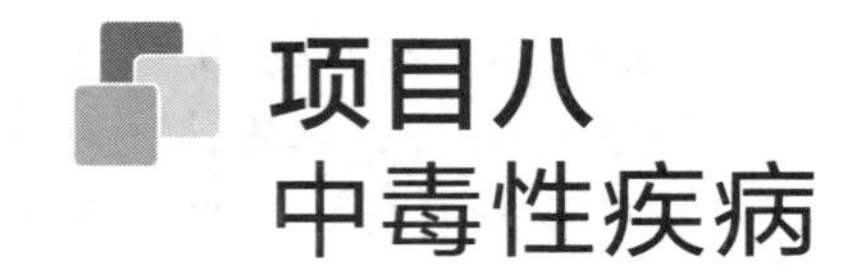

项目八
中毒性疾病

【知识目标】

本项目通过对家畜及家禽常见中毒病的讲述，掌握畜禽常见中毒病的种类及原因；了解中毒的发生机制；掌握常见多发中毒病的临床症状及病理变化；掌握常见中毒病防治原则。

【技能目标】

在生产中，能根据临床症状诊断各种畜禽常见中毒病；能对常见中毒病进行正确的治疗和预防。

【必备知识】

一、 毒物与中毒

（一） 毒物

毒物指在一定条件下，一定量的某种物质进入机体后，在组织器官内发生化学或物理的作用，破坏机体的正常生理功能，引起机体的功能或器质性病理变化，表现出相应的临床症状，甚至导致机体死亡，这种物质被称为毒物。

某种物质是否有毒主要取决于动物接受这种物质的剂量、途径、次数及动物的种类和敏感性等因素，因此，所谓的“毒物”是相对的，而不是绝对的。如有的剧毒物质在微量时，可有治疗作用，而治疗药物超过限量，则可使机体中毒。

（二） 中毒

毒物通过皮肤、消化道、呼吸道黏膜进入机体，与机体相互作用，引起机体组织器官产生一系列病理过程，甚至死亡，称为中毒。由毒物所引起的疾病称中毒病。

二、 毒物与中毒的分类

（一） 毒物的分类

1. 按照毒物的来源和性质分类

（1） 内源性毒物　在动物体内形成的毒物，包括机体的代谢产物和寄生于体内的细菌、病毒、寄生虫的代谢产物。

（2） 外源性毒物　即环境毒物，在体外形成或存在于体外进入动物体内的毒物。包括饲料类、植物类、农药化肥类、真菌毒素类、矿物元素类、药物类、动物毒素类等。

2. 按照毒物的毒理分类

以毒物对机体器官系统的作用，把毒物分为神经毒物、肝毒物、肾毒物、血液毒物、消化毒物、全身毒物等。

（二） 中毒的分类

（1） 常见的外源性毒物所致中毒性疾病有：饲料中毒、有毒植物中毒、农药中毒、灭鼠药中毒、化肥中毒、真菌毒素中毒、药物及饲料药物添加剂中毒、环境污染与矿物元素中毒、动物毒中毒、有毒气体中毒、军用毒剂中毒、辐射物质中毒。

（2） 中毒按病程分类，分为急性、亚急性、慢性三种。急性中毒动物起病突然，病程短急，症状严重，若不及时抢救，可造成动物迅速死亡或突然死亡；慢性中毒起病隐袭，病程漫长，临床症状逐渐加重；亚急性中毒介于急性中毒与慢性中毒之间，为动物多次接触毒物所引起的中毒过程。

三、 中毒病的常见病因

中毒的原因可大体划分为动物暴露在自然条件下的中毒和人为的中毒。

（一） 自然因素

自然因素系指动物自然接触毒物而致中毒的因素。包括有毒矿物质（如工业污染）、有毒植物以及动物毒素等引起的中毒病。有毒矿物质和有毒植物中毒有明显的地区性或地方性。

（1） 有毒矿物　含氟的岩石和土壤以及工业氟污染的水草是家畜氟病的重要来源。井水含有过量的硝酸盐可引起动物致死性中毒。

（2） 有毒植物　植物中毒具有明显的地方性。多数有毒植物具有一种令人厌恶的臭味或含有刺激性液汁，正常家畜往往拒食这些植物，仅当其他牧草缺乏的时候，才被迫采食。

（3） 动物毒素　动物被蜜蜂、毒蛇叮咬后可引起蜂毒、蛇毒等动物毒素中毒，其中包括人工养蜂、养蝎、养蜈蚣所引起的中毒。

（二）人为因素

人为因素是造成动物中毒的主要因素。

（1）饲料加工、贮存、使用不当　在饲料调配、调制、加工过程中，由于方法不当而产生某些有毒物质，如亚硝酸盐中毒、氢氰酸中毒；饲料（饲草）霉败产生真菌毒素，如黄曲霉毒素中毒、霉玉米中毒、霉稻草中毒等；有些原料需脱毒处理才能作为饲料，如未能进行有效的脱毒，或饲喂量较大、饲喂时间过长均可造成中毒，如菜籽饼、棉籽饼、亚麻籽饼中毒等；有时饲料添加剂使用不当或过多也会引发中毒，甚至导致动物大批死亡。

（2）农药、杀鼠药及化肥对环境的污染　农药、杀鼠药、化肥的管理和使用粗放，或农药对器具、饮水的污染，造成动物有机会接触而误食、误饮；动物采食或饲喂喷洒过农药而未过残毒期的农作物或牧草引起中毒；将农药和化肥当作药物和添加剂使用不当所致中毒。此外，由于食物链的作用，误食某些因农药或鼠药中毒的动物尸体，也可造成肉食动物的二次中毒。

（3）草场退化、天气干旱、水源不足等生态环境恶化　这是引起放牧牲畜有毒植物中毒的常见原因。一方面造成天然草场有毒植物超常生长和蔓延。另一方面，因牧草短缺，动物饥饿而采食有毒植物造成中毒，如棘豆中毒、醉马草中毒等。

（4）生物、地质化学因素　某些地区土壤和水源中含有害元素，或某些正常元素的含量过高，导致这些元素在饲料和牧草中的含量超过动物的耐受量而发生中毒。如慢性氟中毒、地方性钼中毒等。

（5）在工业生产发达的地区，其附近的水源和牧草最容易被工厂排出物所污染。如砷、铅、汞、氟、钼等工业污染物常引起人畜中毒。此外，由于放射性物质污染环境，来自煤气厂的酚类、制革厂的铬酸盐、啤酒厂的酒精和电镀作业的氰化物等废物也能使家畜发生中毒，甚至死亡。

（6）治疗用药不当　大多数药物是选择性毒物，如果给予的量太大、速度太快或太频繁就会发生毒性反应，尤其是作用于中枢神经系统的药物、驱虫药、对心脏刺激性强的药物等。

（7）出于某种报复性目的投毒　虽并不常见，但必须加强安全措施，严厉制止任何破坏事故。

四、中毒病的临床特点

动物中毒病的种类繁多，临床症状各异，但其在发生上有共同特点。

（1）群体发病　在集约饲养条件下，特别是饲养管理不当等造成的中毒病，往往呈群发性，同种或异种动物同时或相继发病，表现出相同或相似的临床症状。

（2）地方流行　由于地质化学的原因，某些地区的土壤中含有害元素，或富含某种正常的元素，使饮水、牧草或饲料中含量增高而引起畜禽中毒。这类中毒往往具有地区性，且许多元素可使人、畜共同受害，如地方性氟中毒等。

（3）发病速度不等　由于毒物进入机体的量和速度不同，中毒的发生有急性与慢性之分。毒物短时间内大量进入机体后突然发病者，为急性中毒。毒物长期小量地进入机体，则可能引起慢性中毒。

（4）体温一般降低或无变化，偶有升高。

五、中毒病的诊断

畜禽中毒，特别是急性中毒，可在短期内造成严重的损失，因此，要求中毒的诊断要迅速准确。

中毒性疾病，因多呈群发性、地方性发病，与传染病、寄生虫疾病、营养代谢病等群发性疾病有许多共同特点，但中毒性疾病，特别是急性中毒，多具有以下特点，根据这些特点，可作出中毒的初步诊断。

（1）同槽、同圈、同牧地的动物，在饲后数小时到数周内多数动物突然同时发病或相继发病，平时体质强、食欲好的动物发病急、症状重。

（2）患病动物具有共同的临床表现和相似的剖检变化。以消化系统和神经系统的症状和病理变化较明显。

（3）具有相同的发病原因。患病动物有接触同一毒物的可能，如饲喂过同一种饲料，或在同一草场放牧过，或使用过同样的药物。而当时不摄入同种饲料或饮水的同种动物不发病。停饲喂该种可疑饲料或更换牧场后发病随即停止，不再有动物发病。

（4）患病动物体温多不升高。

（5）无传染性。

六、中毒病的治疗

中毒的治疗一般分为三个步骤进行：预防毒物进一步被吸收；特效解毒疗法；支持和对症疗法。

（一）预防毒物被吸收

切断毒源：必须立即使畜禽群离开中毒发生的现场，停喂可疑有毒的饲料或饮水。阻止或延缓机体对毒物的吸收：对经消化道接触毒物的病畜禽，可根据毒物的性质投服吸附剂、黏浆剂或沉淀剂，内服泻剂、催吐、洗胃等。

（二）解毒

1. 特效解毒剂的应用

当已查明毒物，应尽快选用特效解毒剂，以减弱或破坏毒物的毒性，这是治疗动物中毒病最有效的方法。同时配合应用增强解毒功能的药物。但由于毒物多种多样，实际可用的特效解毒剂较少。

2. 通用解毒剂的应用

通用解毒剂即所谓一般性解毒剂。对一些无特效解毒剂的中毒病或不明毒物及未能确定诊断的中毒，可选用这一类解毒剂进行试探性治疗，其疗效虽不及特效解毒剂，但可增强机体的解毒功能，有时还能获得意想不到的疗效，同样达到解毒的目的。

（三）对症与支持疗法

很多毒物至今尚无特效解毒药，抢救措施主要依赖于及时排出毒物及合理的支持与对症治疗。针对治疗过程中出现的危症采取紧急措施，包括预防惊厥，维持呼吸功能，维持体温，抗休克，调整电解质和体液，增强心脏功能，减轻疼痛等。

任务一 | 饲料中毒

一、 亚硝酸盐中毒

亚硝酸盐中毒是畜禽由于采食富含硝酸盐或亚硝酸盐的饲料或饮水，使血红蛋白变性，失去携氧功能，导致组织缺氧的一种急性、亚急性中毒。临床上以呼吸困难，黏膜发绀，血液褐变，胃肠道炎症，痉挛抽搐为特征。

本病一年四季皆可发生，但以春末、秋冬发病最多。各种动物都能发生，但不同动物对亚硝酸盐的敏感性不一样，猪 > 牛 > 羊 > 马，家禽和兔也可发生。由于猪较敏感，又称“饱潲症”，即吃饱后突然死亡。

【病因】

谷物类饲料和菜类都含有一定量的硝酸盐。硝酸盐主要存在于植物的根和茎，含量可因过施氮肥和水应激（干旱后或旱后降雨）而明显增加。

单胃动物多是由于摄入亚硝酸盐中毒。硝酸盐还原菌广泛分布于自然界，其最适的生长温度为20～40℃，在生产中，青绿饲料和块茎饲料经堆垛存放而腐烂发热时，以及用温水浸泡、文火焖煮，往往致使硝酸盐还原菌活跃，使硝酸盐还原为亚硝酸盐，摄入以致中毒。

反刍动物瘤胃内含有大量的硝酸盐还原菌，有适宜的温度和湿度，可把采食的硝酸盐还原为亚硝酸盐。当喂给反刍动物大量富含硝酸盐的饲料，而同时日粮中糖类饲料不足时，饲料中硝酸盐易被还原成亚硝酸盐而引起中毒。

【发病机制】

1. 形成变性血红蛋白

亚硝酸盐属氧化型毒物，吸收入血后使血红蛋白中的二价铁（Fe^{2+}）脱去电子而被氧化成为三价铁（Fe^{3+}），从而使正常的血红蛋白变为高铁血红蛋白，失去正常的携氧功能，造成全身组织细胞缺氧。中枢神经系统对缺氧最为敏感，出现一系列神经症状，甚至窒息死亡。

2. 外周血管衰竭

亚硝酸盐具扩张血管作用，进入血液后能直接松弛血管（尤其是小血管）平滑肌，引起血管扩张，导致血压下降、外周循环衰竭，使组织缺氧进一步加剧，进而出现呼吸困难，神经紊乱。

3. 致癌和致畸

亚硝酸盐、氮氧化物、胺和其他含氮物质可合成强致癌物——亚硝胺和亚硝酰胺，不仅可引起成年动物肿瘤，还可透过胎盘屏障使子代动物致癌；亚硝酸盐可通过母乳和胎盘而影响幼畜及胚胎，造成死胎、流产和畸胎。

4. 腐蚀刺激作用

硝酸盐对消化道有强烈的腐蚀刺激作用，一次性大量食入硝酸盐后，可直接引起胃肠炎。

慢性中毒可引起母畜流产，还会增加身体对维生素 A 和维生素 E 的需要量。硝酸盐和亚硝酸盐也是一种致甲状腺肿物质，引起甲状腺肿大，使机体代谢发生紊乱。

【症状】

硝酸盐急性中毒时，病畜表现流涎、腹痛、腹泻、呕吐等消化道症状。亚硝酸盐中毒主要引起组织缺氧症状，可见呼吸困难，肌肉震颤，可视黏膜发绀，脉搏细弱，体温常低于正常。慢性中毒时，表现的症状多种多样。牛表现为流产综合征，其他动物表现有流产、分娩无力、受胎率低等综合征，维生素 A 代谢及甲状腺功能异常。

猪通常在采食后 15min 至数小时发病，同群的猪同时或相继发生。多发生于精神良好、食欲旺盛的猪，发病急、病程短、救治困难。病猪表现流涎，可视黏膜发绀，呈蓝紫色或紫褐色，血液褐变，如咖啡色或酱油色。耳、鼻、四肢以及全身发冷，体温正常或低下，兴奋不安，肌肉战栗，步态蹒跚，无目的的徘徊或做圆圈运动，也有呆立不动的。呼吸高度困难，心跳急促，不久倒地昏迷，四肢划动，抽搐窒息而死亡。

牛、羊通常在采食后 1 ~5h 发病，也有延迟至 1 周左右才发病的，除表现上述亚硝酸盐中毒的基本症状外，还伴有流涎、呕吐、轻度臌气、腹痛、腹泻等硝酸盐的消化道刺激症状，同时，呼吸困难和循环衰竭的临床表现更为突出。病牛有时表现行为异常、肌肉震颤、共济失调及虚弱无力。整个病程可延续数小时至 24h，存活的妊娠母牛发生流产。

鸡表现不安或精神沉郁，食欲减少或废绝，嗉囊膨大。站立不稳，两翅下垂，口腔黏膜、鸡冠、肉髯发绀，口内黏液增多。呼吸困难，体温正常，最后死于窒息。

【病理变化】

硝酸盐中毒的特征性病理变化是血液呈咖啡色或黑红色、酱油色，凝固不良。其他表现有皮肤苍白、发绀。胃肠黏膜充血、出血，胃黏膜容易脱落或有溃疡变化，胃内容物有硝酸样气味。肠管充气，肠系膜充血。可视黏膜、内脏器官浆膜呈蓝紫色，全身血管扩张。肺充血、出血、水肿。肝、肾瘀血，心包脏层和心肌有出血斑点等。

【诊断】

根据病史，饲喂大量腐烂变质或加工不当的青料。依据黏膜发绀、血液呈酱油色、呼吸困难等主要临床症状，特别是短急的疾病经过，以及起病的突然性，发病的群体性，采食与饲料调制失误的相关性，可做出诊断。

根据美蓝等特效解毒药的疗效、亚硝酸盐简易检验和变性血红蛋白检查可进一步确定诊断。

亚硝酸盐简易检验：取一滴胃内容物或残余饲料的液汁，滴在滤纸上，加10%联苯胺液1~2滴，再加10%冰醋酸液1~2滴，如有亚硝酸盐存在，滤纸即变为棕色，否则颜色不变。

变性血红蛋白检查：取血液少许于小试管内，于空气中振荡后正常血液即转为鲜红色。振荡后仍为棕褐色的，初步可认为是变性血红蛋白。

【治疗】

1. 特效解毒药

美蓝是本病的特效解毒药。猪的用量是1~2mg/kg体重，通常用1%美蓝液静脉注射。反刍动物美蓝用量为20mg/kg体重。此外，可用5%的甲苯胺蓝液5mg/kg体重，静脉注射，也可肌肉注射和腹腔注射。

2. 有效解毒药

抗坏血酸（维生素C）也是一种还原剂，大剂量抗坏血酸用于亚硝酸盐中毒，疗效也好，但不如美蓝见效快。5%维生素C注射液：猪、羊0.5~1.0g，牛、马5~10 g，肌内或腹腔注射，或溶于25%葡萄糖溶液中静脉注射。25%~50%葡萄糖：1~2mL/kg，静脉注射。注射葡萄糖只促进高铁血红蛋白的还原，仅起辅助疗效。

若以上药物解毒治疗用药后，发绀不退或再度出现，隔1~2h后重复应用。

3. 一般排毒及对症疗法

配合以催吐、下泻、促进胃肠蠕动和灌肠等排毒治疗措施；对重症病畜还应采用强心、补液和兴奋中枢神经等支持疗法；急性硝酸盐中毒按急性胃肠炎治疗即可。

可使用1%美蓝溶液，1mL/kg体重；或甲苯胺蓝5mg/kg体重配成5%溶液，静脉或肌肉注射。口服大剂量维生素C（2~3g），静脉注射25%~50%高渗葡萄糖300~500mL。心脏衰弱者每头肌肉注射10%安钠咖3~5mL。

小处方：绿豆200g，小苏打100g，食盐60g，木炭末100g，共粉碎为末，加少量水，调匀后1次灌服，每日1剂，连用2d。

【预防】

（1）切忌饲草堆积放置而发热变质，使亚硝酸盐含量增加，应采取青贮方法或摊开敞放以减少亚硝酸盐含量。

（2）试验证明除黄豆和甘薯外，多数饲料经煮热后营养价值降低，尤其是维生素的破坏。若要熟喂，青饲料在烧煮时宜大火快煮，并及时出锅冷却后再饲喂，切忌小火焖煮或煮后闷放过夜饲喂。

（3）接近收割的青饲料不能再施用硝酸盐等肥料，以避免增高饲料中硝酸盐或亚硝酸盐的含量。牛、羊可能接触或不得不饲喂含硝酸盐较高饲料时，要保证适当的糖类的精料量，以提高对亚硝酸盐的耐受性和减少硝酸盐变成亚硝酸盐。

（4）对可疑饲料、饮水，临用前实行简易化验。简易化验可采用芳香胺试纸法。

二、 食盐中毒

食盐中毒是动物在饮水不足的情况下，过量摄入食盐或含盐饲料而引起以消化紊乱和神经症状为特征的中毒性疾病。除食盐外，其他钠盐如碳酸钠、丙酸钠、乳酸钠等也可引起与食盐中毒一样的症状，统称为钠盐中毒。主要的病理学变化为嗜酸性粒细胞性脑膜炎。

各种动物均可发病，主要见于猪和家禽，其次为牛、马、羊和犬等。各种动物的食盐内服急性致死量为：牛、猪及马约2.2g/kg，羊6g/kg，犬4g/kg，家禽2～5g/kg。动物缺盐程度和饮水的多少直接影响致死量。

【病因】

（1）舍饲家畜中毒多见于配料疏忽，误投过量食盐或对大块结晶盐未经粉碎和充分拌匀，或饲喂含盐分高的泔水、酱渣、咸菜、腌菜水和洗咸鱼水等，而饮水不足。

（2）放牧家畜则多见于供盐时间间隔过长，或长期缺乏补饲食盐的情况下，突然加喂大量食盐，加上补饲方法不当，如在草地撒布食盐不匀或让家畜在饲槽中自由抢食。特别是喂用含盐饮水未加限制时，极易发生异常大量采食的情况。

（3）用食盐或其他钠盐治疗大家畜肠阻塞时，一次用量过大，或多次重复应用。

（4）机体水盐平衡的状态，可直接影响对食盐的耐受性。夏季炎热多汗，对食盐的耐受量降低。

（5）全价饲养，特别是日粮中钙、镁等矿物质充足时，对过量食盐的敏感性降低。

（6）维生素 E 和含硫氨基酸等营养成分的缺乏，可使猪对食盐的敏感性增高。

（7）鸡在炎热的季节限制饮水，或寒冷的天气供给冰冷的饮水，容易发生钠离子中毒。鸡可耐受饮水中 0.25% 的食盐，湿料中含 2% 的食盐能引起雏鸭中毒。

【症状】

（1）急性中毒　主要表现神经症状和消化紊乱，因动物品种不同有一定差异。

猪主要表现神经系统症状，消化紊乱不明显。病猪兴奋不安、转圈、前冲、后退，肌肉痉挛、身体震颤，齿唇不断发生咀嚼运动，有的表现为上下颌和颈部肌肉不断抽搐，口角出现少量白色泡沫。口渴，常找水喝，直至意识扰乱而忘记饮水。同时眼和口黏膜充血，少尿。后期全身衰弱，肌肉震颤，严重时间歇性癫痫样痉挛发作，出现角弓反张，有时呈强迫性犬坐姿势，直至仰翻倒地不能起立，四肢侧向划动。呼吸迫促，脉搏快速，皮肤黏膜发绀，磨牙，流涎，从最初的过敏或兴奋很快转为对刺激反应迟钝，视觉和听觉障碍，盲目徘徊，不避障碍，转圈，体温正常。最后在阵发性惊厥、昏迷中因呼吸衰竭而死亡。

禽表现口渴频饮，精神沉郁，垂羽蹲立，腹泻，痉挛，头颈扭曲，严重时腿和翅麻痹。

病牛烦躁不安，食欲废绝，渴欲增加，流涎，呕吐，腹泻，腹痛，粪便中混有黏液和血液。黏膜发绀，呼吸迫促，心跳加快，肌肉痉挛，牙关紧闭，视觉障碍，甚至失明，步态不稳，关节屈曲无力，球节挛缩，肢体麻痹，衰弱及卧地不起。体温正常或低于正常。孕牛可能流产，子宫脱出。

犬表现运动失调，失明，惊厥或死亡。

马表现口腔干燥，黏膜潮红，流涎，呼吸迫促，肌肉痉挛，步态蹒跚，严重者后躯麻痹。同时有胃肠炎症状。

（2）慢性中毒　常见于猪，主要是长时间缺水造成慢性钠潴留，出现便秘、口渴和皮肤瘙痒，突然暴饮大量水后，引起脑组织和全身组织急性水肿，表现与急性中毒相似的神经症状，又称“水中毒”。

牛和绵羊饮用咸水引起的慢性中毒，主要表现食欲减退，体重减轻，体温下降，衰弱，顽固性消化障碍，可出现皮下水肿，并常见多尿、鼻漏、失明、惊厥发作或呈部分麻痹等神经症状，多因衰竭而死亡。

急性食盐中毒的病程一般为 1～2d，牛的病程较短，多在 24h 内死亡。猪的病程较长，从数小时至 3～4d。具体中毒病例的病程与治疗时机、饮水限制等因素有关。

【病理变化】

急性食盐中毒一般表现为消化道黏膜的充血或炎症。剖检见胃、肠黏膜潮红、肿胀、出血，甚至脱落。牛主要发生在瘤胃和真胃，猪仅限于小肠。病程稍长的死亡牛可见骨骼肌水肿和心包积水。鸡仅有消化道出血性炎症。

脑脊髓各部可有不同程度的充血、水肿，尤其急性病例软脑膜和大脑实质最明显，脑回展平，表现水样光泽。脑切片镜检可见软脑膜和大脑皮质充血、水肿，脑血管周围有多量嗜酸性粒细胞和淋巴细胞聚集，呈特征性的“袖套”现象。同时肉眼观察，可见脑水肿、软化和坏死病变。

【诊断】

根据病畜有摄入大量食盐或其他钠盐，同时饮水不足的病史，结合神经和消化功能紊乱的典型症状，可做出初步诊断。

确诊需要测定体内氯离子、食物中氯化钠或钠盐的含量。尿液氯含量大于1%为中毒指标。血浆和脑脊髓液钠离子浓度大于160mmol/L，尤其是脑脊液钠离子浓度超过血浆时，为食盐中毒的特征。

【治疗】

尚无特效解毒剂。对初期和轻症中毒病畜，可采用排钠利尿、恢复阳离子平衡和对症治疗。

（1）发现中毒，立即停喂食盐。对尚未出现神经症状的病畜给予少量多次的新鲜饮水，以利血液中的盐经尿排出；已出现神经症状的病畜，应严格限制饮水，以防加重脑水肿。

（2）恢复血液中一价和二价阳离子平衡，牛、马可静脉注射5%葡萄糖酸钙液200～400mL或10%氯化钙液100～200mL。猪、羊可用5%氯化钙明胶溶液（明胶1%），0.2g/kg体重分点皮下注射。

（3）缓解脑水肿，降低颅内压，可静脉注射25%山梨醇液或高渗葡萄糖液。

（4）促进毒物排除，可用利尿剂（如双氢克尿噻以0.5mg/kg体重内服）和油类泻剂。

（5）缓解兴奋和痉挛发作，可用25%硫酸镁、5%溴化物（钙或钾）等镇静解痉药静脉注射，或用盐酸氯丙嗪肌肉注射。

（6）其他对症治疗　口服石蜡油以排钠；灌服淀粉黏浆剂保护胃肠黏膜；鸡中毒初期可切开嗉囊后用清水冲洗。家禽可用25%硫酸镁注射液5mL，一次肌肉注射。也可用鞣酸蛋白0.2～1g，一次灌服。或用5%氯化钾注射液8mL，一次分点皮下注射，按0.2g/kg体重用药。

【预防】

畜禽日粮中应添加占总量0.5%的食盐，或以0.3～0.5g/kg体重补饲食盐，以防因盐饥饿引起对食盐的敏感性升高。在饲喂含盐分较高的饲料时，应严格控制用量的同时供以充足的饮水。

三、 牛黑斑甘薯中毒

牛黑斑甘薯中毒是家畜，尤其是牛采食了大量黑斑病甘薯后，所致的一种以急性肺水肿、间质性肺气肿以及严重呼吸困难，后期呈现缺氧及皮下气肿为病理和临床特征的中毒性疾病。

【病因】

黑斑病甘薯的病原为甘薯长喙壳菌和茄病镰刀菌。它们寄生在甘薯的虫害部位和表皮裂口处。甘薯受侵害后表皮干枯、凹陷、坚实，有圆形或不规则的黑绿色斑块。储存一定时间后，病变部位表面密生菌丝，甘臭，味苦。这些毒素都是耐高温物质，经煮、蒸、烤等高温处理，毒性也不被破坏。家畜采食后可引起中毒。表皮完整的甘薯不易被上述霉菌感染，也不产生毒素。

【发病机制】

甘薯酮为肝脏毒，可引起肝脏坏死。甘薯醇为甘薯酮的羟基衍生物，也为肝脏毒。4－甘薯醇、1－甘薯醇、甘薯宁具有肺毒性，可致肺水肿及胸腔积液。在自然发生的甘薯黑斑病中毒病例中，特别是牛，主要病变并非甘薯酮等毒素所致的肝脏损害，而是出现肺水肿因子所致的肺水肿、肺间质气肿等损害。

【症状】

临床症状因动物种类、个体大小及采食黑斑病甘薯的数量有所不同。

牛：突出的症状是呼吸困难，俗称“牛喘病”或“喷气病”。通常在采食后12～24h发病，病初表现为精神不振，食欲大减，反刍减少和呼吸障碍。严重病例，食欲和反刍很快停止，全身肌肉震颤。初期呼吸快而浅表，超过80～100次/min，随着病情的发展，呼吸动作加深而次数减少，呼吸用力，呼吸音增强，似“拉风箱”音。初期由于支气管和肺泡充血及渗出，不时出现咳嗽，听诊时，有干湿啰音。后来由于肺泡弹性丧失，呈现明显的呼气性呼吸困难，造成出气减少与进气不足的现象，发生肺泡气肿。直到肺泡破裂，气体窜入间质，引起间质气肿，听诊肺脏发现爆裂音或摩擦音。广泛性间质气肿导致病牛皮下（由颈部开始延伸至背部和肩部）广泛性气肿，触诊呈捻发音。病牛鼻翼扇动，张口伸舌，头颈伸展，并取长期站立姿势增加呼吸量，但仍处于严重缺氧状态，表现可视黏膜发绀，眼球突出，瞳孔散大和全身性痉挛等，多因窒息死亡。在发生极度呼吸困难的同时，病牛鼻孔流出大量鼻液并混有血丝，口流泡沫性唾液。伴发前胃弛缓、瘤胃臌气和出血性胃肠炎，粪便干硬，有腥臭味，表面被覆血液和黏液。心脏衰弱，脉搏增数，可达100次/min以上。颈静脉怒张，四肢末梢冰凉。尿液中含有大量蛋白。急性病例，可在发病后2～3d窒息死亡。慢性病例常取站立姿势而不愿卧下，有时尚可吃食少量饲料，不治或许可以耐过。但稍给强迫运动，立即呈现呼吸增数，痊愈后可遗留气喘及慢性咳嗽。病牛在发病期间，体温一般无显著变化，乳牛中毒后，其泌乳量大为减少，妊娠母牛往往发生早产和流产。

羊：主要表现精神沉郁，结膜充血或发绀；食欲、反刍减少或停止，瘤胃蠕动减弱或废绝；脉搏增数达 90～150 次/min，心脏功能衰弱，心音增强或减弱，脉搏节律不齐，呼吸困难。严重者还出现血便，最终发展为衰竭、窒息而死亡。

猪：表现精神不振，食欲大减，口流白沫，张口呼吸，可视黏膜发绀。心脏功能亢进，节律不齐。胀肚，便秘，粪便干硬发黑，后转为腹泻，粪便中有大量黏液和血液。阵发性痉挛。

【诊断】

根据病史、发病季节、烂甘薯现场的存在、吃食情况、呼吸困难和皮下气肿、水肿等临床症状和病理变化等进行综合分析，不难诊断。此外，本病常以群发为特征，易将其误诊为出血性败血症或牛肺疫，但本病体温不增高，也不发生败血症。

【治疗】

尚无特效解毒药，多采取对症治疗。治疗原则主要为排除牛体内毒物和解毒，缓解呼吸困难及对症治疗。在毒物尚未完全被吸收前，通常采用催吐、洗胃或内服泻剂的方法。

1. 洗胃

用大量生理盐水灌入瘤胃内，再用胶管吸出，反复进行，直至瘤胃内容物的酸味消失为止，再用碳酸氢钠 300g、硫酸镁 500g、克辽林 20g，溶于水中灌服。

2. 解毒

可内服氧化剂，1% 高锰酸钾 1500～2000mL 或 1% 双氧水 500～1000mL，一次灌服。缓解呼吸困难可静脉注射 5%～10% 的硫代硫酸钠，每次牛、马 100～200mL，猪、羊 20～50mL，为了提高肝肾解毒、排毒功能，可同时静脉注射维生素 C，每次马、牛 1～3g，猪、羊 0.2～0.5g。此外当肺水肿时可用 50% 葡萄糖溶液 500mL，10% 氯化钙溶液 100mL，20% 安钠咖溶液 10mL，混合，一次静脉注射。呈现酸中毒时应用 5% 碳酸氢钠溶液 250～500mL，一次静脉注射。胰岛素注射 150～300IU，一次皮下注射。

3. 排毒

可应用泻剂，还可静脉放血 1000～5000mL，在放血的同时，可注射等量的林格氏液。有条件的地方，皮下注射氧气，牛 18～20L。对于价值较高的牛，也可经鼻管给氧。

4. 中医治疗

（1）白矾散　白矾、贝母、白芷、郁金、黄芩、大黄、葶苈、甘草、石苇、黄连、龙胆各 50g，冬枣 200g，煎水调蜜内服。轻症 1 剂，重症 3～4 剂。

（2）黄连、大黄、黄芩、白矾、贝母、郁金、白芷、葶苈、胆草、甘草各一两，上药研末或煎汤、开水冲之，候温加蜂蜜四两为引，灌服，可连服 2～4 剂。

（3）大麦芽500g、生姜200g、黄酒250g，将大麦芽和生姜捣烂，加在热黄酒里混合后灌服。注意：患牛吃药后，不要饮冷水和暂时不要喂饲料。

【预防】

根本性预防措施在于防止甘薯感染黑斑病，可采用温汤浸种法，用50℃的温水浸种10min及湿床育苗。此外在收获甘薯时，尽量勿擦伤其表皮。至于霉烂甘薯及病甘薯的幼苗，应集中深埋、沤肥等处理，严禁乱丢，严防被误食。禁止用病甘薯，包括其加工副产品，如酒精、粉渣等饲喂家畜。

四、马铃薯中毒

马铃薯中毒是动物采食富含龙葵素（也称茄碱）的马铃薯而引起的中毒病。马铃薯中含有一种称为龙葵素的毒素，一般成熟马铃薯的龙葵素含量很少，不会引起中毒。但在皮肉青紫发绿，不成熟或发芽的马铃薯中（见图8－1），尤其在发芽的部位，毒素含量高，动物采食后就容易引起中毒。

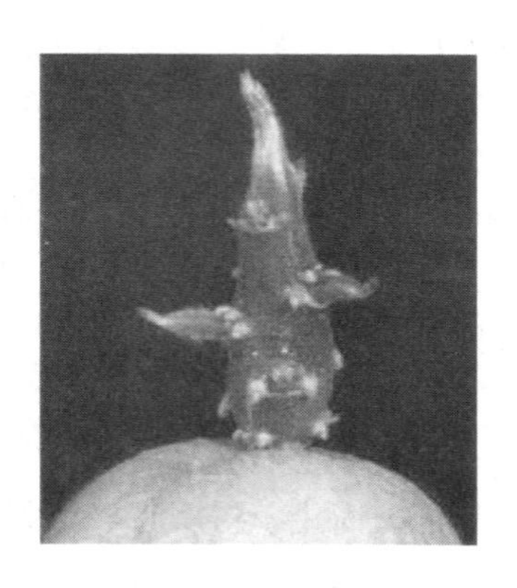

图8－1　发芽的马铃薯

【病因】

马铃薯中毒主要是因其含龙葵素而引起的。马铃薯全株各部含龙葵素的量不同：绿叶中含0.25%，芽内含0.5%，马铃薯皮内含0.01%，而成熟的块根内只含0.004%，但若保存不好引起发芽或皮肉变绿时，含龙葵素的量会显著增加，发芽的马铃薯中可增加到0.08%，芽内则可高达4.76%。新鲜的茎、叶含龙葵素的量以开花至结有绿果期最高，而干燥的茎、叶无毒。发霉或腐烂的马铃薯，含毒量可增加。马铃薯中毒主要发生于猪，其他家畜较少见。

【发病机制】

龙葵素主要在胃肠道内吸收，通常在健康完整的胃肠黏膜吸收很慢。但当胃肠发炎或黏膜损伤时，则吸收迅速，从而对胃肠黏膜呈现强烈的刺激作用，引起重剧的胃肠炎（出血性胃肠炎）。龙葵素作用于中枢神经系统（延脑和脊髓）导致感觉神经和运动神经末梢发生麻痹。此外，龙葵素被吸收入血后，能破坏红细胞而呈溶血现象。

【症状】

马铃薯中毒的共同症状是神经系统及消化系统功能紊乱。根据中毒程度的不同，其临床症状也有差异。

重剧的中毒：多呈急性经过，病畜呈现明显的神经症状。病初兴奋不安，狂暴，向前猛冲直撞。继而转为沉郁，后躯衰弱无力，运动障碍，步态摇晃，共济失调，甚至麻痹。可视黏膜发发绀，呼吸无力，次数减少，心脏衰弱，瞳孔散大，全身痉挛，一般经2d～3d死亡。

轻度的中毒：多呈慢性经过，病畜呈明显的胃肠炎症状。病初，食欲减退或废绝、口腔黏膜肿胀、流涎、呕吐、便秘。当发生胃肠炎时，出现剧烈的腹泻，粪便中混有血液。患畜精神沉郁，肌肉弛缓，极度衰弱，体温有时升高，皮温不整。孕畜往往发生流产。此外，由于家畜种类的不同，除见有上述共同症状外尚见有各自的特殊症状。

猪多半是食入发芽或腐烂的马铃薯所致。一般多于食后4～7d出现中毒症状。病猪神经症状较轻微，呈现明显胃肠炎症状。病猪垂头呆立或钻入垫草中，腹部皮下发生湿疹，头、颈和眼睑部发生水肿。

牛、羊多于口唇周围、肛门、尾根、四肢的系凹部以及母畜的阴道和乳房部位发生湿疹或水泡性皮炎。绵羊则常呈现贫血和尿毒症的症状。

【病理变化】

胃肠黏膜充血、潮红、出血、上皮细胞脱落。实质器官也常见有出血。心脏充满凝固不全的暗黑色血液。肝、脾肿大，瘀血，有时见有肾炎的病理变化。

【治疗】

本病无特效治疗药物，当怀疑病畜马铃薯中毒时，应立即停止喂饲马铃薯并采取饥饿疗法。为排出胃肠内容物，牛、马等可应用0.5%高锰酸钾液或0.5%鞣酸液进行洗胃；猪可应用催吐剂，1%硫酸铜液20～50mL灌服或应用阿扑吗啡0.01～0.02g皮下注射；也可应用盐类或油类泻剂。对狂暴不安的病畜，可应用镇静剂，溴化钠，马、牛15～50g，猪、羊5～15g灌服；或应用其10%注射液，牛、马50～100mL，静脉注射，每日2次；也可应用2.5%盐酸氯丙嗪注射液，牛、马10～20mL，猪1～2mL，肌肉注射，或马、牛5～10mL静脉注射；硫酸镁注射液，牛、马50～100mL，猪、羊10～20mL，静脉或肌肉注射。

对胃肠炎患畜，可应用1%鞣酸液，剂量：牛、马500～2000mL；猪、羊100～400mL；或应用黏浆剂、吸附剂灌服以保护胃肠黏膜。其他治疗措施可参看胃肠炎的治疗。

对中毒严重的病畜，为解毒或补液可应用5%～10%葡萄糖溶液，5%葡萄糖盐水或复方氯化钠注射液。对皮肤湿疹，可采取对患部应用消毒药液洗涤或涂擦软膏。

猪用硫酸镁30～60g、菜油6～150mL，加水300mL调匀一次灌服；也可用甘草40g，明矾30g，金银花20g，煎汤，待温热时加蜂蜜30g灌服，连用2～3次。

【预防】

马铃薯中毒绝大部分发生在春季及夏初季节，原因是春季潮湿温暖，对马铃薯保管不好，易引起发芽。因此，要加强对马铃薯的保管，防止发芽是预防中毒的根本保证。应用马铃薯作饲料时，饲喂量应逐渐增加。不宜饲喂发芽或腐烂发霉的马铃薯，如必须饲喂时，应进行无害处理：充分煮熟后并与其他饲料搭配饲喂；发芽的马铃薯应去除幼芽；煮熟后应将水弃掉。用马铃薯茎叶喂饲时，用量不宜过多，腐烂发霉的茎叶不宜作饲料，应与其他青绿饲料混合进行青贮后再行喂饲。

五、酒糟中毒

酒糟中毒是家畜长期或过量采食新鲜的或已经腐败的酒糟，由其中的有毒物质所引起的一种中毒。临床上呈现腹痛、腹泻、流涎等消化道症状和神经症状等。本病主要发生于猪、牛。

【病因】

酒糟是酿酒工业在提酒后的残渣。酒糟的成分十分复杂。新鲜酒糟中含有乙醇、甲醇、醛类、酸类等。乙醇主要危害是中枢神经系统，首先使大脑皮层兴奋性增强，进而表现步态蹒跚，共济失调，最后使延髓血管运动中枢和呼吸中枢受到抑制，出现呼吸障碍和虚脱，重者因呼吸中枢麻痹而死亡。慢性乙醇中毒时，除引起肝及胃肠损害外，还可引起心肌病变，造血功能障碍和多发性神经炎等。甲醇在体内的氧化分解和排泄都缓慢，从而产生蓄积毒性作用，主要麻醉神经系统，特别对视神经和视网膜有特殊的选择作用。醛类主要为甲醛、乙醛、丁醛等，毒性比相应的醇强。酸类主要是乙酸，还有丙酸、丁酸、乳酸、酒石酸、苹果酸等，一般不具毒性。但大量有机酸可提高胃肠道内容物的酸度，降低消化功能。可使反刍动物瘤胃微生物发生变化，消化功能紊乱。长期饲喂时，消化道酸度过大，可促进钙的排泄，导致骨骼营养不良。

因此当突然大量饲喂酒糟或因对酒糟的保管不严而被猪、牛偷食，或长期单一地饲喂酒糟，或饲喂加工、储存、保管不当而变质的酒糟时，即可造成家畜中毒，其危害程度与饲喂量及持续时间有关。

【症状】

急性中毒的病畜开始呈现兴奋不安，心动亢进，呼吸急促，随后呈现食欲减退或废绝、腹痛、腹泻等胃肠炎症状。严重者可出现呼吸困难，心跳疾速，脉搏细弱，步态不稳或卧地不起，后期四肢麻痹，体温下降，终因呼吸中枢麻痹而死亡。长期单一饲喂酒糟，往往引起慢性中毒，慢性中毒的病畜主要表现长期消化紊乱，食欲减退，流涎，下痢，黄染，时有血尿，可视黏膜潮红、结膜发炎，视力减退甚至可致失明，有的出现皮疹和皮炎。由于大量的酸性产物进入机体，当矿物质供给不足时，可导致缺钙并出现骨质软化等缺钙现象，母畜不孕，孕畜发生流产。

猪酒糟中毒时，表现眼结膜潮红，初期体温升高（39 ~ 41℃），高度兴奋，狂躁不安，步态不稳，心悸，严重的倒地失去知觉，最后体温下降，虚脱死亡。

牛酒糟中毒时则发生顽固性前胃弛缓，有时出现支气管炎，下痢和后肢湿疹。皮肤变化明显，后肢出现皮疹、皮炎或皮肤肿胀并见潮红，以后形成疱疹，水疱破裂后形成湿性溃疡面，其上覆以痂皮，在遇有细菌感染时，则引起化脓或坏死过程。

【病理变化】

剖检可见脑和脑膜充血，脑实质常有出血，心脏及皮下组织有出血斑。胃内容物有酒糟和醋味，胃肠黏膜充血和出血，可见直肠有出血和水肿。肺充血、水肿，肝、肾肿胀，质地变脆。

【诊断】

根据饲喂酒糟的病史，有腹痛、腹泻、流涎等临床症状，剖检胃肠黏膜充血、出血，胃肠内容物有乙醇味，据此可做出初步诊断。确诊应进行动物饲喂实验。

【治疗】

发病后立即停喂酒糟，实施中毒的一般急救措施和对症疗法并加强护理。为促进毒物排出，可用1%的碳酸氢钠液1000～2000mL内服或灌肠，静脉注射葡萄糖生理盐水、复方氯化钠溶液和5%碳酸氢钠溶液，猪也可腹腔注射5%葡萄糖溶液200～400mL。对便秘的可内服缓泻剂。胃肠炎严重的应消炎。对兴奋不安的可使用镇静剂，如静脉注射硫酸镁、水合氯醛、溴化钙，对慢性酒糟中毒效果佳。

牛用1%碳酸氢钠溶液适量，口服或灌肠。5%葡萄糖生理盐水500～1000mL，10%葡萄糖酸钙注射液300～500mL，静脉注射；也可用葛根300g，甘草90g，水煎取汁，1次灌服。

【预防】

酒糟应尽可能新鲜喂给，应控制饲喂量，由少到多，逐渐增加，而且酒糟的比例不得超过日粮的1/3，力争在短时间内喂完。可将酒糟压紧在缸中或地窖中，上面覆盖薄膜，但贮存时间不宜过久。有条件时，也可用作青贮。酒糟生产量大时，也可采取晒干或烘干的方法，贮存备用。妊娠母畜应减少喂量，长期饲喂含酒糟的饲粮时，应适当补充含矿物质的饲料。

六、 蓖麻籽中毒

蓖麻籽中毒是家畜误食蓖麻籽实或大量饲喂未经处理的蓖麻籽饼所引起的一种中毒性疾病，以高热、膈肌痉挛、腹痛、腹泻、运动失调、呼吸困难和一定的神经症状为特征。本病可见于各种动物，以牛、马、猪和鹅多见，马最敏感，其他动物尤其是绵羊和鸡的耐受性较大。

【病因】

蓖麻为大戟科蓖麻属植物，我国各地均有野生或栽培，榨油后的饼粕，含有丰富的粗蛋白和多种矿物质，但由于蓖麻籽、蓖麻叶和蓖麻饼粕中含有毒物质，动物误食或人工饲喂一定剂量后，均可引起中毒病。

（1）蓖麻毒素　蓖麻毒素也称蓖麻毒蛋白，蓖麻籽中含量为脱脂籽实的2%～3%，是迄今所知毒性最大的植物毒蛋白。蓖麻毒素对人和各种动物均有强烈的毒性，兔和马最敏感，羊和鸡较次。各种给药途径都能引起中毒。由于蓖麻毒素进入消化道后不会被蛋白酶破坏，故口服毒性也很强。

（2）蓖麻碱　蓖麻碱存在于蓖麻的全植株中，在幼芽特别是子叶中含量较高，其分子中含有氰基，可分解生成氢氰酸。

【发病机制】

蓖麻毒素抑制蛋白质的生物合成，主要造成对各器官组织的损害，如刺激胃肠道，损伤胃肠道黏膜，损伤肝、肾脏等实质器官，使之发生变性、出血和坏死，并可使红细胞发生崩解，出现一系列的临床症状，最后病畜因呼吸、循环衰竭而死亡。

蓖麻碱对家禽的毒性较强，当饲料中蓖麻碱的含量超过0.01%时，抑制鸡的生长，含量超过0.1%时，会导致鸡神经麻痹，甚至中毒死亡。

【症状】

食入后15min至2～3h发病。不同程度的反应反映出所含几种毒素的毒性作用，其中起主导作用的或引起急性中毒的是蓖麻毒素。轻度中毒，精神沉郁，食欲减退，体温升高（40.5～41.5℃），呕吐，口吐白沫，腹痛，腹泻带血或黑色恶臭，肠音亢进。心跳98～136次/min，呼吸80～110次/min，肺部听诊有啰音或喘鸣音，排血红蛋白尿，或膀胱麻痹而尿闭。黄疸明显。卧地不愿起，肌肉震颤，走路摇晃，头抵墙或抵地。严重者，突然倒地，四肢痉挛，头向后仰，不停嘶叫，肌肉震颤，皮肤发绀，尿闭，便血，昏睡，体温降至37℃以下，最终死亡。

猪：表现精神沉郁，呕吐、腹痛、出血性胃肠炎、黄疸及血红蛋白尿等症状。严重者突然倒地、嘶叫和痉挛，可视黏膜和皮肤严重发绀，尿闭，最后昏迷、死亡。

马：在采食后数小时至数天内发病，呈进行性发展。病初多体温升高，其特异的表现是口唇痉挛和颈部伸展现象。呼吸困难，心跳次数增加，可视黏膜潮红或黄染。继而出现腹痛和严重腹泻，并伴发运动失调或肌肉痉挛。呼吸次数增加，心动亢进。体温偏低，黏膜发绀。后期躺卧，常无尿。

牛：体温无明显变化，呼吸和心跳增数，主要特征是伪膜性出血性胃肠炎。孕牛常发生流产，乳牛的产乳量减少。

犬：亚急性中毒时，血红蛋白暂时性下降，白细胞数先升后降再升高，血小板先降后升，血清碱性磷酸酶和乳酸脱氢酶活性明显升高，淀粉酶活性升高，血糖下降。

【诊断】

目前尚无特殊的诊断措施，根据动物有采食蓖麻籽、蓖麻叶或蓖麻饼粕的历史，结合临床症状，普遍性细胞中毒性器官损伤的表现，血检红细胞显著增加，并伴有大小不匀的异形红细胞，白细胞增加 2 倍，血沉变慢。

实验室检测：取胃内容 10g，加倍量蒸馏水（20mL）浸泡后过滤，取滤液 5mL，加磷钼酸液 5mL，煮沸，溶液呈绿色，冷却后加 15% 氯化铵液，液体由绿色转为蓝色，再水浴加热变为无色，即证明有蓖麻毒素存在。

【治疗】

蓖麻中毒通常选用抗蓖麻毒素血清治疗。尼可刹米、异丙肾上腺素能对抗过敏原的毒性作用。治疗原则是应先排出毒物，维持心血管功能及采取一些对症疗法。

1. 排除胃内毒物

用 0.2% 高锰酸钾液反复洗胃，同时用 4% 碳酸氢钠液灌肠。或用硫酸钠或硫酸镁 25 ~ 50g 加水 250 ~ 500mL 一次灌服。或给以黏浆剂，灌服吐酒石、蛋清、豆浆等，也可用利尿剂和乌洛托品等注射。

2. 维持心血管功能

用 10% 安钠咖 5 ~ 10mL、糖盐水 300 ~ 500mL、25% 维生素 C 2 ~ 4mL 静脉注射或腹腔注入。

3. 神经症状

用 10% 溴化钠 2 ~ 20mL、10% 葡萄糖 300 ~ 500mL 静脉注射。或用 2.5% 氯丙嗪 1 ~ 3mg/kg 体重静脉注射或肌肉注射。

4. 中医治疗

防风 100g、甘草 7.5g 水煎一次服用。此外，猪、羊中毒时灌服白酒也有疗效。

猪用绿豆 30g，甘草 20g，茶叶 10g，煎汤后加白酒 40g 灌服，每日 2 ~ 3 次，连用 2 ~ 3d。

【预防】

畜舍或放牧地不要栽种蓖麻，以防误食发生中毒。如用蓖麻籽饼饲喂家畜，应将蓖麻籽饼进行脱毒处理，并采用逐渐增加饲喂量的方法给予，可以提高动物对蓖麻毒素的耐受能力。

七、 霉玉米中毒

玉米收获后不充分晾晒或贮存不当，就会发生霉败。发霉的玉米中含有多种毒物，如黄曲霉菌产生的黄曲霉毒素；赤曲霉菌产生的赤霉烯酮和单端孢霉烯（T-2）及单端孢霉烯衍生物；串珠镰刀菌和胶孢镰刀菌产生的串珠链刀菌素。家畜及家禽采食了这种含有毒素的玉米后可引起中毒。

本病可见于马、牛、羊、猪、家禽等，不论年龄品种均可发病，无传染性，一般体制强健、食欲旺盛的畜禽先发病。

【病因】

畜禽采食发生霉变的玉米或被其污染的饲料而引发中毒。

【症状】

本病的临床症状因动物种类和霉菌毒素的不同而有明显差异。

1. 动物表现

（1）兴奋型　病畜异常兴奋，狂暴不安，用头和肩不断猛撞饲槽或墙壁，时常挣断缰绳。行走时步履蹒跚、做圆圈运动，或照直行走遇障碍而止，但用头猛撞障碍物不停。常因猛撞或摔倒而有多处受伤，以鼻唇、眼眶、肩部伤势明显。视力减弱或失明。大小便失禁，公畜阴茎勃起。多数病例经过短暂或数天陷入心力衰竭而死亡。一旦耐过的病例，多数转为慢性。

（2）沉郁型　病畜表现食欲不振、精神委顿，头低耳耷、垂头呆立，两眼无神，有时呈昏睡状态。步态踉跄，当遇到坑沟或障碍物时也不知躲避，以致跌倒。一侧或两侧眼睛失明，可视黏膜发黄。使役易出汗，行走蹒跚，共济失调。不听使唤，不愿行走，强迫行走时不由自主地前进，有时呈转圈运动或后退。肠音减弱乃至消失。粪便停滞，数日内死亡。或陷于昏睡状态，数日后逐渐恢复而康复。

（3）混合型　即兼有上述两种症状或两种症状交替发作。

2. 猪

猪常在吃食发霉饲料后 5 ~ 15d 出现症状，病猪精神委顿，食欲不振乃至废绝，口渴喜饮，可视黏膜黄染或苍白，四肢无力，走路蹒跚，粪便先干后稀，重者混有血丝，甚至血痢，尿黄浑浊，后期出现间歇性抽搐、角弓反张等神经症状，患猪体温正常或偏低，心脏节律不齐，心音微弱，心跳 100 ~ 150 次/min，中毒严重者常因心力衰竭而发生死亡。有的患猪发生口腔溃疡，咽部肿胀充血，鼻镜干燥，部分病例肛门或阴门水肿。

阉割母猪呈现典型的雌激素亢进症状，烦躁，并出现频频爬跨动作，阴户和乳房由轻度红肿发展到严重肿胀、充血，可增大 1.5 倍，阴道和直肠明显突出，阴道黏膜肿胀，流黏性分泌物，外阴部瘙痒、有烧灼感，经常将阴部紧贴食槽、墙壁擦痒或坐卧于粪堆或污水中。

母猪发情期延长，妊娠母猪流产，产出木乃伊胎、死胎、畸形胎等。

公猪主要表现不育，睾丸萎缩等。此外有的还发生停食，昏睡，体表皮肤充血，腹下、四肢有弥散性暗红色出血斑点，头部轻度肿胀，眼结膜充血。

3. 牛

病牛均有顽固的消化道症状，食欲下降乃至废绝，反刍减少至停止，胃肠蠕动音减弱甚至消失。大便干燥，有的被覆黏液或血丝。磨牙，腹围缩小，瘤胃内容物触之呈捏粉样。发病后 1～2d 多卧地不起，有的形成褥疮。体温一般不高，死亡前体温迅速下降，肢端厥冷。流涎，眼球内陷，病牛全部表现角膜混浊，黏膜黄染。皮肤弹性降低。病初视力减退或失明，瞳孔正常或略大。心率增数，中后期节律不齐，有不同程度的神经症状，病程短者三日，长者数十日。

犊牛发病后生长发育缓慢，营养不良，被毛粗乱、逆立、无光泽。病初食欲不振，后期废绝。角膜混浊，常出现一侧或两侧眼角失明。反刍停止，磨牙，呻吟，有时有腹痛表现，间歇性腹泻，排泄混有血液凝块的黏液样软便，表现里急后重症状，往往因虚脱昏迷死亡。部分育成病牛出现间歇性腹泻，粪便稀软且混有血液，个别呈里急后重症状。

成年牛的症状比犊牛轻，呈慢性经过。除表现前胃弛缓，精神沉郁，食欲减少，不时出现磨牙和呻吟的腹痛表现外，乳牛还表现产乳性能降低，乳量下降。肉牛发育迟缓，饲料转换率明显降低，妊娠母牛有时发生早产或排出死胎等。

4. 羊

患羊以过度兴奋为主。病初病羊意识不清，乱走乱撞，走路蹒跚无力，无目的乱走，碰到障碍物时才能停止，有的作转圈运动，后躯无力显醉酒状。视物不清，失明，口唇松弛，流涎，排粪先干燥继而拉稀，粪内混有黏液或血液。体温无明显变化。随病程发展出现严重的过度兴奋的神经症状，肌肉震颤，卧地头向后仰，四肢划动，呈游泳状，经 5～10h 死亡。羔羊中毒症状更为严重，死亡率较高。

5. 家禽

家禽对黄曲霉毒素极敏感，容易中毒。1 周龄之内的幼鸭、幼鸡一般为急性中毒，食入霉玉米饲料后 1～3d 就出现死亡，往往看不到临床症状。

一般多发生在 2～6 周龄的幼鸡，有明显的临床症状。发病雏鸡表现为食欲不振，生长缓慢，体质衰弱，羽毛蓬乱，双翅下垂，鸡冠苍白贫血，排出白色稀粪，腿麻痹，常缩脖闭目呆立，时时发出哀鸣声，常躺卧在地，角弓反张，后痉挛而死。死亡率高。

成年家禽对毒素的耐受性比幼禽强，多为慢性中毒，主要表现为产蛋率及孵化率下降，软壳蛋增多，病鸡腹泻，冠髯苍白，有的表现生殖道扩张、泄殖腔外翻和输卵管扩张等。

【诊断】

霉玉米中毒主要是黄曲霉毒素造成。首先应从病史调查入手，并对饲料样品进行检查，观察饲料种类、储存情况等，同时结合临床表现和病理变化等情况，做出初步诊断，确诊应结合实验室检验。

另外，要注意与传染病的鉴别诊断。霉玉米中毒的畜禽有采食霉玉米史，无体温变化、无传染性，抗生素治疗无效，剖检肝脏变黄变硬，胆囊萎缩等，而传染病一般都有明显的体温变化，且具有流行性和传染性等特点。

【治疗】

本病尚无特效解毒剂，治疗本病以排毒、解毒、镇静为治疗原则并结合对症治疗。

发现畜禽中毒时，应立即停喂霉变饲料，改喂富含碳水化合物的青绿饲料和高蛋白饲料，减少或不喂脂肪过多的饲料，增加清洁饮水，加速毒素的排泄，辅以维生素 C、高锰酸钾等辅助治疗。重度病例应及时投服泻剂如硫酸钠、人工盐等，加速胃肠道毒物的排出，同时加强肝脏解毒功能，投服一些保肝、强心、解毒药物，如 20% ~50% 的葡萄糖、维生素 C、维生素 K、青霉素、链霉素混合静脉注射，既强心利尿，又可控制继发感染。心衰时，用强心剂如安钠咖注射液等。精神高度兴奋者，可静脉放血以降压排毒，或静脉注射硫酸镁、安溴或氯丙嗪。精神沉郁者应用硝酸士的宁、安钠咖等。卧地不起者，可选用士的宁、氢溴酸加兰他敏、强的松龙、维生素 B_1、维生素 B_{12} 等，同时四肢涂擦刺激剂，并进行适当运动。若前胃弛缓，可反复应用兴奋胃肠功能的药物如新斯的明等。大量流涎者，应抑制腺体分泌。解除脱水和酸中毒，应用碳酸氢钠溶液和适量的硫酸阿托品。

对于各种不同的动物治疗方法不同。

1. 牛

立即灌服人工盐 300g 或硫酸钠 350g 以排除胃肠内毒物。静脉注射 10% 氯化钠溶液 300 ~ 500mL、40% 乌洛托品溶液 50mL、生理盐水 1000 ~ 1500mL、25% ~50% 高渗葡萄糖溶液 1000mL、30% 苯甲酸钠咖啡因溶液 10mL、维生素 C 2g。每日一次，连续 3 ~5d。

2. 猪

可用 10% 溴化钠溶液 20mL，10% 安钠咖溶液 10mL，10% 维生素 C 溶液 10mL，5% 葡萄糖生理盐水 1500mL 静脉滴注，每日 1 次，连用 3d。全场猪停食 1d，每 100kg 饮水中添加人工矿泉盐 1.5kg、电解多维 500g、葡萄糖 5kg、维生素 C 2.5g，自由饮用，连用 7d。清除圈内及食槽内余下的饲料，并对圈舍和食槽用 0.1% 高锰酸钾溶液冲洗干净。每吨饲料添加电解多维适量，增喂充足的青绿饲料。

3. 羊

硫酸镁（钠）80 ~100g 溶于 500mL 温水中，灌服，排稀便后可用 0.5g 高锰酸钾溶于 200mL 水中灌服，每日 3 次。静脉泻血 80 ~100mL 后，用 25% 葡萄糖溶液 150 ~300mL，40% 乌洛托品溶液 10 ~20mL 静脉注射，每日 2 次。为了降低颅内压，调节大脑功能，用 25% 山梨醇或 20% 甘露醇溶液 20 ~40mL 静脉注射，每日 1 次，连用 2d。神经症状严重的可静脉注射 5% 溴化钙溶液 10 ~20mL，或肌注盐酸氯丙嗪 2 ~5mL。

4. 家禽

停止饲喂霉玉米饲料，更换新饲料。口服5%的葡萄糖水溶液（最好加入25mg/L维生素C）。口服制霉菌素3万~5万IU/只，每日1次。对存放发霉玉米的仓库，进行清扫消毒。

猪用防风150g，甘草30g，绿豆100g，煎汤加白糖适量灌服。

【预防】

对于本病主要是坚持“防重于治”的原则，加强饲料原料的收获、储存工作，防止玉米霉变。严格控制畜禽食入霉玉米饲料是预防本病的根本措施。

八、 黄曲霉毒素中毒

黄曲霉毒素中毒是人畜共患且有严重危害性的一种霉败饲料中毒病，是由黄曲霉毒素引起的以全身出血、消化功能紊乱、腹水、神经症状等为临床特征的疾病。长期慢性小剂量摄入，还有致癌作用。

各种畜禽均可发生本病，但由于性别、年龄及营养状况的不同，其敏感性也有差别。一般地说，幼年动物比成年动物敏感，雄性动物比雌性动物（妊娠期除外）敏感，高蛋白饲料可降低动物对黄曲霉毒素的敏感性。各种畜禽的敏感顺序是：雏鸭>雏鸡>仔猪>犊牛>肥育猪>成年牛>绵羊。

【病因】

黄曲霉毒素（AFT）主要是黄曲霉和寄生曲霉等产生的有毒代谢产物，黄曲霉毒素并不是单一物质，而是一类结构极相似的化合物，目前已发现黄曲霉毒素及其衍生物有20余种，这些产毒霉菌广泛存在于自然界中，主要污染玉米、花生、豆类、棉籽、麦类、大米、秸秆及其副产品，动物采食被上述产毒霉菌污染的饲料而发病。本病一年四季均可发生，但在多雨季节和地区，温度和湿度又较适宜时，若饲料加工、贮藏不当，更易被黄曲霉菌所污染，增加动物AFT中毒的机会。

【发病机制】

动物采食被黄曲霉毒素污染的饲料，经胃肠道吸收后，主要分布在肝脏，肝脏含量可比其他组织器官高5~10倍，血液中含量极微，肌肉中一般不能检出。摄入毒素后，约经7d，绝大部分随呼吸、尿液、粪便及乳汁排出体外。

黄曲霉毒素的毒性因动物的种类、年龄和性别的不同而有差异。该毒素的靶器官是肝脏，因而属肝脏毒，可引起碱性磷酸酶、转氨酶、异柠檬酸脱氢酶活性升高，肝脂肪增多、肝糖原下降以及肝细胞变性、坏死。此外，黄曲霉毒素还具有致癌、致突变和致畸性，是已发现毒素中最强的致癌物，可使畜禽、人、实验动物诱发肝癌、胃腺癌、肾癌、直肠癌、乳腺瘤、卵巢瘤等。AFT影响动物的免疫功能。

【症状】

黄曲霉毒素是一类肝毒物质。畜禽中毒后以肝脏损害为主，同时还伴有血管通透性破坏和中枢神经损伤等，因此临床特征性表现为黄疸、出血、水肿和神经症状。

家禽：雏鸭、雏鸡对黄曲霉毒素的敏感性较高，中毒多呈急性经过，且死亡率很高。幼鸡多发生于2~6周龄，临床症状为食欲不振，嗜眠，生长发育缓慢，虚弱，翅膀下垂，时时凄叫，贫血，腹泻，粪便中带有血液。雏鸭表现食欲废绝，脱羽，鸣叫，步态不稳，跛行，角弓反张。死亡率可达80%~90%。成年鸡、鸭的耐受性较强。慢性中毒，初期多不明显，通常表现食欲减退，消瘦，不愿活动，贫血，长期可诱发肝癌。

猪：采食霉败饲料后，中毒可分为急性、亚急性和慢性3种类型。急性型发生于2~4月龄的仔猪，尤其是食欲旺盛、体质健壮的猪发病率较高。多数在临床症状出现前突然死亡。亚急性型体温升高1~1.5℃或接近正常，精神沉郁，食欲减退或丧失，口渴，粪便干硬呈球状，表面被覆黏液和血液。可视黏膜苍白，后期黄染。后肢无力，步态不稳，间歇性抽搐。严重者卧地不起，常于2~3d内死亡。慢性型多发生于育成猪和成年猪，病猪精神沉郁，食欲减少，生长缓慢或停滞，消瘦。可视黏膜黄染，皮肤表面出现紫斑。随着病情的发展，病猪呈现神经症状，如兴奋、不安、痉挛、角弓反张等。

牛：成年牛多呈慢性经过，死亡率较低。往往表现厌食，磨牙，前胃弛缓，瘤胃臌胀，间歇性腹泻，乳量下降，妊娠母牛早产、流产。犊牛对黄曲霉毒素较敏感，死亡率高。

绵羊：由于绵羊对黄曲霉毒素的耐受性较强，很少有自然发病。

马：马病初呈现消化不良或胃肠炎，病情加重后发生肝破裂。

犬：犬发病初期无食欲，生长速度减慢或逐渐消瘦。可见黄疸、精神不振和出血性肠炎。

【诊断】

根据饲喂发霉饲料的病史，结合临床表现（黄疸、出血、水肿、消化障碍及神经症状）和病理变化（肝细胞变性、坏死，肝细胞增生，肝癌）等，可做出初步诊断。确诊必须对可疑饲料进行产毒霉菌的分离培养、饲料中AFT的含量测定。

【治疗】

本病尚无特效疗法。发现畜禽中毒时，应立即停喂霉败饲料，改喂富含碳水化合物的青绿饲料和高蛋白饲料，减少或不喂含脂肪过多的饲料。一般轻症病例可自然康复；重症病例应及时投服泻剂如硫酸钠、人工盐等，加速胃肠道毒物的排出。同时，采用保肝和止血疗法，可静脉滴注20%~50%葡萄糖溶液、肝泰乐、维生素C、葡萄糖酸钙或10%氯化钙溶液。心脏衰弱时，皮下或肌肉注射强心剂。

猪用硫酸钠 10～20g（也可用硫酸镁 5g），用法：一次内服，并给予大量饮水；或用制霉菌素 3 万～4 万 IU，用法：混于饲料中一次喂服，连喂 1～2d。

【预防】

防止饲料霉变是预防 AFT 中毒的根本措施。加强饲草、饲料收获、运输和储藏各环节的管理工作，阻断霉菌滋生和产毒的条件，必要时用防霉剂如丙酸盐熏蒸防霉。同时定期监测饲草、饲料中 AFT 含量，以不超过我国规定的最高容许量为标准。对重度发霉饲料应坚决废弃。

九、 氢氰酸中毒

氢氰酸中毒是由于动物采食富含氰苷的植物，经胃内酶和盐酸的作用水解，生成氢氰酸（HCN）；或误食氰化物，在胃酸作用下生成 HCN，从而抑制呼吸酶，使组织呼吸发生障碍的一种剧性中毒病。临床上以高度呼吸困难，黏膜鲜红，血液呈樱桃红色，肌肉震颤，全身抽搐惊厥等组织中毒性缺氧症为特征。本病多发于牛、羊，马、猪、犬也可发生。

【病因】

（1）采食富含氰苷的植物或饲料，是动物氢氰酸中毒的主要原因。富含氰苷的植物：高粱及玉米的新鲜幼苗、亚麻籽或亚麻籽饼、木薯、各种豆类、许多野生或种植的青草、甘蔗苗、蔷薇科植物桃、李、梅、杏、枇杷、樱桃等的叶和果实等，若采食过量或加工处理不当，常发生中毒。

（2）动物接触无机氰化物（氰化钾、氰化钠）和有机氰化物（乙烯基腈等）。如误饮冶金、电镀、化纤、染料、塑料等工业排放的废水或工艺用品，误食或吸入氰化物农药等，或人为投毒等均可引起中毒。

（3）动物敏感性。猪、犬、马等单胃动物由于胃液可破坏转化水解氰苷为氢氰酸的酶类，所以易感性较低。反刍动物的瘤胃为氰苷的转化提供了适宜的环境，有利于微生物发酵和酶的作用，使得牛、羊易感性增高而多发氢氰酸中毒。长期饥饿、缺乏蛋白质时，可大大降低对氢氰酸的耐受性。

【发病机制】

氰苷本身是无毒的。当含有氰苷的植物在动物采食咀嚼时，有水分及适宜的温度条件，经植物的脂解酶作用，产生氢氰酸。进入机体的氰离子能抑制细胞内许多酶的活性，其中最显著的是细胞色素氧化酶，从而抑制组织内的生物氧化过程，阻止组织对氧的吸收作用，导致机体缺氧症。由于组织细胞不能从血液中摄取氧，致使动脉血液和静脉血液的颜色都呈鲜红色。由于中枢神经系统对缺氧特别敏感，而且氢氰酸在类脂质内溶解度较大，所以中枢神经系统首先受害，尤以血管运动中枢和呼吸中枢为甚，临床上表现为先兴奋、后抑制，并表现出严重的呼吸麻痹现象。

【症状】

家畜采食富含氰苷植物过程中或采食后10～30min突然起病。严重中毒者在数分钟至2h内死亡。采食HCN或氰化物者，最快3～5min即可造成死亡。

初期有短暂兴奋表现，烦躁不安、肌肉震颤，马表现腹痛不安症状，呼吸加快。短时间内呼吸极度困难，抬头伸颈，张口喘气，心动过速，并流出白色泡沫样唾液。黏膜潮红，呈玫瑰红色甚至鲜红色，白色动物耳静脉发红，使整个耳呈红色。静脉血呈鲜红色，但后期由于呼吸麻痹血色变暗。肌肉震颤、痉挛，甚至发展为全身抽搐，出现角弓反张（小动物尤为明显），精神转为抑制，呼出气有苦杏仁味，随之全身极度衰弱无力，行走不稳，很快倒地，体温下降，后肢麻痹，肌肉痉挛，瞳孔散大，反射减少或消失，心动徐缓，呼吸浅表，最后昏迷而死亡。严重者，特别是猪，突然倒地，狂叫，痉挛抽搐，约几分钟内死亡。

【诊断】

饲料中毒时，动物采食量大者死亡也快。根据病史及发病原因，可初步判断为本病。根据血液呈鲜红色可与亚硝酸盐中毒区别。毒物分析可做出最后确诊。

根据起病突然、病程发展迅速；具有采食氰苷饲料或接触氰化物的生活史；临床症状为黏膜和静脉血呈鲜红色、呼吸极度困难、神经功能紊乱，而体温正常或低下；采用特效解毒药及时抢救，疗效显著，则可初步诊断。确诊需进行毒物检验，氢氰酸的定性和定量检验是确定诊断的依据。

【治疗】

1. 特效解毒疗法

（1）亚硝酸钠和硫代硫酸钠联合疗法　按10mg/kg体重的亚硝酸钠溶解于5%葡萄糖溶液，配制成1%溶液静脉注射。数分钟后，用5%硫代硫酸钠溶液1～2mL/kg体重静脉注射，1h后可重复应用一次。

（2）大剂量亚甲蓝和硫代硫酸钠联合疗法　1%亚甲蓝溶液，剂量为10～20mg/kg体重静脉注射。数分钟后，按上述方法应用硫代硫酸钠。

（3）对不同动物也可按下列处方比例混合一次静脉注射。牛：亚硝酸钠3g，硫代硫酸钠15g，蒸馏水200mL。猪、羊：亚硝酸钠1g，硫代硫酸钠2.5g，蒸馏水50mL。注射前必须过滤消毒。

2. 促进毒物排出与防止毒物被吸收

可选用或合用以下催吐、洗胃和口服中和、吸附剂。

（1）猪、犬内服1%硫酸铜或吐根酊20～50mL催吐后，再内服10%亚硫酸铁10～15mL。硫酸亚铁可与CN^-生成低毒并不易吸收的普鲁士蓝，随粪排出体外。

（2）大动物初期应及时用0.5%高锰酸钾溶液或3%双氧水洗胃，再内服10%亚硫酸铁80～100mL。

（3）防止肠道对毒物的吸收，可口服活性炭，剂量为猪、羊 15～50g，牛、马 250～500g。

3. 配合对症和支持疗法

可根据循环系统与呼吸功能状态，进行兴奋呼吸（尼可刹米）、强心（樟脑、安钠咖）；注射升血压药（肾上腺素）可防治亚硝酸盐引起的低血压；静脉注射大剂量的葡萄糖溶液，还能在支持治疗的同时，使葡萄糖与 CN^- 结合生成低毒的腈类。

（1）5% 亚硝酸钠溶液 40mL、5%～10% 硫代硫酸钠溶液 200mL。用法：牛一次先后静脉注射。5%～10% 硫代硫酸钠羊用 50mL。说明：也可用亚硝酸钠 1～3g，硫代硫酸钠 2.5～15g，蒸馏水 50～200mL 混合后一次静脉注射，羊用低量，牛用高量；也可用亚甲蓝，按 3mg/kg 体重用药。

（2）0.1% 高锰酸钾溶液 1000～2000mL。用法：牛洗胃。说明：用于口服中毒的初期，重症配以强心、补液。

4. 中医治疗

金银花 120g、绿豆 500g。用法：煎汤，候温一次灌服。

【预防】

尽量限用或不用氢氰酸含量高的植物饲喂动物。严禁在含氰苷植物区放牧动物。加强农药管理，严防误食。含氰苷的饲料，最好放于流水中浸渍 24h，或漂洗后加工利用。

十、 棉籽饼中毒

棉籽饼粕中毒是家畜长期或大量摄入榨油后的棉籽饼粕，致使摄入过量的棉酚而引起的中毒性疾病，临床以出血性胃肠炎、全身水肿、血红蛋白尿、实质器官变性和神经紊乱为特征。本病主要见于犊牛、单胃动物和家禽，少见于成年牛和马属动物，但长期大量饲喂也可引起中毒。

【病因】

棉籽和棉籽饼粕中含有 15 种以上的棉酚类色素，其中主要是棉酚，按照其存在的形式，可分为结合棉酚和游离棉酚两类。结合棉酚是棉酚与蛋白质、氨基酸、矿物质等物质结合体的总称，通常认为是无毒的。游离棉酚具有活性的羟基和醛基，易被肠道吸收，对动物是有毒的。猪、禽体内很难将游离棉酚转化为结合棉酚，容易引起中毒；而反刍动物瘤胃消化过程中可生成可溶性蛋白和赖氨酸类等物质，将游离棉酚转变为结合棉酚，几乎不引起中毒。

棉酚被吸收后分布于体内各器官，以肝脏浓度最高，依次为脾、肺、心、肾、骨骼肌和睾丸。棉酚在体内比较稳定，不易破坏，排泄缓慢，有蓄积作用。

此外，棉籽饼中磷含量较高，若长期单一饲喂，可引起家畜的消化、呼吸、泌尿等器官黏膜变性，导致夜盲症和尿石症发病率升高。

【症状】

家畜的棉籽饼粕急性中毒极为少见。生产中多因长期不间断地饲喂棉籽饼，致使棉酚在体内积累而发生慢性中毒。哺乳犊牛最敏感，常因吸食饲喂棉籽饼的母牛乳汁而发生中毒。

棉籽饼中毒的共同的特点是食欲下降，增重缓慢，呼吸困难，心脏功能障碍，对应激敏感，同时还可见由于代谢紊乱引起的尿石和维生素 A 缺乏症。

非反刍动物慢性中毒的临床症状主要表现为生长缓慢、腹痛、厌食、呼吸困难、昏迷、嗜睡、麻痹等。慢性中毒病畜表现消瘦，有慢性胃肠炎和肾炎等，食欲不振，体温一般正常，伴发炎症腹泻时体温稍高。重度中毒者，饮食废绝，反刍和泌乳停止，结膜充血、发绀，兴奋不安，弓背，肌肉震颤，尿频，有时粪尿带血，胃肠蠕动变慢，呼吸急促带鼾声，肺泡音减弱。后期四肢末端浮肿，心力衰竭，卧地不起。

【病程及预后】

较严重的病例病期较短且病死率高，一般在一周之内即可致死。大多数病例为慢性经过，病期约一个月，治疗及时则预后较好。成年反刍动物和马属动物有较强的耐受力，病程较长，预后一般良好。猪中毒时病程较短，病死率较高。

【病理变化】

棉酚引起动物中毒死亡可分为 3 种形式：急性致死，直接原因是血液循环衰竭；亚急性致死，因继发性肺水肿；慢性中毒致死，多因恶病质和营养不良。

剖检可见：全身皮下组织呈浆液性浸润，胸、腹腔和心包腔内有红色透明或混有纤维团块的液体。实质器官广泛性充血和水肿，胃肠道黏膜充血、出血和水肿，猪肠壁溃烂。肝瘀血、肿大、质脆、色黄，胆囊肿大、有出血点。肾肿大，被膜下有出血点，实质变性。膀胱壁水肿，黏膜出血。肺充血、水肿和瘀血，间质增宽，切面可见大小不等的空腔，内有多量泡沫状液体流出。心扩张，心肌松软，心内外膜有出血点，心肌颜色变淡。淋巴结水肿、充血。鸡胆囊和胰腺增大，肝、脾和肠黏膜上有蜡质样色素沉着。

【诊断】

根据长时间大量饲用棉籽饼或棉籽的病史，具有出血性胃肠炎、肺水肿、全身水肿、红尿、神经紊乱、视力障碍等临床症状，以及动物的敏感性可作出初步诊断，确诊依据测定棉籽饼及血液、血清中游离棉酚的含量。

【治疗】

目前尚无特效疗法，应停止饲喂含毒棉籽饼粕，加速毒物的排出。采取对症治疗方法（清除病因、改善饲养、尽快排毒、对症治疗）。

（1）立即停喂含有棉籽饼的日粮，给予青绿多汁饲料或优质青干草补饲，必要时补充维生素 A 和钙制剂，充足饮水。

（2）排除胃肠内容物　用 0.1% ~0.3% 的双氧水或高锰酸钾溶液、3% ~

5%碳酸氢钠洗胃或灌肠。胃肠炎不严重时，用硫酸镁或硫酸钠1g/kg，配成8%水溶液内服，兴奋前胃运动功能，促进胃肠毒物排出。有出血性胃肠炎时，应进行消炎、收敛、止血，可用止泻剂和黏浆剂，内服1%的鞣酸溶液，硫酸亚铁。为了保护胃肠黏膜，可内服藕粉、面粉等。洗胃后可灌服多量5%碳酸氢钠溶液。出现肺水肿时，应静脉注射甘露醇或山梨醇。

（3）解毒可口服铁制剂　硫酸亚铁，猪1~2g、牛7~15g，1次口服。

（4）保肝、强心、制止渗出　可静脉注射10%~50%高渗葡萄糖溶液，10%葡萄糖氯化钙溶液或10%葡萄糖酸钙，复方氯化钠溶液，配以10%~20%安钠咖、维生素C、维生素D及维生素A等。

（5）中医治疗　绿豆粉500g，苏打粉45g。用法：水调一次灌服。

【预防】

预防本病的关键是限制棉籽饼和棉籽的饲喂量和持续饲喂时间。若饲喂未经脱毒的棉籽饼和棉籽时，应控制饲喂量。妊娠母畜及幼畜禁止饲喂。适当地进行间断饲喂为宜，如连续饲喂棉籽饼半月后，应有半月的停饲间歇期。注意日粮搭配，增加日粮中蛋白质、维生素、矿物质、青绿饲料，可预防中毒的发生。饲料蛋白质含量越低，中毒率越高。

十一、霉稻草中毒

霉稻草中毒是由于牛采食发霉稻草而引起的一种真菌毒素中毒病。其病变与临床特征表现为耳尖、尾端干性坏疽，蹄腿肿胀、溃烂，以至蹄匣和趾（指）骨腐脱，因此又称牛烂蹄坏尾病。主要发生于舍饲耕牛尤其是水牛（占发病率的85%以上），黄牛次之。

本病的发生有明显的地区性和季节性，我国许多水稻产区均有报道，一般在10月中旬开始发生，11~12月份达到发病高峰期，翌年初春病势渐缓，4~6月份放牧后即自行平息，发病率与致残率均较高。

【病因】

由于水稻收割季节阴雨连绵，脱谷后其秸秆未晒干即堆放，或稻草保管不当受潮发霉，以致产毒镰刀菌大量繁殖，产生大量的真菌毒素。

另外寒冷刺激致使远端体表末梢血管收缩，血流缓慢，增强了真菌毒素的致病作用。因此，水牛或黄牛在秋、冬季和春季采食大量霉变稻草后易引起中毒。

【症状】

一般在饲喂霉变稻草15~20d发病，有的可在饲喂几个月后才表现临床症状。特征性症状主要表现在耳、尾、肢端等末梢部。

病牛精神沉郁，拱背，被毛粗乱，皮肤干燥无光；可视黏膜微红；中期病牛有的鼻黏膜有蚕豆大的烂斑，一侧鼻孔流出鲜红色血液；在蹄部肿胀前，病牛患肢步态僵硬，见有间隙性提举现象，蹄冠部肿胀、温热、疼痛，系凹部皮肤横行裂隙。数日后，肿胀蔓延到腕关节或跗关节，跛行加重；继而肿胀部皮肤变凉，表面渗出黄白色或黄红色液体，并破溃、出血、化脓或坏死。严重的则蹄匣或趾（指）关节脱落。肿胀消退后，皮肤硬结如龟板样，有些病牛肢端发生干性坏疽，跗（腕）关节以下的皮肤形成明显的环形分界线，坏死部远端皮肤紧箍于骨骼上，干硬似木棒。当坏死处被细菌感染时，见皮肤破溃，流出黄红色液体，皮肤与骨骼分离，似穿着长筒靴样。多数病牛伴发耳尖、尾梢部干性坏死，患部干硬，终至脱落。

有的公牛阴囊皮肤干硬皱缩。妊娠母牛还表现流产、死胎、阴道外翻等症状。体温、脉搏、呼吸等全身症状轻微，仅有少数病牛体温有升高现象（病变部位受感染）。水牛病程较长，可达月余或数月，最后衰竭死亡或废役淘汰。黄牛一般病情较轻，病程较短，死淘率较低。

【诊断】

依据多发生在水稻产区，有长期采食霉稻草的病史，于冬、春季流行的特点，耳、尾、蹄等末梢部位干性坏疽的临床表现，可做出初步诊断。

如有必要可作实验室真菌分离鉴定。方法为：采取怀疑发霉稻草样品，剪成2cm长，在0.1%升汞液中浸泡1min，用灭菌蒸馏水冲洗5～10次，将其接种于马铃薯葡萄糖琼脂培养基和察氏培养基上，在22～26℃条件下培养6～8d，进行分离鉴定，结果分离出镰刀菌属即可确诊。

在鉴别诊断上，要注意区别可造成耳、尾、蹄坏死的类症，如麦角中毒、伊氏锥虫病、坏死杆菌病及慢性硒中毒等。

【治疗】

目前尚无特效治疗方法。首先要停喂霉稻草并代之以胡萝卜喂养，加强营养，实施对症治疗，可收到一定效果。

（1）病初可采取促进病牛末梢血液循环治疗原则。对患肢进行热敷、红外灯照射、按摩或用松节油、樟脑水局部涂擦等，也可灌服白胡椒酒（白酒200～300mL，白胡椒20～30g，1次灌服），以促进血液循环。

（2）肿胀溃烂继发感染时，可施行外科处理并辅以抗生素或磺胺类药物治疗，或用红霉素软膏涂敷，以促进肉芽组织及上皮生长。用0.1%高锰酸钾液、1%～2%来苏儿、4%硫酸铜液冲洗患蹄，可在疮内撒布磺胺粉、松馏油或用红霉素软膏涂敷并打蹄绷带。

磺胺噻唑钠10g/d、磺胺嘧啶30～50mg/kg体重，一次静脉注射，连续注射5～7d。新霉素8～15mg/kg体重、卡那霉素6～12mg/kg体重，一次静脉注射。

（3）病情严重牛，可用5%葡萄糖生理盐水1000～1500mL，葡萄糖液500mL，安钠咖2g、维生素C 5g，一次静脉注射，或用10%葡萄糖液、3%双氧水（体积比为4∶1）混合静脉注射500～1000mL，每日1～2次。

牛轻症者可用白酒200～300mL加白胡椒20～30g，一次灌服，每日一次，连用2～3d即愈。

（4）中医治疗（牛用） 用荆芥50g、防风50g、羌活30g、独活30g、柴胡30g、前胡30g、枳壳30g、桔梗30g、茯苓40g、川芎25g、甘草25g，将药细研为末，开水冲，候温灌服，每日一剂，一般连用4～7剂，连用4～7d。

陈石灰50～100g、土一枝蒿30～50g、通泉草500～1000g，将土一枝蒿、通泉草（均为生药）捣烂与陈石灰调匀，用此药包敷患部，1～2d换药1次。

【预防】

预防霉稻草中毒发生，加强稻草收贮管理和饲喂管理是关键。秋季收获时，及时晒干防止稻草霉变，未经晒干的稻草，一定不要堆贮；已晒干而堆贮的稻草垛，垛顶要用塑料布遮盖严实，并要定期检查，严防雨水渗入。饲喂稻草时要仔细检查，凡已霉烂稻草，严禁喂牛。必要时可用10%纯石灰水浸泡发霉稻草，3d后捞出，清水冲洗，嗮干再喂。

任务二 | 农药中毒

一、 有机磷农药中毒

有机磷农药中毒是由于接触、吸入或采食了某种有机磷制剂所引致的中毒性疾病，以体内的胆碱酯酶活性受抑制，从而导致神经生理功能的紊乱为特征。临床以瞳孔缩小、分泌物增多、肺水肿、呼吸困难、肌肉发生纤维性震颤为特征。

【病因】

有机磷农药有上百种，我国生产的有数十种之多，而且在不断更新。按其毒性强弱，有机磷农药可分为3类。剧毒类：包括甲拌磷（3911）、对硫磷（1605）、甲基对硫磷（甲基1605）、内吸磷（1059）、八甲磷等；高毒类：包括敌敌畏（DDVP）、甲基内吸磷（甲基1059）、倍硫磷、稻丰散等；低毒类包括乐果、马拉硫磷、敌百虫等。

引起畜禽有机磷农药中毒的主要原因有以下几个方面。

（1）误食撒布有机磷农药后尚未超过危险期的田间杂草、牧草、农作物以及蔬菜等而发生中毒；或误用拌过有机磷农药的谷物种子造成中毒。

（2）误用盛装过农药的容器盛装饲料或饮水，以致家畜中毒。

（3）配制或撒布药剂时，农药粉末或雾滴污染附近或下风方向的畜舍、牧场、草料及饮水，被家畜舔吮、采食或吸入。

（4）装过有机磷农药的车船，未经彻底清洗即用来装运畜禽，尤其在通风不良的情况下，更易引起中毒。

（5）用家畜驮运有机磷农药或拌了有机磷农药的种子，经皮肤吸收而中毒。

（6）临床用药不当，如滥用有机磷农药治疗外寄生虫病、超剂量灌服敌百虫驱除胃肠寄生虫、用敌百虫作为泻剂治疗完全阻塞性肠便秘时被吸收入血而中毒。

【发病机制】

有机磷农药属于剧烈的接触毒，具有高度的脂溶性，可经完整的皮肤渗入机体，但通过消化道和呼吸道的吸收较为快速且完全。

有机磷农药进入动物体内后，主要是抑制胆碱酯酶的活性，使胆碱酯酶失去分解乙酰胆碱的能力，导致体内大量乙酰胆碱积聚，引起神经传导功能紊乱，出现胆碱能神经的过度兴奋现象。但由于健康机体中一般都贮备有充足的胆碱酯酶，故少量摄入有机磷化合物时，尽管部分胆碱酯酶受抑制，但仍不显临床症状。

【症状】

中毒家畜的临床症状严重程度与有机磷农药的毒性、摄入量、染毒途径以及机体状态有密切关系。大多数中毒家畜呈急性经过，于染毒后 0.5h 至数小时发病。其所表现的症状及程度差异极大，但都表现为胆碱能神经受乙酰胆碱的过度刺激而引起过度兴奋的现象。

早期突出的表现是肌肉痉挛，一般从眼睑、颜面部肌肉开始，很快扩展到颈部、躯干部乃至全身肌肉，轻则震颤，重则抽搐，常常呈现侧弓反张和角弓反张。四肢肌肉痉挛时，病畜频频踏步（站立）或做游泳样动作（横卧）。头部肌肉痉挛时，可伴有舌频频伸缩和眼球震颤等。

中枢神经系统症状。病畜脑组织内的胆碱酯酶受抑制后，使中枢神经细胞之间的兴奋传递发生障碍，造成中枢神经系统的功能紊乱。病初兴奋不安，暴进、暴退或无目的奔跑，之后陷入高度沉郁，甚至昏睡。瞳孔缩小，甚至呈线状。

牛主要表现不安，流涎，鼻液增多，反刍停止，粪便往往带血，并逐渐变稀，甚至出现水泻。肌肉痉挛，眼球震颤，结膜发绀，瞳孔缩小，不时磨牙、呻吟。呼吸困难，听诊肺部有广泛性湿啰音。心跳加快，脉搏增数，肢端发凉，体表出冷汗。最后因呼吸肌麻痹而窒息死亡。妊娠牛流产。

羊病初表现神经兴奋，病羊奔跑跳跃，狂躁不安，其余症状与病牛基本一致。

猪的症状表现为肌肉发抖，眼球震颤，流涎。进而行走不稳，身体摇摆，不能站立。病猪侧卧或伏卧。呼吸困难或急促，部分病例可遗留失明和麻痹后遗症。

鸡病初表现不安，流泪，流涎。继而食欲废绝，下痢带血，常发生嗉囊积食，全身痉挛逐渐加重，最后不能行走而卧地不起，麻痹，昏迷而死亡。

【病程及预后】

病程从数小时至数日不等。轻症病畜，只表现流涎、肠音亢进、局部出汗以及肌肉震颤，经数小时即可自愈；重症病畜，多继发肺水肿或呼吸衰竭，可于发病当日死亡，病程超过24h以上的，多有治愈希望，完全康复则需数日之久。

【诊断】

依据接触有机磷农药的病史，临床上呈现以胆碱能神经功能亢进为基础的综合征，包括流涎、出汗、肌肉痉挛、瞳孔缩小、肠音增强、排稀软粪便、呼吸困难、血压升高等症状，可初步诊断为有机磷农药中毒。确诊需要测定全血胆碱酯酶活力以及采取可疑饲料或胃内容物进行有机磷农药的检验。

同时还应根据本病的病史、症状、胆碱酯酶活性降低等变化同其他可疑病相区别。

【治疗】

本病的治疗原则：尽早实施特效解毒，尽快除去尚未吸收的毒物。立即停止使用含有机磷农药的饲料或饮水。因外用敌百虫等制剂过量所致的中毒，应充分水洗用药部位（勿用碱性药剂），以免继续吸收。同时，尽快用药物救治。

常用阿托品结合解磷定解救。阿托品为乙酰胆碱的生理拮抗药，是速效药剂，可迅速使病情缓解。但须有胆碱酯酶复活剂的协同作用。常用的胆碱酯酶复活剂有解磷定、氯解磷定、双复磷和双解磷等。

阿托品治疗剂量为：牛0.25mg/kg体重，马、猪、羊0.5～1mg/kg体重，一次皮下或肌肉注射，病重者以其1/3量混于葡萄糖盐水内缓慢静脉注射，另2/3量做皮下或肌肉注射。经1～2d若症状未见减轻，可减量重复应用，直到出现所谓的阿托品化状态，即表现口腔干燥、出汗停止、瞳孔散大、心跳加快等。阿托品治疗之后，可每隔3～4h皮下或肌肉注射一次维持量的阿托品，持续1或2d。以巩固疗效，直至痊愈。

解磷定和氯解磷定的用量为10～30mg/kg体重，以生理盐水配成2.5%～5%溶液，缓慢静脉注射，以后每隔2～3h注射1次，剂量减半，直至恢复。双复磷和双解磷的用量为解磷定的1/2，用法相同。因双复磷水溶性较高，可供皮下、肌肉或静脉注射用。

在实施特效解毒疗法的同时或稍后，应尽快除去尚未吸收的有机磷农药。利用碱性药物使有机磷农药毒性减弱的特性，经消化道染毒的，可投服2%～3%碳酸氢钠溶液或1%～2%石灰水，并灌服活性炭。经皮肤染毒者，可用5%石灰水、0.5%氢氧化钠溶液或肥皂水洗刷皮肤。但是在敌百虫中毒时不能用碱水洗胃或洗刷皮肤，因为敌百虫在碱性环境中可转变成毒性更强的敌敌畏。

对症治疗，以消除肺水肿，兴奋呼吸中枢，输入高渗葡萄糖溶液等，提高疗效。

猪可用1%硫酸阿托品注射液，用法：一次皮下注射，按2～4mg/kg体重用药。注射后要注意观察瞳孔变化，如20min后无明显好转，应重复注射一次。或4%解磷定注射液，用法：一次静脉注射或腹腔注射，按15～30mg/kg体重用药。

猪也可用12.5%双复磷注射液0.75～1.5g。

中药方剂（猪用）：绿豆（去壳）250g，甘草50g，滑石50g。共为细末，开水冲调，候温，一次灌服。

【预防】

（1）健全对农药的购销、保管和使用制度，落实专人负责，严防坏人破坏。

（2）开展经常性的宣传工作，普及和深化有关使用农药和预防家畜中毒的知识，以推动群众性的预防工作。

（3）由专人统一安排施用农药和收获饲料，避免互相影响。对于使用农药驱除家畜内外寄生虫，也可由兽医人员负责，定期组织进行，以防意外的中毒事故。

二、有机氟化物中毒

有机氟化物中毒是指误食氟乙酰胺、氟乙酸钠等有机氟化物而引起的中毒。临床上以发生呼吸困难、口吐白沫、兴奋不安、痉挛、鸣叫、疾速奔跑、迅速死亡为特征。

有机氟化物主要有氟乙酰胺、氟乙酸钠等，为一类药效高、残效期较长、使用方便的剧毒农药，主要用于杀虫（蚜螨）、灭鼠。氟乙酰胺（商品名为灭鼠灵）为农作物害虫及消灭鼠类的一种高效杀虫剂，现为我国禁止使用的剧毒有机氟类农药，但目前农村仍有使用，犬、猫误食这类制剂的毒饵或毒死的鼠类后引起急性中毒，占鼠药中毒的91.3%。

【病因】

有机氟化物中毒中以误食氟乙酰胺中毒的老鼠而发生中毒者为多。氟乙酰胺为白色针状结晶，无臭无味，易溶于水，水溶液无色透明，化学性质稳定，在动、植物组织中活化为氟乙酸时产生毒性。动物多因误食（饮）被氟乙酰胺处理或污染了的植物、种子、饲料、毒饵、饮水而中毒。犬、猫、猪等常因吃食被氟乙酰胺毒死的鼠尸、鸟尸，家禽啄食被毒杀的昆虫后引起中毒，这是由于氟乙酰胺在体内代谢、分解和排泄较慢，再被其他动物采食后引起所谓“二次中毒”。

【症状】

有机氟化物进入机体后，需经活化、渗透、合成等过程，因此动物摄入毒物后经过一定的潜伏期才出现临床症状，一般马的潜伏期为0.5～2h，牛羊更长。动物一旦出现症状，病情发展很快。临床上主要表现中枢神经系统和心血管系统损害的症状，因动物品种不同，症状有一定的差异。

深度中毒的病畜，突然出现神经症状，兴奋不安，无目的奔跑、吠叫，乱窜、乱撞、乱跳，有的走路摇晃，似醉酒样，呕吐白沫，呼吸困难，心跳加快，节律不齐，瞳孔散大，体温稍低，频频排尿和排便，全身肌肉震颤，痉挛抽搐、癫痫，十几分钟后死亡，特别是冲撞时遇到障碍物即倒地死亡。

轻度中毒的病畜，初期精神沉郁，随后兴奋不安，心跳、呼吸加快，流涎增多，结膜发绀，感觉灵敏，吠叫，体温偏低。从发病到死亡在3h以内。倒地后四肢不停地划游，呈角弓反张姿势。舌伸出口腔外，多数被自己咬破而从口鼻腔流出带血色的泡沫，终因衰竭而死。

牛、羊主要表现心血管症状。急性型无明显的先兆症状，经9～18h，突然跌倒，剧烈抽搐，惊厥或角弓反张，迅速死亡。慢性型一般在摄入毒物5～7d后发病，仅表现食欲减退，不反刍，离群，单独依墙而立或卧地，有的可逐渐康复，有的以后在轻度劳役或外因刺激下突然发作，呈惊恐、狂躁、尖叫，在抽搐中死于心力衰竭和呼吸抑制。在整个病程中，体温正常或偏低。

马主要表现精神沉郁，黏膜发绀，呼吸急促，心率加快，心律失常，肢端发凉，肌肉震颤。有时表现轻度腹痛，最后惊恐，鸣叫，倒地抽搐，很快死亡。

猪在摄入毒物后数小时发作，初期狂奔乱冲，不避障碍，或跳高转圈，继而共济失调，卧地痉挛、抽搐，尖声吼叫，流涎，呕吐，呼吸急促，心动过速，瞳孔散大，数小时内死亡。

犬、猫直接摄入有机氟化合物后30min出现症状，吞食鼠尸或其他动物尸体后4～10h发作，表现兴奋，狂奔，嚎叫，喜钻往暗处，心动过速，强直性痉挛。瞳孔持续性散大，排粪排尿频繁。后期对外界刺激反应迟钝，呼吸困难，在症状出现后数小时因循环和呼吸衰竭而死亡。

【诊断】

根据病畜体温偏低、发病急、症状和剖检变化等特点，以及市场有鼠药出售和使用鼠药灭鼠的事实，可初步诊断。确诊需做血液生化测定和毒物分析。

（1）血液生化测定　主要测定血液中氟、柠檬酸和血糖含量。有机氟化合物中毒时血糖、氟和柠檬酸含量明显升高。

（2）毒物分析　取可疑饲料、饮水、呕吐物、胃内容物、肝脏或血液进行有机氟化合物的定性和定量分析，阳性结果为确诊提供依据。

临床上注意与士的宁、有机磷和铅中毒相鉴别。有机磷农药中毒，潜伏期短，发病快，中毒症状出现早，肌纤维震颤，瞳孔缩小，多汗，流涎，腹痛，粪稀，血液胆碱酯酶活性下降，血氟及血液柠檬酸含量无变化。士的宁中毒的犬不呕吐、不经常排粪尿，不狂吠乱奔。铅中毒时有震颤、痉挛、呕吐或腹泻，这些症状间歇性发作，持续时间长。有机氟化合物中毒，症状出现较慢但临床发病却很突然，其主要症状是肌群震颤，阵发性强直痉挛，瞳孔无明显规律性改变，血糖、血氟及血液柠檬酸含量增高，但无胆碱酯酶的变化。

【治疗】

对病畜应及时采取清除毒物和应用特效解毒药相结合的治疗方法。

1. 清除毒物

及时通过催吐、洗胃、缓泻以减少毒物的吸收。犬、猫和猪使用硫酸铜催吐，牛可用0.05% ~0.1%高锰酸钾洗胃，再灌服蛋清，最后用硫酸镁导泻。其他动物则用硫酸钠、石蜡油泻下治疗。经皮肤染毒者，尽快用温水彻底清洗。

2. 特效解毒

解氟灵（50%乙酰胺），按0.1 ~0.3g/kg体重的剂量，肌肉注射，首次用量加倍，每隔4h注射1次。直到抽搐现象消失为止，可重复用药。若没有解氟灵，可用乙二醇乙酸酯（又名醋精），100mL溶于500mL水中灌服。或用95%酒精100 ~200mL，加适量常水，1次/d口服，或用95%乙醇和5%醋酸，按2mL/kg体重口服。解氟灵效果可靠，不良反应小，尚有预防发病的作用，应及早用药。

3. 对症治疗

采用强心补液、镇静、兴奋呼吸中枢等疗法。镇静用巴比妥、水合氯醛口服或氯丙嗪肌肉注射。解除肌肉痉挛，有机氟中毒常出现血钙降低，故用葡萄糖酸钙或柠檬酸钙静脉注射。兴奋呼吸可用尼可刹米、可拉明解除呼吸抑制。

所有中毒动物均给予静脉补液，以10%葡萄糖为主，另加维生素$B_1$0.025g，辅酶A 200IU，ATP 40mg，维生素C 3 ~5g，1次静脉滴注。昏迷抽搐的患犬常规应用20%甘露醇，以控制脑水肿。肌肉注射地塞米松2 ~10mg/只，以防感染。较为严重的动物可适量肌注硫酸镁0.5 ~1g，同时静注50%葡萄糖适量，以强心利尿，促进毒物排除。

必须注意氟乙酰胺中毒病畜的心脏常遭受损害，静脉注射必须十分缓慢，若大量、快速输入，常加速病畜死亡。

【预防】

本病的预防主要采取以下措施。严加管理剧毒有机氟农药的生产、经销、保管和使用；禁止饲喂用有机氟化合物喷洒过的植物及被污染的饲草、饲料。施用过有机氟化合物的农作物，从施药到收割期必须经60d以上的残毒排出时间，方能作饲料用，否则容易发生中毒；用以防治农林蚜虫和草原鼠害时，严禁污染水源；有机氟化合物中毒死亡的动物尸体应该深埋，以防其他动物食入；作为灭鼠的诱饵应妥善放置，严禁家畜误食。对毒死的鼠类尸体要深埋，防止家畜吞食；对可疑中毒的家畜，暂停使役，加强饲养管理，同时普遍内服绿豆浆解毒。

任务三 | 植物中毒

一、青杠叶中毒

青杠树叶中毒又称栎树叶中毒，是由家畜采食大量壳斗科栎属植物栎树的树叶而引起的中毒性疾病。临床上以前胃弛缓、便秘或下痢、胃肠炎、皮下水肿、体腔积液，以及血尿、蛋白尿、管型尿等肾病综合征的症状为特征。主要发生于牛，尤其是耕牛，马、猪、羊和家禽也可发生，但一般症状较轻。

青杠树系常绿或落叶乔木，为多年生乔木或灌木。我国分布于华南、华中、西南、东北及陕甘宁的部分地区。其茎、叶、籽实均可引起家畜中毒，对牛羊危害最为严重，其籽实引起的中毒称为橡子中毒。

【病因】

本病发生于生长青杠树的林带，尤其是乔木被砍伐后新生长的灌木林带。据报道，牛采食青杠树叶数量占日粮的50%以上即可引起中毒，超过75%会中毒死亡。也有因采集青杠树叶喂牛或垫圈而引起中毒者。

【症状】

一般在大量采食栎树叶5~15d后出现中毒症状。病初表现精神沉郁，食欲、反刍减少，常厌食青草而喜食干草，瘤胃蠕动减弱，肠音低沉。很快发展为腹痛综合征：磨牙、不安、后退、后坐、回头顾腹以及后肢踢腹等。排粪迟滞，粪球干燥、色深，外表有大量黏液或纤维性黏稠物，有时混有血液。粪球干小，常串联成念珠状（有的长达数米），严重者排出黑红色或焦黄色糊状粪便。随着肠道病变的发展，舌面有灰白腻滑的舌苔，口腔深部黏膜有豆大的浅溃疡灶，鼻镜干燥甚至龟裂。

病初频频排尿，尿量增多，尿液清亮，有的出现血尿。继而尿量减少甚至无尿。在下颌间隙、胸前、腹下、会阴、公牛阴鞘、肛门周围、肉垂和股内侧出现皮下水肿，触诊呈捏粉样，腹腔积水。母牛流产或胎儿死亡。体温正常或偏低。病情进一步发展，病畜虚弱，卧地不起，出现黄疸、血尿、脱水等症状，最后因肾功能衰竭而死亡。

【诊断】

根据发病的地区和季节性，有采食栎树叶的病史，结合胃肠道弛缓、皮下水肿和肾病综合征的症状和特征的病理变化，可作出诊断。但是这些变化多数只能在发病中后期表现出来。尿沉渣和血液的实验室检查可提供辅助诊断指标。

【治疗】

目前尚无特效解毒方法，治疗原则为排除毒物、解毒及对症治疗。一旦发现病畜应立即停止在青杠树林放牧或饲喂青杠树叶，供给优质青草和青干草，加强护理，同时采取排毒、解毒、强心、利尿、补液等治疗措施。

1. 排除毒物

促进胃肠内容物的排除，可灌服植物油（禁用盐类泻剂）250~500mL；或用1%~3%盐水1000~2000mL瓣胃注射，或用鸡蛋清10~20个，蜂蜜250~500g，混合一次灌服。

2. 解毒

可用硫代硫酸钠5~15g，制成5%~10%溶液一次静脉注射，每日1次，连续2~3d，对初中期病例有效。也可用10%~25%葡萄糖溶液500~1000mL静脉注射。

3. 碱化尿液和利尿，消除水肿

可用5%碳酸氢钠溶液250～800mL，静脉注射，尤其适用于尿液pH在6.5以下的病畜。也可应用10%葡萄糖与20%甘露醇溶液（牛500～1500mL，羊、猪100～500mL）或速尿（牛0.5～1mg/kg体重，羊、猪1～2mg/kg体重）注射液混合静脉注射。如发生肾衰竭，则应慎用利尿剂。

4. 对症疗法

对机体衰弱、体温偏低、呼吸次数减少、心力衰竭及出现肾性水肿者，使用糖盐水1000mL、安钠咖注射液20mL，一次静脉注射。对出现水肿和腹腔积水的病牛，用利尿剂。对肠道有炎症的，可内服磺胺脒30～50g。

此外，病初还可给予有清热、解毒、利水功效的荆防败毒散，中期可用有润肠通便、利水、解毒的加减解毒散，后期可用有补中益气、壮阳健脾的补中益气当归汤（加减）。

牛可用10%葡萄糖注射液1000mL，5%碳酸氢钠液500mL，10%安钠咖20mL，混合静脉注射。

5. 中药方剂（牛用）

茯苓30g、远志24g、白术30g、泽泻30g、苍术75g、厚朴30g、甘草18g、木香18g、炒黄芩30g、茵陈24g、猪苓30g、知母18g、黄连24g、黄柏30g，蛋清为引，一次灌服。

【预防】

在发病区做好冬春饲草的贮存工作。在发病季节不在青杠树林中放牧，不采集青杠树叶饲喂家畜，不用青杠树叶垫圈；在发病季节，耕牛采取半日舍饲半日放牧的办法，控制牛采食栎树叶的量在日粮中占40%以下。在发病季节，牛每日缩短放牧时间，放牧前进行补饲或加喂夜草，补饲或加喂夜草的量应占日粮的1/2以上。或者在每日下午放牧后灌服0.05%高锰酸钾溶液4000mL，坚持至发病季节终止，效果良好。

二、 醉马草中毒

醉马草中毒是因家畜采食禾本科芨芨草属植物醉马草而引起的中毒性疾病。临床上以心率加快和步态蹒跚如酒醉状为特征。主要发生于马属动物。

【病因】

醉马草为多年生草本植物，是禾本科芨芨草属的多年生草本植物，见图8－2，多生长于放牧过度的高山草地和干旱草地。生命力和繁殖力极强，有超强的耐旱力，而且是一种排斥其他牧草生长的植物，在醉马草成片生长的地方，就不会有其他植物存活。羊、牛、马和骆驼等取食之后就会产生依赖性，不再食用其他牧草。当地家畜可以识别醉马草，多不主动采食，从外地引入或路过的家畜因不能识别而大量采食，或因草场退化或大旱之年牧草缺乏，家畜饥不择食而常常引起中毒甚至死亡。马属动物采食多量后，可引起心率加快、步态蹒跚如酒醉状的中毒症，故称为醉马草中毒。

本病主要发生于马属动物，一般采食鲜草达到体重的1%即可出现明显的中毒症状。羊只也可出现中毒。

图8－2 醉马草

【症状】

马属动物在采食30～60 min后出现中毒症状。轻者口吐白沫，精神沉郁，食欲减退，流泪，闭眼，肌肉震颤，然后摇头，伸颈，身体前倾，后肢向后伸展，迈步困难，有时倒地，心跳加快（90～110次/min），呼吸迫促（60次/min），鼻翼扩张，张口伸舌。重者头低耳耷，肌肉震颤，步态蹒跚如酒醉状。有的出现阵发性狂暴行为，知觉过敏，起卧不安或倒地不能起立，呈昏睡状。严重病例尚有腹胀、腹痛、鼻出血和急性胃肠炎的症状。体温正常。

本病多取良性经过，病畜一般经6～12h后症状逐渐减轻，24h后症状完全消失。个别体弱、中毒严重者可发生死亡。

骆驼中毒后呈现酒醉状，行走摇摆，遇到障碍时无能力回避，不听从主人的指挥。体温36.5～37.0℃之间，呼吸、脉搏均正常。

羊中毒初期，目光呆滞，食欲下降，精神沉郁，呆立，对外界反应冷漠，迟钝。中期，头部呈水平震颤；呆立时仰头缩颈，行走时后躯摇摆，步态蹦跳，追赶时极易摔倒，放牧时不能跟群；被毛逆立，失去光泽。后期，出现拉稀，以至于脱水；被毛粗乱，腹下被毛手抓易脱；后躯麻痹，卧地不起；多伴发心律不齐和心杂音，最后衰竭死亡。

【诊断】

根据采食醉马草的病史，结合精神沉郁、心跳加快、呼吸迫促、步态蹒跚如酒醉状的症状可以作出诊断。

【治疗】

对醉马草中毒目前尚无特效疗法，主要在于加强护理，实施对症治疗。中毒早期应用酸类药物治疗可获得一定效果，可应用醋酸30mL或乳酸15mL，加适量水灌服；也可口服食醋或酸乳500～1000mL；也可试用11.2%乳酸钠溶液60mL，一次静脉注射。对中毒严重者除应用酸类药物外，同时应根据病畜具体情况进行强心、补液、利尿等支持疗法。

【预防】

禁止在有醉马草生长的草地上放牧是预防本病的有效方法。也可试用“茅草枯”，按7.5～22.5kg/m^{2}进行草场喷洒，以灭除草场上的醉马草。对于新购进的马、骡和幼驹，应严禁到醉马草丛生的草场上放牧，尤其在早春牧草缺乏时更应特别注意。

三、苦楝子中毒

苦楝子中毒是畜禽采食苦楝树的果实苦楝籽所致的中毒性疾病。

【病因】

苦楝属楝科植物，为高大的乔木，在温暖地带的村宅旁多有栽培，见图8－3。其根、皮、果均可用作灭癣或驱虫药，茎、叶则可用作农业杀虫和灭钉螺药。每年4～5月开淡紫色花，10～11月结成圆形的浆果或蒴果，常于冬季至翌年夏季脱落，成熟后的果皮黄色有光泽，果肉多汁带甜味，故散落地面后常被猪采食而引起中毒。在少数情况下，用苦楝子或根、皮驱虫时，也可能因用量过多引起中毒事故。

图8－3　苦楝子

【发病机制】

苦楝树全株有毒，苦楝子毒性最大，树皮次之，树叶较弱。主要有毒成分为苦楝素、苦楝碱等成分，但对这些成分的毒性作用则仍未完全查清，目前仅知其毒性作用主要是刺激消化道，损害心、肝、肾等器官，麻痹神经中枢，降低血液凝固性，增加血管通透性等，最后病畜常因循环衰竭而死亡。

【症状】

猪采食苦楝子后几个小时内即可发病，病初精神沉郁，流涎，拒食，体温下降，全身痉挛，站立不稳，卧地不起，腹痛，嚎叫。后期，后躯瘫痪，反射消失，口吐白沫或呕吐，很快就见全身发绀，心动加速，呼吸困难，严重时即站立不稳，以至倒地不起，最后死亡。

【病理变化】

剖检时可见尸僵不全，血液呈暗红色而不凝固，胃淋巴结肿大呈黑红色，胃底部和幽门部黏膜呈泥土色，易脱落，肠黏膜、心脏和肾脏均有出血点，肺水肿、气肿明显。

【治疗】

无特效疗法，仅可对症进行紧急救治。常用的疗法是用安钠咖、肾上腺素、葡萄糖等以强心保肝，在此基础上可以试用鞣酸、稀碘液、高锰酸钾液等一般有解毒功能的药剂口服。

对于采食了苦楝子但尚未出现病症的猪可用催吐、洗胃、导泻、灌肠等方法阻止毒物吸收；对于已出现明显症状的病猪，多采取静脉注射10%葡萄糖酸钙溶液20～50mL，肌肉或皮下注射维生素B_1 100～200mg，以解痉、保肝，必要时滴注肾上腺素。

中医治疗：

（1）藜芦9～15g，用法：加水煎汤，一次灌服。

（2）麻仁15g、莱菔子15g、玄明粉15g，用法：前两味煎汤，冲入玄明粉一次灌服。

（3）针治：山根、太阳、耳尖、尾尖、涌泉、蹄头。

【预防】

（1）注意采收苦楝子，避免其自然散落地面，防止猪只采食。而在集体猪场周围不宜栽植苦楝。

（2）凡医药或农业方面使用苦楝时，都应注意用量及其用法，以确保猪只安全。

四、蕨中毒

蕨中毒是家畜采食大量野生蕨后，发生高热、贫血、无粒细胞血症、血小板减少、血凝不全、全身泛发性出血等特征性症状的中毒病。主要发生于牛、马，也有绵羊中毒的报道。

【病因】

蕨又名蕨菜，见图8－4。春季萌发，经沸水烫洗后，可供食用。由于蕨类春季发芽早，成为主要鲜嫩青草，易为家畜大量采食而引起急性中毒；如果是长期采食少量的蕨叶，则可发生慢性中毒。

图8－4　毛叶蕨

【症状】

牛中毒后潜伏期较长，一般为2～8周。最初症状为精神沉郁，食欲下降，粪便稀软，呈渐进性消瘦，步态蹒跚，可视黏膜苍白或黄染、喜卧，掉队或离群；体温升高者病情急剧恶化，体温可突然升高至40.5～43℃，前胃蠕动微弱或消失，粪便干燥，呈暗褐红色或黑色，腹痛。病牛呈不自然伏卧，阵发性努责，排出稀软红色粪便。严重者仅排出少量红黄色黏液或凝血块，努责加剧，甚者直肠外翻。孕牛常因腹痛和努责导致胎动或流产。泌乳牛可能排出带血的乳汁。慢性病例的典型症状是血尿。

内脏及体表各部位极易发生出血，不易停止。也可因昆虫叮咬或注射、尖物刺伤、撞击等引起皮肤血肿，甚至流血不止。病牛可视黏膜苍白或黄染，可能有出血斑点。呼吸频率达60次/min以上，伴有明显的湿啰音，脉搏细弱频数，80次/min以上。

中毒犊牛常见有体温升高，表现迟钝，鼻孔和口腔周围有多量黏液。咽喉水肿，致使呼吸困难，出现喘鸣音，外部没有出血现象。2～4月龄犊牛中毒后有明显的心搏徐缓。

【病程及预后】

病初高热腹痛及出血严重者病程较短，多在一周左右死亡，最短在出现症状后2d死亡，长者可达数周至数月。病程中可能有几次反复，每次复发后病情加重，也可转为慢性病例，长期少量采食蕨者最终发生膀胱肿瘤。

【诊断】

根据发病季节、当地植被情况、饲养管理方式、流行病学资料、重剧症状（高热）、全身出血变化、血尿以及血液学检查结果等，可做出诊断。必要时，可进行人工饲喂发病试验。

【治疗】

马急性蕨中毒应用盐酸硫胺素（静脉或肌肉注射，或口服给药），每日用50～100mg皮下注射，同时，配合必要的对症治疗措施，可望获得满意的疗效。

牛急性蕨中毒尚无特效疗法，重症病例多预后不良，多数病牛被淘汰或死亡。可采用输血或输液疗法。根据病牛的大小和体重，可一次输注健康牛的新鲜全血500～2000mL，或输注富含血小板的血浆（PRP）500～2000mL，每周1次。可用1%硫酸鱼精蛋白10mL，静脉注射，或用甲苯胺蓝250mL，溶于250mL生理盐水中，静脉注射。

【预防】

（1）做好春季的牧地植被调查，规划轮牧，对蕨类新叶滋生地，应留待其他草类萌发后利用，以免发生家畜中毒。

（2）在春季蕨类萌发期内组织监视，对疑为中毒的家畜及时进行血液检验。除尽早发现病畜予以救治外，还应及时对全群采取紧急防护措施。

五、 有毒紫云英中毒

紫云英为豆科黄芪属多年生草本植物，有数百种，其中有些种采食后可引起中毒，称为有毒紫云英中毒。紫云英主要分布在西北各地。

【病因】

紫云英分为无毒和有毒两种。有毒紫云英各种家畜均可中毒，马较多见。一般本地牲畜对其有辨别能力，但在过于饥饿时，可能采食。如大量采食可引起急性中毒；长期少量采食，能形成慢性中毒。有毒紫云英全草均有毒，经晒干后毒性并不丧失。

【发病机制】

紫云英是一种聚硒植物见图8－5，具有转变土壤中的硒化合物，将其吸收于体内的特性，因此，生长在土壤含硒量高的紫云英含硒量很高，家畜采食后即可引起中毒。

图8－5 紫云英

【症状】

根据发病经过可分为急性和慢性两种。急性者多突然发生，2～3d内死亡；慢性者可拖延数月至数年。牛、马中毒多表现为惊恐、兴奋、狂躁不安。妊娠牛常致流产。马在吃食及饮水时，可见咬肌痉挛。行走时后肢无力，步态蹒跚，有时性情狞恶，突然咬人；死前无目的地踉跄奔走，有时后肢麻痹，突然倒地。绵羊多发生急性中毒，通常在采食大量毒草后2～3d出现症状。全身衰弱，步态不稳。重度中毒时，卧地难起，在3～5d内死亡，母羊流产，流产率有时高达80%，死胎70%，可产出畸形胎儿。病羊常有听觉和视力障碍。

病猪最初口吐白沫，步态踉跄，弓腰发抖，兴奋不安，盲目前冲或后退。有的猪精神不振，呆立不动，或头抵障碍物呆立不动。随后四肢肌肉松弛无力，有的行走时两前肢跪地爬行，有的则两后肢在地面拖行。多数病猪饮食停止，鼻盘及皮肤发紫色，呼吸浅而快，四肢皮肤厥冷，体温下降至35.5℃以下。

马中毒后表现行为改变，病初精神沉郁，呆立不动。以后转为兴奋，表现惊恐，有时甚至咬人，采食饮水异常，运动时后肢无力，步行不稳，不避障碍，无目的的踉跄奔走。有时后肢麻痹，突然倒地。

牛中毒时，症状大致与马相同，牛中毒多出现狂暴不安症状；妊娠母牛往往发生流产。另有一种紫云英，牛采食中毒后，主要表现呼吸促迫，伸舌，咳嗽，声音嘶哑，同时呈现吞咽障碍、磨牙和瘤胃臌气。

羊中毒多为急性，首先表现全身衰弱，步态蹒跚，视力、听力障碍，严重时，卧地不能起立，一般五六天内死亡。母羊多数流产或产出畸型胎儿。羊慢性中毒症状不明显，特征是牙齿渐渐变黑并且松动。

慢性症发生缓慢，症状轻微，可能拖延数月或1年以上。中毒后，精神沉郁，食欲减退，步行不稳，后肢无力，有时伏卧地上，由于后肢麻痹而不能站立，终至死亡。有些病例在中毒后，由于肌肉失去控制，盲目奔跑，最后常由于麻痹而倒地不起。

【诊断】

本病临床特征表现神经系统症状，病理剖检主要表现神经组织的变化，结合病史调查可以确定。

【治疗】

尚无特效疗法。

马可口服亚砷酸钾溶液，每日 1 次，每次 20mL；牛可在肩部皮下注射硝酸士的宁 0.07～0.15g，每日一次，连用 3d。此外，可进行镇静、强心、补液等对症治疗。

【预防】

应采取措施去除牧地上和饲草中混杂的有毒紫云英，以防止家畜采食后中毒。

任务四 | 鸡药物中毒

一、磺胺药物中毒

磺胺类药物是一类化学合成的抗菌药物，具有抗菌谱广、疗效确切、价格便宜等特点。在养禽业生产中，广泛用于防治细菌性疾病和球虫病，是家禽较为常用的药物。但该类药物的治疗量很接近中毒量，鸡对该药较敏感。磺胺中毒的表现主要是出血综合征和对淋巴系统的免疫抑制。临床上以皮肤、皮下组织、肌肉和内脏器官出血为特征。

【病因】

在使用磺胺类药物时，使用剂量过大、拌料不均匀或疗程过长均可能发生中毒；家禽患有肝、肾疾患时因排泄减慢引起蓄积中毒；体质瘦弱的家禽、对磺胺药物过敏者或料中缺乏维生素 K 时，可促进本病发生。

【症状】

该药的急性中毒表现为兴奋不安，体温升高，呼吸加快，拒食，腹泻，共济失调，痉挛，麻痹等，可在短时间内死亡；慢性中毒表现为精神萎靡，食欲不振或废绝，渴欲增加，贫血，头面部肿胀，皮肤呈蓝紫色，翅下出现皮疹，鸡冠和肉髯苍白，结膜苍白或黄染，便秘或下痢，粪便呈白、灰白或酱油色。仔鸡生长受阻。成鸡产蛋下降，软壳、薄壳蛋增加，蛋壳粗糙。种蛋受精率和孵化率下降。

【病理变化】

磺胺类药物中毒的病理变化是以身体的主要器官出现不同程度的出血为特征。血液稀薄，凝固不良。皮下、眼睑有大小不等的出血斑。胸肌呈弥散性或涂刷状出血，肌肉苍白或呈透明样淡黄色，大腿肌肉散在有鲜红色出血斑，胸肌间质水肿。心脏内膜出血，有的心肌上有灰白色结节。喉头有针尖至豆粒大的出血点，气管黏膜出血，支气管出血，肺瘀血。腺胃和肌胃交界处黏膜有陈旧的紫红色斑或条状出血，肌胃角质膜下有出血点。肠浆膜散在出血点。十二指肠黏膜出血较明显。盲肠充满酱油色较稀的内容物，盲肠扁桃体肿胀出血。泄殖腔黏膜呈弥散性出血。肝脏瘀血，呈紫红色或黄褐色，略肿大，表面可见少量出血斑点或针头大的坏死灶。胆囊肿大，充满浓稠绿色胆汁。脾脏多肿大，瘀血。肾脏肿胀，土黄色，表面可见紫红色出血斑。输尿管增粗，充满白色的尿酸盐。睾丸呈灰黄色，肿大，有的有出血点。

【诊断】

主要根据病史调查，是否应用过磺胺类药物，用药的种类、剂量、添加方式、供水情况、发病的时间和经过，结合临诊症状及病禽剖检病理变化，进行综合分析可做出初步诊断。确诊应对可疑饲料和病禽组织进行毒物检验分析。磺胺药物在病禽组织内是稳定的，即使停药后仍然可在组织中残留数日。肌肉、肾或肝中磺胺药含量超过 2×10^{-5}，就可诊断为磺胺药中毒。

【治疗】

本病无特效解毒药，一旦中毒应立即停药，供给充足的饮水，饮水中加入1%～2%碳酸氢钠和3%～5%葡萄糖让鸡自由饮用，还可将复合维生素B用量增加一倍，达到3.6mg/kg饲料。出血严重的按0.2g/kg饲料添加维生素C，维生素K 5mg/kg饲料，连用5～7d。对严重中毒、呼吸困难的病鸡，可肌肉注射维生素 B_{12}，每只1～2μg；或肌肉注射叶酸，每只50～100μg；或口服维生素C 25～30mg。此外，施用车前草煎水或甘草糖水，可以促进药物的排泄和解毒。

【预防】

在应用磺胺类药物时要注意如下几点。

（1）一月龄以下的雏鸡（肝解毒功能差）和产蛋鸡禁用磺胺类药物。

（2）严格掌握磺胺用药剂量，在拌料时要搅拌均匀，连续用药不要超过5d，用药期间应配以等量的碳酸氢钠（小苏打），同时注意供给充足的饮水。

（3）磺胺药与抗菌增效剂同用，可提高疗效，减少用量，防止中毒。尽量选用含抗菌增效剂的磺胺类药物。治疗肠道疾病时，应选用在肠内吸收率低的磺胺类药物。

（4）在使用磺胺类药物期间，要提高日粮中维生素C、维生素B、维生素K的含量。

（5）鸡患有传染性囊病、痛风、肾型传染性支气管炎、维生素A缺乏等有肾损害的疾病时，不宜应用。

二、喹乙醇中毒

喹乙醇又称快育灵，是一种广谱抗菌药物，有促进生长及抗菌作用，可用于防治禽霍乱，也可作为肉用仔鸡的饲料添加剂。因其价格便宜、不易产生耐药性及效果可靠，在养禽业中使用广泛，但使用不当往往引起中毒，甚至会引起大批死亡。

【病因】

喹乙醇中毒多因使用方法不当所致，喹乙醇的治疗量与中毒量很接近，所以安全范围小，并且蓄积性强。鸡对喹乙醇较敏感，如饲料中添加量过大、混合不均匀、饲喂含药饲料时间过长等均会引起中毒。由于喹乙醇几乎不溶于水，唯有通过拌料给药，如误采用饮水给药也会引起中毒。某些饲料厂家生产的浓缩或全价饲料中已添加有喹乙醇，而未作说明，在饲喂时又添加喹乙醇或含喹乙醇的添加剂如灭霍灵、禽菌灵等，也会致使实际用量过大引起中毒。

【症状】

急性的病鸡突然死亡。慢性病鸡精神沉郁，低头呆立，采食减少或停食，鸡冠肉髯发紫，排绿色或褐色酱油样稀便，蹲伏少动；蛋鸡产蛋量减少，产畸型蛋或软壳蛋。视中毒程度不同，体温降至35.5～36.2℃不等，畏寒，低温季节更明显。腿肌软弱无力，脚软，早期勉强以关节着地行走，后期则完全瘫痪，飞节红肿，最终因丧失饮食能力而死亡。

中毒症状出现时间与喹乙醇摄入量呈正相关，鸡饲料中喹乙醇含量达700mg/kg时可以在24h内出现典型中毒症状，72h内可见大批死亡。

【病理变化】

以血液凝固不良和消化道糜烂、出血为特征性病变。血液暗红，凝固不良，心肌弛缓，心外膜严重充血、出血。口腔内有大量黏液，腺胃黏膜色黄易脱落、充血，间有出血、溃疡。肌胃角质膜下有出血斑点，腺胃与肌胃交界处有出血带，十二指肠与泄殖腔黏膜弥散性出血，小肠内容物呈灰黄白色稀糊状。肝、肾瘀血肿大，质脆软，切面糜烂多血，胆囊胀满，充满绿色胆汁；脾、肾肿大充血，质脆；心脏表面常有出血点；成年鸡卵泡变形、多汁，有的破裂。

【诊断】

根据临床症状和病理变化，结合用药史可作出初步诊断。必要时可送含药饲料进行实验室化验，最终达到确诊。

【治疗】

对于已发生中毒的病鸡，除停止使用一切抗生素类药物和含药饲料外，对症疗法一般是采取保护肝脏和促进肾脏排泄、增强机体抵抗力等措施。

可在饮水中投入0.1%～0.15%的碳酸氢钠、6%～8%的蔗糖或3%～4%的葡萄糖，供病鸡自由饮用，或用5%的硫酸钠水溶液给鸡连饮3d。同时投喂相当于营养需要5～10倍的复合维生素或0.1%的维生素C，有条件时也可煎服具有疏肝、利尿、解毒作用的中草药，但切忌投用抗生素类药物，同时给予充足的饮水。

中医治疗：板蓝根500g、车前草500g、甘草500g，共研细末，开水冲浸药末，放凉，药水与药渣同拌于饲料中，供600只鸡，每天服用1次，连用3～5d。

【预防】

临床实践证实，喹乙醇具有中等到明显的蓄积毒性。因此，为了避免喹乙醇中毒，应严格控制用药量和使用时间，家禽要按《中华人民共和国兽药典》推荐的喹乙醇混饲浓度（即1000kg饲料添加喹乙醇原料药粉25～35g或5%的喹乙醇预混剂500～700g）进行使用。喹乙醇一般不推荐内服作治疗用，如需内服，内服的最大剂量：雏鸡30mg/kg体重，成鸡50mg/kg体重，每天内服一次，或以同样剂量分2次内服（给药间隔为12h），连续用药一般为3d，最多5d，必要时隔几天重复一个疗程。混料使用时，必须充分搅拌均匀，可采取等量递增混合法。

三、 高锰酸钾中毒

高锰酸钾是一种强氧化剂，是兽医常用的消毒药和外用药。易溶于水，常用作家禽饮水、种蛋孵化、用具及伤口等的消毒。如使用不当易引起中毒，其毒性作用除腐蚀损伤消化道黏膜外，还可损害肾脏、心脏和神经系统。

【病因】

高锰酸钾是强氧化剂，禽场上常用其水溶液作饮水消毒剂。但如浓度过高或错误地用于拌料时都会对禽类的消化道有强烈的刺激性和腐蚀性，甚至引起中毒。饮水中高锰酸钾浓度达到0.03%以上，就会对消化道黏膜产生刺激和腐蚀性，浓度达0.1%会出现明显的中毒症状。

【症状】

禽中毒后表现为严重的胃肠道刺激症状。中毒鸡厌食，精神沉郁，呆蹲，口流黏液，口腔、舌和咽部呈紫色并有水肿，咽部黏膜水肿、出血，口有金属味，呼吸困难，腹痛不安，有的腹泻，粪便呈黑紫色。如饮用未完全溶解的高锰酸钾结晶时嗉囊黏膜则发生广泛性出血。严重中毒的鸡常常在1d内死亡。

【病理变化】

剖检可见整个消化道黏膜都有腐蚀现象和轻度出血、溃疡。口腔、舌、咽部充血及水肿，嗉囊壁严重腐蚀、糜烂，严重时嗉囊黏膜大部分脱落。胃肠道黏膜出现腐蚀性病变，肠黏膜水肿、充血、出血、坏死甚至穿孔，肾脏、心脏有损害。慢性中毒者可引起脑炎和肺炎。

【治疗】

一旦发现中毒，立即停饮高锰酸钾溶液，供给充足的洁净饮水，必要时于饮水中添加2%～3%鲜牛乳，对消化道黏膜有一定的保护作用，或用3%的双氧水10mL加100mL水稀释后洗胃。精心护理3～5d可逐渐康复。出现青紫色时，应用强心剂和美蓝，静脉注射。

【预防】

用高锰酸钾作饮水消毒时，必须严格控制好剂量，溶液的浓度应控制在

0.01% ~0.02% （即呈粉红色）。

四、 硫酸铜中毒

硫酸铜是一种透明、蓝绿色、易溶于水及有机溶剂的化学物质，主要用作微量元素添加剂或在饲料中添加，以防止饲料发霉变质。或在家禽发生曲霉菌病时用硫酸铜作为治疗药物。当家禽食入过量的硫酸铜时会引起中毒。中毒表现主要是腐蚀作用，表现对肝、心肌的实质性损害。

【病因】

硫酸铜除了是微量元素添加剂的成分外，对鸡曲霉菌病还有一定的预防和辅助治疗作用。但用量过大或添加于饲料中搅拌不均匀，常会引起中毒。鸡对硫酸铜的中毒量为1g/kg 体重。如口服高浓度的硫酸铜溶液，对消化道有剧烈的刺激作用。

【症状】

轻度中毒的鸡表现精神不振，生长受阻，肌肉营养不良。严重中毒时，先表现短暂的兴奋，继而出现萎靡、衰弱，死前则昏迷、惊厥和麻痹。慢性中毒则表现精神沉郁和渐进性贫血。

【病理变化】

主要见有重剧的胃肠炎。可见食道、嗉囊黏膜因硫酸铜的腐蚀作用而出现凝固性坏死，表面被覆绿色或白色痂皮。肝、肾脂肪变性，上面可见到灰白或黄色斑点。

【治疗】

发现鸡群中毒后，应立即停喂含硫酸铜的饲料和饮水。轻度中毒的鸡在停用硫酸铜后可逐渐康复。对急性中毒的雏鸡，立即内服氧化镁，每只服 1g 并混合少量鸡蛋清，随后灌服硫酸镁或硫酸钠 2g，但禁止使用植物油。或用 0.2% ~0.3% 的亚铁氰化钾溶液洗胃或内服，因为亚铁氰化钾可与铜盐结合，形成难溶性的低铁氰酸铜。

中医治疗（每只鸡 1d 量）：茵陈、板蓝根、生栀子各 1g，维生素 K_3 0.3mg，酵母粉 0.1g，连续饲喂 5d；此外每隔 1d 给予维生素 C 50mg/只，连用 4 次。

【预防】

要严格掌握在饲料和饮水中投放硫酸铜制剂的限量。因硫酸铜用量小而有毒性，故用药时一定要计量准确，拌入饲料时一定要均匀。如用水溶液时，其浓度不得超过 1.5% 。另外，不可用金属器皿配置硫酸铜溶液。

五、 痢特灵中毒

痢特灵又称呋喃唑酮，为常用的肠道抗菌药，对肠道感染的细菌病以及球虫病、组织滴虫病等有较好的疗效。但该药有一定毒性，超量或长期连续用药可使鸡中毒，严重者大批死亡。临床以鸣叫、扭颈、肌肉震颤并反复发作、快速死亡为特点。

【病因】

多因计算错误、重复用药、盲目加大用量、用药时间过长（超过 2 周）、拌药不均、药片粉碎不细和饮水投药不溶解等造成中毒。

【症状】

雏鸡的急性中毒多突然倒地，抽搐死亡。病程慢者主要出现神经症状，表现兴奋不安、尖叫、口流黏液，站立不稳、运动失调、无目的向前奔跑。有的鸡则兴奋性增高，稍遇刺激即呈惊恐的转圈、惊厥。头颈反转，作回旋运动，倒地后两腿伸直，甚至角弓反张。个别鸡好像异物卡喉，不时摇头，最后昏迷、抽搐而死。成鸡也出现运动失调，头颤动，有的头颈伸直地或不断点头，有的头颈反转并作回旋运动，也有尖叫、奔跑，角弓反张，抽搐死亡。

【病理变化】

剖检可见口腔黏膜黄染，肌胃内容物呈深黄色，角质膜易剥离。肠管浆膜呈黄褐色，整个肠道内容物呈黄色。肠黏膜充血、出血，以十二指肠最为严重，肝肿大出血；心冠脂肪有针尖大小的出血点，心肌变软；肺瘀血、水肿；肾肿大呈橘黄色，充血或出血；严重者脑膜及颅骨充血、出血；有的出现腹水；病程较长者皮肤充血或点状出血。

【诊断】

本病的诊断要点为：根据痢特灵的使用情况，存在服用痢特灵超剂量或搅拌不均匀，临诊症状为食欲废绝及神经症状。投药后雏鸡死亡集中，而且数目较多；剖检肝脏肿大，呈土黄色，心脏及小肠有出血点，口腔、胃内容物有黄染。

【治疗】

发现中毒，立即停药。

用 0.01% 高锰酸钾溶液饮水 2 ~ 4h。每升水加入葡萄糖 50g，维生素 C 0.15g，维生素 B_1 2.5mg，让鸡自由饮服。

【预防】

严格掌握剂量，准确计算药量。呋喃唑酮混饲给药，预防量为 0.01% ~ 0.02%，治疗量为 0.02% ~ 0.04%，极量为 0.06%；内服给药，10mg/kg 体重，一日 2 次。痢特灵不溶于水，不宜混饮用药。拌饲料时要充分拌匀，饲料中适当加些食油，可将药黏附于饲料表面，以免最后药粉过多地沉在饲槽内，被体弱鸡采食后中毒。尤其是用 V 形食槽育雏时，药粉沉于食槽底部，被后来采食的鸡吃入而引起中毒死亡。正确掌握用药时间。一般连用 3 ~ 5d，最多不超过 10d。如需继续使用，必须停药 3d 以上再用。

任务五 | 动物毒中毒

以蛇毒中毒为例进行介绍。

蛇毒中毒是家畜在放牧过程中被毒蛇咬伤而引起的以神经、血液和循环系统严重损伤为主的全身性急性中毒病。各种动物对蛇毒的敏感性不同，马属最敏感，其次是绵羊和牛，猪的敏感性最弱。

【病因】

地球上的毒蛇约有650种。毒蛇有毒牙和毒腺，而无毒蛇则没有毒牙和毒腺。毒蛇喜欢生活在气候温和而又隐蔽的地方，常居住在灌木丛、山坡、杂草丛、溪旁和乱石堆等穴洞而又有蛙、鼠、蜥蜴、昆虫和鱼等“猎物”存在的地方。有些毒蛇还能爬到树上捕捉食物。在炎热的夏季，一般多活动在阴凉处；在寒冷季节，多活动在向阳地带。在南方，蛇的活动期一般在4～11月间，以7～9月最为活跃，在这3个月中家畜易被咬伤，通常是在放牧时被毒蛇咬伤，多咬伤颜面、鼻端等处，也可能在四肢下端、飞节和球节等处。

【发病机制】

毒蛇咬动物时，毒腺分泌毒液并注入被咬动物的伤口内。蛇毒在体内的扩散方式有血液扩散和淋巴循环扩散两种，后者是毒液扩散的主要方式。毒液总是随着淋巴流向皮下组织和肌肉内缓慢扩散。

一般将蛇毒的毒性作用分为3类，即神经毒、血循毒和混合毒。神经毒主要作用于神经系统，通常作用于脊髓神经和神经－肌肉接头部而使骨骼肌麻痹乃至全身瘫痪，也可直接作用于延髓呼吸中枢或呼吸肌，使呼吸肌麻痹，最后窒息而死。血循毒主要作用于血液循环系统，引起心力衰竭、溶血、出血、凝血、血管内皮细胞破坏，最后休克而死。混合毒兼有神经毒和血循毒的毒性作用，但大多以其中一种毒作用为主。眼镜蛇科和海蛇科的蛇毒主要含神经毒；蝰蛇科和蝮蛇科的蛇毒则主要含血循毒。

蛇毒引起的外周性呼吸麻痹是中毒动物死亡的主要原因。

【症状】

咬伤部位越接近中枢神经及血管丰富的部位，其症状越严重。家畜被毒蛇咬伤后，不同种类的家畜对蛇毒的反应也不同。马属动物最敏感，其次是反刍动物，成年猪皮下脂肪丰富敏感性弱，仔猪则不然，一旦咬伤，可在1h内中毒死亡。

1. 神经毒症状

金环蛇、银环蛇等的毒液多为神经毒。动物被咬伤后，流血少，红肿热痛等局部症状轻微，但毒素很快由血液及淋巴液扩散，通常在咬伤后的数小时内即可出现急剧的全身症状。病畜痛苦呻吟，兴奋不安，全身肌肉颤抖，吞咽困难，口吐血沫，瞳孔散大，血压下降，呼吸困难，心律失常，最后四肢麻痹，卧地不起，终因呼吸肌麻痹，窒息而死。

2. 血循毒症状

蝰蛇、尖吻蝮（五步蛇）、竹叶青蛇等都产生血循毒。咬伤动物后，表现为咬伤部位剧痛，流血不止，迅速肿胀，发紫发黑，极度水肿，有的发生水泡、血泡，甚至发生组织溃烂坏死。肿胀很快向上发展，一般经6～8h可蔓延到整个头部或颈部，或蔓延到前肢以及腰背部。毒素吸收后引起的全身症状是全身颤抖，继而发热，心动过速，脉搏加快，血尿、血红蛋白尿和少尿。重者血压下降，呼吸困难，不能站立，最后倒地，死于心脏麻痹。

3. 混合毒症状

眼镜蛇和眼镜王蛇的毒液多属混合毒，咬伤后，红肿热痛和感染坏死等局部症状明显。毒素吸收后，全身症状重剧而且复杂，兼有神经毒和血循毒所致的各种临床表现。死亡的直接原因，通常是呼吸中枢和呼吸肌麻痹引起的窒息，或因血管运动中枢麻痹和心力衰弱引起的休克。

家畜被毒蛇咬伤不易早期发现。一经发现，多已陷于全身中毒，甚难救治。因此，病畜大多于1～2d内死亡，预后不良。

【诊断】

有毒蛇咬伤史，伤口有毒牙痕，有局部和全身症状，均有助于毒蛇咬伤的诊断。如伤口有2行或4行均匀而细小的牙痕，但无局部和全身症状者，多为无毒蛇咬伤。

【治疗】

需立即进行处理。要点是防止毒素的蔓延和吸收；结合、破坏和排除已吸收的毒素；维护循环和呼吸功能，并配合对症治疗。

1. 结扎

被毒蛇咬伤后，应立即用柔软的绳子或布带，或就近采集适用的植物茎杆，如稻草、野藤等，在伤口上方2～10cm处结扎。结扎松紧度以能阻断淋巴及静脉血回流为宜，但不能妨碍动脉血液的供应。结扎后每隔一定时间放松一次，以免造成组织坏死。经排毒和服用有效蛇药3～4h后，才可解除结扎。

2. 冲洗伤口

结扎后，可用清水、冷开水、肥皂水、3%过氧化氢溶液、0.2%高锰酸钾溶液溶液冲洗伤口，清除残留的蛇毒及污物。

3. 扩创排毒

冲洗处理后，用干净的或消过毒的小刀或三棱针划破两个毒牙痕间的皮肤，并压迫周围组织迫使毒液外流。咬伤四肢而又肿胀严重时，经过扩创后进行挤压排毒，也可用拔火罐等方法吸出毒液。被蝰蛇及蝮蛇咬伤者，一般不作扩创排毒，以防出血不止。在扩创的同时向创腔内或其周围局部点状注入1%高锰酸钾、胃蛋白酶，可破坏蛇毒。也可用0.5%普鲁卡因100~200mL进行局部封闭。

4. 中药解毒

我国人民应用草药治疗蛇伤，具有丰富的经验。常见草药有鬼针草、七叶一枝花、天南星、拉拉藤、鱼腥草等。

5. 维护呼吸和循环功能

可应用安钠咖、乌洛托品、葡萄糖等解毒、强心的药物维护呼吸和循环功能。有窒息危险的，施行气管切开术。低血容量休克时需补充等渗液体，必要时给予抗破伤风治疗，出现感染体征时可给抗生素。

6. 牛用处方

（1）0.2%高锰酸钾溶液500mL，伤口清洗。如果刚被咬伤、伤口在四肢下部，应立即在伤口上方结扎，阻断静脉、淋巴回流，然后处理伤口。

（2）季德胜蛇药适量参照说明书伤口涂布和口服，连用7d。

（3）注射用盐酸多西环素3~5mg/kg体重、1%地塞米松注射液4mL、10%安钠咖注射液30mL、5%葡萄糖生理盐水3000mL，一次静脉注射。

（4）中医治疗　应用七叶一枝花、八角莲、山梗菜、万年青、青木香、石蟾蜍、半边莲、田基黄等，用上述鲜草一种或数种，捣烂敷于伤口周围。内服外用季德胜蛇药、上海蛇药、南通蛇药、蛇伤解毒片或群生蛇药等。

【预防】

预防毒蛇咬伤家畜，首先要掌握毒蛇的活动规律及其特性，采取措施加强预防。搞好畜舍卫生，对畜舍周围的树洞、岩洞、墙洞，应及时堵塞。草料堆、乱石堆中也常有蛇，必须注意。同时畜舍经常灭鼠，可减少毒蛇因捕鼠而进入畜舍。

乳牛的兽药使用关键控制点

（1）允许在临床兽医的指导下使用符合《中华人民共和国兽药典》《中华人民共和国兽药规范》《兽药质量标准》《兽用生物制品质量标准》《进口兽药质量标准》规定的钙、磷、硒、钾等补充药、酸碱平衡药、体液补充药、电解质补充药、营养药、血容量补充药、抗贫血药、维生素类药、吸附药、泻药、润滑剂、酸化剂、局部止血药、收敛药和助消化药。

（2）对饲养环境、厩舍、器具进行消毒，不能使用酚类消毒剂，如苯酚

(石炭酸)、甲酚等。

(3) 禁止在乳牛饲料中添加和使用肉骨粉、骨粉、血粉、血浆粉、动物下脚料、动物脂粉、干血浆及其他血液制品、脱水蛋白、蹄粉、角粉、鸡杂碎粉、羽毛粉、油渣、鱼粉、骨胶等动物源性饲料。

(4) 泌乳期乳牛禁止使用抗生素——恩诺沙星注射液、注射用乳糖酸红霉素、土霉素注射液、注射用盐酸土霉素、磺胺嘧啶片、磺胺二甲嘧啶钠注射液。

(5) 泌乳期乳牛禁止使用抗寄生虫药——阿苯哒(即丙硫唑)唑片、伊维菌素注射液、盐酸左旋咪唑片、盐酸左旋咪唑注射液。

(6) 泌乳期乳牛禁止使用生殖激素类药——注射用绒促性素、苯甲酸雌二醇注射液、醋酸促性腺激素释放激素注射液、注射用垂体促卵泡素、注射用垂体促黄体素、黄体酮注射液、缩宫素注射液。

1. 牛误食化肥

用绿豆1000g磨浆,加鸡蛋20个,醋250mL,共服。

2. 牛青杠叶中毒

知母30g,水黄花根94g,水冲服,隔3h再灌服1次。

3. 牛、羊尿素中毒

对轻度中毒,用仙人掌250~300g,去皮刺捣烂,加温水适量,混匀灌服。后灌服用常水稀释的食醋1000~1500mL(此为成年牛用量)。对重度中毒,除上述药物适当加大剂量外,尚需静脉注射葡萄糖酸钙、维生素C、安钠咖注射液等。

一、问答题

1. 动物中毒后,一般应采取哪些治疗措施?
2. 亚硝酸盐中毒和氢氰酸中毒症状有哪些异同?分别应怎样抢救?
3. 常见的饲料中毒有哪些?分别由什么原因引起?
4. 常见的中毒病中,哪些有特效解毒药,分别是什么?
5. 有机磷农药中毒时,动物有哪些表现,为什么?
6. 如果一个中毒病没有特效解毒药,应采取哪些措施治疗?

二、病例分析

对以下病例，依据所给临床症状，提出初步诊断，制定治疗措施，开具处方。

病例一：养鸡大户张某平面散养罗曼商品代母鸡 800 只，饲养至 20 日龄，发现雏鸡精神异常，食欲减少，连续发生死亡，死亡只数逐日增多，至 24 日龄共死亡 169 只，尚有病鸡 173 只，其中趴卧不起的重症鸡 82 只，羽毛蓬松，全身震颤，能站立行走的轻症鸡 91 只。病初食欲减少，喜饮水，随后部分雏鸡出现羽毛蓬松，缩颈呆立，不愿走动，嗜睡，眼结膜潮红，眼睑肿胀。病情转重的鸡两翅下垂，食欲废绝，体温略低，最后倒地，两腿泳状划动，头颈后仰，痉挛死亡。病程较长者排含有黏液的稀便，体况逐渐消瘦。对死亡及濒死期病鸡剖检，营养中等偏下，腹部皮下水肿，嗉囊空虚；十二指肠、小肠、直肠黏膜充血，有点状出血；肾脏水肿；心尖有出血点；脑水肿，血管怒张，有散在出血点。病初用抗生素和抗病毒药物治疗，病情未得到控制。通过询问养殖户张某，他说喂配合料感觉食盐量不够，雏鸡不喜喝水，于是每天在喂料时都抓少许食盐（约 0.5g）放在饲料里。根据以上情况，请对该鸡群所患疾病进行诊断和治疗。

病例二：张某家黑头大尾绵羊 52 只，全部为 2 ~ 6 岁的高产羊。经过精心饲养，膘肥体壮，已进入产羔期，现已产下 5 只羊羔。某日放牧回归途中，发现有 1 只羊走路不稳，转圈，强行赶回家中死于圈内。待晚间给羊补喂草料时，又发现病羊 4 只。发病的 4 只羊，3 只饮食欲废绝，1 只吃草料较慢，时吃时停。共同的症状：精神兴奋，肌肉震颤，乱走乱撞，视物不清，跨越饲槽，走路蹒跚无力，左摇右摆，后躯无力显醉酒状。口唇麻痹，流涎，失明，倒地后四肢乱划，呈游泳状，挣扎站起。对全群羊进行检查，又发现 8 只羊走路步态不稳。立即检查饲草饲料发现饲料玉米全部发霉，如何对该群羊进行诊断和治疗？

病例三：张某大棚饲养罗斯 308 肉种鸡 1000 只，产蛋高峰，自配饲料，饲养环境较好，按规定免疫程序接种。大棚两边薄膜卷起，通风良好。发病前一天傍晚畜主在鸡棚四周使用有机磷除草剂进行周边除草。次日早上发现鸡群精神不振，采食量下降，少部分鸡呼吸困难，其中死亡 8 只，重者气喘流涎，头颈颤抖，伴有阵发现象，不能站立，发病次日全群不饮不食，当天死亡 29 只，次日之后死亡 6 只，剖检变化为喉头出血，气管、肺充血，肝肿大充血，腺胃弥散性充血，个别有严重溃疡，肌胃出血，十二指肠黏膜出血，盲肠扁桃体肿大出血。根据以上情况，请你进行诊断和治疗。

病例四：某养殖户共饲养艾维茵肉鸡 7000 只，肉鸡 21 日龄时，养殖户按推荐剂量在饲料中拌入复方敌菌净喂鸡。用药后 8h，鸡开始发生零星死亡，至用药 16h 时共死亡 50 多只。病鸡精神沉郁，扎堆；羽毛蓬乱，蹲伏不能站立；采食减少但不明显，饮水量明显增加；腹泻，无呼吸道症状，未出现痉挛或麻痹等神经症状。剖检病死鸡可见皮肤、肌肉、内脏器官呈出血性病变；胸部肌肉也有少量的弥散性出血，大腿内侧斑状出血，心肌有少量出血；肠道黏膜有弥散性出血斑点；腺胃和肌胃黏膜有少量出血；肾脏明显肿大，输尿管增粗，并充满白色的尿酸盐；肝肿大，呈紫红色，胆囊内充满胆汁。无菌取病死鸡的肝、脾，接种于普通培养基和麦康凯培养基，37℃生物培养箱进行24h的培养，培养基上未见细菌生长。根据以上情况，请对该鸡群所患疾病进行诊断和治疗。

病例五：某养鸡户共养1200只鸡，平时购买蛋鸡浓缩料及添加剂等，自己加工玉米，做成配合料喂鸡。在某日早晨刚刚换了一批新的配合料，大约1h后，部分鸡只发病，随即全群发病，于发病当天就死亡60只。同村及其他村的养鸡场并未发生类似情况。发病急者表现精神委顿，羽毛松乱，厌食口渴，饮水增多，腹泻，随即出现神经症状，共济失调，后期病鸡倒向一侧，头弯曲，脚外伸，呼吸困难，冠呈紫色，昏迷而死。病程稍缓的，精神沉郁，从鸡的羽毛根处向外渗血，病鸡食欲减退，站立不稳，大量饮水，腹泻，粪便带血，有大蒜味，在暗处仔细观察可见有带磷光物质。对病鸡进行剖检可见口腔黏膜溃烂，胃肠乳膜出血、脱落，内容物有大蒜味，气管内充满白色胶冻样分泌物和泡沫，肝、肺、肾瘀血、出血、水肿，全身淋巴结出血、肿胀，羽毛根部出血。取肝、脾病料涂片，染色，镜检，未发现可疑致病菌。取胃内容物进行毒物检查，发现胃内容物中含有磷化锌。根据以上情况请对该鸡群所患疾病进行诊断和治疗。

病例六：某乳业公司养殖场的一头乳牛在运动场活动后发生了鼻镜上方流血、头面部肿胀、口中不断流涎、两侧眼睑水肿、烦躁不安、呼吸迫促，脉搏频数，疼痛呻吟，并出现全身痉挛症状。根据以上情况请做出初步诊断并进行治疗。

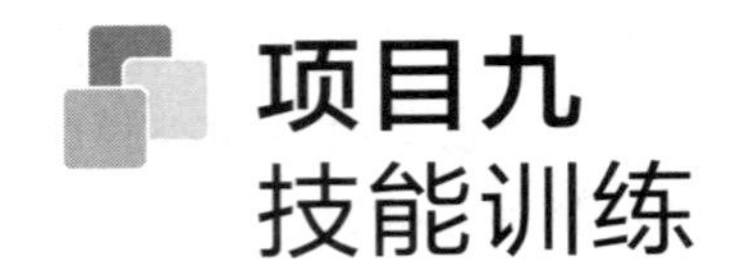

项目九 技能训练

任务一 | 穿刺术

穿刺术是兽医临床较广泛使用的操作技术，经过穿刺能够使某些疾病得到诊断或治疗，是临床兽医应该熟练掌握的一项基本技术。通过穿刺可以获取病畜体内特定的病理材料，为实验室检查提供素材，为疾病的进一步确诊及治疗提供基础。但是，由于穿刺法操作技术性强，所以要求在进行穿刺之前，应该对疾病进行仔细诊断，充分论证，只有适应症才可以采用。

实训一　瘤胃穿刺术

一、技能目标

瘤胃穿刺术是畜牧兽医专业学生的一项基本技能，要求学生掌握牛羊的瘤胃穿刺术原理，并训练瘤胃穿刺术方法。会用瘤胃穿刺术对牛羊进行急性瘤胃放气，会用穿刺针进行瘤胃内注射及瘤胃液的采集。

二、教学资源的准备

（一）试验动物及材料

1. 动物

牛 2 头、羊 2 只。

2. 材料

四柱栏或六柱栏、耳夹、鼻捻棒、牛鼻钳、保定绳若干、套管针 2 套、碘酊棉球、酒精棉球等。

（二）教学场所

动物兽医临床诊疗实验室/动物生物化学实验室。

（三）师资准备

实训时每班配备 1 名教师，技能考核时配备 2 名教师。

三、操作方法

1. 牛羊的保定法

牛羊的瘤胃穿刺术一般采用站立保定，将牛牵入四柱栏或六柱栏内，打好腹带、肩带及臀带等。如果是在室外，可以先用一手握紧牛角，然后另一手拉提鼻绳或以拇指和食指、中指捏住牛的鼻中隔加以固定。或将牛拴在木桩或树干上，然后用绳将两后肢跗关节的上方绑在一起。

2. 瘤胃穿刺部位

穿刺部位在左腹肷部中央或左侧髂骨外角与最后肋骨连线的中点，距腰椎横突 10～12cm 处。如果是瘤胃鼓气，则在左髋结节与最后肋骨连线的中点，瘤胃隆起的最高点进行穿刺。

3. 瘤胃穿刺方法

病牛、病羊行站立保定后，穿刺部剪毛、消毒。术者用左手将穿刺部皮肤稍向前推，右手持套管针朝向前肢的方向刺入瘤胃内（深度可达 10～12cm），牛皮过厚不易刺入时也可先用外科刀在穿刺点做一个 1cm 左右的小切口再刺入。固定套管针，拔出针芯，用手指控制针头，瘤胃内的气体即自动排气。放气时不能太快，要断续地、缓慢地排出，否则可引起大脑急性贫血，发生昏迷。随着瘤胃中气体的减少，臌胀明显减缓，这时术者左手也随之将皮肤下压，使腹壁与瘤胃壁相贴，固定穿刺针防止脱出。如遇针孔阻塞，可用针芯通透，继续排气。为了防止臌气继续发生，造成重复穿刺，根据病情，留针一定时间后再拔出。为防止复发可以从套管向瘤胃内注入止酵剂（5% 克辽林或 15% ～20% 的鱼石脂酒精等）。拔出套管时，将针芯插回套管，固定好针孔周围的皮肤，再拔出套管针，然后消毒处理。穿孔处再用碘酊涂擦消毒。如果间隔一定时间需第二次穿刺，不可在第一次穿刺孔中进行重复穿刺。

四、注意事项

整个过程中要严格消毒，防止术部感染和继发腹膜炎。套管针的粗细要依据牛的体型、臌胀的程度及放气的速度而定。急性泡沫性臌气时，应选用较粗的穿刺针；一般性臌气，套管针宜细。拔针时针芯插入外套，并紧按腹壁快速拔出，以防止瘤胃内容物漏入腹腔和腹壁组织间，并发腹膜炎或引起腹壁感染。

实训二 胸腔穿刺术

一、技能目标

胸腔穿刺术是畜牧兽医专业学生的一项基本技能，要求学生掌握动物胸腔穿刺原理，并训练学生掌握动物胸腔穿刺方法。会用动物胸腔穿刺技术进行胸腔积液的排放，血胸、胸膜炎等的冲洗或药液注入治疗及实验室检验诊断。

二、教学资源的准备

（一）试验动物及材料

1. 动物

牛 1 头、羊 2 只、犬 1 只。

2. 材料

四柱栏或六柱栏、保定绳若干、长注射针头若干、止血钳、注射器、橡胶软管、碘酊棉球、酒精棉球等。

（二）教学场所

动物兽医临床诊疗实验室/动物生物化学实验室。

（三）师资准备

实训时每班配备 1 名教师，技能考核时配备 2 名教师。

三、操作方法

1. 动物保定

大动物如牛、羊、马等的胸腔穿刺术一般采用站立保定。将牛牵入四柱栏或六柱栏内，打好腹带、肩带及臀带等。小动物可让畜主配合采取侧卧保定。

2. 胸腔穿刺部位

牛、羊胸腔穿刺部位最好在右侧，即右侧第 5 或第 6 肋间隙，为了避免损伤肋间血管或神经，穿刺时均在肋骨前缘，于肘关节水平线上或胸外静脉上方 2 ~ 3cm 处进针。左胸穿刺时后移一肋间，即左侧第 7 肋间和肩端水平线交点下方，胸外静脉上方 2cm 处。马胸腔穿刺部位在右侧第 6 肋间隙，左侧第 7 肋间。猪胸腔穿刺部位在右侧第 7 肋间隙。犬在右侧第 7 肋间。

3. 胸腔穿刺方法

术部剪毛消毒后，先用手术刀在穿刺部位切开皮肤 1cm 左右，并将切口向前或向后稍稍移动，然后将灭菌套管针或长注射针头尾部与一段细橡皮管或塑料管连接，另一端连接上注射器（胶管用止血钳夹住，以防止空气进入胸腔），同时可抽吸胸腔内积液或冲洗胸腔、向胸腔内注入所需药液。针头沿肋骨前缘垂直刺入，深度约相当胸壁的厚度，当感觉阻力突然消失时，则表示刺入胸腔，拔出套管针的针芯，如胸腔内积液较多并很稀薄，同时穿刺正确时，则渗出液自动流出，如不自动流出，可用注射器抽吸。针孔如被堵塞，可用针芯疏通。如点滴流出鲜血，则有刺伤肺脏的可能，应立即稍向外抽，调节深度。流出或吸出的液体要收集于灭菌容器中，穿刺完毕应插回套管针芯，然后一手紧按切口，另一手拔出套管针，皮肤恢复原处，切口结节缝合，碘酊消毒。

四、注意事项

胸腔穿刺应严格消毒，无菌操作。刺入时，要用手控制好套管针的深度，以防止刺入过深损伤心肺。胸腔积液在排放时，注意不能抽得太快，应间歇放液，避免胸腔内压力突然降低，血液大量进入胸腔器官，使脑组织出现一时性贫血，或引起胸腔内毛细血管破裂而造成内出血。胸腔穿刺过程中要严防空气进入胸腔，以免造成气胸或感染，因此当无液体流出或液体已排空时，应堵住套管。针头进入胸腔后不要随意晃动，以免划破肺胸膜。

实训三　腹腔穿刺术

一、技能目标

腹腔穿刺术是畜牧兽医专业学生的一项基本技能，要求学生掌握动物腹腔穿刺原理，并训练学生掌握动物腹腔穿刺方法。会用动物腹腔穿刺技术放出腹水，减轻腹腔的压力，缓解压迫症状及向腹腔内注入药物，达到直接治疗腹膜炎等疾病的作用。会抽取腹水进行化验检查，明确腹水的性质，协助诊断。

二、教学资源的准备

（一）试验动物及材料

1. 动物

牛 2 头、羊 2 只、犬 1 只。

2. 材料

四柱栏或六柱栏、保定绳若干、套管针 2 套、碘酊棉球、酒精棉球、无菌手套、50mL 注射器、消毒长橡皮管、腹带、盛腹水容器、1% 普鲁卡因 10mL、无菌手术剪、手术刀等。

（二）教学场所

动物兽医临床诊疗实验室/动物生物化学实验室。

（三）师资准备

实训时每班配备 1 名教师，技能考核时配备 2 名教师。

三、操作方法

1. 动物保定

大动物的腹腔穿刺术一般采用站立保定，将牛牵入四柱栏或六柱栏内，打好腹带、肩带及臀带等，做好保定工作。小动物可让畜主配合采取站立保定。

2. 腹腔穿刺部位

牛、羊的穿刺部位在腹底部剑状软骨后方腹白线右侧 5 ~ 10cm 处。马、骡的穿刺部位在剑状软骨后方 15cm，腹白线左侧 2 ~ 3cm 处。猪、犬、猫的穿刺部位均在脐与耻骨前缘连线的中间腹白线上，或腹白线的侧旁 1 ~ 2cm 处。

3. 腹腔穿刺方法

穿刺前术部剪毛、消毒，尽量无菌操作，将消毒的注射针头与腹壁垂直刺入，将针头缓慢推进，当感觉阻力突然消失时，则表示刺入腹腔内。通常刺针深度为 2 ~ 5cm，穿刺正确，腹水即可通过针孔流出，若针头被腹腔液体中的纤维素凝块堵塞，应适当调整针头方向，有液体流出时用注射器抽吸，如有必要，抽吸完毕还可以向腹腔内注入药液来治疗疾病。然后拔出针头，局部碘酊消毒。

四、注意事项

术者用手恰当控制穿刺针刺入深度，不宜过深，以免刺伤肠管。用于腹腔冲洗或向腹腔内注入的药液应加温至接近动物体温。当腹腔大量积液时，应缓慢、间歇地排液，并注意观察心脏功能状态。

实训四 马、骡盲肠穿刺术

一、技能目标

该技能是畜牧兽医专业学生的一项基本技能，要求学生掌握马、骡盲肠穿刺术原理，并训练学生掌握马、骡盲肠穿刺术方法及注意事项。会用马、骡盲肠穿刺术治疗马、骡急性盲肠积气的放气急救及向肠腔内注入防腐制酵药液。

二、教学资源的准备

（一）试验动物及材料

1. 动物

马 2 匹、骡 2 匹。

2. 材料

四柱栏或六柱栏、耳夹、保定绳若干，套管针 4 套、封闭针头若干、碘酊棉球、酒精棉球、无菌手套、50mL 注射器、消毒长橡皮管、腹带、无菌手术剪、手术刀等。

（二）教学场所

动物兽医临床诊疗实验室/动物生物化学实验室。

（三）师资准备

实训时每班配备 1 名教师，技能考核时配备 2 名教师。

三、操作方法

1. 动物保定

马、骡盲肠穿刺术采用站立保定，将马或骡牵入四柱栏或六柱栏内，打好腹带、肩带及臀带等。

2. 盲肠穿刺部位

盲肠穿刺点在右肷窝的中心处，即从右侧髋结节中央点向最后肋骨所引的水平线的中点前方 1 ~ 2cm 处，或选在右肷窝最明显的膨胀处。

3. 盲肠穿刺方法

马、骡站立保定，穿刺部位剪毛消毒。盲肠穿刺时，先用封闭针头刺穿皮肤，然后将皮肤向后稍移位，右手持肠管穿刺封闭针头（或套管针），由后上方向前下方，对准对侧肘头迅速穿透腹壁刺入盲肠内，深 6 ~ 10cm。然后左手固定封闭针头（或套管针），拔出针芯，气体即可自行排出。在排气之后，为了制止肠内继续发酵产气可经封闭针头（或套管针）向肠腔内注入防腐制酵剂。拔出封闭针头（或套管针）前，应将针芯插入套管内，同时用左手紧压术部皮肤，使腹膜紧贴肠壁，然后将封闭针头（或套管针）拔出。术部涂以碘酊消毒。

当马、骡左侧大结肠臌气极其明显时，也可进行结肠穿刺排气。结肠穿刺时，可用封闭针头垂直于腹部臌气最明显处刺入，深达 3 ~ 5cm 即可。

四、注意事项

同瘤胃穿刺术。

实训五 瓣胃穿刺术

一、技能目标

瓣胃穿刺术是畜牧兽医专业学生的一项基本技能，要求学生掌握牛、羊瓣胃穿刺术原理，并训练学生掌握牛、羊瓣胃穿刺术方法。会用牛、羊瓣胃穿刺术治疗牛羊瓣胃阻塞，把药物直接注入瓣胃内，使其内容物软化或进行冲洗。

二、教学资源的准备

（一）试验动物及材料

1. 动物

牛 2 头、羊 2 只。

2. 材料

四柱栏或六柱栏、保定绳若干、套管针 2 套、封闭针头若干、碘酊棉球、酒精棉球、无菌手套、50mL 注射器、消毒长橡皮管、腹带、无菌手术剪、手术刀等。

（二）教学场所

动物兽医临床诊疗实验室/动物生物化学实验室。

（三）师资准备

实训时每班配备 1 名教师，技能考核时配备 2 名教师。

三、操作方法

1. 动物保定

牛、羊瓣胃穿刺采用站立保定，将牛或羊牵入四柱栏或六柱栏内，打好腹带、肩带及臀带等。

2. 瓣胃穿刺术部位

在右侧第 9 ~ 11 肋骨前缘与肩端水平线交点的上方或下方 2cm 范围内，一般在第 9 肋间刺入。

3. 瓣胃穿刺方法

通常用 16 ~ 18 号长 15cm 的针头先刺入皮下，然后针头向左侧肘头方向刺入 8 ~ 10cm（刺入瓣胃内常有沙沙感），判定针头是否刺入瓣胃的主要方法是：瓣胃功能正常时，针头可随胃的蠕动发生旋转，若瓣胃蠕动消失，则针头随呼吸而前后摆动；或者通过针头向里面注入 30 ~ 50mL 生理盐水，并立即回抽，如见混有草屑的胃内容物，表明针头确在瓣胃内。此时再把针头推进 2 ~ 3cm，即可以进行注射或冲洗，如是阻塞即可进行瓣胃内注射下列药物：25% ~ 30% 硫酸钠溶液 300 ~ 500mL，或 10% 温盐水 2000mL，注药完毕，用注射器将针体内液体全部打入瓣胃后迅速拔针。在穿刺注射并回抽的过程中，如发现血液、胆汁，则表示刺入点过高或针头刺入肝脏或胆囊，这时应将针头退出至皮下，改变刺入部位或方向后，重新刺入。

四、注意事项

要确定针头刺入瓣胃，并且停留在胃内后，再注入药物，以防误伤肝胆。

任务二 | 清洗术

实训一　灌肠术

一、技能目标

灌肠术是畜牧兽医专业学生的一项基本技能，要求学生掌握动物灌肠技术的基本原理，并训练学生掌握灌肠术基本操作程序及方法。学会通过灌肠清除直肠内的积粪，治疗肠便秘、肠阻塞以及直肠炎，或为患畜肠内补充营养液及直肠检查前灌肠。

二、教学资源的准备

（一）试验动物及材料

1. 动物

牛 2 头、马 2 匹、犬 1 只。

2. 材料

四柱栏或六柱栏、牛鼻钳、细绳 2 条、扁绳 2 条、灌肠器 2 套、漏斗、胶管、乳胶手套等。

（二）教学场所

动物兽医临床诊疗实验室/动物生物化学实验室。

（三）师资准备

实训时每班配备 1 名教师，技能考核时配备 2 名教师。

三、操作方法

1. 动物保定

大家畜站立或柱栏内保定，将尾巴拉向体侧或用绳子吊起尾巴，小动物采取站立保定或侧卧保定。

2. 灌肠术方法

（1）浅部灌肠　是将药液灌入直肠内，操作前应准备好所用的药物及器械，将患畜保定好，使其尾巴向上或向一侧吊起。术者立于患畜正后方，手持灌肠器的一端胶管，缓慢送入患畜直肠内部，此时可通过抽压灌肠器活塞将药液灌入直肠内，所灌注药液温度应接近患畜直肠温度，动作要缓慢，以免对肠壁造成大的刺激，溶液注入以后由于努责，患畜很容易将药液排出，为防止药液的流出，可拍打尾根部，并捏住肛门促使其收缩，或塞入肛门塞。直肠内有宿粪时，先取出宿粪，再行灌肠；灌注量要适当，以防造成肠破裂。马一般为 5～10L，牛羊的直肠灌注量不可太多，牛一般为 1000～2000mL，羊为 300～500mL。

浅部灌肠常在病畜有采食障碍或咽下困难、食欲废绝时，进行人工营养；直肠或结肠炎症时，灌入消炎剂；病畜兴奋不安时，灌入镇静剂。常用的灌肠药液包括1%温生理盐水、葡萄糖溶液、甘油、0.1%高锰酸钾溶液、2%硼酸溶液等。

（2）深部灌肠　大家畜应首先装上木质塞肠器或先将直肠内宿粪排除，将灌肠器胶管涂布润滑油后，通过直肠缓慢插入肠管深部，胶管另一端连接漏斗缓慢灌入 1% 温盐水 10000～15000mL，这种灌肠法可治疗马、骡的结肠便秘。

当犬猫及仔猪等动物发生肠套叠，而套叠时间又不长者，可通过深部灌肠整复套叠肠段。将胶管插入直肠内 10～20cm，另一端连接漏斗并举高漏斗超过动物体 1m 以上，漏斗内加入温水 1000～5000mL，使液体向肠深部流动。在灌肠过程中用手将胶管和肛门一起捏住，防止灌入的液体流出。

四、注意事项

如病畜腹围稍增大，并且腹痛加重，呼吸增数，胸前微微出汗，则表示灌水量已经适度，不要再灌；操作要轻柔，避免粗暴，以免损伤肠黏膜或造成肠穿孔；当动物努责时不可将胶管向深部用力推送，以防损伤肠黏膜。

实训二　导胃洗胃术

一、技能目标

导胃洗胃术是畜牧兽医专业学生的一项基本技能，要求学生掌握动物导胃洗胃技术的基本原理，并训练学生掌握导胃洗胃术基本操作程序及方法。会用导胃洗胃术治疗马的胃扩张、牛的瘤胃积食或瘤胃酸中毒时排除胃内容物，以及排除胃内毒物，或用于胃炎的治疗和吸取胃液供实验室检查等。

二、教学资源的准备

（一）试验动物及材料

1. 动物

牛 1 头、羊 1 只、马 1 匹、犬 1 只。

2. 材料

四柱栏或六柱栏、耳夹、牛鼻钳、保定绳若干、各型号胃导管、液体石蜡、洗耳球、漏斗、生理盐水等。

（二）教学场所

动物兽医临床诊疗实验室/动物生物化学实验室。

（三）师资准备

实训时每班配备1名教师，技能考核时配备2名教师。

三、操作方法

1. 动物保定

站立保定。

2. 导胃法

投药者抓住牛、羊的鼻翼，另一只手持涂有液体石蜡的胃导管，将胃导管端沿动物下鼻道缓缓插入，当管端到达咽部时感觉有抵抗，此时不要强行推进，待动物有吞咽动作时，趁机向食管内插入。当动物无吞咽动作时，可揉捏咽部或用胃导管端轻轻刺激咽部而诱发吞咽动作。当导管进入胃内后，瘤胃内液体和气体会自行涌流而出，此时压低牛头，以利液体外流，压低牛头也可避免胃内流出的液体和草渣呛入气管和肺。在向体外导出胃内容物时，速度不要太快，当有草团堵塞胃导管时，可向胃导管内注入清水，然后前后抽动胃导管，并将胃导管另一端放低，以利排出胃内容物。

马、骡可在口腔内装置开口器，通过口腔向胃内插入较粗的胃导管，其余同牛羊。

3. 洗胃法

按导胃法插入胃导管后，将0.05%高锰酸钾液、淡盐水等灌入胃内，根据动物种类和个体大小，每次灌入量为1～15kg，然后放低患病动物的头部，使药液再自胃导管放出，如此反复进行，直至洗净胃内的有害液体和物质为止。在反刍动物也可在瘤胃切开后，插入粗导管，从瘤胃内直接导出腐败酸臭的内容物，并用温水反复冲洗。

四、注意事项

当胃导管进入食管后要判断是否正确插入。若进入气管灌入液体，可导致动物窒息或形成异物性肺炎而威胁患畜生命。其判断方法有：向胃导管内打气，在打气的同时可观察到左侧颈静脉沟处出现波动；将球压扁后不再鼓起来；用手摸颈静脉沟，可摸到一个条索状的硬物。

经鼻插入胃导管时，插入动作要轻，严防损伤鼻道黏膜，若黏膜损伤出血时，应拔出胃导管，停止经鼻孔插入。

实训三　导尿和膀胱冲洗术

一、技能目标

导尿和膀胱冲洗术是畜牧兽医专业学生的一项基本技能，要求学生掌握动物导尿和膀胱冲洗术基本原理，并训练学生掌握导尿和膀胱冲洗术基本操作程序及方法。会用导尿和膀胱冲洗术排空膀胱内积尿和采集尿样进行尿液检验。

二、教学资源的准备

（一）试验动物及材料

1. 动物

牛2头、羊1只、马1匹、犬1只。

2. 材料

四柱栏或六柱栏、不同口径的导尿管（橡胶或软塑料导尿管）、液状石蜡、0.1%高锰酸钾溶液、保定绳若干、生理盐水、2%硼酸、注射器、抗生素及磺胺制剂等。

（二）教学场所

动物兽医临床诊疗实验室/动物生物化学实验室。

（三）师资准备

实训时每班配备1名教师，技能考核时配备2名教师。

三、操作方法

1. 动物保定

大动物于柱栏内站立保定，在柱栏内固定好两后肢，中、小动物在手术台上侧卧保定。

2. 尿道口位置

母畜尿道外口位于阴道前庭的腹面，一个黏膜皱褶的稍前方凹陷处，其底部有一个稍隆起的尿道外口。

3. 导尿法

（1）母畜导尿法　导尿前清洗母畜外阴部，并用70%酒精棉球消毒阴门，导尿管使用前可放在0.1%高锰酸钾溶液或温水中浸泡5～10min，再用75%酒精或0.1%新洁尔灭消毒后，外表涂灭菌石蜡油。助手将畜尾拉向一侧或吊起，术者右手将导尿管握于掌心，前端与食指同长，拇指和食指捏住导管，持导尿管送入母畜阴道内。导尿管前端与右手食指并齐，中指探查到尿道外口后，拇指和食指将导管插入到尿道外口内，并缓慢向里推送。如遇有阻力，不可硬插，应将导尿管向后倒退一下或改变一下导尿管的插入方向再试图插入，一旦导尿管经尿道外口进入尿道后，都会容易地插入膀胱内，进入膀胱后，排净尿液，然后用导尿管另一端连接洗涤器或注射器，即可注入冲洗药液。当识别尿道口有困难时，可用开膣器开张阴道，即可看到尿道口。

（2）公畜导尿法　导尿前应对导尿管进行消毒，然后将导尿管端涂灭菌石蜡油或抗生素软膏后，将公畜的阴茎从包皮口牵引出来，用0.1%新洁尔灭清洗，用75%酒精消毒尿道外口。术者蹲于公畜一侧，将阴茎抽出，左手握住阴茎前部，右手持导尿管，插入尿道口徐徐推进，当到达坐骨弓附近有阻力时，推进困难，此时助手在肛门下方可触摸到导尿管前端，轻轻按压辅助向上转弯，术者同时继续推送导尿管，即可进入膀胱。公牛阴茎有乙状弯曲部，导尿管插入时将阴茎向外牵引使乙状弯曲部拉直，导尿管才能通过乙状弯曲部，待导尿管插入到尿道骨盆部时，可用手指隔着皮肤向深部压迫，迫使导尿管末端进入膀胱，一旦进入膀胱内，尿液即从导尿管流出。

4. 膀胱冲洗

导尿管插入方法同导尿法。导尿管插入膀胱后，先排净尿液，使膀胱排空，然后用导尿管另一端连接洗涤器或注射器，注入冲洗药液，反复冲洗，直至排出药液呈透明状为止，最后将膀胱内药液排除。在冲洗过程中，要记录好放入的药液和排出的液体量，要将冲洗液全部引流出来。

四、注意事项

严格执行无菌操作，防止感染。冲洗时若动物躁动不安，应当减缓冲洗速度，必要时停止冲洗，密切观察，若引流液中有鲜血时，应当停止冲洗。防止粗暴操作，以免损伤尿道及膀胱壁的尿道黏膜。治疗药液送入膀胱后，应使药液在膀胱内保留 30min 后再引流出体外，或者根据需要延长保留时间。

任务三 | 常用实验室检验方法

实训一　钙代谢紊乱性疾病的诊断

一、技能目标

该技能是畜牧兽医专业学生的一项基本技能，要求学生掌握动物钙代谢紊乱性疾病（佝偻病、骨软症）的临床症状观察和血清钙的测定原理和方法，能够进行钙代谢紊乱性疾病的临床诊断。

二、教学资源的准备

（一）仪器设备

分光光度计、试管与试管架、水浴箱、棉球、10mL 注射器。

（二）教学场所

动物兽医临床诊疗实验室/动物生物化学实验室。

（三）师资准备

实训时每班配备 1 名教师，技能考核时配备 2 名教师。

（四）实验动物与试剂

1. 动物

牛、羊、猪、犬、猫。

2. 试剂

采用商品供应的血清钙测定试剂盒。主要成分为：

试剂 1 邻甲酚酞络合酮	0. 22mmol/L
8 - 羟基喹啉	0. 6mmol/L
试剂 2 磷酸盐缓冲液（pH 10. 7）	0. 2mmol/L

工作液配制：根据测定样品的试剂量，将等体积的试剂 1 和试剂 2 混合均匀，于 30℃恒温 5min。

三、原理与知识

饲料中钙不足或钙磷比例失调是导致钙代谢紊乱性疾病 - 佝偻病（幼龄犬、猫）和骨软病（成年犬、猫）的重要原因。

1. 观察临床症状

（1）佝偻病　幼龄动物早期症状出现食欲减少、消化不良、有异嗜癖、精神不活泼、出牙期延长，被毛无光泽。随着病程发展，出现发育停滞、消瘦、严重的跛行、骨骺肿大、负重的长骨变形，表现“O”形腿或“X”形腿，重者可有卧地不起、全身骨骼变形疼痛以至瘫痪。患有佝偻病的动物很易发生骨折，往往在自行跳跃、玩耍或稍有外力作用时即可出现骨折。幼龄猫表现为异嗜，爱啃墙壁、石块、泥沙和其他异物，换牙晚。食欲不振，腰背变形，弓背，步态发僵，跛行，四肢变形，关节肿大。

（2）骨软病　成年动物由于骨质进行性脱钙，出现异嗜癖，可表现出运动障碍、步态强拘、弓背、跛行，继之可见关节肿大、骨骼变形、易发生骨折。

2. 血清检查

（1）血液的采取　牛羊采取颈静脉采血，猪采取耳静脉或者前腔静脉采血，犬血的采取通常在前肢的前臂头静脉和后肢的隐静脉。采血时，局部剪毛消毒，助手用手握住采血部的向心端，使静脉怒张，用消毒干燥的注射器采血。

（2）血清的制备　血液抽出后，静置一定时间后，血液凝固成块，并析出淡黄澄清的血清。

3. 钙的检测原理

钙的检测常用邻甲酚酞络合酮（OCPC）比色法。钙离子（Ca^{2+}）在碱性溶液中和邻甲酚酞络合酮形成红色复合物，在 577nm 处有一个最大吸收峰，加入 8 - 羟基喹啉消除镁和铁的干扰。在 570nm/600nm 读取吸光度，复合物显色强弱与血清钙浓度成正比。再通过与同样处理的标准钙比较，经计算可求出血清钙的含量。

四、操作方法

1. 操作参数

波长 570nm；温度 30℃。

2. 操作

分光光度计比色法。

取同样规格试管3支，按下表9－1操作。

表9－1　比色法检测钙　单位：mL

	空白	标准	样品
工作液	2.50	2.50	2.50
双蒸水	0.05	—	—
标准	—	0.05	—
样品	—	—	0.05

分别混合均匀，在测定温度（30℃）保温5min。倒入比色皿，于570nm波长处，分别读取相对于空白试剂的吸光度A_1（标准）和吸光度A_2（样品），用于计算。

五、结果计算

计算：样品中钙的浓度C_1（mmol/L）＝A_2（样品）/A_1（标准）×标准浓度C_0（mmol/L）

结果判定：血清钙的升高临床少见，主要见于甲状腺功能亢进、维生素D中毒（犬）。血清钙的降低主要见于甲状腺功能低下、维生素D缺乏、佝偻病、肾脏疾病、清蛋白血症等。

六、实验报告的写作要求

1. 实验报告按照实训内容逐项记录。
2. 实验报告数据真实，不得按照正常范围杜撰数据。
3. 要有对实验结果的分析。
4. 做出动物钙代谢紊乱性疾病的综合诊断。

实训二　尿液检验

一、技能目标

掌握兽医临床尿液化学检验方法及尿沉渣的检查方法，要求学生能按本指导所列方法顺利操作。

二、教学资源的准备

（一）教学场所

动物兽医临床诊疗实验室/动物生物化学实验室。

（二）师资准备

实训时每班配备1名教师，技能考核时配备2名教师。

三、操作方法

1. 尿液酸碱度的测定

（1）pH 试纸测定法 可先用 pH 广泛试纸条，然后再用精密试纸条浸湿被检的新鲜尿液，立即与标准色板比较，判断尿液的 pH 范围，进行半定量测定。

（2）pH 计测定法 用 pH 计电极可精确测出尿液 pH。

2. 尿液蛋白质的检验

（1）硝酸法 取中试管 1 支，滴加 35% 硝酸 1 ~ 2mL（20 ~ 40 滴），再沿试管壁缓缓滴加尿液，使两液重叠，静置 5min，观察结果。两液重叠而产生白色环者为阳性反应。白色环越宽，表示蛋白质含量越高，可用 1 ~ 3 个 "+" 号表示。

（2）加热醋酸法 取约 10mL 新鲜澄清尿液于一耐热大试管内，将试管斜置在火焰上，煮沸上部尿液。滴加稀醋酸（冰醋酸 5mL 加水至 100mL 配制而成）3 ~ 4滴，再煮沸后，在黑色背景下对光观察结果。如有浑浊或沉淀，提示尿内含有蛋白质。浑浊程度越高，表示蛋白质含量越高，可用 1 ~ 4 个 "+" 号表示。

（3）磺基水杨酸法 取试管 1 支，加入澄清尿液 2 ~ 3mL，滴加磺基水杨酸试剂（由磺基水杨酸 20g，加水溶解至 100mL 配制而成），立即轻轻混匀，于 1min 内观察结果，根据浑浊程度判断为 1 ~ 4 个 "+" 号。

（4）干化学试纸法 按蛋白质试纸产品说明书要求，取有效试纸条，浸入被测尿液中一定时间，取出后在容器边缘除去多余尿液，30s 内对照标准色板比色，根据说明判断结果。

注意事项：马的尿中含有大量碳酸钙，因此应事先加入适量 10% 醋酸液使尿液呈酸性，尿液即透明，便于观察结果。

3. 尿液潜血的检验

健康动物的尿液不含有红细胞或血红蛋白。尿液中不能用肉眼直接观察出来的红细胞或血红蛋白称为潜血（或称为隐血），可用化学方法加以检查。

（1）原理 尿液中的血红蛋白或红细胞被酸破坏所产生的血红蛋白，有过氧化氢酶的作用（但并非为酶，因为被煮沸后仍有促媒作用），它可以分解过氧化氢而产生新生态的氧，使联苯胺氧化呈蓝色的联苯胺蓝。

（2）器材与试剂 小试管，滴管，普通滤纸，酒精灯，试管夹等；联苯胺，冰醋酸，过氧化氢溶液，乙醚，95% 乙醇。

（3）操作方法

①联苯胺法：取联苯胺 0.1g，溶解在 2mL 冰醋酸中，加双氧水 2 ~ 3mL，混合。混合后加入等量被检尿，如液体变为绿色或蓝色，表示尿中有血红蛋白存在。本法简便且比较灵敏，但当尿中含有大量磷酸盐时，可发生乳白色沉淀，使反应无法测出。遇此情况，可选用下述改良联苯胺法。

②改良联苯胺法：取尿液 10mL 置于试管中，加热煮沸以破坏可能存在的过氧化氢酶。待冷却后，加入冰醋酸 10 ~ 15 滴，使尿呈酸性。再加乙醚约 3mL，

加塞充分振摇。然后静置片刻，使乙醚层分离（如乙醚层成胶状不易分离时，可加入95%乙醇数滴以促其分离），血红蛋白在酸性环境下，可溶于乙醚内。取滤纸1小片，滴加联苯胺冰醋酸饱和液数滴，再在此处滴加上述乙醚浸出液数滴，待乙醚蒸发后，再滴加新鲜过氧化氢溶液1~2滴。如尿内含有血液，滤纸上可显蓝色或绿色，其颜色深度与含量呈正比。根据颜色的深浅，用1~4个“+”号报告结果（绿色+，蓝绿色++，蓝色+++，深蓝色++++）。

注意事项：尿液应先加热煮沸，以破坏可能存在的过氧化氢酶，防止产生假阳性；所用试管、滴管等器材必须清洁。

4. 尿液葡萄糖的检验

健康动物的尿中可含有微量葡萄糖，定性试验为阴性。糖定性试验呈阳性的尿液称为糖尿，表示单位时间内流经肾小球中葡萄糖过多（高血糖）或肾小管上皮细胞回收葡萄糖能力下降。

（1）葡萄糖氧化酶试纸定性（半定量）试验

①原理：葡萄糖在葡萄糖氧化酶的催化下，失去两个氢离子后形成葡萄糖内酯，再经水化后，氢离子与空气中氧结合，分解成葡萄糖酸和过氧化氢，后者在过氧化物酶存在下，还原生成水，使供氢体色素原（无色邻甲苯胺或甲基联苯胺）氧化而呈色，根据颜色深浅，判断葡萄糖含量。

②器材和试剂：尿糖试纸：含葡萄糖氧化酶过氧化物酶、邻联甲苯胺试剂。标准色板：为黄色至蓝色不同浓度的色板。

③操作方法：可按说明书进行，一般是将尿糖试纸浸入尿水中，2~4s后取出，1min内在自然光下与标准色板比较判断结果。不变色为阴性（-），淡灰色为弱阳性（+），灰色为阳性（++），灰蓝色为强阳性（+++），紫蓝色为极强阳性（++++）。

（2）糖还原试验法　本法使用较广，其敏感度为5.5mmol/L，许多单糖和一些非糖还原物质都能和它反应，因此本法是测定尿中总还原物。

①原理：葡萄糖含有醛基，在热碱性溶液中，能将硫酸铜还原成黄色的氧化铜或黄红色的氧化亚铜。

②器材与试剂：班氏试剂：结晶硫酸铜17.3g，无水碳酸钠100.0g，柠檬酸钠173.0g，蒸馏水加至1000mL。先将柠檬酸钠及无水碳酸钠溶解于700mL蒸馏水中，可加热促其溶解。另将硫酸铜溶解于100mL蒸馏水中，然后将硫酸铜液慢慢倾入已冷却的上液内，并加蒸馏水至1000mL，过滤保存于褐色瓶内备用。

③操作方法：取班氏试剂5mL置于试管中，加尿液0.5mL（约10滴）充分混合，加热煮沸1~2min，静置5min后观察结果。

④结果判断：管底出现黄色或黄红色沉淀者为阳性反应。黄色或黄红色的沉淀越多，表示尿中葡萄糖含量越高。可按表9-2估计葡萄糖的大约含量。

表 9-2　尿中葡萄糖大约含量表　单位：1000mg/dL

符号	反应	葡萄糖的大约含量
-	试剂仍呈清晰蓝色	无糖
+	仅有冷后才有微量黄绿色沉淀	0.5~1以下
++	静置后，管底有多量黄绿色沉淀	0.5~1
+++	静置后，管底有多量黄色沉淀	1~2
++++	静置后，管底有多量黄红色沉淀	2以上

⑤注意事项：尿液中如含有蛋白质，应把尿液加热煮沸，然后过滤，再行检验。尿液与试剂一定要按规定的比例加入，如尿液加得过多，由于尿液中某些微量的还原物质，也可产生还原作用而呈现假阳性反应。应用水杨酸类、水合氯醛、维生素C及链霉素治疗时，尿中可能有还原物质而呈假阳性反应。

5. 尿沉渣的检查

尿沉渣有两类：有机沉渣和无机沉渣。有机沉渣包括各种细胞和各种管型，无机沉渣包括碱性尿中的盐类结晶和酸性尿中的盐类结晶。

（1）尿沉渣标本的制备与检查　将尿液静置1h或低速（1000r/min）离心5~10min。取沉淀物1滴，置于载玻片上。用玻棒轻轻涂布使其分散开来。滴加1滴稀碘溶液（不加也可），加盖玻片，低倍镜观察。镜检时，宜将聚光器降低，缩小光圈，使视野稍暗，用低倍镜观察得到大体印象后转换高倍镜仔细观察。

（2）尿中的有机沉渣

①上皮细胞：肾上皮细胞呈圆形或多角形。细胞核大而明显，核呈圆形或椭圆形，位于细胞中央，细胞浆中有小颗粒；肾盂及尿路上皮细胞比肾上皮细胞大，肾盂上皮呈高脚杯状，细胞核较大，偏心；尿路上皮细胞多呈纺锤形，也有呈多角形及圆形，核大，位于中央或略偏心；膀胱上皮细胞为大而多角的扁平细胞，内有小而圆或椭圆形的核。

②血细胞、脓细胞及黏液：红细胞形态呈双凹盘形，淡黄色，但在高渗尿中呈皱缩状；在低渗环境中，则呈影红细胞；白细胞在新鲜尿中，外形与外周血中的白细胞结构一样，只是没有染色的核不清楚，浆内颗粒清晰可见。炎症时，外形多不规则，结构模糊，浆内充满粗大颗粒，核不清楚，细胞常呈团，界线不清（细胞肿胀，形态不规则，结构不清，常呈团分布），此种细胞称为脓细胞；黏液为无结构的带状物，被稀碘液染成淡黄色，比透明管型宽，称为假管型。

③管型（尿圆柱）：上皮管型由脱落的肾上皮细胞与蛋白性物质粘合而成，能看到其中的细胞；颗粒管型为肾上皮细胞变性、崩解所形成的管型，细胞结构不明显，表面散在有大小不等的颗粒；透明管型结构细致、均匀、透明、边缘明显，长短不一，伸直而少弯曲；红细胞管型由红细胞与蛋白性物质粘合而成，或

是红细胞聚集在透明管型之中而形成；脂肪管型为上皮管型和颗粒管型脂肪变性而形成，是一种较大的管型，表面有脂肪滴和脂肪结晶，有强的屈光性；蜡样管型质地均匀，轮廓明显，具有毛玻璃样的闪光，表面似蜡块，长而直，很少有弯曲，较透明管型宽。

（3）尿中的无机沉渣　碱性尿液中无机沉渣有碳酸钙结晶——圆形，具有放射状线纹，此外有哑铃状、磨刀石状、饼干状等；磷酸铵镁结晶——为多角棱柱体及棺盖状结晶，也有雪花片状或羽毛状；磷酸钙（镁）结晶——为无定形灰色颗粒，有时呈三棱形、聚集成束；尿酸铵结晶——为黄色或褐色，圆形，表面有刺突，类似曼陀罗果穗状。酸性尿中的无机沉渣有草酸钙结晶——为四角八面体，如信封状，有“十”字形折光体；硫酸钙结晶——为长棱柱或针状，有时聚集成束状、扇状；尿酸结晶——为棕黄色的磨刀石状、叶簇状、菱形片状、“十”字状或梳状等；尿酸盐——呈棕黄色小颗粒状，聚积成堆。

实训三　粪便检验

一、技能目标

粪便检验是畜牧兽医专业学生的一项基本技能，要求学生了解粪便检验的内容，掌握酸碱度及粪便潜血检验的方法，对粪中寄生虫卵的检查应有初步的认识。

二、教学资源的准备

（一）教学场所

动物兽医临床诊疗实验室/动物生物化学实验室。

（二）师资准备

实训时每班配备 1 名教师，技能考核时配备 2 名教师。

三、操作方法

1. 粪便酸碱度的测定

（1）器材与试剂　广泛 pH 试纸、酸度计等。

（2）操作方法　常用 pH 试纸法。取 pH 试纸 1 条，用蒸馏水浸湿（若粪便稀软则不必浸湿），贴于粪便表面数秒钟，取下纸条与 pH 标准色板进行比较即可测得粪便的 pH。也可用“手枪式酸度计”，将电极直接与粪球接触，即可读出 pH。

2. 粪便潜血的检验

（1）原理　与尿液潜血检验相同。

（2）试剂与器材　联苯胺冰醋酸液：联苯胺约 0.1g，加冰醋酸约 2mL，振荡，溶解，临用时配制，不能久存；30% 过氧化氢溶液；载玻片、镊子、酒精灯、小试管等。

（3）操作方法　用镊子在粪便的不同部分，选取绿豆大小的粪块，置于洁净的载玻片上涂成直径约1cm的范围。如粪便干燥，可加少量蒸馏水调和涂布。将玻片在酒精灯上缓缓通过数次，以破坏粪中的过氧化氢酶。冷后，滴加联苯胺冰醋酸液10～20滴及新鲜30%过氧化氢溶液10～20滴，用火柴棒搅动混合，将玻片置于白色背景上观察。

根据颜色的出现时间，用“±”或1～3个“+”号表示结果。详见表9－3。

表9－3 粪便潜血检验结果判定表

符号	蓝色开始出现的时间/s	符号	蓝色开始出现的时间/s
±	60	＋＋	15
＋	30	＋＋＋	3

（4）注意事项　所用器材应清洁无血迹。一定要将粪便标本加热处理，否则可呈现假阳性。此法在肉食动物应禁食3d肉类食物。联苯胺、过氧化氢液贮存时间过久者，不易发生颜色反应。

3. 粪中病理混杂物的观察

粪中除饲料残渣外，在病理情况下，往往混有血细胞、脓细胞、上皮细胞等物。肉食动物若发生阻塞性黄疸，还可见到大量脂肪酸；胰腺疾病时，因胰液分泌紊乱，出现大量中性脂肪。

（1）粪便涂片方法　由粪便不同部分采取少许粪块，置载玻片上，加少量生理盐水，用火柴棒混合并涂成薄片，以能透过书报字迹为宜，加盖玻片，用低倍镜观察整个图片，然后用高倍镜仔细观察。

（2）观察　红细胞为小而圆、无细胞核的发亮物，常散在或与白细胞同时出现；白细胞为圆形、有核、结构清晰的细胞，常分散存在；脓细胞结构模糊不清，核隐约可见，常常聚集在一起甚至成堆存在；上皮细胞柱状，上皮细胞来自肠黏膜，扁平上皮细胞来自肛门附近。中性脂肪镜检为淡黄色，折光性强，呈滴状或无色有折光块状，苏丹Ⅲ染色为红色，在冷乙醇或氢氧化钠中不溶，但加热或用乙醚可溶化；游离脂肪酸为无色细长针状结晶或块状，苏丹Ⅲ染色块状呈红色，针状结晶不着色，加热、冷乙醇、氢氧化钠和乙醚均可使其溶化；结合脂肪酸为针束状或块状，苏丹Ⅲ染色不着色，除冷乙醇可使其溶化外，加热、氢氧化钠和乙醚都不会使其溶化。

4. 粪中寄生虫卵的观察

（1）原理　密度较小的线虫卵、绦虫卵及球虫卵囊等，可悬浮在饱和盐水中；密度较大的吸虫卵，可离心沉淀。用这些方法处理粪便，涂在载玻片上观察。

（2）器材与试剂　载玻片、盖玻片、小烧杯、60目金属铜筛、显微镜、饱和食盐水。蒸馏水100mL与氯化钠30～35g混合，煮沸溶解，冷后除去未溶解的氯化钠，即得饱和食盐水。

（3）操作方法

①饱和盐水漂浮法：于容积约为50mL烧杯内，加少量饱和食盐水，用竹签挑取不同部位的粪便约5～10g，在饱和食盐水中调成糊状，再加饱和食盐水，搅成稀水样，挑去大块粪渣，加饱和食盐水至满，覆以载玻片。静置30min后，小心翻转载玻片，加盖玻片镜检。

②沉淀法：取被检粪便约5g，加50mL水搅拌均匀，用金属筛过滤。滤液静置沉淀20～40min或用离心机离心2～3min后，倾去上清液，保留沉渣，再加水混匀，再沉淀，如此反复操作直到上层液体透明后，弃去上清液，吸取沉渣涂片镜检。

（4）观察　寄生虫虫卵大小极不一致，观察时注意形状、大小、卵壳、卵盖及卵细胞等，按照寄生虫图谱所描绘的各种畜禽寄生虫虫卵进行辨认。

注意事项：制备涂片不可太厚，以能透视书报字迹为宜。先以低倍镜观察，按上下、左右方向逐次移动以检查全片，必要时转换高倍镜观察。

实训四　瘤胃内容物检验

一、技能目标

该技能是畜牧兽医专业学生的一项基本技能，通过操作使学生掌握瘤胃内容物的采集方法。了解瘤胃液物理性质的检查。学会瘤胃内容物检验及纤毛虫的计数方法。

二、教学资源的准备

（一）教学场所

动物兽医临床诊疗实验室/动物生物化学实验室。

（二）师资准备

实训时每班配备1名教师，技能考核时配备2名教师。

三、操作方法

1. 瘤胃内容物的采取

（1）器材与试剂　前端多开侧孔的胃导管，每孔直径3～4mm。电动吸引器或手摇式、脚踏式吸引器。搪瓷量筒、搪瓷盆、橡皮球、漏斗等，15%乙醇，长针头及注射器等。

（2）操作方法　选用动物禁食数小时，然后按导胃方法，插入胃导管。胃导管的外端接在吸引器的负压瓶上，开动发动机，胃液即可流入负压瓶内。每抽取3～5min，暂停3～5min，这样反复抽取3～5次。倒入量筒，记录数量，送交实验室。此胃液称为空腹胃液。通过胃管灌入15%乙醇1000mL，待30min后再抽取1次胃液，此即为投刺激剂后分泌的胃液。倒入量杯，记录数量，送检。

或在左肷部剪毛消毒，用长针头穿刺瘤胃，连接注射器抽取瘤胃液。所采瘤胃液，用四层纱布过滤后，送实验室检验。

2. 瘤胃液物理性质的检查

胃液的气味与饲喂的草料有关系，饲喂干草或青贮料的健康牛，瘤胃液略呈发酵类芳香味。若有酸臭或腐败臭，多为瘤胃内过度发酵，见于瘤胃积食、臌气。健康牛瘤胃液为浅绿色；黄褐色，示青贮料过饲；灰白色，示精料过饲；乳灰白色，示瘤胃酸中毒。正常瘤胃液黏稠度适中，过于稀薄，见于瘤胃功能降低、酮病、瘤胃酸中毒。黏稠度增加且混有大量气泡，多为泡沫性臌气。将瘤胃液倒入试管后观察，正常瘤胃液很快有沉渣出现，若沉渣过粗且成块时，多为瘤胃功能下降。

瘤胃液的 pH 用广泛 pH 试纸或酸度计测定，方法同尿液酸碱度测定。瘤胃液的 pH 一般在 6.0 ~ 7.0。pH 下降为乳酸发酵所致，见于过饲碳水化合物为主的精料、瘤胃功能降低和 B 族维生素显著缺乏。pH <5，瘤胃微生物全部死亡。pH 过高见于过饲蛋白质为主的精料，此时微生物活动受抑制，消化发生紊乱。

3. 纤毛虫计数

（1）器材与试剂

①纤毛虫计数板：在血细胞计数板的计数室两侧，用黏合剂粘贴 0.4mm 的玻片，使计数室的底部至盖玻片之间的高度变成 0.5mm（也可将 0.9mm 的玻片粘贴在计数板上，使高度变成 1.0mm）。②盖玻片、显微镜等。③0.3% 冰醋酸液。

（2）操作方法

①吸取稀释液 1.9mL 置于小试管中，加瘤胃液 0.1mL，轻轻混匀，此为 20 倍稀释。

②用毛细滴管吸取上述液体，进入计数室（方法与血细胞计数时的充液法相同），静置 2 ~ 5min，镜检。将滋养体和包囊均计数为纤毛虫。

（3）计算　计数四个大方格内纤毛虫的数目，按下式计算出每毫升瘤胃液中的纤毛虫数。（四个大方格纤毛虫总数/4）×20 ×2 ×1000 = 个/mL。报告结果时，通常用万个/mL 来表示。

实训五　酮体的检查

一、技能目标

酮体的检查是畜牧兽医专业学生的一项基本技能，通过操作使学生掌握通过采取牛的尿液及牛乳，定性检测其中乙酰乙酸、β－羟丁酸及丙酮的含量，可早期判定乳牛体内酮体的水平。

二、教学资源的准备

（一）教学场所

动物兽医临床诊疗实验室/动物生物化学实验室。

（二）师资准备

实训时每班配备 1 名教师，技能考核时配备 2 名教师。

三、操作方法

1. 试剂材料及样品采集

（1）亚硝基铁氰化钠、无水碳酸钠、硫酸铵、氢氧化钠、冰醋酸、酶标仪、离心机、5mL 一次性真空采血针管（无抗凝剂）、试管、移液枪、计时器、5mL 离心管。

（2）样品采集　玻璃试管采集新鲜尿液，放入冰盒保存待检。尿液采集完成后，在机器挤乳前采集新鲜乳样，盛放于 5mL 离心管中，放入冰盒保存待检。使用 5mL 真空采血管于颈静脉采集血样，立即放入冰盒内，室温静置 30min，3500r/min 离心 20min，收集血清保存在 -20℃ 待测。

2. 试验方法

（1）酮粉法　将亚硝基铁氰化钠 3g，无水碳酸钠 50g，硫酸铵 100g，研细、混匀备用。操作步骤如下，用药勺移取少许粉剂于载玻片上，再用滴管吸取新鲜的尿样、乳样或血清 2 ~3 滴，滴于粉剂上，约 3min 后判读结果。无颜色变化为阴性，颜色变粉红色以上者即为阳性。

（2）试剂法　配制 5% 亚硝基铁氰化钠溶液，10% 氢氧化钠水溶液，20% 醋酸（98% 醋酸 20mL，加蒸馏水至 98mL）。按如下操作步骤进行，取试管一支，先加新鲜尿液或乳液 5mL，随即加入 5% 亚硝基铁氰化钠水溶液和 10% 的氢氧化钠水溶液各 0.5mL（约 10 滴），颠倒混合，再加 20% 醋酸 1mL（约 20 滴），再颠倒混合，观察结果。无颜色变化为阴性，颜色变浅红色以上者即为阳性。

（3）其他方法　如试剂盒检测、试纸法等。

注意事项：由于尿液、牛乳的颜色可能会影响到判定的结果，所以在判断结果时，应特别注意颜色的变化。

任务四 | 几种常见毒物检验

实训一　氢氰酸中毒检验

一、技能目标

氢氰酸中毒检验是畜牧兽医专业学生的一项基本技能，要求学生掌握兽医临床常用氢氰酸中毒的定性检验方法。

二、教学资源的准备

（一）试验动物及材料

1. 动物及病料

氢氰酸中毒动物病例，或做人工病例复制（犬、猪、兔等），胃内容物、呕吐物、血液、剩余饲料、肺脏、肝脏等。氢氰酸很不稳定，因此对送检材料要及时检验，以免挥发难于检出。

2. 材料

定性、滤纸、玻璃容器、量筒、棕色玻瓶、玻璃棒、微量吸管、25mL 滴管、10% 酒石酸、10% 碳酸钠、1% 苦味酸、10% 硫酸亚铁溶液（新配制）、1% 三氯化铁、10% 盐酸等。

苦味酸试纸：将定性滤纸剪成7cm 长，0.5 ~0.7cm 宽的小条，浸入1% 苦味酸溶液中，取出阴干或吹干备用。

硫酸亚铁 - 氢氧化钠试纸：取定性滤纸一小块，在中心部分依次滴加 20% 硫酸亚铁和 10% 氢氧化钠溶液各 1 滴即成（临用时现制备）。

（二）教学场所

动物兽医临床诊疗实验室/动物生物化学实验室。

（三）师资准备

实训时每班配备 1 名教师，技能考核时配备 2 名教师。

三、操作方法

1. 苦味酸试纸法

（1）原理 氰化物于酸性条件下温热，生成氢氰酸，遇碳酸钠后生成氰化钠，再和苦味酸作用生成异氰紫酸钠，呈玫瑰红色。

（2）操作 称取样品 10g，置于 125mL 三角瓶中，加蒸馏水 10 ~ 15mL，浸没样品，取大小与三角瓶口合适的中间带一小孔的橡皮塞，孔内塞入内径为 0.5 ~0.7cm 的玻璃管，管内悬苦味酸试纸一条，临用时滴上 1 滴 10% 碳酸钠溶液使之湿润，向三角瓶中加 10% 酒石酸溶液 5mL，立即塞上带苦味酸试纸的塞，置 40 ~50℃ 水浴上加热 30 ~40min，观察试纸有无颜色变化。如有氰化物存在，少量时苦味酸试纸变为橙红色，量较多时为红色。本法约可检出 20μm 氢氰酸。

注意事项：亚硫酸盐、硫代硫酸盐、硫化物、醛、酮类物质对本反应有干扰，如果出现阳性反应时，需进一步做其他试验，当反应呈阴性结果时，一般情况下可做否定结论。加热温度不宜过高，因过高时大量水蒸气会将试纸条上的试剂淋洗下来，使结果难以观察。

2. 普鲁士蓝反应

（1）原理 氰离子在碱性溶液中与亚铁离子作用，生成亚铁氰复离子，在酸性溶液中，再遇高铁离子即生成普鲁士蓝。本法是检验氢氰酸的特效反应方法，灵敏度高（1∶50000）。

（2）操作 取检材 10g 切碎，置于三角瓶中，加入 5 ~10mL 水中，调成糊状，加入 3 ~5 滴 10% 盐酸。取一条滤纸在其上滴加 20% 硫酸亚铁溶液 2 ~3 滴，再滴加 10% 氢氧化钠 2 ~3 滴，将滤纸覆盖三角瓶瓶口，在瓶底缓缓加热到有蒸气冒出 5 ~8s 后，取下滤纸，在滤纸上滴加 10% 盐酸溶液及 5% 三氯化铁溶液 1 ~2 滴，如有氢氰酸存在，即产生蓝色，如果氢氰酸含量多时，出现蓝色沉淀；含量少时出现蓝绿色，有时反应不明显，须放置 12h 以上，蓝色反应才能出现。

3. 硫酸亚铁－氢氧化钠试纸法（氢氰酸及氰化物的快速检验法）

取检样 5 ~10g 切细，放在小三角烧瓶内，加水呈粥状，并加酒石酸使其呈酸性，立即在瓶口上盖以硫酸亚铁－氢氧化钠试纸，然后用小火缓缓加热，待三角瓶内溶液沸腾后，去火，取下试纸，浸入稀盐酸中，如检材中含氰化物或氢氰酸时，则试纸出现蓝色斑点。

注意事项：实验药品有毒，实验动物不能食用，实验后做销毁处理。

实训二　食盐中毒的检验

一、技能目标

食盐中毒的检验是畜牧兽医专业学生的一项基本技能，要求学生掌握兽医临床常用食盐中毒的定性、定量检验方法。

二、教学资源的准备

（一）试验动物及材料

1. 动物及病料

食盐中毒病例，或人工病例复制试验动物（犬、猪、兔、羊等）。

2. 材料

玻璃容器、量筒、棕色玻瓶、玻璃棒、移液管、容量瓶、烧杯、滴定管、微量吸管、25mL 滴管、新华滤纸、试纸、硝酸、硝酸银、铬酸钾、蒸馏水、干净小剪刀。

0.1mol/L 硝酸银溶液：称取硝酸银 17g，加水稀释至 1000mL，然后用 0.1mol/L 氯化钠标化；0.02mol/L 硝酸银溶液：用已标化的 0.1mol/L 硝酸银溶液稀释；5% 铬酸钾溶液。

（二）教学场所

动物兽医临床诊疗实验室/动物生物化学实验室。

（三）师资准备

实训时每班配备 1 名教师，技能考核时配备 2 名教师。

三、操作方法

1. 眼结膜囊内液氯化物的检查

（1）原理　氯化钠中的氯离子在酸性条件下与硝酸银中的银离子结合，生成不溶性的氯化银白色沉淀。

（2）操作　取蒸馏水 2 ~3mL 置于小试管中，再用小吸管吸取病猪眼结膜囊液少许滴入试管中，然后加入酸性硝酸银 1 ~2 滴摇混均匀，呈现出白色浑浊，量多时浑浊程度增大，证明眼结膜囊液中有氧化物存在。同时用蒸馏水和健康猪眼结膜囊液作对照则不见白色浑浊出现。

2. 肝中氯化物含量的测定

（1）原理　氯化物与硝酸银作用生成氯化银，当硝酸银稍过量即可与指示剂铬酸钾作用，生成铬酸银砖红色沉淀，以此来判定终点，从硝酸银的消耗量可换算出氯化物的含量。

（2）操作

①称取剪碎的肝组织3.0g放入三角瓶中，加蒸馏水80~90mL，在30℃水浴锅中浸泡20~30min，不时地用玻璃棒搅拌或用手摇动，然后用定性滤纸过滤，将滤液过滤到100mL刻度量筒中，用水洗滤纸直至使总体积达到100mL刻度为止。用20mL移液管取10mL过滤液，放入小烧杯中，加入5%铬酸钾指示剂0.5mL，用0.02mol/L硝酸银缓缓滴定，当溶液刚刚出现明显砖红色浑浊时为止，再加水50mL左右稀释，如果经放置片刻砖红色不消失并有红色沉淀生成时，说明已达到终点。如果溶液又变黄，说明没达到终点，需要继续用硝酸银滴定，直至砖红色不消失为止，记下样品消耗硝酸银的体积（mL），再多加1滴作为参比溶液。

②分别取三份过滤液样品，每份20mL滤液，各加0.5mL 5%铬酸钾指示剂，作为正式样品，分别用0.02mol/L硝酸银溶液滴定至出现明显砖红色浑浊并不消失为止（与参比溶液对照观察）。记录每份样品消耗0.02mol/L硝酸银的毫升数，取其平均值，进行计算得出结果，然后与正常肝脏中氯化物含量进行比较得出结论。猪正常时肝中氯化物含量（以氯化钠计算）为0.17%~0.20%，当中毒时可增高至0.4%~0.6%。鸡正常肝中氯化钠为0.45%，中毒时肝中氯化钠含量可高达0.58%~1.88%。

注意事项：滴定不能在加热的情况下进行，因为随着温度升高，硝酸银的溶解度也增加，因而对银离子的灵敏度降低，所以滴定须在室温下进行。

实训三　棉籽饼粕中毒检验

一、技能目标

棉籽饼粕中毒检验是畜牧兽医专业学生的一项基本技能，要求学生掌握兽医临床常用棉籽饼粕中毒的定性检验方法。

二、教学资源的准备

（一）试验动物及材料

1. 动物及病料

棉籽饼粕或死亡动物采食剩下的饲料。

2. 材料

磨碎机、显微镜、玻璃容器、硫酸、乙醚等。溶剂A的配制：取约500mL

异丙醇－正己烷混合溶剂［6∶4（v/v）］，2mL 3－氨基－1－丙醇、8mL 冰醋酸和 50mL 蒸馏水于 1000mL 的容量瓶中，再用异丙醇－正己烷混合溶剂定量至刻度。溶剂 A 所用试剂均为分析纯。

（二）教学场所

动物兽医临床诊疗实验室/动物生物化学实验室。

（三）师资准备

实训时每班配备 1 名教师，技能考核时配备 2 名教师。

三、操作方法

1. 原理

棉酚可以与许多化合物反应生成不同的颜色，如与浓硫酸显樱红色，与三氯化铁乙醇溶液呈暗绿色，与间苯三酚的乙醇盐酸溶液呈紫色等，利用这些显色反应可以定性测定棉酚的存在。

2. 方法

（1）取样品少许 1～2g，置于 250mL 具塞三角烧瓶中，加入 20 粒玻璃珠和溶剂 A 50mL 左右，塞紧瓶塞，放入振荡器内振荡 1h，振荡频率为 120 次/min，用干燥的定量滤纸过滤。

（2）在滤液中加入浓硫酸，如滤液与浓硫酸显樱红色，则表明样品中含棉酚。也可在滤液中加入三氯化铁乙醇溶液或间苯三酚的乙醇盐酸溶液鉴定。

实训四　亚硝酸盐中毒检验

一、技能目标

亚硝酸盐中毒检验是畜牧兽医专业学生的一项基本技能，要求学生掌握兽医临床常用亚硝酸盐中毒的定性检验方法。

二、教学资源的准备

（一）试验动物及材料

1. 动物及病料

猪亚硝酸盐中毒病例，或人工病例复制试验动物。剩余饲料、呕吐物、胃肠内容物及血液等。

2. 材料

注射器、针头、白磁反应板、微量滴管、小试管、定性滤纸、玻璃容器、茶色玻瓶、血液分光镜等。

甲液：取氨基苯磺酸 0.5g，注于 150mL 30% 冰醋酸中，保存于棕色瓶中备用；乙液：取甲苯胺 0.1g，注于 20mL 蒸馏水中过滤，滤液再加 150mL 30% 冰醋酸混合，保存于棕色瓶中备用；格利斯试剂：应用前将甲、乙液等量混合即为格利斯试剂；联苯胺冰醋酸溶液：取联苯胺 10mg，溶于冰醋酸 10mL 中，加水稀释至 100mL，过滤后置于棕色玻瓶中保存备用。

3. 检品的采取及处理

采取可疑的检品约 10g，加蒸馏水及 10% 醋酸液数毫升使其呈酸性后，搅拌成粥状，放置约 15min，然后用定性滤纸过滤，所得滤液用作亚硝酸盐定性试验。

（二）教学场所

动物兽医临床诊疗实验室/动物生物化学实验室。

（三）师资准备

实训时每班配备 1 名教师，技能考核时配备 2 名教师。

三、操作方法

1. 偶氮色素反应（格利斯反应）

（1）原理　亚硝酸盐在酸性条件下，与氨基苯磺酸作用生成重氮化合物，再与甲萘胺偶合生成一种紫红色偶氮染料。

（2）方法　取检材 5 ~ 10g 加水搅拌振荡数分钟，如有颜色时，加入少量活性炭脱色，取滤液 1 ~ 2mL 置于小试管中，然后加格利斯试剂数滴，振摇试管，观察颜色变化。若有亚硝酸盐存在，即显玫瑰色，色之深浅表示亚硝酸盐含量的多少。亚硝酸盐概略定量以 NO_2^- 的含量（mL/L）计算，微玫瑰色小于 0.01mL/L，淡玫瑰色介于 0.01 ~ 0.1mL/L，玫瑰色介于 0.1 ~ 0.2mL/L，鲜玫瑰色介于 0.2 ~ 0.5mL/L，深紫红色大于 0.5mL/L。阳性反应颜色需在红色以上，即含量在 0.1mL/L 以上才有诊断价值。

本反应也可在白磁盘上进行。即取格利斯试剂少许于磁盘上，加 3 ~ 5 滴检液，用小玻璃棒搅匀，如显深玫瑰色或紫红色，即为阳性。

2. 联苯胺 – 冰醋酸反应

（1）原理　亚硝酸盐在酸性溶液中将联苯胺重氮化生成黄红色或红棕色染料。

（2）方法　取检液 1 滴，置白磁反应板上，加 1 ~ 2 滴联苯胺冰醋酸试剂，如有亚硝酸盐存在，出现红棕色。亚硝酸盐含量大时，试剂需要加几滴才能出现。若亚硝酸盐含量不多，则呈黄色反应。

本反应也可在白磁盘上进行。即取检液滴于白磁盘上，加联苯胺冰醋酸溶液 1 滴，用小玻璃棒搅匀，如有亚硝酸盐存在，即呈红棕色反应；若亚硝酸盐含量不足，则呈黄色反应。

实训五　有机磷中毒检验

一、技能目标

有机磷中毒检验是畜牧兽医专业学生的一项基本技能，要求学生掌握兽医临床常用有机磷中毒的定性检验方法。

二、教学资源的准备

（一）试验动物及材料

1. 动物及病料

有机磷中毒病例，或人工病例复制试验动物。剩余饲料、呕吐物、胃肠内容物、洗胃液及血液、肝、肾、肺等。

2. 材料

测瞳尺、磁反应板、磁蒸发皿、乳钵、分液漏斗、分液漏斗架、离心机、培养皿、玻璃容器、量筒、棕色玻瓶、玻璃棒、微量吸管、25mL 滴管、注射器、针头、听诊器、体温计、定性滤纸、新华滤纸、试纸、纱布、脱脂棉、剪刀、解剖器械、载玻片、皮筋等。氯仿、氯化乙酰胆碱、溴麝香草酚蓝、无水乙醇、干燥马血清、饱和溴水、0.4mol/L 氢氧化钠溶液、二氯甲烷、酒石酸、苯、三氯醋酸、无水硫酸钠、弗罗里硅土、丙酮、石油醚、蒸馏水、注射用水。

3. 检品的采取和处理

采集可疑有机磷中毒的剩余饲料、胃肠内容物（活体采取胃肠内容物时如采不出来，可用普通水洗胃，但不能用碱性液体洗胃，以防有机磷水解）、血液、尿液及内脏等被检病料，应迅速检验，如不能立即检验时，可按每千克 100 ~ 150mL 酒精或苯加入被检病料后，置于冰箱内保存，以防有机磷挥发。

（二）教学场所

动物兽医临床诊疗实验室/动物生物化学实验室。

（三）师资准备

实训时每班配备 1 名教师，技能考核时配备 2 名教师。

三、操作方法

1. BTB 全血试纸片法

（1）原理　胆碱酯酶可使乙酰胆碱分解，产生胆碱和乙酸，会使溴麝香草酚蓝试纸由蓝变黄。但有机磷农药存在时，便抑制了胆碱酯酶的活性，则乙酰胆碱积存不再被分解，使之少产生或不产生乙酸，其降低程度由 BTB 试纸的颜色变化程度来表示。将试纸与标准色斑比较，便可测知酶活力，以此来判断是否含有机磷农药，并能粗略判定有机磷中毒的严重程度。

（2）试纸片制备　称取溴麝香草酚蓝 0.14g，溴化乙酰胆碱 0.23g，加 20mL 无水乙醇溶解，以 0.4mol/L 氢氧化钠调节 pH 7.4 ~ 7.6（呈灰褐色）。将滤纸浸入该溶液中，取出阴干（应变橘黄色），贮于棕色瓶中。或剪成（1 ×2）cm 的纸片，用锡纸包好或用塑料薄膜密封后，置于茶色瓶中避光保存备用。

（3）方法　取制备好的试纸片两块，分别放在清洁干燥的载玻片两端，用毛细滴管加病畜被检末梢血一滴于试纸片一端中央，试纸片另一端加健畜末梢血一滴并行标记。待血滴扩散成小圆斑点后，即速加盖另一清洁干燥玻片，用橡皮筋扎紧，在 37℃ 恒温箱中（或体温）保持 15 ~ 20min 后，观察血清中心部的色调变化，结果判定见表9-4。

表9-4 结果判定

内容 \ 色调	红色	紫色	深紫	蓝黑（黑灰）
胆碱酯酶	80%~100%	60%	40%	20%
活性程度	正常	轻度抑制	中度抑制	重度抑制

注意事项：血液应滴于试纸片中央，血清不可过大或过小，以斑点直径为0.6~0.8cm为宜；血斑要看反面，看时不要直接对住光线，应与光呈一斜角；每次测定前，先用健康血检查试纸片，如试纸片加健康血不变蓝，经30min后又不变红，表明试纸片失效。

2. 亚硝酰铁氰化钠反应法

内吸磷（1059）、甲拌磷（3911）、乙硫磷（1240）、马拉硫磷（4049）、乐果等有机磷农药被碱水解后所生成的硫醇化合物，与亚硝酰铁氰化钠作用，在酸性溶液中能产生红色，检出限度约0.1mg/mL。

取经精制的乙醇试液，于低温下蒸去溶剂，酌情加少量蒸馏水（1~2mL），加2滴5%亚硝酰铁氰化钠（新鲜配制），5滴10%氢氧化钠，充分振荡，置于30℃水浴中，加热2min，取出置于冷水中冷却，沿管壁加入1~2滴浓磷酸（或浓盐酸）即呈红色。

水解时加碱不可过浓，时间不可过长，温度不可过高。根据实验证明，30℃，2min较为适宜，量少时红色容易消褪，量多时，溶液全部变红，长时间不褪，操作时宜采取较多量检材，分离过程中尽量避免丢失。加浓磷酸后，如出现蓝绿色是为阴性，温度过高，时间过长，酸化后会出现阴性，乙醚过多也有干扰，往往一次难以成功，需多做两遍，并应同时做阳性样品对照和空白对照试验。

3. 间苯二酚-氢氧化钠反应（敌敌畏、敌百虫）法

间苯二酚-氢氧化钠试剂可制成试纸备用：取间苯二酚1g，溶于50mL酒精，另取氢氧化钠5g，溶于0.2%聚乙烯醇水溶液中，两液混合后，将滤纸浸入，浸透后取出。除去多余液体，温箱干燥，切成纸条备用。用时将纸条蘸取胃液少许，略微加热，即显红色斑。

取上述样品1滴至滤纸上，加1%间苯二酚酒精溶液1滴及5%氢氧化钠醇溶液1滴，置小火加热片刻，如有敌敌畏则出现红色斑点，但敌百虫也出现红色斑点，须加以鉴别。

参考文献

［1］杜护华，杨宗泽．动物内科疾病．北京：中国农业科学技术出版社，2008

［2］西北农业大学编．家畜内科病．北京：中国农业出版社，2001

［3］沈永恕．兽医临床诊疗技术．北京：中国农业大学出版社，2006

［4］姚卫东，戴永海．兽医临床基础．北京：中国农业大学出版社，2008

［5］王俊东．兽医药实验室检验技术．北京：中国农业科学技术出版社，2004

［6］李国江．动物普通病．北京：中国农业出版社，2001

［7］张洪友，夏成，谷德俊，等．定性检测荷斯坦奶牛围产期和泌乳期尿酮、乳酮的变化规律．动物医学进展，2003

［8］巩鑫鹏，李富春，单晖．奶牛隐性酮病综合监控技术研究．现代化农业，2006

［9］杨龙麒．兽医临床诊疗技术．西安：西安出版社，2002

［10］唐兆新．兽医临床治疗学．北京：中国农业出版社，2002

［11］王捍东．兽医内科学及诊断学．南京：东南大学出版社，2000

［12］刘宗平．动物营养代谢病学．北京：化学工业出版社，2003

［13］甘肃省畜牧学校．家畜内科及临床诊断学实习指导．第1版．济南：山东农业出版社，1987

［14］东北农学院．兽医临床诊断学．第2版．北京：中国农业出版社，1999